DIE STÄRKE

Bibliographie der Weltliteratur

von

Prof. Dr. Max Ulmann

Herausgegeben vom Institut für Ernährung
Potsdam-Rehbrücke
der Deutschen Akademie der Wissenschaften zu Berlin

LIEFERUNG 12—13

Hauptgruppe 9:
Enzymatische Arbeiten

AKADEMIE-VERLAG · BERLIN
1968

Erschienen im Akademie-Verlag GmbH, 108 Berlin, Leipziger Straße 3—4

Lizenznummer: 202 · 100/490/68
Offsetdruck: VEB Druckerei „Thomas Müntzer", 582 Bad Langensalza
Bestellnummer: 3055/12—13 · ES 20 M 8, 1 E
26,—

Grundeinteilung der Stärkebibliographie

Hauptgruppen 0 bis 9

0. Allgemeines
1. Technologie der Kartoffelstärke
2. Technologie der Getreidestärken und sonstiger Stärkerohstoffe
3. Technologie veränderter Stärken und Stärkeabbauprodukte
4. Verwendungsgebiete der Stärke und Spezialstärkeprodukte
5. Analytische Bestimmung und Untersuchung der Stärke
6. Stärkederivate und spezielle Chemie der Stärke
7. Aufbau und Konstitution der Stärke
8. Kolloidchemie der Stärke und der Stärkelösungen
9. Enzymatische Arbeiten

Hauptgruppe 9: Enzymatische Arbeiten

90. **Allgemeines**

91. **Amylasen und ihre Wirksamkeit**
    - 910. Allgemeines
    - 911. Bildung und Vorkommen
    - 912. Gewinnung und Reinigung
    - 913. Nachweis, Untersuchung, Eigenschaften
    - 914. Adsorption und Komplexbildung
    - 915. Wirkungsweise
    - 916. Aktivitätsbeeinflussung
    - 917. Methoden der Aktivitätsbestimmung

92. **Enzymatischer Stärkeabbau**
    - 921. Angreifbarkeit der Stärke
    - 922. Mechanismus und Kinetik der Stärkespaltung
    - 923. Enzymatische Hydrolyse
    - 924. Diastasen und ihre Wirkung
    - 925. Maltasen und ihre Wirkung
    - 926. Glucoamylasen und ihre Wirkung
    - 927. Stärkeumwandlungen im tierischen Organismus
    - 928. Stärkeumwandlungen im pflanzlichen Organismus

93. **Fermentative Abbauprodukte der Stärke**
    - 930. Allgemeines
    - 931. Dextrine
    - 932. Schardinger-Dextrine
    - 933. Maltose und Glucose
    - 934. Stärkesirupe
    - 935. Sonstiges

94. **Amylasen in der Industrie**
    - 940. Allgemeines
    - 941. Technische Stärkehydrolyse
        - 9411. Herstellung von Dextrose und Maltose, Patente
        - 9412. Glucoamylasen, Patente
        - 9413. Diastasen, Patente

Hauptgruppe 9: Enzymatische Arbeiten

90. Allgemeines

Enzyme. Dixon, M. und Webb, E.C. Longmans, Green and Co., London 1958.

Einschlußsysteme in Lösung von gasförmigen Stoffen. 30.Mitt. über Fermentmodelle. Lautsch, W., Rauhut, H., Grimm, W. und Broser, W. Z.Naturforsch. 12b. 307-14 (1957). - Ref.C. 1958. 2096.

Über die Fermentmodelle und ihre Beziehungen zu den Einschlußverbindungen. Lautsch, W., Broser, W., Biedermann, W. und Gnichtel, H. Angew.Chem. 66. 123-35 (1954). - Ref.C. 1956. 3056.

Biologische Umwandlung von Stärke und Cellulose. Williams, R.T. Biochem.Soc.Symposia 1953. Nr.11. 84 S. - Ref.C.A. 48. 1454d (1954).

Der Einfluß von Enzymen auf Stärkeprodukte. Wild, G.M. Iowa State Coll.J.Sci. 28. 419-20 (1954). - Ref.C.A. 48. 11505c (1954).

Neuere Ergebnisse der Stärke- und Pektinenzymologie. Schubert, E. Melliand Textilber. 35. 168-69, 381-85 (1954). - Ref.C. 1956. 3182.

Neuere Ergebnisse der Stärke- und Pektinenzymologie. Schubert, E. Melliand-Textil-Acta 8. 1-20 (1954).

Neuere Ergebnisse der Stärke- und Pektinenzymologie. Schubert, E. Melliand Textilber. 34. 646-48, 757-58, 1067-69, 1145-48 (1953). - Ref.C. 1956. 3182.

Neuere Ergebnisse der Stärke- und Pektinenzymologie. Schubert, E. Melliand Textilber. 34. 322-23 (1953). - Ref.C. 1954. 2414, Stärke 5. 277 (1953).

Tatsachen und Vorstellungen über Pilzenzyme. Gray, Ph.P. Baker's Digest 3. 39 (1953). - Ref.Stärke 5. 164 (1953).

Die biologischen Umwandlungen der Stärke. Peat, Stanley. Advances in Enzymol. 11. 339-75 (1951). - Ref.C. 1952. I. 68, C.A. 46. 10701 (1952).

Enzyme des Abbaues und der Synthese von Stärke. Bernfeld, P. Advances in Enzymol. 12. 379-428 (1951). - Ref.C. 1953. 9195, C.A. 46. 3781f (1952).

Umwandlung von Stärke durch Enzyme. Severson, G.M. In R.W.Kerr: Chemistry and Industry of Starch. S. 443-53. Academic Press Inc. Publishers, New York 1950.

Enzyme. Dyson, G.M. Rep.Progr.appl.Chem. 35. 764-68 (1950).

The Enzymes. Vol. I. Part 1. Sumner, J.B. und Myrbäck, K. Academic Press Inc., New York 1950. 724 S.

Die Stärke und die Amylasen. Hopkins, R.H. Bull.Assoc.anciens Etudiants Brasserie Univ. Louvain 46. 149-60 (1950). - Ref.C. 1951. I. 3275.

Nicht oxydierende Enzyme. Wynne, A.M. Annu.Rev.Biochem. 15. 35-74 (1946).

Einige Pflanzenprodukte und -enzyme. Norris, F.W. Annu.Rep.Progr. Chem. 39. 229-39 (1943). - Ref.C. 1944. I. 658.

The microbiology of starch and sugars. (Die Mikrobiologie von Stärke und Zuckern.) Thaysen, A.C. und Galloway, L.D. Oxford Univ.Press. London 1930. 336 S. - Ref.C. 1930. II. 1385.

Beiträge zur Chemie der Stärke vom diastatischen Standpunkt aus betrachtet. Polak, F. und Tychowski, A. Biochem.Z. 214. 216-28 (1929). - Ref.C. 1930. II. 3541.

Neuere Untersuchungen über die Stärke und ihre enzymatische Spaltung. Sjöberg, K. Svensk kem.Tidskr. 40. 43-49 (1928). - Ref.C. 1928. I. 1950.

Fermentwirkungen durch Nichtfermente. Biedermann, W. Z.angew. Chem. 37. 71-73 (1924). - W.Ref. 3007.

Fermentwirkungen durch Nichtfermente. Biedermann, W. Wschr.Brauerei 40. 46-48, 51-53 (1923). - Ref.C.A. 18. 2345 (1924), C. 1923. III. 498, W.Ref. 2990.

Beitrag zur Kenntnis der sogenannten Antifermente. Abderhalden, E. und Wertheimer, E. Fermentforschung 6. 286-301 (1922). - Ref.C.A. 17. 3056 (1923), C. 1923. I. 797, W.Ref. 2973.

Physikalische Beschaffenheit und Wirkungsweise der Enzyme. Mohs,K. Brewers J. 46. 516 (1920). - Ref.C. 1921. III. 734, W.Ref.2739.

Die Natur der Enzyme. Herzog, M. Monograph, Chicago 1920. 107 S. - Ref.C.A. 15. 691 (1921), W.Ref. 2744.

Über die Wirksamkeit der Fermente unter abnormen Bedingungen und über die angebliche Aldehydnatur der Enzyme. Rona, E. Biochem. Z. 109. 279-289 (1920). - Ref.C.A. 15. 376 (1921), C. 1921. I. 33, W.Ref. 2741.

Einige Begriffe aus der Technik der Enzyme. Hasselt, J.F.B. van. Pharmac.Weekbl. 56. 1682-1686 (1919). - Ref.C.A. 14. 591 (1920), W.Ref. 3418.

Enzym- und kolloidchemische Studien an Stärke. Sallinger, H. Dissertation, München 1919. 48 S.

Beitrag zur Kenntnis der chemischen Natur einiger Enzyme. Bokorny, Th. Biochem.Z. 70. 213-51 (1915). - Ref.C. 1915. II. 619, W.Ref. 2715.

Fermente und ihre Wirkungen. Oppenheimer, C. Verlag Thieme, Leipzig 1913. 4. Aufl. (485 S.).

Eine neue Form eines Differential-Mikrocalorimeters für die Bestimmung der bei physiologischen, bakteriologischen oder Ferment-Einwirkungen entstehenden Wärme. Hill, A.V. J.Physiology 43. 261-285 (1911-12). - W.Ref. 346.

Über Pflanzenfermente. Bialosuknia, W.W. Hoppe-Seyler's Z.physiol. Chem. 58. 487-499 (1908-09). - Ref.C.A. 3. 1994 (1909), C.1909. I. 1023, W.Ref. 3397.

Die Adsorptionsanalyse der Fermente. Michaelis, L. und Ehrenreich, M. Biochem.Z. 10. 283-299 (1908). - Ref.C.A. 3. 920 (1909), C. 1908. II. 83, W.Ref. 3092.

Über den elektrischen Transport der löslichen Fermente. Bierry,H., Henri, V. und Schäffer, G. C.R.Séances Soc.Biol.Filiales 63. 226 (1907). - W.Ref. 2681.

Über Enzyme. Schneidewind, W., Meyer, D. und Münter, F. Landwirtsch.Jb. 35. 911-922 (1906). - Ref.C.A. 2. 1027 (1908), C. 1907. I. 743, W.Ref. 2851.

Über Enzymreaktionen. Euler-Chelpin. Chemiker-Ztg. 29. 534 (1905).

Zur Nomenklatur der Enzyme. Lippmann, E.O.von. Ber.dtsch.chem.Ges. 36. 331-332 (1903). - Ref.C. 1903. I. 555, W.Ref. 2672.

Beiträge zur Kenntnis der Fermente. Friedenthal, H. Arch.Anatom. Physiol., physiolog.Abt. 1900. 181-194. - Ref.C. 1900. I. 1136, W.Ref. 2614.

Über die Enzyme. Moraczewski, W.von. Pflügers Arch.ges.Physiol. Menschen Tiere 69. 32-75 (1897). - Ref.C. 1897. II. 1187, W.Ref. 2827.

Über Pflanzenfermente. Green, J.R. Pharmac.J.Trans. 52. 946-949, 970-972, 991-994, 1047-1052 (1892-93). - W.Ref. 2652.

Zur Lehre von den nicht organisierten Fermenten. Mrotschkovsky, J. Hygien.Rdsch. 1. 324 (1891). - W.Ref. 2814.

Einige Bemerkungen über Enzyme. Loew, O. J.prakt.Chem. 37. 101-104 (1888). - W.Ref. 2808.

Zur Frage: Enthält die Luft lebende, auf Stärke verzuckernd wirkende Fermente? Goldschmidt, H. Hoppe-Seyler's Z.physiol.Chem. 10. 299-301 (1886). - W.Ref. 3232.

Vorlesung über die Fermentierung, gehalten in der Gesellschaft der Künste in London. Hartley, W.N. Monit.sci.Dr.Quesneville Ser. 3; 14. 1253-1263 (1884). - W.Ref. 193.

Über die chemische Natur der ungeformten Fermente. Loew, O. Pflügers Arch.ges.Physiol.Menschen Tiere 27. 203-214 (1882). - Ref.C. 1882. 399-400, 412-415, W.Ref. 2639.

Über den Charakter einiger ungeformter Fermente. Zulkowski, K. und König, E. S.-B.Akad.Wiss.Wien, math.-naturwiss.Kl. Abt. II. 71. 453-469 (1875). - Ref.C. 1875. 276, W.Ref. 2638.

Über die chemischen und physiologischen Fermente. Muentz, A. C.R. hebd.Séances Acad.Sci. 80. 1250-1253 (1875). - Ref.C. 1875. 534, W.Ref. 3218.

Untersuchungen über die ungeformten Fermente. Nasse, O. Pflügers Arch.ges.Physiol. Menschen Tiere 11. 138-166 (1875). - Ref.C. 1876. 263, W.Ref. 2785.

91. Amylasen und ihre Wirksamkeit

910. Allgemeines

Über die Art der Amylase. Minoda, Y. J.technol.Soc.Starch (Japan) 12. 121-30 (1965).

Trend in der Forschung über Amylase-Systeme. Otani, Y. J.Fermentat.Assoc. (Japan) 21. 521-27 (1963). - Ref.C.A. 62. 14993b (1965).

Über die Chemie der Amylase. 1. Mitt. Fukumoto, J. Kagaku (Kyoto) 17. 136-46 (1962). - Ref.C.A.(B.) 60. 5805e (1964).

Untersuchungen über die Amylasen. 1. Mitt. Allgemeine Einführung. Sutra, R. Bull.Soc.Chim.biol. 41. 363-81 (1959). - Ref.C.1959. 16369.

Über Getreideamylasen. Blom, J. Getreide u. Mehl 6. 107-09 (1956). - Ref.C. 1957. 8380.

α- und β-Amylase. Bernfeld, P. Methods Enzymol. 1. 149-58 (1955). - Ref.C. 1956. 6147.

Die Amylasen. Hopkins, R. Rev.Fermentat.Ind.aliment. 10. 262-64 (1955). - Ref.C. 1958. 5111.

Neuere Untersuchungen über Amylasen. Shiozawa, K. Waseda appl. chem.Soc.Bull. 21. 20-25 (1954). - Ref.C. 1956. 456.

Die Amylasearten, ihre Eigenschaften und die Faktoren, die ihre Aktivität beeinflussen. Adams, M. Food Technol. 7. 35-38 (1953). - Ref.Stärke 6. 229 (1954).

Klassifizierung der Amylasen in α- oder β-Formen in Anlehnung an die Mutarotation der Abbauprodukte. Fuwa, H. und Nikuni, Z. Mem.Inst.sci.ind.Res., Osaka Univ. 9. 194-201 (1952). - Ref.C. 1950/54. S.4000.

Angaben über die Natur von Fermenten. I. Amylase, Pepsin. Rosenfeld, Je.L., Ruchelmann, A.A. und Shurawskaja, A.A. Biochem.J. (russ.) 13. 541-58 (1939). - Ref.C. 1940. II. 353.

Über die Charakterisierung verschiedener Amylasen. Giri, K.Venkata. J.Indian Inst.Sci.Ser.A. 17. 127-29 (1934). - Ref.C. 1935. II. 704.

Nachtrag zu der Mitteilung: Über Amylase. Sjöberg, K. und Erikson, E. Hoppe-Seyler's Z.physiol.Chem. 142. 215-16 (1924). - Ref.C. 1925. I. 1743, W.Ref. 615.

Über Amylase. Sjöberg, K. und Eriksson, E. Hoppe-Seyler's Z. physiol.Chem. 139. 118-139 (1924). - Ref.C. 1924. II. 2760, C.A. 18. 3602 (1924), W.Ref. 417.

Die Arbeiten über Amylase in den letzten 10 Jahren. Mohr, O. und Kloss, R. Wschr.Brauerei 30. 429-433, 438-440, 448-450 (1913). - W.Ref. 2702.

Über das Wesen der Amylase. Laer, H.van. Bull.Cl.Sci., Acad.roy. Belgique 1913. 395-451. - Ref.C. 1913. II. 788, W.Ref. 2711.

Zur Kenntnis der Amylase (Diastase). Wohl, A. und Glimm, E. Biochem.Z. 27. 349-375 (1910). - Ref.C. 1910. II. 1309, C.A. 5. 314 (1911), W.Ref. 345.

Die Amylasemikroben. Kruyff, E.de. Bull.Départ.Agric.Indes néerl. 2. 1-16 (1906). - Ref.C. 1906. II. 1349, W.Ref. 3281.

Über Amylase. Effront, J. Monit.sci.Dr.Quesneville 60. 561-565 (1904). - Ref.C. 1904. II. 767, W.Ref. 2837.

Über Amylase. Yvon, M. Ann.Inst.Pasteur 13. 523-528 (1899). - W.Ref. 2613.

Über Amylase. Effront, J. C.R.hebd.Séances Acad.Sci. 120. 1281-1283 (1895). - Ref.C. 1895. II. 163, W.Ref. 2822.

Beitrag zum Studium der Amylase. Effront, J. Monit.sci.Dr.Quesneville 46. 541-559, 711-725 (1895). - Ref.C. 1895. II. 696-697, 1099, W.Ref. 2823.

911. Bildung und Vorkommen

(Amylolytische Enzyme, α- und β-Amylase, Speichelamylase, Pilzamylasen u. a.; Glucoamylase vgl. 926, 9412; Diastase vgl. 924, 9413; Maltase vgl. 925; Malz und Malzamylasen vgl. 9424)

Hydrolytische Proteine von Zuckerrohr - Amylase. Alexander, A.G. J.Agric.Univ.Puerto Rico 49. 308-24 (1965). - Ref.C.A. 63. 16673d (1965).

Einflüsse von Actinomycin D und 5-Fluorouracil auf die Bildung von Enzymen in Bacillus subtilis. Kadowaki, K., Hosoda, J. und Maruo, B. Biochim.biophysica Acta 103. 311-18 (1965). - Ref.C.A. 63. 4686g (1965).

Die zellgebundene α-Amylase von Streptococcus bovis. Walker, G.J. Biochem.J. 94. 289-98 (1965). - Ref.C.A. 62. 1902h (1965).

Aktivierung der Amylase-Synthese durch Aspergillus usamii. Buratschewski, I.I. Ferment- u.Alkohol-Ind. (russ.) 31. Nr.2. 6-8 (1965). - Ref.C.A. 62. 16920h (1965).

Entwicklung von hydrolytischen Enzymen im reifenden Korn. MacLeod, A.M., Duffus, J.H. und Johnston, C.S. J.Inst.Brewing 70. 521-28 (1964). - Ref.C.A. 62. 8325h (1965).

Amylolytische Fermente des Schimmelpilzes Aspergillus awamori. Fenikssowa, R.W. und Schilowa, A.A. Ferment u.Alkohol-Ind. (russ.) 30. 6-10 (1964). - Ref.C. 1966. 22-3037.

Isozyme von Speichel-Amylase. Muus, J. und Vnenchak, J.M. Nature (London) 204. 283-85 (1964).

Der Einfluß der Lipide auf die Produktion amylolytischer Enzyme durch Endomyces. Yamamoto, T., Hattori, F. und Takatsu, M. Bull.Inst.chem.Res., Kyoto Univ. 42. 252-69 (1964). - Ref.C.A. 62. 11113h (1965).

Die sogenannte Sistoamylase. Fedorow, A.F., Korobow, E.B. und Kurschewa, N.G. Ferment Alkohol-Ind. (russ.) 30. 13-14 (1964). - Ref.C.A. 60. 12288e (1964).

Die Beziehung zwischen dem Redox-Potential und der Bildung von Amylase durch Oberflächenkulturen von Aspergillus oryzae. Grigorow, I., Detschew, G. und Slawowa-Petrunowa, S. Ber.Inst. Biol."Metodin Powow" bulg.Acad.Wiss. (bulg.) 13. 197-202 (1963). - Ref.C.A.(B.) 61. 998d (1964).

Hundeleber-Amylase. Neumann, G.J., Skupp, S. und Farrar, J.T. Biochim.biophysica Acta (Amsterdam) 85. 296-304 (1964). - Ref.C.A.(B.) 61. 896g (1964).

Amylase im Weizenkorn während des Reifens und der Keimung. Darkanbajew, T.B. Biochem.d.Getreides u.d.Brotbackens (russ.) Nr.7. 144-50 (1964). - Ref.C.A. 62. 3061e (1965).

Amylase aus dem Mycelium von Penicillium chrysogenum-Stamm 194. Bondartschuk, A.A. Mikrobiol.J.Akad.Wiss.Ukrain.RSR (ukrain.) 26. Nr.6. 40-44 (1964). - Ref.C.A. 62. 10877g (1965).

Synthese und Schicksal der Serumamylase. Arnold, M.L. Univ.Microfilms (Ann Arbor,Mich.), Order Nr. 63-5068. 121 S. - Ref.C.A.(B.) 60. 3324h (1964).

Bildung und Eigenschaften des amylolytischen Systems von Candida japonica. Ebertowa, H. Folia microbiol.(Praha) 8. 333-41 (1963). - Ref.C.A. 60. 7083d (1964).

Untersuchungen an säureresistanter Amylase. 4. Mitt. Produktion von Amylasen durch Submers-Kultur von Pullularia pullulans. Yamada, N. J.agric.chem.Soc.Japan 37. 706-11 (1963).

De novo Synthese von α-Amylase durch Bacillus stearothermophilus. Welker, N.E. und Campbell, L.L. J.Bacteriol. 86. 1202-10 (1963). - Ref.C.A.(B.) 60. 879b (1964), C. 1965. 9-1220.

Induzierte Biosynthese der α-Amylase durch wachsende Kulturen von Bacillus stearothermophilus. Welker, N.E. und Campbell, L.L. J.Bacteriol. 86. 1196-201 (1963). - Ref.C.A.(B.) 60. 879f (1964), C. 1965. 33-1280.

Induktion der α-Amylase von Bacillus stearothermophilus durch Maltodextrine. Welker, N.E. und Campbell, L.L. J.Bacteriol. 86. 687-91 (1963). - Ref.C. 1965. 12-1228, C.A. 59. 11921e (1963).

Einfluß der C-Quelle auf die Bildung der α-Amylase durch Bacillus stearothermophilus. Welker, N.E. und Campbell, L.L. J.Bacteriol. 86. 681-86 (1963). - Ref.C. 1965. 12-1227, C.A. 59. 11921c (1963).

α-Amylase und Invertase in polnischem Honig. Zalewski, W. Pszczelnicze Zesyty naukowe 7. 40-48 (1963). - Ref.C.A.(B.) 60. 4703a (1964).

Der Einfluß von β-Strahlen auf Schimmelpilze. Suzuki, T. und Tanabe, O. Rep.Fermentat.Res.Inst. (Japan) 24. 57-67 (1963). - Ref.C.A. 63. 18620b (1965).

Synthese von Enzymen in ruhenden Zellen. Klein, H.P. Ann.N.Y. Acad.Sci. 102. 637-54 (1963). - Ref.C.A.(B.) 60. 4485h (1964).

Zellgebundene α-Amylase in Aspergillus oryzae. 3. Mitt. Fixierung von exozellulärer α-Amylase an das Mycel. Tonomura, K., Iwama, K., Futai, F. und Tanabe, O. Agric.biol.Chem. (Tokyo) 27. 128-32 (1963). - Ref.C. 1965. 5-1255, C.A. 59. 1975e (1963).

Beziehung zwischen den Kohlenstoffquellen und der Amylasebildung in Rhizopus-Arten. Suzuki, H., Nakatani, T. und Tanabe, O. J.Fermentat.Assoc. (Japan) 21. 167-72 (1963). - Ref.C.A. 62. 15110e (1965).

Anwendung von Aspergillus usamii shirousamii. Konno, K. und Arai, H. J.Fermentat.Assoc. (Japan) 21. 54-62 (1963). - Ref.C.A. 62. 15383g (1965).

Pilz-Amylase. Centralne Laboratorium Przemyslu Rolnego Panstwowych Gospodarstw Rolnych (Erfinder: Czerniewicz, J., Laczynski, B., Majchrzak, R. und Sarzynska, L.). Poln.P. 48 372 vom 22/3.1963, ausg. 10/8.1964. - Ref.C.A. 62. 16924b (1965).

Zellgebundene α-Amylase in Aspergillus oryzae. 2. Mitt. Stimulierung der α-Amylase-Freisetzung mit Phosphopeptiden. Tonomura, K., Futai, F. und Tanabe, O. Agric.biol.Chem. (Tokyo) 26. 434-41 (1962).

Bildung von Amylase durch Schimmelpilze. Tonomura, K. und Tanabe, O. J.Fermentat.Assoc. (Japan) 20. 247-53 (1962). - Ref.C.A.(B) 60. 1077g (1964).

α-Amylase in Clostridium acetobutylicum. Tomoeda, M., Horitsu, H. und Kameyama, M. Res.Bull.Fac.Agric., Gifu Univ. (Japan) 16. 151-54 (1962). - Ref.C.A. 60. 16234e (1964).

Untersuchungen über die α-Amylase-Bildung von Bacillus subtilis. Coleman, C. und Elliott, W.H. Biochem.J. 83. 256-63 (1962). - Ref.C. 1963. 15843.

Eine die Glucosyl-Übertragung von Stärke und Dextrinen katalysierende neue Amylase (Candida-Transglucosylamylase). Sawai, T. und Hehre, E.J. J.biol.Chemistry 237. 2047-52 (1962). - Ref.C. 1963. 11691.

Amylolytische und proteolytische Enzyme im Kükenfutter. Mizuno, T. und Hikami, Y. Hyogo Univ.Agric.sci.Rep.Ser.Zootechn.Sci. 5. 69-71 (1962). - Ref.C.A. 60. 2104d (1964).

Amylolytische Enzyme von Schimmelpilzen und ihre Eigenschaften. Fenikssowa, R.W., Rodsewitsch, W.I., Schilowa, A.A. und Dobrolinskaja, G.M. 1.Int.Congr.Food Sci., Abstr. 1962. 14.

Serum-Amylase bei infektiöser Hepatitis. Misra, N.P. J.Indian med. Assoc. 39. 187-90 (1962). - Ref.C.A.(B.) 61. 2309h (1964).

Synthese der α-Amylase durch ein zellfreies System aus Bacillus subtilis. Oishi, M., Takahashi, H. und Maruo, B. Biochem. biophysic.Res.Commun. 8. 342-47 (1962). - Ref.C. 1965. 4-1264.

Bildung von Amylase und Proteinase durch Bacillus mesentericus unter den Bedingungen der submersen Kultur. Awakjan, S.A. Arb.zentr.wiss.Forsch.-Inst.Spiritus- u.Likör-Branntwein-Ind. (russ.) 1962. Nr.12. 31-35. - Ref.C.A.(B.) 59. 3097c (1963).

Verzuckernde Amylase von aus Aspergillus usamii durch Anwendung von ultravioletter Strahlung erhaltenen Mutanten. Ishii, M., Takahashi, S. und Otani, Y. Trans.Tottori Soc.agric.Sci. (Tottori Nôgaku-Kwaihô) 13. 67-69 (1961). - Ref.C.A.(B.) 60. 3299c (1964).

911

α-Amylase von Bacillus subtilis. Stein, E.A. und Fischer, E.H. Biochem.Preparations 8. 34-38 (1961). - Ref.C.A. 55. 18827g (1961).

Die Produktion von Pilzamylase durch Submers-Kulturen. Ao, An-Ch'ing. Chemistry (Taiwan) 1961. 12-30. - Ref.C.A. 56. 3920c (1962).

Desoxyribonucleinsäure Amylase-produzierender Bakterien. 2. Mitt. Versuch zur Darstellung aus Aceton-getrockneten Zellen (2.Teil). Omura, H. und Watanabe, K. Sci.Bull.Fac.Agric., Kyushu Univ. 18. 399-410 (1961). - Ref.C. 1962. 3485.

Über die Induktoren der α-Amylasebildung in Aspergillus oryzae. Tonomura, K., Suzuki, H., Nakamura, N., Kuraya, K. und Tanabe, O. Agric.biol.Chem. (Tokyo) 25. 1-6 (1961). - Ref.C. 1964. 38-1137.

Mikrobielle Quellen der Amylase. Fukumoto, J., Tsujisaka, Y., Araki, M. und Matsumoto, E. Chem. and chem.Ind. (Tokyo) 35. 412-22 (1961). - Ref.C.A. 57. 14168f (1962).

Ein Medium für die Amylase- und Proteinaseakkumulation in einer Submerskultur von Bacillus subtilis. Feniksowa, R.W. und Tichomirowa, A.S. Sowjetwissenschaft, naturwiss.Beitr. 1961. 985-90.

Beweis für die novo-Synthese der α-Amylase von Pseudomonas saccharophila. Eisenstadt, J.M. und Klein, H.P. J.Bacteriol. 82. 798-807 (1961). - Ref.C. 1963. 6279.

Studien über Bakterienamylase. 28. Mitt. Entstehung von Bakterienamylase. Einfluß von Metallsalzen auf die Enzymbildung. Fukumoto, J., Yamamoto, T., Tsuro, D. und Kakumae, M. J.agric. chem.Soc. Japan 34. 475-79 (1960).

Hefezüchtung auf Mühlenabfällen und ihre Anwendung zur Herstellung von Schimmelamylase. Kroulik, A., Flám, F. und Isajev, F. Sbornik československ.Akad.zemědělských Ved, zivosisná Výroba 5. (33). 49-58 (1960). - Ref.C. 1962. 15797.

Produktion von inductiver Amylase durch Penicillium chrysogenum. Horváth, I., Szentirmai, A., Bajusz, S. und Parragh, E. Acta Mikrobiol.Acad.Sci.hung. 7. 19-29 (1960). - Ref.C.A. 54. 18668i (1960).

Versuche zur Züchtung α-Amylase-aktiver Aspergillus oryzae-Stämme und zur Erhaltung der amylolytischen Aktivität. Baum, F. und Wardsack, C. Ernährungsforschung 5. 533-38 (1960). - Ref.Stärke 14. 263 (1962).

Untersuchungen über die Auswirkung verschiedener physikalischer Bedingungen auf submerse Pilzkulturen. 6. Mitt. Die Wirkungen nichtionischer oberflächenaktiver Agenzien auf die Mycelformen von Asp.niger NRRL-337 und seine Amylaseproduktion. Takahashi, T., Abekawa, Y. und Yamada, K. J.agric.chem.Soc. Japan 34. 1043-46 (1960).

Zur Amylasesekretion pflanzlicher Gewebekulturen. Constabel, F. Naturwissenschaften 47. 17-18 (1960). - Ref.C.A. 54. 15556h (1960), Stärke 13. 146 (1961).

Produktion von Amylase durch Aspergilli. Tanabe, O. J.Fermentat. Assoc. (Japan) 18. 632-35 (1960). - Ref.C.A. 55. 12757d (1961).

<u>Selektive Bildung der α-Amylase durch nichtwachsende Zellen von Pseudomonas saccharophila</u>. Eisenstadt, J.M. und Klein, H.P. Biochim.biophysica Acta (Amsterdam) <u>44</u>. 206-08 (1960). - Ref.C. <u>1962</u>. 511.

<u>Der Einfluß von Natriumfluorid auf die Atmung, die Synthese biologischer Substanzen und die amylolytische Aktivität von Aspergillus oryzae</u>. Malkow, A.M. und Dejewa, W.Je. Hochschulnachr., Nahrungsmittel-Technol. (russ.) <u>1960</u>. Nr.2. 57-60. - Ref.C. <u>1962</u>. 18509.

<u>Untersuchungen über die Herstellung von Pilz-Amylase. 2. Mitt. Morphologie von 4 Stämmen von Aspergillus oryzae und der Einfluß der Wachstumszeit auf ihre amylolytische Aktivität</u>. Kujawski, M. und Piller, K. Acta Microbiol.polon. <u>9</u>. 205-14 (1960).

<u>Die Bedingungen der Amylase- und Proteinasebildung in der Oberflächenkultur von Bacillus subtilis</u>. Fenikssowa, R.W., Tichomirowa, A.Ss. und Rachlejewa, Je.Je. Mikrobiologie (russ.) <u>29</u>. 745-48 (1960). - Ref.C. <u>1962</u>. 5707.

<u>Induzierung der durch das Myzel von Aspergillus oryzae erfolgenden Amylase-Synthese</u>. Tichomirowa, A.S. Mikrobiologie (russ.) <u>29</u>. 90-96 (1960).

<u>Untersuchungen über die Bildung von Amylase durch Bacillus subtilis. 7. Mitt. Einfluß von Purin, Pyrimidin und ihren Analogen auf die Exoenzymbildung durch Uracil und Adenin erfordernde Mutanten</u>. Hosoda, J., Kohiyama, M. und Nomura, M. J.Biochemistry (Tokyo) <u>46</u>. 857-64 (1959). - Ref.C. <u>1962</u>. 12330.

<u>Untersuchungen über bakterielle Amylase. 27. Mitt. Der Mechanismus der Bildung von bakterieller Amylase. Teil 10. Die Beziehungen zwischen Enzymbildung und Nucleinsäurestoffwechsel</u>. Fukumoto, J., Yamamoto, T. und Tsuru, D. J.agric.chem.Soc. Japan <u>33</u>. 1159-61 (1959). - Ref.C. <u>1962</u>. 2035.

<u>Bildung amylolytischer Enzyme in natürlichen und synthetischen Nährmedien</u>. Dunn, C.G., Fuld, G.J., Yamada, K., Mas Urioste, J. und Casey, P.R. Appl.Microbiology <u>7</u>. 217-18 (1959). - Ref.Stärke <u>12</u>. 192 (1960).

<u>Die Bildung von α-Amylase im Pilzmycel und ihre Abgabe ins Nährmedium</u>. Suomalainen, H. und Keränen, A.J.A. Suomen Kemistilehti B <u>32</u>. 94-97 (1959). - Ref.C. <u>1962</u>. 13430.

<u>α-Amylasebildung in wachsenden und nichtwachsenden Zellen von Pseudomonas saccharophila</u>. Schiff, J.A., Eisenstadt, J.M. und Klein, H.P. J.Bacteriol. <u>78</u>. 124-29 (1959). - Ref.C. <u>1964</u>. 40-1121.

<u>Das Auftreten inaktiver Amylase innerhalb der Pankreaszelle und ihre Bedeutung</u>. Douglas, T.A. und Munro, H.N. Exp.Cell Res. <u>16</u>. 148-64 (1959).

<u>Biochemische und physiologische Eigenschaften von Aspergillus oryzae in Beziehung zu den Kulturbedingungen und der Produktion von amylolytischen und proteolytischen Enzymen</u>. Kalaschnikow, Je.Ja. Akad.Wiss.UdSSR, Arb.Inst.Mikrobiol. (russ.) <u>1959</u>. Nr.6. 132-43. - Ref.C.A. <u>55</u>. 1799e (1961).

911

Förderung der Amylasebildung durch ein Ribonucleinsäurepräparat aus Bacillus subtilis. Nomura, M. und Yoshikawa, H. Biochim. biophysica Acta (Amsterdam) 31. 125-34 (1959). - Ref.C. 1959. 15713.

Amylasebildung durch Aspergillus. 6. Mitt. Einfluß von Aminosäure-Analogen auf die α-Amylasebildung durch Aspergillus oryzae 557. Tonomura, K., Suzuki, H., Nishino, K. und Tanabe, O. J.agric. chem.Soc. Japan 32. 951-56 (1958). - Ref.C.A. 55. 18872c (1961).

Stärkekonzentration bei der Bildung von Amylase in Aspergillus oryzae. Tichomirowa, A.S. Mikrobiologie (russ.) 27. 244-49 (1958). - Ref.C.A. 52. 19013h (1958), C. 1959. 1507, Stärke 12. 344 (1960).

Über die Bildung markierter Amylase in zellfreien Systemen. Ullmann, A., Garzó, T. und Straub, F.B. Acta physiol. Acad. Sci.hung. 13. 179-181 (1958). - Ref.C. 1959. 2170.

Untersuchungen über die Herstellung von amylolytischen Schimmelpilzstämmen und der optimalen Wachstumsbedingungen. Kujawski, M. und Piller, K. Acta Microbiol.polon. 7. 299 (1958).

Untersuchungen über den Mechanismus der Proteinsynthese: Über eine Äthionin enthaltende α-Amylase aus Bakterien. Yoshida, A. Biochim.biophysica Acta (Amsterdam) 29. 213-14 (1958). - Ref.C. 1962. 14551.

Verflüssigung und Verzuckerung von Stärke durch Pilze. 23. Mitt. Einfluß von Analogen von Aminosäuren auf die α-Amylasebildung in Aspergillus oryzae. Tonomura, K., Suzuki, H. und Tanabe, O. Hakkô Kenkyûsho Kenkyû Hôkoku Nr. 16. 53-62 (1958). - Ref.C.A. 54. 5814f (1960).

Verflüssigung und Verzuckerung von Stärke durch Pilze. 22. Mitt. Anregung von α-Amylasebildung in Aspergillus oryzae. Tonomura, K., Nakamura, N., Suzuki, H. und Tanabe, O. Hakkô Kenkyûsho Kenkyû Hôkoku Nr. 16. 41-52 (1958). - Ref.C.A. 54. 5814e (1960).

Untersuchungen über die Amylasebildung durch Bacillus subtilis. 6. Mitt. Der Mechanismus der Amylase-Exkretion und die Zellstruktur von Bacillus subtilis. Nomura, M., Hosoda, J. und Yoshikawa, H. J.Biochemistry (Tokyo) 45. 737-44 (1958). - Ref.C. 1962. 7562.

Untersuchungen über die Amylasesynthese durch Bacillus subtilis. 4. Mitt. Die Beziehungen zwischen Nucleinsäuresynthese und Amylasebildung. Nomura, M. und Hosoda, J. J.Biochemistry (Tokyo) 45. 123-31 (1958).

Über den Mechanismus der Synthese von Amylase. Straub, F.B. und Ullmann, A. Biochim.biophysica Acta (Amsterdam) 23. 665 (1957). - Ref.C. 1962. 14547.

Untersuchungen über die Amylase-Bildung durch Bacillus subtilis. 3. Mitt. Natur des für die Amylasebildung erforderlichen Aktivierungsfaktors in lysozymbehandelten Präparaten. Nomura, M. J.Biochemistry (Tokyo) 44. 87-97 (1957). - Ref.Stärke 10. 46 (1958).

Amylase, Maltase und Phosphorylase von Clostridium oedematiens. Schemanowa, G.F. und Blagoweschtschenski, W.A. Biochemie (russ.) 22.799-803 (1957). - Ref.C. 1958. 9247.

Wirkung des osmotischen Druckes auf die Amylasebildung bei Aspergillus oryzae. Sseliber, G.L. und Golowkina, N.A. Mikrobiologie (russ.) 26. 292-96 (1957). - Ref.C. 1958. 2763.

Synthese von α-Amylase und freien Aminosäuren durch Mutante von Aspergillus oryzae. Kim, H.S., Geddes, W.F. und De Vay, J.E. Mycologia (Lancaster, Pa.) 49. 453-62 (1957).

Amylolytische Wirkung von Aspergillus oryzae in submersen Kulturen. Toyama, N. Bull.Fac.Agric.Univ.Miyazaki (Japan) 2. 6-11 (1957). - Ref.C.A. 54. 21628f (1960).

Über die Bildung von Amylasen durch Aspergillus flavus-oryzae. Meyrath, J. Dissertation, Zürich 1957. 84 S. - Ref.Stärke 13. 59 (1961).

Über Schimmelpilzamylase. Rautanen, Niilo. Suomen Kemistilehti A 30. 199-207 (1957). - Ref.C. 1959. 2170, C.A. 52. 5736i (1958).

Die proteolytischen und Stärke verflüssigenden Eigenschaften von Schimmelkulturen. Pomeranz, Y. Bull.Res.Council Israel, Sect. C 6C. 53-58 (1957). - Ref.C. 1961. 17991.

Faktoren, die die Produktion der Amylase durch den Schimmelpilz Aspergillus oryzae in submersen Kulturen beeinflussen. 2. Mitt. Der Einfluß von Kohlenstoff auf die Amylasebildung. Podhorský, M. Ceskoslov.Mikrobiol. 2. 383-85 (1957). - Ref.C. 1961. 9834.

Untersuchungen über bakterielle Amylase. 21. Mitt. Der Mechanismus der bakteriellen Amylase- und Proteinasebildung. Teil 4. Die Beziehungen zwischen Zuckern und Fermentbildung. Fukumoto, J., Yamamoto, T. und Tsuru, D. J.agric.chem.Soc. Japan (Nippon Nogeikagaku Kaishi) 31. 506-10 (1957). - Ref.C. 1958. 13003.

Biochemische Untersuchungen über Amylasen. 2. Mitt. Der Einfluß von hochmolekularen Kohlenstoffketten auf die Produktion von Pilz-Amylase. Suzuki, T. und Hasegawa, S. Mie med.J. 6. 65-74 (1956). - Ref.C.A. 51. 13251 (1957).

Untersuchungen über die Amylasebildung durch Bacillus subtilis. 2. Mitt. Die Wirkung von Aminosäureanalogen auf die Amylasebildung durch Bacillus subtilis; scheinbare Konkurrenz zwischen Amylasebildung und normaler cellulärer Eiweißsynthese. Nomura, M., Hosoda, J., Maruo, B. und Akabori, S. J.Biochemistry (Tokyo) 43. 841-50 (1956). - Ref.C. 1958. 3921, Stärke 10. 46 (1958).

Untersuchungen über Amylasebildung durch Bacillus subtilis. 1.Mitt. Die Wirkung hoher Konzentrationen von Polyäthylenglykol auf die Amylasebildung durch Bacillus subtilis. Nomura, M., Maruo, B. und Akabori, Sh. J.Biochemistry (Tokyo) 43. 143-52 (1956). - Ref.C. 1958. 2772.

Untersuchung über Amylasebildung durch Aspergillus oryzae. 2.Mitt. Zusammenhang zwischen Amylasebildung und Phosphorstoffwechsel. Tonomura, K. und Tanabe, O. J.agric.chem.Soc.Japan 30. 511-14 (1956). - Ref.C. 1958. 4819.

Untersuchung über die Amylasebildung durch Aspergillus-Spezies. 5. Mitt. Einflüsse von nucleinsäurehaltigen Stoffen auf die α-Amylasebildung von Asp.oryzae 557. Tonomura, K. und Tanabe, O. J.agric.chem.Soc.Japan 30. 598-603 (1956). - Ref.C. 1958. 5112.

Untersuchung über die Amylasebildung durch Aspergillus-Species. 4. Mitt. Einflüsse des Alters auf die adaptive Amylasebildung durch Asp. oryzae 557. Tonomura, K. und Tanabe, O. J.agric. chem.Soc. Japan 30. 596-98 (1956). - Ref.C. 1958. 5111.

Die Amylasen von unter verschiedenen Bedingungen gelagerten Eicheln. Jewreinowa, T.N. und Jerofejew, N.G. Nachr.Moskauer Univ., Ser.Biol. (russ.) 1956. Nr.2. 39-43. - Ref.J.Biol. (russ.) 1960. Nr.10388.

Die Bildung von Amylase bei Submerskultur von Aspergillus oryzae. Lulla, B.S., Johar, D.S. und Subrahmanyan, V. J.sci.ind.Res. (New Delhi), Sect. C. 14. 113-16 (1955). - Ref.C. 1957. 6476.

Bacillus stearothermophilus. 2. Mitt. Durch bestimmte Faktoren beeinflußte Amylaseerzeugung auf undefinierten Medien. Hartmann, P.A. und Tetrault, P.A. Appl.Microbiol. 3. 11-14 (1955).

Einige Aspekte der induzierten Biosynthese von α-Amylase durch Pseudomonas saccharophila. Markovitz, A. und Klein, H.P. J.Bacteriol. 70. 641-48 (1955). - Ref.C. 1959. 13825.

Über die C-Quellen für die induzierte Biosynthese der α-Amylase durch Pseudomonas saccharophila. Markovitz, A. und Klein, H.P. J.Bacteriol. 70. 649-55 (1955). - Ref.C. 1959. 13826.

Untersuchungen über die Amylasebildung durch Aspergillus sp. 1. Mitt. Über den Einfluß der C-Quellen auf die Amylasebildung von Asp.oryzae 557. Tanabe, O. und Tonomura, K. J.agric.chem. Soc. Japan 28. 227-31 (1954). - Ref.C. 1950/54. 8559 S.

Über amylolytische Stämme von Streptococcus pyogenes. Crowley, N. J.gen.Microbiol. 10. 411-26 (1954).

Untersuchungen über Bakterienamylase. 2. Mitt. Einfluß der Züchtungsbedingungen auf die Amylaseerzeugung. Taketomi, N. und Shizowa, K. Waseda appl.chem.Soc.Bull. 21. Nr.2. 11-13 (1953). - Ref.C. 1956. 5310.

Bildung von Amylase durch cytoplasmatische Granula aus den Zellen der Bauchspeicheldrüse. Chessin, R.B. Biochemie (russ.) 18. 462-74 (1953). - Ref.C. 1955. 127.

Über eine Bakterienamylase (Desitase). Nakanishi, K. und Murata, I. Annu.Rep.Takamine Lab. 5. 32-38,(1953). - Ref.C. 1950/54. 8561 S.

Die Amylase der Haut. Kiwerin, M.D. und Ritt, M.A. Biochemie (russ.) 18. 257-62 (1953). - Ref.C. 1953. 7570.

Die Amylasen von Pseudomonas saccharophila. Thayer, P.S. J.Bacteriol. 66. 656-63 (1953). - Ref.C. 1955. 7939, C.A. 48. 3456g (1954).

Aspergillus oryzae und amylolytische Enzyme. 8. Mitt. Einfluß von Kohlenstoff auf die Bildung von Amylase. Tanabe, O., Oyama, J. und Odate, Y. J.Fermentation Assoc. (Japan) 11. 367-73 (1953). - Ref.C.A. 49. 11082f (1955).

Amylasen von Butylorganismen. Roy, D.K. und Roy, M.K. Sci. and Cult. 18. 339-40 (1953). - Ref.C. 1950/54. S. 4000.

Amylase in Bullenspermatozoen. Lundblad, C. und Hultin, E. Exp.Cell.Res. 3. 506-07 (1952). - Ref.C. 1953. 6271.

Die Amylase von Clostridium acetobutylicum. Scott, D. und Hedrick, L.R. J.Bacteriol. 63. 795-803 (1952). - Ref.C. 1953. 2778.

Amylasesysteme verschiedener Schimmelpilze. Okazaki, Hiroshi. Enzyme Chem. (Japan) 7. 103-104 (1952). - Ref.C.A. 46. 8161c (1952).

Die Bildung amylolytischer Enzyme in Aspergillus niger und A.oryzae. Kleinzeller, A. und Lacko, L. Chem.Listy 46. 679-82 (1952). - Ref.C. 1950/54. 6877 S.

Untersuchungen über Bakterienamylase. 3. Mitt. Einfluß der Konzentration der Nährstoffe in der Kultur auf die Bildung der Bakterienamylase. Lulla, B.S. Biochim.biophysica Acta (Amsterdam) 7. 244-50 (1951). - Ref.C. 1952. 3995.

Über mikrobielle Amylasen. Rüggeberg, E. und Rüggeberg, H. Stärke 3. 10-13 (1951).

Die Amylase von Clostridium butyricum. Whelan, W.J. und Nasr, H. Biochem.J. 48. 416-22 (1951). - Ref.C. 1952. I. 68.

Amylolytische Fermente bei Aspergillen. Klimowski, D.N. und Rodsewitsch, W.I. Mikrobiologie (russ.) 19. 60-64 (1950). - Ref.C. 1950. II. 1013.

Die amylolytischen Enzyme der Sojabohne. Peat, St., Whelan, W.J. und Pirt, S.J. Nature (London) 164. 499-500 (1949). - Ref.C. 1949. E. 4942.

Untersuchungen über Bakterienamylasen. 1. Mitt. Einfluß verschiedener Formen von Stickstoff auf die Bildung der Amylase in Bakterien. Lulla, B.S. J.Indian.chem.Soc. 25. 119-26 (1948). - Ref.C. 1948. E. 762.

Einfluß von Extrakten von gekeimten indischen Hülsenfrüchten auf die Amylasebildung durch Bacillus subtilis. Lulla, B.S. Current Sci. 17. 23 (1948). - Ref.C. 1949. I. 76.

Die Amylase von Bacillus polymyxa. Rose, Dyson. Arch.Biochemistry 16. 349-55 (1948). - Ref.C. 1949. II. 549, Stärke 2. 23 (1950).

Vorkommen von α- und β-Amylase im menschlichen Speichel und im Verdauungssaft von Helix pomatia. Anker, L. und Vonk, H.J. Proc. Kon.nederl.Akad.Wetensch. 49. 677-83 (1946). - Ref.C. 1946. I. 2074.

Herkunft von amylasebildenden Bakterien. Peltier, G.L. und Soule, M.H. J.Bacteriol. 50. 711-14 (1945).

Die Amylase und Maltase von Clostridium acetobutylicum. Hockenhull, D.J.D. und Herbert, D. Biochem.J. 39. 102-06 (1945). - Ref.C. 1946. II. 870.

Eine Übersichtsstudie über die Entwicklung von Amylasen in keimendem Getreide. Kneen, E. Cereal Chem. 21. 304-13 (1944).

Über die Natur der Amylase des Rhizopus japonicus (Amylomyces-β). Leopold, H. und Starbanow, M.P. Biochem.Z. 314. 232-49 (1943). - Ref.C. 1943. I. 2693.

Das Amylasesystem des Reiskornes während des Reifens und während des Keimens. Giri, K. Venkata und Sreenivasan, A. Nature (London) 138. 406-07 (1936). - Ref.C. 1936. II. 3123.

α- und ß-Amylase in reifenden Weizensamen. Ugrümow, P.S. Biochem. Z. 282. 74-78 (1935). - Ref.C. 1936. I. 3847.

Amylasen in ruhenden und keimenden Samen. IV. Weizen. Stenstam, T., Björling, C.O. und Ohlsson, E. Hoppe-Seyler's Z. physiol. Chem. 226. 265-71 (1934). - Ref.C. 1934. II. 3391.

Über Kartoffelamylase. Doby, G.v. und Burger, J. Fermentforschung 13. (6). 201-11 (1932). - Ref.C. 1932. II. 1312.

Über das Stärke verflüssigende Enzym in Trockenhefeautolysaten (Synthetische Wirkungen des Enzyms). Nishimura, S. Biochem.Z. 223. 161-70 (1930). - Ref.C. 1930. II. 1998.

Amylasen der Getreidekörner. - Hafer. Baker, J.L. und Hulton, H.F. E. J.chem.Soc. (London) 1929. 1655-60. - Ref.C. 1930. I. 1162.

Über stärkeabbauende Fermente (Amylasen) in der trockenen Kartoffelstärke. Sprockhoff. Z.Spiritusind. 52. 312-13 (1929). - Ref.C. 1929. II. 3074.

Über Leberamylase. Eadie, G.S. Biochem.J. 21. 314-21 (1927). - Ref.C. 1927. II. 706.

Amylase in den Sporen von Rhizopus tritici und Rhizopus nigricans. Harter, L.L. Amer.J.Bot. 10. 89-92 (1925). - W.Ref. 3346.

Über α- und ß-Amylasen. (Beiträge zur Chemie der Stärke. XIII. Mitt.). Pringsheim, H. und Leibowitz, J. Ber.dtsch.chem.Ges. 58. 1262-67 (1925). - Ref.C. 1925. II. 1363, W.Ref. 427.

Über das Vorkommen von Amylase in Milch und Käse (Auszug). Sato,M. Exp.Stat.Rec. 52. 503 (1925). - W.Ref. 3435.

Über das amylolytische Ferment in Speichel und Urin. Perin, A. Boll.Soc.med.chirurg. Pavia 37. 461-70 (1925). - Ref.C. 1926. II. 40.

Studien über Leberamylase. Holmberg, O. Hoppe-Seyler's physiol. Chem. 134. 68-96 (1924). - Ref.C. 1924. II. 55, W.Ref. 3011.

Über die Bedeutung des Sauerstoffs für die Fermentbildung in keimenden Pflanzensamen. Oparin, A. und Bach, A. Biochem.Z. 148. 476-481 (1924). - W.Ref. 3432.

Über ein Amylasepräparat mit beschränktem Spaltungsvermögen. Sjöberg, K. Hoppe-Seyler's Z.physiol.Chem. 131. 116-130 (1923). - Ref.C. 1924. I. 564, W.Ref. 2765.

Beiträge zur Kenntnis der Amylase in Pflanzen. 3. Mitt. Sjöberg,K. Biochem.Z. 142. 274-279 (1923). - Ref.C. 1924. I. 677, W.Ref. 2766.

Der Nährwert und der Enzymgehalt von 100 Jahre altem Reis. Jensen, B.C.P. Rep.Dutch-Indian med.Civil Service 1923, Pt. 1. 1-122. - Ref.C.A. 18. 1517 (1924), W.Ref. 2770.

Über Pankreas-Amylase. 3. Mitt. Willstätter, R., Waldschmidt-Leitz, E. und Hesse, A.R.F. Hoppe-Seyler's Z.physiol.Chem. 126. 143-168 (1923). - Ref.C. 1923. III. 77+79, W.Ref. 3103.

Die Speichelamylase und der Pankreassaft. Gyotoku, K. und Ohhashi, J. Japan med. World 3. 107 (1923). - W.Ref. 3061.

Über die Amylase des koreanischen Ginseng (Auszug). Sato, G. Physiol.Abstr. 7. 10 (1922-23). - W.Ref. 3424.

Zur Frage der Amylase in der grauen Hirnsubstanz des Menschen. Petrunkin, M.L. Russ.physiol.J. 5. H 1-3 (1922). - Ref.C. 1923. III. 503, W.Ref. 2998.

Beiträge zur Kenntnis der Amylase in Pflanzen. 1. Über die Bildung und das Verhalten der Amylase in lebenden Pflanzen. Sjöberg, K. Biochem.Z. 133. 218-293 (1922). - Ref.C.A. 17. 795 (1923), C. 1923. III. 160, W.Ref. 2758.

Versuche über die Cellulase und die Amylase des Speichels bei Dixippus morosus. Belehrádek, J. Arch.int.Physiol. 17. 260-265 (1922). - Ref.C. 1922. III. 393, W.Ref. 3422.

Über die Entstehung der Amylase und Maltase in den Pflanzen. Palladin, W. und Popoff, H. Biochem.Z. 128. 487-494 (1922). - Ref.C. 1922. III. 168.

Amylasen der Getreidekörner - Roggen. Baker, J.L. und Hulton, H.F. E. J.chem.Soc. (London) 119. T.1, 805-809 (1921). - Ref.C. 1921. III. 734, C.A. 17. 1254 (1923), W.Ref. 390.

Fermentstudien. 5. Mitt. Fermentbildung durch Ionenwirkung. Biedermann, W. Fermentforschung 4. 1-28 (1921). - Ref.C.A. 15. 1539 (1921), C. 1920. III. 638, W.Ref. 595.

Enzymatische Untersuchungen an einigen Grünalgen. Sjöberg, K. Fermentforschung 4. 97-141 (1921). - Ref.C.A. 15. 2645 (1921), C. 1921. I. 153, W.Ref. 3337.

Amylase von Rhizopus tritici, mit Berücksichtigung seiner Sekretion und Wirkung. Harter, L.L. J.agric.Res. 20. 761-786 (1921). - Ref.C.A. 15. 1320 (1921), C. 1921. III. 348, W.Ref. 3334.

Studien über die Physiologie der Pilze. 13. Die Wirkung der Wasserstoffionenkonzentration auf die Aufspeicherung und die Aktivierung der durch gewisse Pilze erzeugten Amylase. Karrer, J.L. Ann.Missouri bot. Garden 8. 63-96 (1921). - Ref.C.A. 16. 3680 (1922), W.Ref. 3336.

Studien über die Enzyme des Pneumokokkus. 3. Kohlenhydratspaltende Enzyme: Invertase, Amylase und Inulase. Avery, O.T. und Cullen, G.E. J.exp.Medicine 32. 583-593 (1920). - Ref.C.A. 15. 544 (1921), W.Ref. 3324.

Zur Kenntnis der Enzymbildung bei Aspergillus niger. Euler, H.von und Asarnoj, S. Fermentforschung 3. 318-329 (1920). - Ref.C.A. 15. 1538 (1921), C. 1920. III. 201, W.Ref. 3327.

Über das Vorkommen von Amylase in Milch und Käse. Sato, M. Biochem.J. 14. 120-130 (1920). - Ref.C. 1920. IV. 92, W.Ref. 3420.

Fermentstudien. 1. Das Speichelferment. Biedermann, W. Fermentforschung 1. 385-436 (1916). - Ref.C.A. 13. 452 (1919), W.Ref. 369.

Ein neuer Mikroorganismus, der die Vergärung der Stärke und der Pektinstoffe bewirkt. Makrinov, I.A. Arch.Sci.biol. 18. 413-425 (1915). - Ref.C.A. 17. 3686 (1923), W.Ref. 3305.

Amylasegehalt in reifenden Pferdebohnen. Blagovetschtschenski, A. J.russ.physik.-chem.Ges. 47. 1529-1532 (1915). - W.Ref. 3415.

911

Die Fermente des Pankreas. V. Teil. Die Kohlenhydratfermente des Pankreassaftes. Mellanby, J. und Woolley, V.J. J.Physiology 49. 246-64 (1915). - Ref.C. 1915. II. 476, W.Ref. 2930.

Über Pflanzenenzyme. 2. Die Amylase der Kartoffelknolle. Doby, G. Biochem.Z. 67. 166-181 (1914). - Ref.C.A. 9. 476 (1915), C. 1915. I. 683, W.Ref. 3048.

Die Fermente des Honigs. Gothe, F. Z.Unters.Nahrungs- u.Genußmittel 28. 273-286 (1914). - Ref.C. 1914. II. 1463, W.Ref.3409.

Untersuchungen über Alfalfa. Teil V. In Alfalfa vorkommende Enzyme. Jacobson, C.A. und Holmes, A. J.Amer.chem.Soc. 36. 2170-2182 (1914). - Ref.C. 1915. I. 793, W.Ref. 3411.

Die Fermente der in Italien angebauten Tabakpflanzen aus Kentucky. Mosca, F.T. Gazz.chim.ital. 43. T.2; 431-437 (1913). - Ref.C. 1914. I. 271, W.Ref. 3407.

Die Enzyme der Tabakpflanze. Oosthuizen, J.du P. und Shedd, O.M. J.Amer.chem.Soc. 35. 1289-1309 (1913). - W.Ref. 3408.

Die Amylase des Rhizopus nigricans. Durandard, M. C.R.hebd. Séances Acad.Sci. 157. 471-74 (1913). - Ref.C. 1913. II. 1595, W.Ref. 2700.

Über die Enzyme des Aspergillus oryzae. Kita, G. Wschr.Brauerei 29. 460-463 (1912). - Ref.C. 1912. II. 1386, W.Ref. 3294.

Über Fermente in Bambusschößlingen. Kato, K. Hoppe-Seyler's Z. physiol.Chem. 75. 456-474 (1911). - Ref.C. 1912. I. 502.

Zur Kenntnis der Milzenzyme. Tanaka, T. Biochem.Z. 37. 249-261 (1911). - Ref.C. 1912. I. 588.

Über die Gegenwart von Amylase in alten Samenkörnern. Brocq-Rousseu und Gain, E. C.R.hebd.Séances Acad.Sci. 148. 359-361 (1909). - Ref.C. 1909. I. 1102, W.Ref. 2685.

Proteolytische und amylolytische Fermente in pflanzlichen Nahrungsmitteln, speziell im Hafer. Klempin, P. Dissertation, Leipzig 1909.

Über das hydrolytische Enzym in den ruhenden Samen einiger Gramineaen. Tanaka, Y. J.Coll.Engng., Tokyo Imp.Univ. 4. 39-52 (1906-09). - Ref.C.A. 3. 1993 (1909), C. 1908. I. 2185, W.Ref. 2680.

Studien über das amylolytische Enzym im Hafer. Klempin, P. Biochem.Z. 10. 204-213 (1908). - Ref.C.A. 3. 918 (1909), C. 1908. II. 80, W.Ref. 3038.

Die Enzyme und die Keimfähigkeit der Getreide. Albo, G. Arch.Sci. physiques natur. 25. 45-52 (1908). - Ref.C. 1908. I. 869, W.Ref. 3396.

Das Vorkommen der Amylase sowie ihr Verhalten bezüglich der stärkeverzuckernden und -lösenden Kraft. (Vorläufige Notiz). Chrzaszcz, T. Z.Spiritusind. 31. 52 (1908). - Ref.C. 1908. I. 866, W.Ref. 3037.

Über die Amylase des Pankreas-Saftes. Bierry, H. C.R.hebd. Séances Mem.Soc.Biol. 62. 433-435 (1907). - W.Ref. 2853.

Eine neue Aspergillus-Art und ihre praktische Anwendung. Okazaki, K. Zbl.Bakteriol., Parasitenkunde Infektionskrankh. Abt.II. 19. 481-484 (1907). - Ref.C. 1908. I. 146, W.Ref. 3285.

Zwei Arten von in Japan und China kultivierten Schimmelpilzen. Ossendovsky, A.M. J.russ.physik.-chem.Ges. 38. 1070-1071 (1906). - W.Ref. 3282.

Beitrag zum Studium der Keimung des Getreides. Effront, J. Bull.Assoc.Chimistes 23. 508-522 (1905-06). - Ref.C. 1906. I. 509, W.Ref. 3390.

Über die Entwicklung der Amylase während der Keimung des Getreides. Effront, J. C.R.hebd.Séances Acad.Sci. 141. 626-628 (1905). - Ref.C. 1905. II. 1505, W.Ref. 3389.

Über Enzyme bei Bakterien und Schimmelpilzen. Eijkman, C. Zbl. Bakteriol., Parasitenkunde Infektionskrankh. Abt.I. 29. 841-848 (1901). - Ref.C. 1901. II. 702, W.Ref. 3273.

Über den Hefepreßsaft. 2.Wróblewski, A. Acad.Sci.Cracovie, Bull. int. 1899. 115-122. - W.Ref. 3266.

Physiologische Untersuchungen über einen neuen Schimmelpilz, den Eurotiopsis gayoni. Laborde, J. Ann.Inst.Pasteur 11. 1-43 (1897). - W.Ref. 3255.

Beiträge zur Frage der Nahrungsmittelfermente. Hofmeister, V. Arch.wiss.prakt.Tierheilkunde 20. 23-34 (1894). - Ref.C. 1894. I. 335, W.Ref. 3031.

Aspergillus oryzae. Busgen, M. Ber.dtsch.bot.Ges. 3. 66-71 (1885). - W.Ref. 3229.

Über die Gegenwart von Amylase in den Blättern. Brasse, L. C.R.hebd.Séances Acad.Sci. 99. 878-879 (1884). - Ref.C. 1885. 23, W.Ref. 3364.

Beiträge zur Kenntnis der ungeformten Fermente im Pflanzenreich. Krauch, C. Landwirtsch.Versuchsstat. 23. 77-104 (1879). - Ref.C. 1878. 597, W.Ref. 3361.

Die stärkeumbildenden Fermente in den Pflanzen. Baranetzky. Leipzig 1878. Arthur Felix.

912. Gewinnung und Reinigung

Untersuchungen über die Herstellung und Verwendung von verzuckernder Amylase aus Endomyces-Arten. Hattori, Y. Stärke 17. 82-86 (1965). - Ref.C.A. 62. 15108c (1965).

Gewinnung von Amylase von Aspergillus oryzae an Vermiculit. Meyrath, J. J.Sci.Food Agric. 16. 14-18 (1965). - Ref.C.A. 62. 12410g (1965).

Kristallisation von α-Amylase von Aspergillus oryzae aus Enzym-Präparaten. Ziperowitsch, O.S. und Galitsch, I.P. Ukrain. biochem.J. (russ.) 37. Nr.1. 14-23 (1965). - Ref.C.A. 63. 857h (1965).

Enzymatische Verunreinigung in kristalliner Süßkartoffel-β-Amylase. Lee, E.Y. und Whelan, W.J. Biochem.J. 95. 27P (1965). - Ref.C. 1966. 14-1322.

Reinigung und Wirkungsweise einer α-Amylase von Bacillus polymyxa. Robyt, J. und French, D. Arch.Biochem.Biophysics 104. 338-45 (1964). - Ref.C. 1964. 39-1197, Stärke 17. 96 (1965).

Präparation und Eigenschaften von Poly-DL-Alanyl-Taka-Amylase-A. Isemura, T., Fukushi, T. und Imanishi, A. J.Biochemistry (Tokyo) 56. 408-15 (1964). - Ref.C.A. 62. 5519f (1965).

Die industrielle Herstellung von Pilz-Amylase. Sadir, R. Univ.Nacl. Tucuman,Fac.Cienc.Exact.Technol.,Inst.Ing.Quim.,Publ.Nr. 880. 16 S. - Ref.C.A.(B.) 61. 2440c (1964).

Herstellung von saccharogener Amylase von Rhizopus durch Submers-Kulturen. 3. Mitt. Verbesserung der Herstellung aus Rhizopus javanicus durch ultraviolette Strahlen. Watanabe, K. und Fukinbara, T. J.Fermentat.Technol. (Japan) 41. 641-45 (1964). - Ref.C.A. 63. 18996f (1965).

Von durch Aspergillus awomori hergestellte saccharogene Amylase. 1. Mitt. Herstellung und einige Eigenschaften von saccharogener Amylase. Watanabe, K. und Fukinbara, T. Rep.Inst.physic.chem. Res.(Japan) 40. 327-31 (1964). - Ref.C.A. 63. 18996c (1965).

Trennung und Charakterisierung von zwei im Rattendarm vorkommenden Amylasen. Dahlqvist, A. und Thomson, D.L. Biochem.J. 89. 272-77 (1963). - Ref.C.A.(B.) 60. 5814c (1964).

Untersuchungen an säureresistanter Amylase. 5. Mitt. Reinigung und Eigenschaften von Pullularia pullulans-Amylasen. Yamada, N. J.agric.chem.Soc. Japan 37. 712-17 (1963).

Eine verbesserte Methode für die Reinigung der β-Amylase von Bataten. Nakayama, S. und Amagase, S. J.Biochemistry (Tokyo) 54. 375-77 (1963). - Ref.C. 1965. 28-1185.

Enzymatische Modifikation von Phenylazobenzoyl-Taka-Amylase A. 1. Mitt. Isolierung von proteolytisch modifizierter Phenylazobenzoyl-Taka-Amylase A. Toda, H. und Akabori, S. J.Biochem. (Tokyo) 53. 95-101 (1963). - Ref.C.A. 59. 11805h (1963).

Untersuchungen über durch Actinomyceten produzierte Amylase. 1. Mitt. Isolierung und Kristallisation von α-Amylase. Fujii,N., Ookubo, M. und Mikawajiri, H. Bull.Fac.Agric.,Univ.Miyazaki 8. 320-24 (1963). - Ref.C. 1965. 5-1253, C.A. 59. 13053a (1963).

Enzym-Präparate. Taisho Pharmaceutical Co., Ltd. (Erfinder: Okabe, M., Okazaki, T., Sawada, J., Tanaka, I. und Narita, S.). Japan.P. 26 053 ('64) vom 26/2.1963., ausg. 17/11.1964. - Ref.C.A. 63. 4604f (1965).

Säurebeständige α-Amylase des schwarzen Schimmels. 1. Mitt. Entdeckung und Reinigung der säurebeständigen dextrinierenden Amylase. Minoda, Y. und Yamada, K. Agric.biol.Chem. (Tokyo) 27. 806-11 (1963).

Isolierung und Reinigung von β-Amylase aus der Doppel-Bohne. Nadkarni, S.R. und Sohonie, K. Enzymologia (Den Haag) 25. 337-49 (1963). - Ref.C.A.(B.) 60. 801a (1964), C. 1966. 2-1205.

Mikrobielle Präparation von Amylasen. Matsutani Chemical Industry Co., Ltd. F.P. 1 380 854 vom 23/12.1963., ausg. 4/12.1964. - Ref.C.A. 63. 3592c (1965).

Die Trennung von Mischungen von Proteasen und Amylasen. Kucera, M. Tschechosl.P. 112 622 vom 15/2.1963., ausg. 15/11.1964. - Ref.C.A. 62. 15015b (1965).

Kristallisation der α-Amylase von Bacillus subtilis. Babbar, I.J., Powar, V.K. und Jagannathan, V. Biochim.biophysica Acta (Amsterdam) 65. 347-48 (1962). - Ref.C. 1963. 13987.

Gewinnung gereinigter Fermentpräparate aus Oberflächenkulturen von Schimmelpilzen. Fenikssowa, R.W. und Molodowa, G.A. Mikrobiologie (russ.) 30. 534-39 (1961). - Ref.C. 1962. 3851.

Bakterielle amylolytische Präparate. Bendová, O. Kvasný průmysl 11. 244-47 (1961). - Ref.Stärke 14. 300 (1962).

Kristalline α-Amylase von Aspergillus oryzae. Fenikssowa, R.W. und Molodowa, G.A. Mikrobiologie (russ.) 30. 607-10 (1961). - Ref.C.A. 56. 9083g (1962), C. 1962. 12701.

Konzentrierte Präparate von amylolytischen Enzymen aus Submers-Kulturen von Aspergillus oryzae. Fenikssowa, R.W. und Dwadzatowa, Je.A. Arb.zentr.wiss.Forsch.-Inst.Spiritus- u.Likör-Branntwein-Ind. (russ.) 1961. Nr.11. 185-89. - Ref.C.A. 56. 9233e (1962).

Sorghum α-Amylase: Isolierung und Eigenschaften. Dube, S.K. Univ. Microfilms (Ann Arbor, Mich.), Publ.Nr. 61-3008. 80 S. - Ref.C.A. 56. 695h (1962).

Reinigung und Kristallisation von Enzymen. 3. Mitt. Bakterielle Amylase. Tsujisaka, Y. Protein, Nucleic Acid, Enzyme (Japan) 6. 356-60 (1961). - Ref.C.A. 56. 6352g (1962).

Reinigung und Kristallisation von Enzymen. 2. Mitt. ß-Amylase von Süßkartoffeln. Nakayama, S. und Amagase, S. Protein, Nucleic Acid, Enzyme (Japan) 6. 295-99 (1961). - Ref.C.A. 56. 6352g (1962).

Reinigung und Kristallisation von Enzymen. 1. Mitt. Taka-Amylase A. Ikenaka, T. Protein, Nucleic Acid, Enzyme (Japan) 6. 227-29 (1961). - Ref.C.A. 56. 6352g (1962).

Thermostabile α-Amylase von Bacillus stearothermophilus. 1. Mitt. Kristallisation und einige generelle Eigenschaften. Manning, G.B. und Campbell, L.L. J.biol.Chemistry 236. 2953-57 (1961). - Ref.C.A. 56. 7700h (1962).

Methoden zur Gewinnung amylolytischer Pilzpräparate und deren Eigenschaften. Kujawski, M. und Piller, K. Przemysł Spożwczy 15. 200-03 (1961).

Isolierung und Eigenschaften von Sorghum-α-Amylase. Dube, S.K. und Nordin, P. Arch.Biochem.Biophysics 94. 121-27 (1961). - Ref.C.A. 55. 24936i (1961), C. 1964. 41-1087.

Das Eindampfen von Fermentlösungen im Vakuum. Aganessowa, L.N. Spiritus-Ind. (russ.) 27. Nr.1. 16-19 (1961). - Ref.Stärke 13. 420 (1961).

Untersuchungen über die Produktion von Pilzamylase. 3. Mitt. Anwendung von Treber bei der Produktion von amylolytischen Präparaten. Kujawski, M. und Piller, K. Acta microbiol.polon. 9. 289 (1960). - Ref.C.A. 56. 3919i (1962), C. 1962. 10675.

Die durch Aspergillus oryzae produzierten Substanzen. 4. Mitt. Kristallisation und Eigenschaft der durch Aspergillus oryzae produzierten Amyloglucosidasen. Sawasaki, T. Rep.Inst.physic.chem.Res. (Japan) 36. 590-94 (1960). - Ref.C.A. 56. 696i (1962).

Ein Nährboden für die Amylase- und Proteinase-Anreicherung durch Submerskultur von Bacillus subtilis. Fenikssowa, R.W. und Tichomirowa, A.S. Mikrobiologie (russ.) 29. 894-98 (1960). - Ref.C. 1962. 6818.

Reinigung und Gewinnung von Pilzamylase-Präparaten. Corn Products Co. (Erfinder: Inglett, G.E.). Belg.P. 610 783 vom 30/11.1960, ausg. 28/5.1962. - Ref.C.A.(M.) 58. 3593g (1963).

Verfahren zur Enzymfällung. Miles Laboratories, Inc. (Erfinder: Faucett, J.W., Windish, W.W. und Senna, R.A. de). A.P. 3 119 750 vom 18/4.1960., ausg. 28/1.1964. - Ref.C.A. 60. 15104d (1964).

Herstellung von amylolytischen Enzymen unter Anwendung einer Methode zur Entfernung der Protease durch Adsorption an Bentonit. Oreschtschenko, L.I. Arb.zentr.wiss.Forsch.-Inst.Spiritus- u. Likör-Branntwein-Ind. (russ.) 1960. Nr.9. 13-17. - Ref.C.A. 57. 5008e (1962).

Herstellung und Anwendung der aus Mikroorganismen stammenden Enzympräparate. Holló, J. und Nyeste, L. Élelmezési Ipar (Verpflegungs-Ind.) 14. 65-74 (1960).

Reinigung von dextrinisierender Amylase durch Ausfällung. Institute of Physico-Chemical Research (Erfinder: Sawasaki, T. und Iida, S.). Japan.P. 18 436 ('60) ausg. 20/12.1960. - Ref.C.A. 55. 19130g (1961).

Hochaktive Amylase und Protease. Wakamoto Pharmaceutical Co. (Erfinder: Ito, H. und Yamato, S.). Japan.P. 15 840 ('60) ausg. 21/10.1960. - Ref.C.A. 55. 15827a (1961).

Untersuchungen über die von Aspergillus oryzae gebildeten Substanzen. 1. Mitt. Fraktionierung und Isolierung der in den Enzymen von Aspergillus oryzae enthaltenen Amylase und Proteinase. 2. Mitt. Über Fällungsmittel und die Isolierung der von Aspergillus oryzae gebildeten stärkeverflüssigenden Enzyme. Sawasaki, T. J.agric.chem.Soc. Japan 34. 1-8 (1960).

Untersuchungen über β-Amylase von Wasabia wasabi. 1. Mitt. Reinigung der β-Amylase. Kasugai, A. J.agric.chem.Soc. Japan 33. 1111-15 (1959). - Ref.C. 1962. 2035.

Trennung von amylolytischen und proteolytischen Enzymen von Aspergillus oryzae. Oreschtschenko, L.I. Bull.wiss.-techn.Informat., wiss.Allunions Forsch.-Inst.Spiritus- u.Likör-Branntwein-Ind. (russ.) 1959. Nr.6. 130-35. - Ref.C.A. 57. 3876e (1962).

Produktion von amylolytischen Enzymen in natürlichen und synthetischen Medien. Dunn, C.G., Fuld, G.J., Yamada, K., Mas Urioste, J. und Casey, P.R. Appl.Microbiol. 7. 212-18 (1959).

Amylase. Board of Industrial Technology (Erfinder: Shimada, M., Suzuki, T. und Tanabe, O.). Japan.P. 12 994 ('61) vom 31/8. 1959. - Ref.C.A. 56. 6482f (1962).

Produktion mikrobieller Enzyme und ihre Anwendung. Underkofler, L.A., Barton, R.R. und Rennert, S.S. Appl.Microbiol. 6. 212-21 (1958). - Ref.C. 1959. 11428.

Spontane Kristallisation von Amylase aus Pankreassekret der Ratte. Heatley, N.G. Nature (London) 181. 1069-70 (1958). - Ref.C. 1959. 7169.

Submerse Pilzamylase. 4. Mitt. Belüfteter Fermentator (Einbautyp). Fukinbara, T., Miyoshi, J., Eguchi, T., Ishida, A., Miyoshi, Y. und Tobe, S. J.agric.chem.Soc. Japan 32. 640-43 (1958). - Ref.C.A. 54. 20070g (1960).

Verzuckerungsmittel für Stärke. Nagai, Y. Japan.P. 7671 ('58) ausg. 30/8.1958. - Ref.C.A. 54. 4011a (1960), Ref.J.Chem.(russ.) 1964. 13 R384.

Reinigung und Kristallisation der α-Amylase von Bacillus subtilis (Stamm Takamine). 23. Mitt. Über die amylolytischen Enzyme. Fellig, J., Stein, E.A. und Fischer, E.H. Helv.chim.Acta 40. 529-34 (1957). - Ref.C. 1957. 10775, Stärke 10. 19 (1958).

Isolierung von Amylase aus Pankreas im Mikromaßstab. Straub, F.B. Acta physiol. (Budapest) 12. 295-297 (1957). - Ref.Stärke 12. 121 (1960).

Verwendung von Schlempe zur Erzeugung von Pilzamylase. Lulla, B.S. und Johar, D.S. Bull.centr.Food technol.Res.Inst., Mysore 5. 312-13 (1956). - Ref.C. 1958. 4950.

Rhizopus-Amylase. Nagase & Co., Ltd. (Erfinder: Nakai, T., Matsuba, Y., Yamada, T. und Kusai, K.). Japan.P. 9291 ('62) vom 8/6. 1956., ausg. 25/7.1962. - Ref.C.A.(B.) 59. 5544b (1963).

Die Herstellung von Amylase in einem Fermenter von Laboratoriumsmaßstab. Lulla, B.S. und Johar, D.S. J.sci.ind.Res. (New Delhi), Sect.C. 15. 233-34 (1956). - Ref.C. 1959. 12579.

Stärkeverzuckerndes Enzym von Aspergillus oryzae. Sankyo Co. (Erfinder: Okazaki, H.). Japan.P. 49 ('56) ausg. 6/1.1956. - Ref.C.A. 51. 4035c (1957).

Reinigung und Eigenschaften einer α-Amylase aus fakultativ thermophilen Bakterien. Campbell, L.L. Arch.Biochem.Biophysics 54. 154-61 (1955). - Ref.C. 1956. 5585.

Die Reinigung von Bakterienamylase. Lulla, B.S. J.sci.Res. (New Delhi), Sect. C 14. 109-13 (1955). - Ref.C. 1957. 6476.

Untersuchung über die Amylasen verschiedener Arten von Schimmelpilzen. 9. Mitt. Reinigung und Eigenschaften von saccharogener Amylase aus Aspergillus oryzae. Okazaki, H. J.agric.chem.Soc. Japan 29. 181-85 (1955). - Ref.C. 1960. 13066, C.A. 51. 8160c (1957).

Kristallisation von α-Amylase aus einem thermophilen Bakterium. Campbell jr. L.L. J.Amer.chem.Soc. 76. 5256 (1954). - Ref.C. 1955. 3402, Stärke 7. 221 (1955).

Verbesserte Methoden zur Reinigung und Kristallisation von α-Amylasen. Fischer, E.H. und Stein, E.A. Arch. des Sci. 7. 131-61 (1954). - Ref.C. 1956. 6147.

Die Reinigung von Alpha-Amylase aus submersen Aspergillus orycae-Kulturen. Goering, K.J. und Bruski, V.G. Cereal Chem. 31. 7-14 (1954). - Ref.Stärke 6. 230 (1954), C. 1954. 10611.

Untersuchungen über die Amylasen verschiedener Arten von Schimmelpilzen. 8. Mitt. Reinigung und Eigenschaften von saccharogener Amylase aus Aspergillus oryzae. 2. Mitt. Okazaki, H. J.agric. chem.Soc. Japan 28. 51-56 (1954). - Ref.C.A. 51. 8160a (1957), C. 1950/54. 9782 S.

Untersuchungen über die Amylasen verschiedener Arten von Schimmelpilzen. 7. Mitt. Reinigung und Eigenschaften von saccharogener Amylase aus Aspergillus oryzae. 1. Mitt. Okazaki, H. J.agric. chem.Soc. Japan 28. 48-51 (1954). - Ref.C.A. 51. 8159g (1957), C. 1950/54. 9783 S.

Kristalline bakterielle Amylase und Proteinase. Hagihara, Bunji. Annu.Rep.sci.Works Fac.Sci.Osaka Univ. 2. 35-38 (1954).

Zur submeren Züchtung amylolytischer Schimmelpilze. Drews, B., Specht, H. und Rothenbach, E. Branntweinwirtschaft 75. 179-83 (1953). - Ref.C. 1950/54. 5759 S.

Die Umkehrung der Jod-Stärke-Farbreaktion durch ein Enzym. 9.Mitt. Kristallisation von Amylase (α-Typ) aus Aspergillus candidus var. amylolyticus. Takaoka, Ken-ichi. J.agric.chem.Soc.Japan 27. 111-13 (1953). - Ref.C. 1955. 2453.

Reinigung, Kristallisation und Eigenschaften der Getreide-β-Amylase. Über die amylolytischen Enzyme. 22. Mitt. Meyer, K.H., Spahr, P.F. und Fischer, E.H. Helv.chim.Acta 36. 1924-36 (1953). - Ref.Stärke 6. 32 (1954), C. 1954. 9062, C.A. 48. 5235c (1954).

Kristallisierte Pankreasamylase. Caldwell, M.L., Adams, M., Kung, J.T. und Toralballa, G.C. J.Amer.chem.Soc. 74. 4033 (1952). - Ref.Stärke 5. 18 (1953).

Enzymatische Synthese und Abbau von Stärke. 16. Mitt. Reinigung und Eigenschaften der β-Amylase aus Sojabohnen. Peat, St., Pirt, S.J. und Whelan, W.J. J.chem.Soc. (London) 1952. 714-22. - Ref.C. 1953. 1826.

Reinigung und Kristallisation der α-Amylase von Aspergillus oryzae. 18. Mitt. über amylolytische Enzyme. Fischer, E.H. und Montmollin, R.de. Helv.chim.Acta 34. 1987-94 (1951). - Ref.C.1952. 1507.

Kristallisation von α-Amylase und Grenzdextrinase bakteriellen Ursprungs. Underkofler, L.A. und Roy, D.K. Cereal Chem. 28. 18-29 (1951). - Ref.C. 1951. II. 2672.

Isolierung eines bakteriellen, zellfreien, stärkeverzuckernden Enzyms aus dem Medium bei 70°. Stark, E. und Tetrault, P.A. J.Bacteriol. 62. 247-49 (1951). - Ref.C. 1956. 12870.

Kristallisation von α-Amylase von Aspergillus oryzae. Fischer, E.H. und de Montmollin, R. Nature (London) 168. 606 (1951).

Reinigung und Kristallisation bakterieller α-Amylase. Hagihara, B. Proc.Japan Acad. 27. Nr.7. (1951). - Ref.C. 1950/54. 6876 S.

Über amylolytische Enzyme. 14. Mitt. Isolierung und Kristallisation der α-Amylase des menschlichen Pankreas. Fischer, E.H., Duckert, F. und Bernfeld, P. Helv.chim.Acta 33. 1060-64 (1950). - Ref.C. 1951. I. 2024.

Pilz und Enzym. Darstellung von Aspergillus oryzae-Amylase. Harada, T. Bull.chem.Soc. Japan 22. 197-99 (1949). (Orig.: engl.). - Ref.C. 1949. E. 6688.

Geschütztes Enzympräparat. Pillsbury Mills, Inc. (Erfinder: Gale, R.A. und Haigh, J.T.). A.P. 2 642 376 vom 12/8.1949, ausg. 16/6.1953. - Ref.Stärke 5. 275 (1953), C.A. 47. 8398f (1953).

Verfahren zur biotechnischen Herstellung von eiweiß- und stärkespaltenden Fermenten. O.F. Boehringer & Söhne (Erfinder: Duspiva, F. und Wallenfels, K.). D.B.P. 939 682 Kl. 6a vom 18/6. 1949, ausg. 1/3.1956. - Ref.Stärke 8. 130 (1956), C.A. 52. 17611f (1958).

Herstellung von amylase-aktiven Konzentraten aus Pilz-Mycel. Gates, R.L. und Kneen, E. Cereal Chem. 25. 1-19 (1948).

Über die amylolytischen Enzyme. 10. Mitt. Isolierung und Kristallisation der α-Amylase des menschlichen Speichels. Meyer, K.H., Fischer, E.H., Staub, A. und Bernfeld, P. Helv.chim.Acta 31. 2158-64 (1948). - Ref.C. 1948. E. 241.

Eine kristallisierte β-Amylase aus süßen Kartoffeln. Balls, A.K., Walden, M.K. und Thompson, R.R. J.biol.Chemistry 173. 9-19 (1948). - Ref.C. 1949. II. 82.

Biochemische Gewinnung von stärke- und eiweißabbauenden Enzymen. Pabst Brewing Co., übert.von: J.C. Hoogerheide und E.C. Laughery. A.P. 2 549 465 vom 11/2.1948, ausg. 17/4.1951. - Ref.C. 1952. 2767.

Die Herstellung von Pilzamylasen in submersen Kulturen. Le Mense, E.H., Corman, J., Lanen, J.M. van und Langlykke, A.F. J.Bacteriol. 54. 149-59 (1947).

Über die amylolytischen Enzyme. 1. Mitt. Isolierung der α-Amylase des Pankreas. Meyer, K.H., Fischer, E.H. und Bernfeld, P. Helv.chim.Acta 30. 64-78 (1947). - Ref.C. 1948. II. 90.

Herstellung einer Pilzamylase. Lanen, J.M. van und Le Mense, E.H. Can.P. 473 511 vom 6/3.1947, ausg. 15/5.1951. A.Prior. 10/9. 1946. - Ref.C. 1954. 904.

Submerse Pilzkulturen zur Amylaseherstellung. Balankura, B., Stewart, F.D., Scalf, R.E. und Smith, L.A. J.Bacteriol. 51. 594 (1946).

Ein aus süßen Kartoffeln hergestelltes kristallisiertes Protein mit β-Amylase-Aktivität. Balls, A.K., Thompson, R.R. und Walden, M.K. J.biol.Chemistry 163. 571-72 (1946). - Ref.C.1946. I. 1887.

β-Amylasepräparat aus Süßkartoffeln. Secretary of Agriculture USA, übert.von: Balls, A.K., Walden, M.K., Berkeley, und Thompson, R. A.P. 2 496 261 vom 8/10.1946, ausg. 7/2.1950. - Ref.C. 1950. II. 1638.

Bakterienamylasen. Erzeugung auf Weizenkleie. Beckord, L.D., Kneen, E. und Lewis, K.H. Ind.Engng.Chem., ind.Edit. 37. 692-96 (1945). - Ref.C. 1947. 207.

Weitere Untersuchungen über Reinigung und die Eigenschaften der Amylase von Aspergillus oryzae. Caldwell, M.L., Chester, R.M., Doebbeling, A.H. und Volz, G.W. J.biol.Chemistry 161. 361-65 (1945). - Ref.C. 1946. I. 1887.

Sojabohnenamylase. 2. Mitt. Weitere Reinigung von rohen β-Amylasekonzentraten aus Sojabohnen. Newton, J.M., Hixon, R.M. und Naylor, N.M. Cereal Chem. 20. 23-31 (1943).

Über die industrielle Darstellung der Bakterienenzyme. Effront, I.A. Chim.et Ind. 43. 3-12 (1940). - Ref.C. 1940. II. 140.

Stärkeverflüssigende Enzympräparate. Standard Brands Inc., übert. von: A. Schulz, L. Atkin und Ch. Frey. A.P. 2 159 678 vom 7/7.1936, ausg. 23/5.1939. - Ref.C. 1940. I. 251.

Enzymatische Studien über Cerealien. 10. Mitt. Über die Trennung von Amylasen im Reis. Yamagishi, G. J.agric.chem.Soc. Japan, Bull. 14. 1001-15 (1938).

Herstellung der β-Amylase und der Substratsubstanzen. Samec, M. Hoppe-Seyler's Z. physiol.Chem. 236. Nr.2. und 3 (1935).

Stärkeabbauendes Enzympräparat. Kalle & Co. AG. Schwz.P. 180 377 vom 14/11.1934, ausg. 2/1.1936. D.Prior. 18/12.1933. - Ref.C. 1937. I. 240.

Über die Reinigung pflanzlicher Amylasen. I. Mitt. Weidenhagen, R. Z.Ver.dtsch.Zuckerind. 83. 505-15 (1933). - Ref.C. 1933. II. 397.

Die amylolytischen Präparate des Handels und ihre verschiedene Wirksamkeit. Rotini, O.T. Giorn.Chim.ind.appl. 14. 117-21 (1932). - Ref.C. 1932. II. 1245.

Herstellung von stärkeabbauenden Enzympräparaten. Kalle & Co. AG. E.P. 399 998 vom 14/11.1932, Auszug veröff. 9/11.1933. D.Prior. 14/11.1931 und 1/4.1932. - Ref.C. 1934. I. 731.

Herstellung von Aspergillus-oryzae-Enzymen. Harada, T. Ind.Engng. Chem. 23. 1424 (1931).

Herstellung und Eigenschaften der Amylase aus gekeimtem Weizen und Roggen. Naylor, N.M., Spencer, M. und House, M. J.Amer,chem. Soc. 47. 3037-3039 (1925). - W.Ref. 2632-2634.

Bemerkungen zu den Versuchen über Reinherstellung von Enzymen. Bokorny, Th. Allg.Brauer- u.Hopfen-Ztg. 1921. 725-726, 729-730. - Ref.C. 1921. III. 1038.

Eine weitere Studie über das Veredlungsverfahren von Pankreas-amylase. Sherman, H.C., Garard, I.D. und LaMer, V.K. J.Amer. chem.Soc. 42. 1900-1907 (1920). - Ref.C.A. 15. 100 (1921), C. 1921. I. 99, W.Ref. 2629.

Studien über die Produktion amylolytischer und glykolytischer Bakterienfermente. 1. Rosenthal, E. und Patai, J.A. Zbl. Bakteriol. Parasitenkunde Infektionskrankh. Abt. I. 74. 369-373 (1914). - Ref.C. 1915. I. 442, W.Ref. 3303.

Studien über Amylase. 3. Versuche über die Herstellung und die Eigenschaften der Pankreas-Amylase. Sherman, H.C. und Schlesinger, M.D. J.Amer.chem.Soc. 33. 1195-1204 (1911). - Ref.C.1911. II. 1156, W.Ref. 2620.

Verfahren zur Gewinnung eines stark verzuckernden Enzyms. Takamine, J. D.R.P. 202 952 Kl. 6a vom 22/7.1906, ausg. 9/10.1908.

913. Nachweis, Untersuchung, Eigenschaften

Elektrophoretische Beschaffenheit von menschlicher Amylase und der Einfluß von Protein auf die Stärke-Jodreaktion. Wilding, P. Clin.chim.Acta (Amsterdam) 12. 97-104 (1965). - Ref.C.A. 63. 7260f (1965).

Taka-Amylase A. bei hohem Druck. 3. Mitt. Einige physiko-chemische Eigenschaften von durch Druck denaturierter Amylase A. Miyagawa, K. Arch.Biochem.Biophysics110. 381-87 (1965). - Ref.C.A. 63. 850d (1965).

Rolle des Calciumions bei der Aufrechterhaltung der Konformation und des aktiven Zentrums der α-Amylase von Aspergillus oryzae. Molodowa, G.A., Iwanow, I.O. und Nikolajew, G.M. Nachr.Akad. Wiss.SSSR, Ser.Biol. (russ.) 30. 359-67 (1965). - Ref.C. 1966. 21-1261, C.A. 63. 4601f (1965).

Der Einfluß des esterartig gebundenen Phosphors in Kartoffelstärke auf die Wirkungsweise der Speichel-α-Amylase. McBurney, L.J. und Smith, M.D. Cereal Chem. 42. 161-67 (1965). - Ref.Stärke 18. 57, 254 (1966).

Die Wechselwirkung zwischen Detergenzien und Proteinen. Die Wirkung von Detergenzien auf die Konformation von α-Amylase aus Bacillus subtilis und Bence-Jones-Protein. Imanishi, A., Momotani, Y. und Isemura, T. J.Biochemistry (Tokyo) 57. 417-29 (1965). - Ref.C. 1966. 14-1321.

Assoziation und Dissoziation der α-Amylase-Moleküle von Bacillus subtilis. 3. Mitt. Der Einfluß von pH und Salzen auf die Monomer-Dimer-Umwandlung. Kakiuchi, K., Hamaguchi, K. und Isemura, T. J.Biochemistry (Tokyo) 57. 167-75 (1965). - Ref.C.A. 62. 15014a (1965).

Assoziation und Dissoziation der α-Amylase-Moleküle von Bacillus subtilis. 2. Mitt. Monomer-dimer-Umwandlung durch Gel-Filtration. Kakiuchi, K., Kato, S., Imanishi, A. und Isemura, T. J.Biochemistry (Tokyo) 55. 102-09 (1964). - Ref.C.A. 60. 13501e (1964).

Besonderherheiten der Lumineszenz der kristallinen Amylase. Bobrowitsch, W.P. und Konew, Ss.W. Ber.Akad.Wiss.UdSSR (russ.) 155. 197-200 (1964). - Ref.C. 1966. 11-1300.

Histochemische Untersuchung von Verunreinigungen der im Handel erhältlichen Diastasen und Amylasen. Paegle, R.D. J.Histochem. Cytochem. (Baltimore) 12. 919-27 (1964). - Ref.C.A. 62. 14993c (1965).

Salze und der Abbau von Stärke durch α- und β-Amylase. Briggs, D.E. Enzymologia (Den Haag) 26. 355-63 (1964). - Ref.C. 1965. 51-1373.

Vergleichende Untersuchungen von Amylasen. Michl, H. und Pastuszyn, A. Mh.Chem. 95. 978-81 (1964). - Ref.Stärke 18. 200 (1966).

Die Lokalisierung von Amylase in Gewebeschnitten. Shear, M. S.African J.med.Sci. 28. 111 (1963). - Ref.C.A.(B.) 61. 894c (1964).

Eine Stärkesubstratfilmmethode für die histochemische Lokalisierung der Amylase. Shear, M. und Pearse, A.G.E. Exp.Cell Res. 32. 174-77 (1963).

Papierchromatographische Analyse der bei der Einwirkung von Speichel- und Pankreas-Amylase der Albinoratte entstehenden Produkte. Brdarič, R., Miholjčič, M. und Jadrič, S. Arch.Pharmacie (Beograd) 13. 93-97 (1963). - Ref.C. 1965. 13-1264, C.A. 59. 11811g (1963).

Die Bedeutung einer länger anhaltenden Erhöhung des Serumamylase-Spiegels. Veith, F.J., Filler, R.M. und Berard, C.W. Ann. Surgery 158. 20-26 (1963). - Ref.C.A.(B.) 60. 6044b (1964).

α-Amylase-Nachweis auf dem Papierchromatogramm. Linskens, H.F. und Schrauwen, J.A.M. Naturwissenschaften 50. 333 (1963). - Ref.C. 1964. 4-1094, C.A. 59. 1900c (1963).

Enzym-Antienzym-Systeme. 2. Mitt. Mit N-Bromosuccinimid modifizierte bakterielle α-Amylase. Okada, Y., Onoue, K., Nakashima, S. und Yamamura, Y. J.Biochem. (Tokyo) 54. 477-83 (1963). - Ref.C.A. 60. 12308d (1964), C. 1965. 12-1229.

Enzym-Antienzym-System. 1. Mitt. Immunochemische Untersuchungen aus Bacillus subtilis an α-Amylase. Onoue, K., Okada, Y., Nakashima, S., Shimada, K. und Yamamura, Y. J.Biochemistry (Tokyo) 53. 472-78 (1963). - Ref.C.A.(B.) 60. 6064f (1964).

Beziehung zwischen immunologischer Erinnerung und der Struktur bakterieller α-Amylase. Okada, Y., Nakashima, S. und Yamamura, Y. J.Biochemistry (Tokyo) 54. 99-100 (1963). - Ref.C. 1965. 28-1182.

Bakterielle Amylase. Arten von Bacillus subtilis-Amylasen. Fukumoto, J. und Okada, S. J.Fermentat.Technol. (Japan) 41. 427-34 (1963). - Ref.C.A. 63. 4591a (1965).

Verschiedenes Ansprechen von Pseudomonas saccharophila auf die Induktion von α-Amylase durch Stärke oder Maltose. Averner, M. und Klein, H.P. Biochim.biophysica Acta (Amsterdam) 77. 510-12 (1963). - Ref.C. 1965. 13-1263, Stärke 17. 96 (1965).

α-Amylase. 1. Mitt. Stabilität von α-Amylase. Tomoeda, M., Horitsu, H., Ichikawa, M. und Shimada, N. Res.Bull.Fac.Agric.,Gifu Univ. (Japan) 18. 113-17 (1963). - Ref.C.A. 62. 769b (1965).

Untersuchungen mit Sorghum-α-Amylase. Stewart, L. Univ.Microfilms (Ann Arbor, Mich.), Order No. 63-357. 106 S. - Ref.C.A.(B.) 59. 1889b (1963).

Modifikation von bakterieller α-Amylase mit N-Bromsuccinimid. Onoue, K., Okada, Y. und Yamamura, Y. J.Biochem.(Tokyo) 51. 443-44 (1962).

Antienzyme zu α- und β-Amylase. Stock, J.J. und Sanders, H.D. J.Amer.pharmac.Assoc., sci.Edit. 51. 981-83 (1962). - Ref.C. 1964. 38-1138.

Tägliche Variationen in einigen Enzymen des Kohlenhydrat-Stoffwechsels in Tapioca-Blättern. Viswanathan, P.N., Srivastava, L.M. und Krishnan, P.S. Plant Physiol. 37. 283-87 (1962). - Ref.C. 1963. 20859.

Einfluß von Elektrolyten auf die Fällung von Amylase aus Aspergillus oryzae. Schulman, M.S. und Apattzewa, W.W. Arb.zentr.wiss. Forsch.-Inst.Spiritus- u.Likör-Branntwein-Ind. (russ.) 1962. Nr.12. 35-39. - Ref.C.A.(B.) 59. 5732d (1963).

Säurestabile hydrolytische Enzyme. 5. Mitt. Identifizierung von Proteese und Amylase von Aspergillus oryzae var microsporus TPR-18. Misaki, T., Yasui, H., Sawada, J. und Tanaka, I. J.agric.chem.Soc. Japan 35. 1258-64 (1961). - Ref.C.A.(B.) 61. 999d (1964).

Thermostabile α-Amylase von Bacillus stearothermophilus. 3. Mitt. Aminosäurezusammensetzung. Campbell, L.L. und Manning, G.B. J.biol.Chemistry 236. 2962-65 (1961). - Ref.C.A. 56. 7701e (1962).

Thermostabile α-Amylase von Bacillus stearothermophilus. 2. Mitt. Physikalische Eigenschaften und Molekulargewicht. Manning, G.B., Campbell, L.L. und Foster, R.J. J.biol.Chemistry 236. 2958-61 (1961). - Ref.C.A. 56. 7701b (1962).

Drei Aminosäuren im aktiven Teil der β-Amylase. Thoma, J.A. und Koshland, D.E. jr. J.molecul.Biol. 2. 169-70 (1960).

Untersuchungen über die amphoteren Eigenschaften von Taka-Amylase A. 1. Mitt. Ionisation der phenolischen Hydroxylgruppen. Takagi, T. und Isemura, T. J.Biochemistry (Tokyo) 48. 781-89 (1960). - Ref.C. 1962. 6818.

Modifizierung von zwei Methoden für die Untersuchung von Amylase. Somogyi, M. Clinical Chem. 6. Nr.1. 23-35 (1960). - Ref.C. 1964. 1122.

Die Aminosäurenzusammensetzung der α-Amylase von Aspergillus oryzae. Stein, E.A., Junge, J.M. und Fischer, E.H. J.biol.Chemistry 235. 371-78 (1960). - Ref.C. 1961. 6178.

Einige Eigenschaften von Taka-Amylase A in Abhängigkeit von der Temperatur. Maeda, A., Oikawa, A. und Akabori, S. J.Biochemistry (Tokyo) 47. 804-08 (1960).

α-Amylase von Bacillus subtilis, ein Zink-Proteinkomplex. Stein, E.A. und Fischer, E.H. Biochim.biophysica Acta (Amsterdam) 39. 287-96 (1960). - Ref.C.A. 54. 17552d (1960).

Untersuchungen über Aspergillus. 5. Mitt. Eine Ursache des Niederganges der Amylase-produzierenden Kraft. Iguchi, I., Nakano, K. und Okaniwa, T. Annu.Rep.Takamine Lab. 12. 118-24 (1960). - Ref.C. 1965. 5-1256.

Untersuchungen über Amylase von Endomycopsis. Fukumoto, J., Tsujisaka, Y. und Araki, M. Chem. and chem.Ind. (Osaka) 34. 423-27 (1960). - Ref.C.A. 55. 24917b (1961).

Adaptivität amylolytischer Enzyme von Aspergillus oryzae. Tichomirowa, A.S. Mikrobiologie (russ.) 28. 45-51 (1959). - Ref.C. 1959. 9271.

Die Aminosäurezusammensetzung der α-Amylase von Bacillus subtilis. Junge, J.M., Stein, E.A., Neurath, H. und Fischer, E.H. J.biol. Chemistry 234. 556-61 (1959). - Ref.C. 1959. 15713.

Die Struktur der aus Taka-Amylase A erhaltenen Glykopeptide. Tsugita, A. und Akabori, S. J.Biochemistry (Tokyo) 46. 695-704 (1959). - Ref.C. 1962. 14547.

Schwefeleingliederung in α-Amylase von Pseudomonas saccharophila. Eisenstadt, J.M. und Klein, H.P. J.Bacteriol. 77. 661-666 (1959).

Chromatographie von kristallisierter Taka-Amylase A an einem schwachen Anionenaustauscher. Tsugita, A., Inoue, M. und Akabori, S. J.Biochem. (Tokyo) 46. 93-95 (1959).

Die Rolle des Calciums in Taka-Amylase A. II. Die Austausch-Reaktion von Calcium. Oikawa, A. J.Biochemistry (Tokyo) 46. 463-473 (1959).

Metallgehalt in α-Amylasen verschiedener Herkunft. Vallee, B.L., Stein, E.A., Sumerwell, W.N. und Fischer, E.H. J.biol.Chemistry 234. 2901-05 (1959). - Ref.C. 1960. 11338, Stärke 12. 253 (1960).

Untersuchungen über β-Amylase von Wasabia wasabi. 2. Mitt. Enzymatische Eigenschaften der ß-Amylase. Kasugai, A. J.agric.chem. Soc. Japan 33. 1115-18 (1959).

Untersuchungen über die Amylasen. 2. Mitt. Menschliche Speichelamylase. Sutra, R. Bull.Soc.Chim.biol. 41. 1233-43 (1959). - Ref.C. 1960. 12722.

Bestimmung von Enzymen mittels der Papierchromatographie. Panek, A. J.Chromatography 2. 566-68 (1959).

Über die Beziehung von Hefezellen zu β-Amylase. Jurkewitsch, W.W. Ber.Akad.Wiss.UdSSR (russ.) 127. 206-09 (1959).

Inaktivierung und zunehmende Stabilität von Amylase während der Fermentation. Malzew, P.M. und Sherebzow, N.A. Hochschulnachr., Nahrungsmittel-Technol. (russ.) 1959. Nr.2. 61-67. - Ref.C.A. 54. 813d (1960), Stärke 13. 187 (1961).

Eine immunochemische Untersuchung von mikrobieller Amylase.2.Mitt. Wada, T. J.Biochemistry (Tokyo) 46. 329-36 (1959). - Ref.C. 1962. 8289.

Untersuchungen von Taka-Amylase A. 6. Mitt. Über die α-Maltosidaseaktivität von Taka-Amylase A. Matsubara, S., Ikenaka, T. und Akabori, S. J.Biochemistry (Tokyo) 46. 425-31 (1959). - Ref.C. 1962. 6070.

Untersuchungen über eine Amylase aus Candida tropicalis var. japonica. 1. Mitt. Maltase- und Transglucosylase-Aktivitäten der Amylase. Sawai, T. J.Biochemistry (Tokyo) 45. 49-56 (1958). - Ref.Stärke 12. 121 (1960).

Eine immunochemische Untersuchung von mikrobieller Amylase. 1.Mitt. Wada, T. und Nomura, M. J.Biochemistry (Tokyo) 45. 639-46 (1958). - Ref.C. 1962. 8289.

Die Widerstandsfähigkeit von α-Amylase gegenüber proteolytischem Angriff. Stein, E.A. und Fischer, E.H. J.biol.Chemistry 232. 867-79 (1958). - Ref.C. 1960. 7549.

Enzym-Nachweis mittels der chromatographischen Pinsel-Methode. 3. Mitt. Rohdewald, M. Enzymologia 19. 16-21 (1958). - Ref.Stärke 11. 339 (1959).

Spezifität kristalliner saccharogener Schimmelpilzamylase. Tsujisaka, Y., Fukumoto, J. und Yamamoto, T. Nature (London) 181. 770-71 (1958). - Ref.Stärke 10. 329 (1958), C. 1958. 11556.

Untersuchungen über die Amylasebildung durch Bacillus subtilis. 5. Mitt. Immunochemische Untersuchung der von Bacillus subtilis produzierten Amylase. Nomura, M. und Wada, T. J.Biochem. (Tokyo) 45. 629-37 (1958). - Ref.C.A. 53. 7303c (1959).

Sulfhydrylgruppen in kristallisierter Bataten-β-Amylase. I. Beziehungen zwischen Restaktivität und verbleibenden SH-Gruppen in oxydierter ß-Amylase. Ito, M. und Yoshida, Sh. Bull.agric. chem.Soc. Japan 22. 287-293 (1958). - Ref.Stärke 12. 120 (1960).

Der Polyphenolgehalt und die Enzym-Aktivität zweier Kartoffelsorten. 1. Mitt. Vorläufiger Bericht. Clark, W.L., Mondy, N., Bedrosian, K., Ferrari, R.A. und Michon, C.A. Food Technol. 11. 297-301 (1957). - Ref.C. 1960. 1701.

Untersuchungen über β-Amylase aus Weizen. 1. Mitt. Wirkung einiger Farbstoffe. Ghosh, A.K. Enzymologia (Den Haag) 18. 76-80 (1957). - Ref.C. 1957. 9684.

Adaptative Natur von Amylase in Aspergillus oryzae. Smirnowa, L.S. Mikrobiologie (russ.) 26. 45-51 (1957). - Ref.C. 1957. 9954, C.A. 51. 18120e (1957).

Untersuchungen über Schimmelpilzamylase in Submerskultur. 3. Mitt. Die Herstellung von Schimmelpilz-Amylase in Submerskultur mittels des Belüftungsfermentors und ihre Verwendung bei der Alkoholherstellung. 1. und 2. Teil. Fukinbara, T., Kobayashi, J., Eguchi, T., Ishida, A., Miyoshi, Y. und Tobe, S. J.agric.chem. Soc. Japan 31. 406-10 und 411-13 (1957). - Ref.C. 1963. 9520.

Eigenschaften der zwei α-Amylasen von Bacillus subtilis. 24.Mitt. über die amylolytischen Enzyme. Menzi, R., Stein, E.A. und Fischer, E.H. Helv.chim.Acta 40. 534-41 (1957). - Ref.C. 1957. 10776, Stärke 10. 20 (1958).

Untersuchungen über Aspergilli. 2. Mitt. Iguchi, I. Annu.Rep. Takamine Lab. 8. 73-78 (1956). - Ref.C. 1962. 11968.

Untersuchung über Amylasebildung durch Aspergillus oryzae. 3.Mitt. Einfluß des p_H im sekundären Medium auf die Amylasezusammensetzung von Aspergillus oryzae 557. Tonomura, K. und Tanabe, O. J.agric.chem.Soc. Japan 30. 515-19 (1956). - Ref.C. 1958. 4820.

Untersuchungen von Bakterienamylase. 1. Mitt. Aminosäurezusammensetzung von kristallisierter Bakterienamylase aus Bacillus subtilis N. Akabori, S., Okada, Y., Fujiwara, S. und Sugae, K. J.Biochemistry (Tokyo) 43. 741-48 (1956). - Ref.C. 1958. 6574, Stärke 10. 46 (1958).

Beobachtungen über die Spezifität von Hefeisoamylase. Manners, D.J. und Maung, Khin. Chem. and Ind. 1955. 950-51. - Ref.C. 1956. 14068, Stärke 7. 220 (1955).

Koazervate und Fermente. Protein-Kohlenhydrat-Koazervate und β-Amylase. Jewreinowa, T.N., Schubert, T.A. und Nesstjuk, M.N. Ber.Akad.Wiss.UdSSR (russ.) 105. 137-40 (1955). - Ref.C. 1956. 12023, C.A. 50. 7170c (1956).

Papierchromatographie und Radioautographie von Amylase. Ramachandran, S. und Sarma, P.S. Current Sci. 24. 235 (1955). - Ref.C. 1961. 14325.

Aminosäurebestandteile der α-Amylase von Pilzen. Roy, D.K. Naturwissenschaften 42. 181 (1955). - Ref.C. 1957. 6174.

Neuere Untersuchungen über die Substratspezifität von Alpha-, Beta-, Macerans-Amylase und Phosphorylase. Husemann, E. und Lindemann, E. Stärke 6. 141-48 (1954). - Ref.C. 1955. 4613.

Untersuchung von α-Amylase in Roggenmehl. Clausen, W. Tidsskr. Kjemi, Bergves.Metallurgi 14. 23-24 (1954). - Ref.C. 1954. 9417.

913

Über die Spezifität stärkeabbauender Enzyme. Lindemann, E. Dissertation, Freiburg/Br. 1953.

Enzymatische Bildung und Degradation von Stärke. 19. Mitt. Endgruppenbestimmung der durch Einfluß von Isoamylase gebildeten Polysaccharide. Nakamura, M. J.agric.chem.Soc. Japan 26. 599-602 (1952). - Ref.C.A. 48. 758i (1954).

Eine Methode zur papierchromatographischen Identifizierung und Trennung von Enzymen. Giri, K.V. und Prasad, A.L.N. Biochem.J. 51. 123 (1952).

Enzymatische Bildung und Abbau von Stärke. 9. Mitt. Der Wirkungsmechanismus der Amylosynthease. Maruo, B., Kobayashi, T. und Tsukano, Y. J.agric.chem.Soc. Japan 25. 34-37 (1952). - Ref.Stärke 5. 46 (1953).

Papierelektrophorese von Enzymen. Amylase und Trypsin. Nikkilä, E., Ekholm, K. und Silvola, H. Acta chem.scand. 6. 617-22 (1952). - Ref.C. 1953. 3097.

Über die Trennung von Enzymgemischen durch Elektrophorese in Filterpapier. Wallenfels, K. und Pechmann, E.v. Angew.Chem. 63. 44-45 (1951).

Eigenschaften der kristallisierten α-Amylase von Aspergillus oryzae. 19. Mitt. über amylolytische Enzyme. Fischer, E.H. und Montmollin, R.de. Helv.chim.Acta 34. 1994-99 (1951). - Ref.C. 1952. 1507.

Charakteristische Eigenschaften von Schimmel-Amylasesystemen und Diskussion über ihre Anwendung. Okazaki, Hiroshi. Annu.Rep. Takamine Lab. 3. 54-64 (1951). - Ref.C.A. 48. 13759e (1954).

Beobachtung an amylolytischen Bakterien. 2. Mitt. Ein Überblick von bekannten mesophilen Arten auf fünf verschiedenen Stärken. Stark, E. und Tetrault, P.A. Canad.J.Bot. 29. 104-112 (1951).

Nachweis von Enzymen durch die Agarplattenmethode und deren Anwendung auf die Papierchromatographie. Giri, K.V. und Prasad, A.L.N. Nature (London) 167. 859-60 (1951). - Ref.C. 1951. II. 3179.

Untersuchungen über Amylase und Maltase des menschlichen Urins. Fleury, P.F., Courtois, J.E. und Ramon, D. Bull.Soc.Chim.biol. 33. 1762-67 (1951). - Ref.C. 1953. 9514.

Beobachtung an amylolytischen Bakterien. 1. Mitt. Ein Überblick über bekannte mesophile Arten auf löslicher Stärke. Stark, E. und Tetrault, P.A. Canad.J.Bot. 29. 91-103 (1951).

Physikochemische Untersuchungen an β-Amylase. Englard, S. und Singer, T.P. J.biol.Chemistry 187. 213-19 (1950). - Ref.C.1951. II. 69.

Untersuchung des Amylasekomplexes der Eicheln. Jewreinowa, T.N. und Nicolajewa, W.G. Ber.Akad.Wiss.UdSSR (russ.) 73. 1235-37 (1950). - Ref.C. 1951. I. 1885.

Über amylolytische Enzyme. 15. Mitt. Eigenschaften der α-Amylase des menschlichen Pankreas. Vergleich mit den anderen kristallisierten α-Amylasen. Bernfeld, P., Duckert, F. und Fischer, E.H. Helv.chim.Acta 33. 1064-70 (1950). - Ref.C. 1951. I. 2024.

Untersuchungsmethoden für Alpha-Amylase. Drews, E. Getreide, Mehl Brot 3. 198-201 (1949).

Über die amylolytischen Enzyme. 11. Mitt. Eigenschaften der kristallisierten α-Amylase des menschlichen Speichels. Bernfeld, P., Staub, A. und Fischer, E.H. Helv.chim.Acta 31. 2165-72 (1948). - Ref.C. 1948. E. 241.

Untersuchungen über Bakterien-Amylasen. 2. Mitt. Die Quelle des Kohlenstoffs als Determinante bei der Amylasesynthese durch Bacillus subtilis. Bhagwan, S.L. J.Indian chem.Soc. 25. 355-58 (1948). - Ref.C. 1949. E 6688.

Physikalische und chemische Eigenschaften der kristallinen α-Amylase aus Schweinepankreas. Meyer, K.H., Fischer, E.H. und Bernfeld, P. Arch.Biochemistry 14. 149-52 (1947). - Ref.C. 1949. E 6689.

Untersuchungen über die Amylase von Endomycopsis fibuliger. 3. Mitt. Hauptmerkmale der rohen und gereinigten Enzympräparate. Marroquin, A.S. und Gavarron, F.F. An.Escuela nac.Ci.biol. 4. 325-38 (1947). - Ref.C. 1949. E 6689.

Untersuchung des biochemischen Charakters zweier Species von Spherophorus: Sph.gulosus und Sph.mortiferus. Patocka, F. und Laplanche, J. Ann.Inst.Pasteur 73. 1206-07 (1947). - Ref.C. 1948. II. 978.

Quantität und Qualität der von verschiedenen Bakterienisolierungen gebildeten Amylase. Kneen, E. und Beckord, L.D. Arch.Biochemistry 10. 41-54 (1946). - Ref.C. 1946. I. 1886.

Eine Untersuchung über die wesentlichen Gruppen der β-Amylase. 2. Mitt. Sulfhydryl-Gruppen. Weill, C.E. und Caldwell, M.L. J.Amer.chem.Soc. 67. 214-17 (1945). - Ref.C. 1946. II. 412.

Eine Untersuchung über die wesentlichen Gruppen der β-Amylase. 1. Mitt. Weill, C.E. und Caldwell, M.L. J.Amer.chem.Soc. 67. 212-14 (1945). - Ref.C. 1946. II. 411.

Untersuchungen über Enzyme. 3. Mitt. Amylasen aus einigen indischen Knollengewächsen. Shukla, J.P. J.Indian chem.Soc. 21. 223-26 (1944). - Ref.C. 1946. II. 3862.

Enzymatische Studien über Cerealien. 12. Mitt. Über die Elution der adsorbierten Reisamylase. Yamagishi, Gohei. J.agric.chem. Soc. Japan, Bull. 16. 27 (1940). - Ref.C. 1940. II. 1731.

Beitrag zur Kenntnis der Speichelamylase. 1. Mitt. Über die Globulinnatur der Speichelamylase. Ninomiya, H. J.Biochemistry 31. 69-78 (1940). - Ref.C. 1940. II. 1882.

Sojabohnen-Amylase. 1. Mitt. Die Konzentration und Charakterisierung der Sojabohnen-Amylase. Newton, J.M. und Naylor, N.M. Cereal Chem. 16. 71-78 (1939).

Weitere biochemische Untersuchungen über Trichophyton crateriforme und Achoria violaceum. Grigoraki, L. und David, R. C.R.Séances Soc.Biol.Filiales Associées 129. 647-49 (1938). - Ref.C. 1941. I. 383.

Über die stärkespaltende Kraft des Speichels beim Hunde. Marco, M.R. de. Arch.di Fisiol. 37. 56-68 (1937).

Vergleichende viscosimetrische Untersuchungen verschiedener Amylasepräparate des Handels. Janke, A. und Herzog, F. Enzymologia 3. 105-114 (1937). - Ref.C. 1938. I. 3786.

α-Amylase-β-Amylase. Blom, J., Bak, A. und Braae, B. Hoppe-Seyler's Z.physiol.Chem. 250. 104-122 (1937). - Ref.C. 1939. I. 2999.

Einige Untersuchungen über α- und β-Amylasen. Bjöling, C.O. Svensk farmac.Tidskr. 39. 453-57, 469-74, 485-92, 501-04 (1935). - Ref.C. 1936. I. 3847.

Zur Biochemie des Bacillus mesentericus hydrolyticus, einer neuen Type des Bacillus mesentericus vulgatus. Hermann, S. und Neuschul, P. Biochem.Z. 281. 219-30 (1935). - Ref.C. 1936. I.581.

Eine neue Methode zur Unterscheidung von Amylasen und Stärkesorten. Giri, K.V. Science (New York) 81. 343-44 (1935). - Ref.C. 1935. II. 704.

Beitrag zur Spezifität der Amylasen. 2. Mitt. Über das Nichtauftreten von Reduktionsvermögen beim enzymatischen Abbau von aus Nativstärke gewonnener Oxyäthylstärke. Ziese, W. Hoppe-Seyler's Z.physiol.Chem. 235. 235-45 (1935). - Ref.C. 1935. II. 3249.

Das Spezifitätsproblem der Amylasen. Klinkenberg, G.A.van. Ergebn. Enzymforsch. 3. 73-94 (1934). - Ref.C. 1934. II. 1142.

Pankreas-, Speichel- und Aspergillusamylase als Gemisch zweier Arten von Amylasen. Giesberger, G. Kon.Akad.Wetensch. Amsterdam, Proc. 37. 336-42 (1934). - Ref.C. 1934. II. 3262.

Stärke. 2. Mitt. Amylose und Amylopektin. Nishimura, S. J.agric. chem.Soc. Japan 9. 767-770 (1933). - Ref.C.A. 28. 2937 (1934).

Über Glutathion als Komplement der Amylasen. 9. Mitt. Pringsheim, H., Borchardt, H. und Hupfer, H. Biochem.Z. 250. 109-24 (1932). - Ref.C. 1932. II. 2471.

Untersuchung der Amylase der Kartoffel. Burger, J. Magyar Chem. Folyóirat 34. 120, 135, 150 (1928).

Chemische Natur von bestimmten Amylasen. Sherman, H.C. In R.P. Walton: A Comprehensive Survey of Starch Chemistry, Part 1, S. 77-86. Chemical Catalog Company, New York 1928.

Untersuchungen über die enzymatische Wirkung. 2. Mitt. Die Natur der Amylase. Narayanamurti, D. und Norris, R.V. J.Indian Inst. Sci. A 11. 134-39 (1928).

Verhalten, insbesondere Ionenaktivierung von Pflanzenenzymen in Abhängigkeit von der Ernährung. 1. Mitt. Über die Amylase kalihungriger Zuckerrüben. Doby, G. und Hibbard, R.P. Biochem.Z. 176. 165-77 (1926). - Ref.C. 1926. II. 2976.

Über die Spezifität der Amylasen. (Beiträge zur Chemie der Stärke. XV.). Pringsheim, H. und Leibowitz, J. Ber.dtsch.chem.Ges. 59. 991-95 (1926). - Ref.C. 1926. I. 3403.

Über das Pringsheimsche Komplement der Amylasen. Sjöberg, K. Biochem.Z. 159. 468-471 (1925). - Ref.C. 1925. II. 1364, W.Ref. 428.

Über ein Komplement der Amylasen und das Grenzdextrin. 3. Mitt. Pringsheim, H. und Beiser, A. Biochem.Z. 148. 336-343 (1924). - Ref.C. 1924. II. 1211, C.A. 19. 660 (1925), W.Ref. 416.

Über ein Komplement der Amylasen. Pringsheim, H. und Fuchs, W. Ber.dtsch.chem.Ges. 56. 1762-1768 (1923). - Ref.C. 1923. III. 1578, C.A. 18. 1507 (1924), W.Ref. 406.

Zur Kenntnis der Kartoffelamylase. Haehn, H. und Schweigart, H. Biochem.Z. 143. 516 (1923). - W.Ref. 2992.

Affinität von Jod gegenüber Urin und Amylase. Polleri, P.M. Pathologica (Genova) 4. 270-276 (1922). - W.Ref. 2757.

Einfluß der Filtrierung auf die Amylasen. Effront, J. C.R.Séances Soc.Biol.Filiales 86. 271-273 (1922). - Ref.C. 1922. III. 177, W.Ref. 3101.

Über die unterschiedlichen Eigenschaften der Amylasen verschiedenen Ursprungs. Effront, J. C.R.hebd.Séances Acad.Sci. 174. 18-21 (1922). - Ref.C.A. 16. 1257 (1922), C. 1922. III, 177, W.Ref. 2754.

Über die unterschiedlichen Eigenschaften der Amylasen verschiedenen Ursprungs. Effront, J. C.R.Séances Soc.Biol.Filiales 86. 274-275 (1922). - Ref.C. 1922. III. 177, W.Ref. 2755.

Über die Charakterisierung von Amylaselösungen. Euler, H.von und Svanberg, O. Hoppe-Seyler's Z.physiol.Chem. 112. 193-230 (1921). 115. 179 (1921). - Ref.C. 1921. III, 113, C.A. 15. 4014 (1921), W.Ref. 391.

Vergleich des Grades der Diffusion bestimmter Substanzen, insbesondere der Nährstoffe, Enzyme und Proenzyme. Neill, A.J. Amer. J.Physiol. 57. 478-495 (1921). - W.Ref. 2747.

Beitrag zur Kenntnis der chemischen Natur der Enzyme. Bokorny, Th. Biochem.Z. 100. 100-113 (1919). - Ref.C.A. 14. 2497 (1920), W.Ref. 2732.

Verwandtschaft der Pankreasenzyme. Fenger, F. und Hull, M. J.biol. Chemistry 38. 487-500 (1919). - W.Ref. 2949.

Die Beständigkeit und der Zerfall einiger fünfundzwanzig Jahre alter pflanzlicher Arzneien. Gathercoal, E.N. J.Amer.pharmac. Assoc. 8. 711-716 (1919). - W.Ref. 2733.

Chemische Untersuchung von Amylasen und verwandten Enzymen. Sherman, H.C. Carnegie Inst. Jb. 18. 328-330 (1919). - Ref.C.A. 15. 2888 (1921), W.Ref. 2954.

Über die Oberflächenspannung von Fermentlösungen. Berczeller, L. Biochem.Z. 84. 50-58 (1917). - Ref.C. 1918. I. 329, W.Ref.2940.

Über Versuche mit Amylase aus Aspergillus oryzae. Sherman, H.C. und Tanberg, A.P. J.Amer.chem.Soc. 38. 1638-45 (1916). - Ref.C.1916. II. 1042, W.Ref. 2627.

Über Pflanzenenzyme. 3. Mitt. Pathologische Veränderungen der Kartoffelamylase. Doby, G. und Bodnár, J. Biochem.Z. 68. 191-205 (1915). - Ref.C. 1915. I. 793.

Über das Verhalten verschiedener Stoffe gegen Stickoxyd. Panzer,T. Hoppe-Seyler's Z.physiol.Chem. 93. 378-395 (1914-15). - W.Ref. 2718.

Studien über Amylasen. Teil 10. Vergleichende Untersuchungen über die Eigenschaften von Pankreas- und Malzamylasepräparaten. Sherman, H.C. und Schlesinger, M.D. J.Amer.chem.Soc. 37. 1305-19 (1915). - Ref.C. 1915. II. 350, W.Ref. 2727.

Studien über Amylasen. Teil VII. Die Stickstoffarten in Amylasepräparaten aus der Bauchspeicheldrüse und Malz, nach der van Slyke'schen Methode bestimmt. Sherman, H.C. und Gettler, A.O. J.Amer.chem.Soc. 35. 1790-94 (1913). - Ref.C. 1914. I. 270, W.Ref. 2710.

Amylasen. Teil VI. Vergleichende Studien über die amyloklastischen und saccharogenen (zuckerbildenden) Kräfte. Sherman, H.C. und Schlesinger, M.D. J.Amer.chem.Soc. 35. 1784-1790 (1913). - Ref.C. 1914. I. 269, W.Ref. 2709.

Die stärkespaltende Eigenschaft des Speichels. Evans, L.C. J.Physiol. 44. 729 (1912). - Ref.C. 1912. II. 729.

Die stärkespaltende Eigenschaft des Speichels. Evans, C.L. J.Physiol. 44. 191-202 (1912). - Ref.C.A. 6. 2251 (1912), C. 1912. II. 729, W.Ref. 354.

Die Arbeit des Pankreas und sein Einfluß auf die Verbrennung der Kohlenhydrate. Verzár, F. Biochem.Z. 44. 201-212 (1912). - Ref.C. 1912. II. 1677.

Experimentelle Kritik an der Lehre der Anpassung der Verdauungsenzyme. 3. Über die nach verschiedenen Speisen erhaltene Amylase des Pankreas-Saftes. Rinaldini, Th. Arch.Farmacol.sperim. Sci.affini 13. 241-252 (1912). - W.Ref. 2915.

Studien über Amylase. Teil IV. Weitere Mitteilungen über die Eigenschaften der Pankreasamylase. Sherman, H.C. und Schlesinger, M.D. J.Amer.chem.Soc. 34. 1104-11 (1912). - Ref.C. 1912. II. 1035, W.Ref. 2623.

Notiz über Rhizopusarten. Wehmer, C. Ber.dtsch.bot.Ges. 28. 547-549 (1911). - Ref.C. 1911. II. 712.

Über Fermente im Honig und den Wert ihres Nachweises für die Honigbeurteilung. Auzinger, A. Z.Unters.Nahrungs- u.Genußmittel 19. 65-83 (1910). - Ref.C.A. 4. 1201 (1910), C. 1910. I. 1809, W.Ref. 3125.

Untersuchungen über die chemische Zusammensetzung und Bildung der Enzyme. Euler, H.von und Ugglas, B.af. Ark.Kem.Mineral.Geol.3. 30-34 (1908-10). - Ref.C. 1910. II. 1550, W.Ref. 3399.

Physikalisch-chemische Untersuchungen über Amylase und Maltase. Philoche, C. J.Chim.physique 6. 355-422 (1908). - Ref.C. 1908. II. 622, W.Ref. 337.

Physikalisch-chemische Untersuchungen über Amylase und Maltase. Philoche, C. J.Chim.physique 6. 212-293 (1908). - Ref.C. 1908. I. 2050-2052, C.A. 2. 2753 (1908), W.Ref. 336.

Ursprung des Verzuckerungsvermögens des menschlichen Speichels. Mestrezat. Bull.Soc.chim.France (4) 3. 711-713 (1908). - Ref.C. 1908. II. 184.

Ist der Speichel der Hunde amylolytisch aktiv? Mendel, L.B. und Underhill, F.P. J.biol.Chemistry 3. 135-143 (1907). - W.Ref. 3394.

Die chemische Wirkung der Sporen. Effront, J. Monit.sci.Dr.Quesneville 21. Sér. 4; 81-87 (1907). - Ref.C.A. 1. 1160 (1907), C. 1907. I. 834, W.Ref. 3283.

Über die Amylase und die Maltase des pankreatischen Saftes. Bierry, H. und Giaja. C.R.hebd.Séances Acad.Sci. 143. 300-302 (1906). - Ref.C. 1906. II. 964, W.Ref. 2845.

Einige physikalische Eigenschaften von Ptyalin. Levy, D.J. Rep.Michigan Acad.Sci. 6. 155-161 (1904). - W.Ref. 3091.

Vergleichende Untersuchungen über den Gehalt an eiweiß- und stärkelösenden Enzymen verschiedener Milcharten. Zaitschek, A. Pflügers Arch.ges.Physiol.Menschen Tiere 104. 539-549 (1904). - Ref.C. 1904. II. 1244, W.Ref. 3388.

Wird Stärke durch Pilze verarbeitet? Cotte, J. C.R.Séances Soc. Biol. 55. 674-676 (1903).

Die Fällbarkeit der pankreatischen Fermente durch Alkohol. Vernon, H.M. J.Physiology 29. 302-334 (1903). - W.Ref. 2673.

Über das Zusammenwirken eines Amylomyces und eines Mikrokokkus. Vuillemin, P. C.R.hebd.Séances Acad.Sci. 134. 366-368 (1902). - Ref.C. 1902. I. 732, W.Ref. 3276.

Zur Frage über die amylolytische Wirkung des Speichels. Bielfeld, P. Z.Biol. 41. 360-367 (1901).

Vergleichende Untersuchungen über einige sogenannte Amylomyces-Arten. Sitnikoff, A. und Rommel, W. Wschr.Brauerei 17. 621-625 (1900). - W.Ref. 3269.

Über die chemische Beschaffenheit der amylolytischen Fermente. Wroblewski, A. Ber.dtsch.chem.Ges. 31. 1130-1136 (1898). - Ref.C. 1898. II. 49, W.Ref. 2612.

Über das Verhalten der Polysaccharide gegen einige tierische Sekrete und Organe. Fischer, E. und Niebel, W. S.-B.königl. preuß.Akad.Wiss. 1896. 73-82. - Ref.C. 1896. I. 499-501, W.Ref. 3381.

Untersuchungen über die Gummi der Arabin-Gruppe. 2. "Geddic"-Säure, Gedda-Gummi; die rechtsdrehenden Varietäten. O'Sullivan, C. J.chem.Soc. (London) 59. 1029-1075 (1891). - W.Ref. 3372.

Über die wahre Natur des Gummiferments. Reinitzer, F. Hoppe-Seyler's Z.physiol.Chem. 14. 453-470 (1890). - W.Ref. 3369.

Beitrag zum Studium des glykosidischen Fermentes der Leber. Kaufmann, d'A. C.R.Séances Soc.Biol. 41. 600-603 (1889). - Ref.C. 1890. I. 596, W.Ref. 3367.

Über das "stärkeumwandelnde" Ferment im menschlichen Harn. Breusing, R. Virchow's Arch.pathol.Anatom.Physiol.klin.Med. 107. 186-191 (1887). - Ref.C. 1887. 163, W.Ref. 3365.

Über Ptyalin und Labferment im menschlichen Harn. Holovtschiner,E. Virchow's Arch.pathol.Anatom.Physiol.klin.Med. 104. 42-53 (1886).

Chemische Untersuchungen über die in den Pflanzen enthaltenen Fermente und über die durch Eisenoxydation hervorgerufenen Wirkungen auf organische Stoffe. Kosmann, C. Bull.Soc.chim.Paris 27. Sem.I. 251-256 (1877). - W.Ref. 3359.

Notizen über einige ungeformte Fermente des Säugetierorganismus. Grützner, P. Pflüger's Arch.ges.Physiol.Menschen Tiere 12. 285-307 (1876). - Ref.C. 1876. 717, W.Ref. 165.

Über die Fermente in den Bienen, im Bienenbrod und im Pollen und über einige Bestandteile des Honigs. Erlenmeyer, E. und Planta, A. von. S.-B.königl.bayer.Akad.Wiss. 4. 204-207 (1874). - Ref.C. 1874. 790, W.Ref. 3358.

Untersuchungen über "ungeformte Fermente" und ihre Wirkungen. 1. Hüfner, G. J.prakt.Chem. 5. 372-396 (1872). - W.Ref. 3357.

914. Adsorption und Komplexbildung

Wie wichtig sind die Glucosyltransferase-Aktivitätsbestimmungen in Stärke-Enzym-Komplexen. Chandorkar, K.R. und Badenhuizen, N.P. Stärke 18. 91-95 (1966).

Rolle der Wasserstoffbindung bei der Aufrechterhaltung der Konformation und Bildung des Enzym-Substrat-Komplexes der α-Amylase von Aspergillus oryzae. Iwanow, I.D., Molodowa, G.A. und Rachlejewa, Je.Je. Nachr.Akad.Wiss.SSSR, Ser.Biol. (russ.) 30. 257-73 (1965). - Ref.C. 1966. 21-1260.

Aktivität von an Adsorptionsmitteln adsorbierten Enzymen. Usami,S. und Taketomi, N. J.Fermentat.Assoc. (Japan) 23. 267-69 (1965). - Ref.C.A. 63. 11939e (1965).

Die Größe des α-Amylase-Grenzdextrinkomplexes und die Anzahl der Bindungsplätze des Enzymes. Loyter, A. und Schramm, M. Israel J.Chem. 3. 104 (1966). - Ref.Stärke 18. 302 (1966).

Spezifische Fällung eines Enzyms durch dessen Substrat, des α-Amylase-Makrodextrinkomplexes. Levitzki, A., Heller, J. und Schramm, M. Biochim.biophysica Acta (Amsterdam) 81. 101-07 (1964). - Ref.C.A.(B.) 60. 5830f (1964), C. 1966. 16-1198, Stärke 17. 135 (1965).

Biochemische Charakterisierung des Kohlenhydrat-Amylase-Komplexes einiger Maissorten. Romenski, N.W. und Pissanski, A.P. Hochschulnachr. (Krasnodar) Nahrungsmittel-Technol. (russ.) 1964. Nr.3. 19-23. - Ref.C. 1965. 16-2989.

Adsorption von Amylase an Stärken. Nagase & Co., Ltd. F.P. 1 368631 ausg. 31/7.1964., Japan.Prior. 11/9.1962. - Ref.C.A. 62. 7987c (1965).

Nicht gelöster α-Amylase-Dextrinkomplex. Levitzki, A. und Schramm, M. Bull.Res.Council.Israel, Sect. A11. 258-61 (1963). - Ref.C.A. 59. 1912f (1963).

Die Bildung des unlöslichen α-Amylase-Dextrin-Komplexes bestimmende Faktoren. Levitzki, A. und Schramm, M. Israel J.Chem. 1. 198 (1963). - Ref.C. 1966. 8-1202.

Durch thermophile Bakterien produzierte Amylase. 4. Mitt. Adsorption der thermophilen Amylase an Stärke. Endo, S. J.Fermentat. Technol. (Japan) 38. 233-37 (1960). - Ref.C.A. 56. 13233d (1962).

Die Amylase von Clostridium acetobutylicum. 2. Mitt. Adsorption. Scott, D. und Hedrick, L. Appl.Microbiol. 7. 135-38 (1959). - Ref.Stärke 12. 192 (1960), C. 1962. 14547.

Ernährungsstudie an Stärken. 5. Mitt. Adsorption von Amylase durch Stärke. Yokozawa, I. und Sakurai, Y. Rep.Food Res.Inst.(Tokyo) 9. 141-43 (1954). - Ref.C.A. 49. 16104c (1955).

ß-Amylolyse: Bindung von Enzym und Substrat. Bird, R. und Hopkins, R.H. Biochem.J. 57. 162-65 (1954). - Ref.C. 1955. 1763, Stärke 6. 230 (1954).

Enzym-Substrat-Verbindungen und Aktivität-p_H-Kurven der Amylasen. 3. Mitt. p_H-Kurven von Gersten-ß-Amylase. Myrbäck, K. und Persson, B. Ark.Kemi 4. Nr.40. 495-502 (1952). - Ref.C. 1956. 9480.

Über die Amylase-Substrat-Verbindungen. Myrbäck, K. Ark.Kemi 2. 417-22 (1950). - Ref.C. 1952. 3833.

Stärken und deren Derivate als Absorbierungsmittel für Malz-α-Amylase. Schwimmer, S. und Balls, A.K. J.biol.Chemistry 180. 883-94 (1949). - Ref.Stärke 2. 284 (1950), C. 1949. E. 75.

Über die amylolytischen Enzyme. 2. Mitt. Die Affinität zwischen Enzym und Substrat einiger α-Amylasen. Bernfeld, P. und Studer-Pécha, H. Helv.chim.Acta 30. 1904 (1947).

Polysaccharid in Verbindung mit ß-Amylase. Ford, L.H. und Peat, S. J.chem.Soc. (London) 1941. 856-64 (1941).

Dilatometrische Studien über Enzymwirkung. 3. Mitt. Kontraktionskonstanten von Enzym-Substratreaktionen. Sreerangachar, H.B. und Sreenivasaya, M. J.Indian Inst.Sci. A. 16. 69-75 (1933). - Ref.C. 1934. I. 713.

Über die Adsorption von α-Amylase aus Malz an Stärke. Holmbergh, O. Biochem.Z. 258. 134-40 (1933). - Ref.C. 1933. I. 2825.

Über die Adsorption von α-Amylase. Holmbergh, O. Biochem.Z. 266. 203-15 (1933). - Ref.C. 1934. I. 63.

Die Adsorption von Amylasen an Stärkekörnern. Boekestein, P.T. Acta Brevia neerl.Physiolog., Pharmacol.Microbiol. 2. 132-34 (1932). - Ref.C. 1933. II. 397.

Kontraktionskonstanten von Enzym-Substrat-Systemen. Sreerangachar, H.B. und Sreenivasaya, M. Current Sci. 1. 166 (1932). - Ref.C. 1933. I. 3725.

Ein Modell für die räumliche Trennung von Ferment-Substrat (Diastase-Stärke) in der Zelle. Mühlbauer, M. Fermentforschung 12. 273-94 (1931). - Ref.C. 1931. I. 2208.

Untersuchungen über das Verhalten der Amylase der Stärke gegenüber. Radaelo, G. Pathologica 20. 269-79 (1929). - Ref.C. 1929. II. 53.

Adsorption der Amylase aus Malzauszügen an Kaolin und Elution. (Th. Sabalitschka, Über die Malzamylase. VII.). Sabalitschka, Th. und Weidlich, R. Biochem.Z. 211. 229-38 (1929). - Ref.C. 1930. I. 2904.

Über das Adsorptionsverhalten der Pankreasamylase. Willstätter, R., Waldschmidt-Leitz, E. und Hesse, A.R.F. Hoppe-Seyler's Z. physiol.Chem. 142. 14-34 (1925). - Ref.C.A. 19. 1711 (1925), C. 1925. I. 1744, W.Ref. 3110.

Über Enzymadsorption. 1. Mitt. Kraut, H. und Wenzel, E. Hoppe-Seyler's Z.physiol.Chem. 133. 1-21 (1924). - W.Ref. 3106.

Über das Absorptionsvermögen der pflanzlichen Pülpen. Effront, J. C.R.hebd.Séances Acad.Sci. 178. 2032-2035 (1924). - W.Ref.3105.

Beitrag zum Studium des Phänomens von Ambard (Adsorption von Amylase durch Stärke). Chodat, F. und Philia, M. Arch.Sci. physiques natur. Genève (5) 6. Suppl. 118-122 (1924). - Ref. C. 1924. II. 2850, W.Ref. 3104.

Über Amylase. Verbindung des Ferments und der Substanzen, die es digeriert. Ambard, L. Bull.Soc.Chim.biol. 5. 693-716 (1923). - Ref.C.A. 18. 992 (1924), C. 1924. II. 478, W.Ref. 3102.

Fixierung der Amylase auf roher Stärke und Stärkekleister. Ambard, L. C.R.Séances Soc.Biol.Filiales Associées 84. 230-32 (1921). - Ref.C. 1921. I. 1022.

Bindung der Amylase durch rohe und reine Stärke. Ambard, L. C.R.Séances Soc.Biol.Filiales Associées 83. 1458-60 (1920). - Ref.C. 1921. I. 299.

Protein"körper" und "Antikörper" als Adsorptionsprodukte. Rakuzin, M.A. J.russ.physik.-chem.Ges. 48. 465-468 (1916). - W.Ref.3099.

Optische Eigenschaften der Diastase und ihrer Adsorption durch Kaolin und Aluminiumhydroxyd. Rakuzin, M.A. und Flier, G.D. J.russ.physik.-chem.Ges. 48. 321-324 (1916). - Ref.C.A. 11. 454 (1917), W.Ref. 3098.

Das Ausfällen der Enzyme aus ihrer Lösung durch feuchtes Aluminiumhydroxyd. Welker, W.H. und Marshall, J. J.Amer.chem.Soc. 35. 822 (1913). - W.Ref. 3097.

Die Beeinflussung der Adsorption durch die Reaktion des Mediums. Michaelis, L. und Rona, P. Biochem.Z. 25. 359-366 (1910). - W.Ref. 3095.

Studien über Enzyme. 1. Mitt. Die Adsorption der Diastase und Katalase durch Kolloid-Protein und normales Bleiphosphat. Peters, A.W. J.biol.Chemistry 5. 367-380 (1908-09). - Ref.C. 1909. I. 558, W.Ref. 3093.

Über die Absorption der Fermente durch Kolloide. Dauwe, F. Beitr. chem. Physiol.Pathol. 6. 426-453 (1905). - W.Ref. 723.

Kritische Beobachtungen über den Gebrauch von Gipsfiltern zum Sterilisieren der Flüssigkeiten bei Fermenten. Cazeneuve, P. Bull.Soc.chim.Paris 42. Sém. 2; 89-94 (1884). - W.Ref. 3090.

915. Wirkungsweise

(Vgl. auch "Mechanismus und Kinetik der Stärkespaltung": 922)

Untersuchungen über die Wirkungsweise der β-Amylase auf natürliche Stärkepolysaccharide. Richter, M. Dissertation, Potsdam 1964. 1-221.

Untersuchungen über Kohlenhydrate umwandelnde Enzyme. 9. Mitt. Die Wirkung von Isoamylase auf Amylose. Kjølberg, O. und Manners, D.J. Biochem.J. 86. 258-62 (1963). - Ref.C. 1963. 15094, Stärke 15. 460 (1963).

Die Wirkungsweise von β-Amylase auf Stärkeoligosaccharide. French, D. und Youngquist, R.W. Stärke 15. 425-31 (1963).

Wirkungsweise und Spezifität einer α-Amylase von Bacillus subtilis. Robyt, J. und French, D. Arch.Biochem.Biophysics 100. 451-67 (1963). - Ref.C. 1965. 29-1306.

Die Reaktion von Amylasen mit Stärkekörnern. Nordin, P. und Kim, Y.S. J.Amer.chem.Soc. 82. 4604-07 (1960). - Ref.Stärke 13. 271 (1961), C. 1963. 8964.

Die Wirkung von Urease und β-Amylase auf Harnstoff beziehungsweise Stärke in Gegenwart einiger Glucoproteinkoazervate. Macovschi, E., Vasu, S.-S. und Cîrsteanu, M. Studii Cercetari Biochim. 1. 297-311 (1958). - Ref.C. 1962. 9017.

Gekeimtes Getreide der Ernte 1956. Wirkung der α-Amylase. Dubois, M. und Willm, Ch. Bull.anciens Elèves Ecole franç.Meunerie 1958. 65-75. - Ref.C. 1959. 4989.

Zur fermentativen Wirkung von Pilzamylase gegenüber Stärke. Ulmann, M. Nahrung 2. 910-24 (1958). - Ref.Stärke 11. 339 (1959), C.A. 53. 20238b (1959).

Neuere Entwicklungen und theoretische Aspekte der Amylasewirkung. French, D. Bakers Digest 31. 24-36 (1957). - Ref.C.A. 51. 16590e (1957).

Wirkung der Urease auf Harnstoff und der β-Amylase auf Stärke in Gegenwart einiger Glucoproteinkoazervate. Macovschi, E., Vasu, S. und Cîrsteanu, M. Rev.Chim. (Bucarest) 2. 279-85 (1957). - Ref.C. 1963. 14718.

Einwirkung von Urease und β-Amylase auf Harnstoff bzw. Stärke in Gegenwart einiger Glucoproteinkoazervate. Macovschi, E., Vasu, S.-S. und Cîrsteanu, M. Comun.Acad.Republ.Populare romîne 7. 933-40 (1957). - Ref.C. 1961. 13590.

Zur papierchromatographischen Charakterisierung der Abbauwirkung von "Diastase"-Präparaten bei Kartoffelstärke. Ulmann, M. und Seidemann, J. Ernährungsforschung 2. 83-96 (1957). - Ref.C.A. 52. 609b (1958), C. 1958. 5530, Stärke 10. 20 (1958).

Gekoppelte Wirkung von dextrinogener Amylase, glucosebildender Amylase und Transglucosidase auf Stärke in An- und Abwesenheit von Hefe. Okazaki, H. Arch.Biochem.Biophysics 63. 322-33 (1956). - Ref.C.A. 50. 15651a (1956), C. 1957. 11617.

Gekoppelte Wirkung dextrinogener, saccharogener und maltose-oligosaccharid-transglucosidaser Enzyme auf Stärke. Okazaki, H. Symposia Enzyme Chem. (Japan) 11. 215-22 (1956). - Ref.C.A. 50. 14829d (1956).

Die Wirkung von β-Amylase auf verzweigte Oligosaccharide. Summer, R. und French, D. J.biol.Chemistry 222. 469-77 (1956). - Ref.Stärke 8. 287 (1956), C.A. 50. 16919d (1956), C. 1957. 2510.

Untersuchung über Amylasen verschiedener Arten von Schimmelpilzen. 11. Mitt. Amylase- und Maltasewirkungen der saccharogenen Amylase von Aspergillus oryzae. (2). Okazaki, H. J.agric.chem. Soc. Japan 29. 277-83 (1955). - Ref.C. 1961. 1968, C.A. 51. 8160e (1957).

Untersuchung über die Amylasen verschiedener Arten von Schimmelpilzen. 10. Mitt. Amylase- und Maltasewirkungen der saccharogenen Amylase von Aspergillus oryzae. (1.). Okazaki, H. J.agric. chem.Soc. Japan 29. 273-77 (1955). - Ref.C. 1961. 1967.

915

Koazervate und Fermente. Protein-Kohlenhydrat-Koazervate und α-Amylase. Oparin, A.I., Jewreinowa, T.N., Schubert, T.A. und Nesstjuk, M.N. Ber.Akad.Wiss.UdSSR (russ.) 104. 581-83 (1955). - Ref.C.A. 50. 5807a (1956).

Biochemische Studien an Amylase. I. Über die Wirkung von α- und β-Amylase auf Amylose bzw. Amylopektin. Suzuki, T. und Hasegawa, Sh. Mie med.J. 5. 37-45 (1955). - Ref.C.A. 50. 13129e (1956).

Amylase von Rhizopus delemar. Kristalline Proteine von "Gluc Amylase" und ihre enzymatische Wirkung. Fukumoto, J., Sakazaka, Y. und Minamii, K. Symposia Enzyme Chem. (Japan) 9. 94-97 (1954). - Ref.C.A. 48. 7084c (1954).

Die Wirkung einiger α-Amylasen auf Amylose. Bird, R. und Hopkins, R.H. Biochem.J. 56. 88-99 (1954). - Ref.Stärke 6. 139 (1954), C. 1950/54. 315 S.

Enzymatischer Abbau von Assimilationsstärke in grünen Blättern. 4. Mitt. Wirkung eines teilweise gereinigten saccharogenen Enzymsystems von Süßkartoffelblättern auf Amylose. Baba, A. J.agric.chem.Soc. Japan 28. 372-76 (1954). - Ref.C. 1950/54. 6876 S.

Die Wirkung von Darmextrakten auf "verzweigte" Oligosaccharide. Larner, J. und McNickle, C.M. J.Amer.chem.Soc. 76. 4747-48 (1954). - Ref.C. 1955. 2924, Stärke 7. 190 (1955), C.A. 49. 9066d (1955).

Wirkung und Eigenschaften der β-Amylase: Neue Erkenntnisse. Hopkins, R.H. Wallerstein Lab. Commun. 17. 299-316 (1954). - Ref.C. 1950/54. 5045 S.

Vergleich der Wirkung verschiedener α-Amylasen auf eine geradlinige Fraktion der Maisstärke. Kung, Jo-Fen Tung, Hanrahan, V.M. und Caldwell, M.L. J.Amer.chem.Soc. 75. 5548-54 (1953). - Ref.C.A. 48. 2798f (1954), C. 1955. 2923, Stärke 6. 56 (1954).

Über Amylasewirkung und deren klinische Standardisierung. Kushimoto, T. Tokyo Jikeikai med.J. 67. 128-33 (1953). - Ref.C. 1956. 13735.

Transglykosidasewirkung von Amylasepräparaten. Pan, S.C., Nicholson, L.W. und Kolachow, P. Arch.Biochem.Biophysics 42. 421-34 (1953).

Eine Untersuchung über die Wirkung der Takaamylase. Hanrahan, V.M. und Caldwell, M.L. J.Amer.chem.Soc. 75. 2191-97 (1953). - Ref.C. 1950/54. 314 S.

Eine Studie über die Wirkung der Amylase und der sogenannten "Amylosynthease" durch die potentiometrische Jodtitration. Ogata, K. J.Biochemistry (Japan) 39. 137-54 (1952).

Unterschied zwischen der Wirkung der α-Amylase-Fraktion und Isoamylase bei Zimmertemperatur. Nikuni, Z., Fuwa, H. und Takaoka, K. Mem.Inst.Sci.Ind.Res.Osaka Univ. 8. 186-92 (1951). - Ref.C.A. 46. 3587 (1952).

Amylasen und ihre Wirkung. Meyer, K.H. Angew.Chem. 63. 153-58 (1951). - Ref.C. 1952. 696.

Die Wirkung von kristallisierter β-Amylase auf kristallisierte Maisamylose. Kerr, R.W. und Cleveland, F.C. J.Amer.chem.Soc. 73. 2421-24 (1951). - Ref.Stärke 3. 265 (1951), C. 1956. 10022.

Die Wirkung von Amylase auf Stärke. Kerr, R.W. und Gehman, H. Stärke 3. 271-78 (1951).

Anfängliche Zunahme der Viscosität während der Wirkung von Bakterienamylase auf Stärke. Lulla, B.S. Research 3. 290-91 (1950). - Ref.C. 1952. 2685.

Wirkung gewisser α-Amylasen. Caldwell, M.L. und Adams, M. Advances Carbohydrate Chem. 5. 229-68 (1950). - Ref.C. 1951. II. 2893.

Vereinigte Wirkung von α- und β-Amylase. 3. Mitt. Weitere Beobachtungen und Schlußfolgerungen. Preece, I.A. und Shadaksharaswamy, M. J.Inst.Brewing 55. 373-83 (1949). - Ref.C. 1950. II. 354.

Vereinigte Wirkung von α- und β-Amylase. 2. Mitt. Einfluß des β:α-Verhältnisses und der Temperatur auf die Entstehung reduzierender Gruppen aus Stärke. Preece, I.A. und Shadaksharaswamy, M. J.Inst.Brewing 55. 298-306 (1949). - Ref.C. 1950. II. 354.

Vereinigte Wirkung von α- und β-Amylase. 1. Mitt. Bestimmung der reduzierenden Gruppen und der amylolytischen Tätigkeit. Preece, I.A. und Shadaksharaswamy, M. J.Inst.Brewing 55. 103-10 (1949). - Ref.C. 1950. II. 354.

Wirkung der β-Amylase auf Amylose. Kerr, R.W. Nature (London) 164. 757-59 (1949). - Ref.C. 1949. E 4136.

Die Einwirkung von β-Amylase auf Amylopektin und Glykogen. Halsall, T.G., Hirst, E.L. und Jones, J.K.N. J.chem.Soc. (London) 1949. 3200-07. - Ref.C. 1950. II. 1134.

Über die amylolytischen Enzyme. 5. Mitt. Vergleich der enzymatischen Wirkung der α-Amylase verschiedener Herkunft. Bernfeld, P. und Fuld, M. Helv.chim.Acta 31. 1423-27 (1948). - Ref.C. 1949. I. 1378.

Die Einwirkung der Amylasen auf Amylose und Amylopektin. Hopkins, R.H. Branntweinwirtschaft 2. 179 (1948). - Ref.C. 1949. I. 1305.

Einwirkung von Pilzenzymen bei der Stärkeverzuckerung. Corman, J. und Langlykke, A.F. Cereal Chem. 25. 190-201 (1948).

Die Wirkung der β-Amylase auf Kartoffel-Amylose. Hopkins, R.H., Jelinek, B. und Harrison, L.E. Biochem.J. 43. 32-38 (1948). - Ref.C. 1948. E. 1871.

Über Amylasen und ihre Wirksamkeit. Hemptinne, Y. de. Fermentatio (Gand) 1948. 66-87. - Ref.C. 1948. E. 762.

Weitere Untersuchungen der Wirkung der Pankreasamylase: Ausmaß der Stärkehydrolyse. Alfin, R.B. und Caldwell, M.L. J.Amer.chem. Soc. 70. 7. 2534-39 (1948). - Ref.Stärke 2. 209 (1950), C. 1949. I. 1264.

Untersuchungen über die Amylase des Endomycopsis fibuliger. 4. Mitt. Eigentümlichkeiten seiner Wirkung auf Handelsstärken. Sanchez-Marroquin, A. und Gavarron, F.F. An.Escuela nac.Ci. biol. 5. 7-12 (1948). - Ref.C. 1948. E. 2751.

Untersuchungen über die Amylase von Endomycopsis fibuliger. 2. Mitt. Stärkeabbauende und fermentative Wirkung in gemischten Kulturen. Marroquin, A.S. und Solorzano, M. An.Escuela nac.Ci. biol.4. 311-24 (1947). - Ref.C. 1949. E. 6689.

Die Wirkung der Amylasen auf Amylose und Amylopektin. Hopkins, R.H. Congr.int.Ind.Ferment., Gand, 1947. 56-61.

Wirkung von Amylase auf Stärke und Glykogen. Myrbäck, K. Actualités biochim. 10. 12-14 (1947). - Ref.C.A. 46. 8692 (1952).

Die Wirkungen der Amylasen. Hopkins, R.H. Advances in Enzymol. 6. 389-414 (1946). - Ref.C. 1946. I. 1885.

Parallelen zwischen der stärkedextrinierenden und -verflüssigenden Aktivität der Amylasen. Hollenbeck, C.M. und Blish, M.J. Cereal Chem. 18. 754-771 (1941).

Die Verwendung von Sojabohnen-β-Amylase zur Verfolgung der Modifikation von Stärke. Newton, J.M., Fraley, F.F. und Naylor, N.M. Cereal Chem. 17. 342-55 (1940). - Ref.C. 1940. II. 2623.

Beitrag zur Kenntnis der Speichelamylase. 3. Mitt. Über die Wirkung der Speichelamylase auf die verschiedenen Stärkearten und den Wirkungsunterschied von Speichel- und Pankreasamylase auf Amylopektin und Amylose. Ninomiya, H. J.Biochemistry 31. 429-35 (1940). - Ref.C. 1941. I. 3234.

Untersuchungen über Weizenstärke. 3. Mitt. Die Wirkung von Amylasen auf Weizenamylopektin und Amylose. Stamberg, O.E. und Bailey, C.H. Cereal Chem. 16. 330-35 (1939). - Ref.C. 1939. II. 1594.

Untersuchungen über Weizenstärke. 2. Mitt. Die Einwirkung von Amylasen auf rohe Weizenstärken. Stamberg, O.E. und Bailey, C.H. Cereal Chem. 16. 319-30 (1939). - Ref.C. 1939. II. 1593.

Die Wirkung der Sojabohnen-β-Amylase auf verschiedene Stärken. Martin, V.D., Naylor, N.M. und Hixon, R.M. Cereal Chem. 16. 565-73 (1939). - Ref.C. 1940. I. 1357.

Über das Stärkeverflüssigungsvermögen verschiedener Amylasepräparate. Janke, A. und Holota, J. Wschr.Brauerei 56. 161-65 (1939). - Ref.C. 1939. II. 961.

Zur Bestimmung des Stärkeverflüssigungsvermögens. Friedmann, S. Enzymologia (Haag) 6. 307-20 (1939).

Vergleichende Untersuchungen über Amylasewirkung auf Stärken. Martin, V.D. und Newton, J.M. Cereal Chem. 15. 456-62 (1938). - Ref.C. 1938. II. 3756.

Einwirkung von Weizenamylase auf lösliche Stärke. Stamberg, O.E. und Bailey, C.H. J.biol.Chemistry 126. 479-88 (1938). - Ref.C. 1939. II. 127.

Wirkung der Amylasen auf Stoffe von niedrigem Molekulargewicht. Myrbäck, K. und Ortenblad, B. Svensk kem.Tidskr. 50. 284-98 (1938). - Ref.C. 1939. I. 3000.

Das Verflüssigungsvermögen der Diastase. Laer, H.van und Lestarquis, R. Annales Zymol. 4. 168-70 (1938). - Ref.C. 1938. I. 4063.

Die Änderung der amylolytischen Wirksamkeit beim Reiskorn während der Reifung und Keimung. Giri, K.V. und Sreenivasan, A. Biochem.Z. 296. 428-33 (1938).

Wirkung von Weizenamylasen auf Rohweizenstärke. Blish, M.J., Sandstedt, R.M. und Mecham, D.K. Cereal Chem. 14. 605-28 (1937). - Ref.C. 1938. I. 1686.

Wirkung von Xylan zersetzenden Bakterien (Nährwert des Pentosans VIII). Iwata, Hisayoshi. Bull.agric.chem.Soc. Japan 13. 95 (1937). - Ref.C. 1938. I. 2376.

Wirkung von Amylasen auf Stärke. Gore, H.C. Ind.Engng.Chem. 28. 86-88 (1936). - Ref.C. 1936. II. 885.

Eine Untersuchung über das Ausmaß der Verdauung von Stärken und Glykogen und den Einfluß der chemischen Konstitution. I. Mitt. Wirkung von Amylase auf Stärken und Glykogen. Glock, G.E. Biochem.J. 30. 1386-96 (1936). - Ref.C. 1936. II. 3123.

Über die Wirkung von β-Amylase auf einige Stärkesubstanzen. 4.Mitt. über enzymatische Amylolyse in der von M. Samec und E. Waldschmidt-Leitz begonnenen Untersuchungsreihe. Samec, M. Hoppe-Seyler's Z.physiol.Chem. 236. 103-18 (1935). - Ref.C. 1936. I. 3847.

Untersuchung über die Einwirkung verschiedener Amylasen auf Stärke. Ohlsson, E. und Rosen, O. Svensk farmac.Tidskr. 38. 497. 42 Seiten bis 652 (1934). - Ref.C. 1935. I. 1402.

Beitrag zur Spezifität der Amylasen. Einwirkung von Amylasen auf Oxyäthylstärke. Ziese, W. Hoppe-Seyler's Z.physiol.Chem. 229. 213-18 (1934). - Ref.C. 1935. I. 1884.

Die Wirkung einiger Schimmelpilze auf Lösungen von Aldosen und verwandten Stoffen. Angeletti, A. und Ponte, D. Ann. Chim. applicata 24. 232-36 (1934). - Ref.C. 1934. II. 1939.

Beiträge zur Amylasewirkung. Mystkowski, E.M. und Landau, M. Biochem.Z. 261. 116-27 (1933). - Ref.C. 1934. I. 2142.

Über das Wirksamwerden pflanzlicher Enzyme. Suessenguth, K. Ergebn.Enzymforsch. 1. 364-69 (1932). - Ref.C. 1932. I. 1795.

Über die gleichzeitige Wirkung von Speichel-, Pankreas- und Malzamylase auf Stärke. Rona, P. und Hefter, J. Biochem.Z. 217. 113-24 (1930). - Ref.C. 1930. I. 2108.

Die Einwirkung des Ptyalins auf Stärke. 1. Mitt. Broeze, J.R. Biochem.Z. 204. 286-302 (1929). - Ref.C. 1929. II. 1168.

Beiträge zur Kenntnis der Enzymwirkung von Alternaria Solani. Szelényi, G. v. und Becze, G. v. Zbl.Bakteriol., Parasitenkunde Infektionskrankh. II. Abt. 76. 121-24 (1929). - Ref.C. 1929. I. 760.

Weitere Beobachtungen über die Wirkung von Paratyphus-, Ruhr- und Metaruhrbazillen auf verschiedene Stärken. Castellani, A. J.trop.Med.Hyg. 30. 229-30 (1927).

Wirkung von Paratyphus-, Ruhr- und Metaruhrbazillen auf Stärke. Castellani, A. Proc.Soc.exp.Biol.Med. 24. 509-11 (1927). - Ref.C. 1928. II. 2372.

Neue Ergebnisse über den enzymatischen Abbau und Aufbau der Kohlenhydrate. Euler, H.v. und Myrbäck, K. Svensk.Kem.Tidskr. 37. 173-84 (1925). - Ref.C. 1925. II. 1875, W.Ref. 422.

Gleichzeitige Wirkung des Pankreasextraktes und des Extraktes anderer Drüsen auf die Kohlenhydrate. Serono, C. und Cruto, A. Rass.Clin., Terap.Sci.affini 22. 199-201 (1923). - Ref.C. 1924. I. 799, C.A. 18. 3210 (1924), W.Ref. 409.

Untersuchungen über Enzymwirkung. 18. Mitt. Die saccharogene Wirkung von Kartoffelsaft. McGuire, G. und Falk, K.G. J.gen. Physiol. 2. 215 (1920). - W.Ref. 2950.

Wirkung verschiedener Säuren auf den Mucor végétal. Bettinger, P. und Delaval. Bull.Assoc.Chimistes Sucr., Distill.France Colonies 37. 254-261 (1919-20). - Ref.C.A. 14. 3120 (1920), W.Ref. 3313.

Studien über die Tätigkeit der Enzyme. 17. Mitt. Die Oxydase, Peroxydase, Catalase und Amylase der frischen und getrockneten Pflanzen. Falk, K.G., McGuire, G. und Blount, E. J.biol.Chemistry 38. 229-244 (1919). - Ref.C.A. 13. 1716 (1919), C. 1920. III. 598, W.Ref. 2948.

Die Ptyalinwirkung. McGuigan, H. J.biol.Chemistry 39. 273-284 (1919). - Ref.C.A. 13. 3197 (1919), W.Ref. 381.

Über den Einfluß von einfachen Stoffen auf die Stärkeauflösung und auf die Wirkung von Speichelamylase. Temminck Groll, J. Nederl.Tijdschr. Geneeskunde 61. 2B, 1029-1041 (1917). - Ref.C.A. 12. 485 (1918), W.Ref. 377.

Die Rolle der Amylase in Kartoffelknollen (Auszug). Bodnár, J. und Doby, G. J.Soc.chem.Ind. 36. 98 (1917). - W.Ref. 3417.

Über die Zunahme der Temperatur, nachgeprüft durch die Wirkung pankreatischer Amylasen. Serono, C. Rass.Clin., Terap.Sci. affini 14. 325-328 (1915). - Ref.C.A. 10. 1045 (1916), W.Ref. 368.

Wirkung des pankreatischen Saftes auf Glykogen, Stärke und ihre Bestandteile. Gatin-Gruzewska, Z. und Bierry, M. C.R.hebd. Séances Acad.Sci. 149. 359-361 (1909). - Ref.C.A. 4. 220 (1910), C. 1909. II. 999, W.Ref. 339.

Über die enzymatische Wirkung des Rettigs (Raphanus sativus L.). Saiki, T. Hoppe-Seyler's Z.physiol.Chem. 48. 469-472 (1906). - Ref.C. 1906. II. 1275, W.Ref. 3392.

Die saccharifizierende Wirkung des Bacillus tuberculosis. Fermi,C. Zbl.Bakteriol., Parasitenkunde Infektionskrankh. Abt. I. 40. 187-188 (1906). - Ref.C. 1906. I. 1179, W.Ref. 3280.

Über einige Bedingungen der Ptyalinwirkung. Maszewski, T. Hoppe-Seyler's Z.physiol.Chem. 31. 58-63 (1900-01). - W.Ref. 299.

Vergleichende Untersuchung über die Einwirkung des Speichels, des Pankreas- und Darmsaftes sowie des Blutes auf Stärkekleister. Hamburger, C. Pflügers Arch.ges.Physiol.Menschen Tiere 60. 543-577 (1895). - W.Ref. 2657.

Über einige Punkte bezüglich der Wirkung des Speichels auf das Stärkekorn. Bourquelot, E. C.R.hebd.Séances Acad.Sci. 104. 71-74 (1887). - W.Ref. 200.

Die Wirkung der Diastase, des Speichels und des pankreatischen Saftes auf Stärke und auf Glykogen. Musculus, F. und Mering, von. C.R.hebd.Séances Acad.Sci. 88. 87-88 (1879). - W.Ref. 180.

916. Aktivitätsbeeinflussung

(Aktivierung, Inaktivierung, Inhibitore, Hemmung, Vergiftung, Stabilität)

Einfluß der Wasserstoffionen-Konzentration auf die Aktivität der amylolytischen Enzyme von submerskultiviertem Aspergillus oryzae. Dwadzatowa, Je.A. u.Butowa,S.N. Ferment- u.Alkohol-Ind.(russ.) 31.Nr.3. 4-5 (1965). - Ref.C.A. 63. 3586a (1965).

Einfluß der Sulfhydryl-Gruppen auf die Aktivität von ß-Amylase der Süßkartoffeln. Thoma, J.A., Koshland, D.E.jr., Shinke, R. und Ruscica, J. Biochemistry 4. 714-22 (1965). - Ref.C.A. 62. 13436h (1965).

Hemmung der Enzyme durch Tannine von Quercus sessilis-Blättern; Hemmung von α-Amylase. Gadal, P. und Boudet, A. C.R.hebd. Séances Acad.Sci. 260. 4252-55 (1965). - Ref.C.A. 63. 3238a (1965).

Bildung von enzymatisch aktiven Zwischenprodukten bei der Renaturierung von reduzierter Taka-Amylase A. Yutani, K., Takgi, T. und Isemura, T. J.Biochemistry (Tokyo) 57. 590-97 (1965). - Ref.Stärke 18. 255 (1966).

Hemmung der Weizen-α-Amylase durch Ascorbinsäure und Phosphat. Carter, J.E. und Hutchinson, J.B. Chem. and Ind. 1965. 1765-66. - Ref.Stärke 18. 200 (1966).

Verteilungscharakteristik der Amylaseaktivität in Serumproteinen. Rahman, M.A. Nature (London) 205. 973-74 (1965). - Ref.Stärke 17. 204 (1965).

Hemmung der Photo-Inaktivierung von Taka-Amylase A durch Halogen-Ionen. Tomita, G. und Kimm, S.S. Nature (London) 207. 975-76 (1965). - Ref.Stärke 18. 158 (1966).

Reaktivierung von durch Druck inaktivierter α-Amylase von Bacillus subtilis bei mäßigem Druck. Miyagawa, K., Sannoe, K. und Suzuki, K. Arch.Biochem.Biophysics 110. 432-37 (1965). - Ref.C.A. 63. 3248d (1965).

Wirkung des Substrats auf die Hitzeinaktivierung von Taka-Amylase A. Tomita, G. und Kim, S.S. Nature (London) 205. 46-48 (1965). - Ref.Stärke 17. 204 (1965).

Alpha-Amylase-Aktivität englischer Weizensorten. Stewart, B.A. Nature (London) 204. 1088 (1964).

Der Einfluß der Verdünnung auf die Amylase-Aktivität und ihre Beziehung zum Elektrophorese-Effekt. Theodor, E. und Birnbaum, D. J.Lab.clin.Med. 63. 879-84 (1964). - Ref.C.A.(B.) 61. 4652e (1964).

Der Einfluß von Gibberellin-Säure und N-Äthylmaleinimid auf die Amylase-Aktivität, Ascorbin-Säure und Glutathion in keimenden Gerstensamen. Srivastava, B.I.S. und Meredith, W.O.S. Canad.J. Bot. 42. 507-13 (1964). - Ref.C.A.(B.) 61. 3627d (1964).

Inaktivierung von ß-Amylase durch γ-Bestrahlung. Scoppa, P. und Tafuri, F. Int.J.Radiation Biol. 8. 415-25 (1964). - Ref.C.A. 62. 12126h (1965).

Reversibilität der Hitzeinaktivierung von bakterieller α-Amylase. Yamamoto, T., Nishida, A. und Fukumoto, J. Agric.Biol.Chem. (Tokyo) 28. 656-57 (1964). - Ref.C.A. 62. 4275d (1965).

Pharmazeutische Untersuchungen über Enzym-Präparate. 4. Mitt. Schädigung der Amylase-Aktivität durch unterschiedliche Verpackung von Enzym-Präparaten. Ogiso, T. und Sugiura, M. Yakuzaigaku 24. 201-04 (1964). - Ref.C.A. 62. 12983h (1965).

Eine Analyse über die Hemmung von ß-Amylase durch Harnstoff. Weintraub, B.D., Hamilton, G.A. und Henshaw, C. Arch.Biochem.Biophysics 107. 224-38 (1964). - Ref.Stärke 17. 366 (1965).

916

Die Amylaseaktivität der papierelektrophoretisch trennbaren Plasmaproteine. Gülzow, M. und Trettin, H.-J. Z.ges.inn.Med.Grenzgebiete 19. 808-14 (1964). - Ref.C.A. 62. 10736c (1965).

Aktivität der α-Amylase bei Feinvermahlung des Weizens. Kosmina, N.P. und Gorelowa, Je.I. Hochschulnachr. (Krasnodar), Nahrungsmittel-Technol. (russ.) 1964. Nr.5. 28-30. - Ref.C. 1965. 19-2920, C.A. 62. 5800d (1965).

Die Entwicklung der α-Amylase-Aktivität in reifendem Weizen. Olered, R. Ark.Kemi 22. Nr.15. 175-83 (1964). - Ref.C.A.(B.) 61. 4698e (1964), C. 1966. 4-1194.

Amylase-Aktivität von γ-bestrahltem Erdnußsamen während der Keimung. Patel, G.M. und Patel, K.C. Z.Naturforsch. 19b. 1017-20 (1964). - Ref.C.A. 62. 4303d (1965).

Aktivierung und Hemmung der α-Amylase-Bildung während des Reifens von Gerste. Verbeek, R. und Dumitru, I.F. Arch.Intern.Physiol. Biochim. 72. 799-818 (1964). - Ref.C.A. 62. 8323g (1965).

Über die Natur der Hemmung der induzierten Amylasesynthese durch Glucose bei Aspergillus oryzae. Tichomirowa, A.Ss. und Kulikowa, A.K. Mikrobiologie (russ.) 33. 7-12 (1964). - Ref.C. 1965. 50-1354.

Die Säureinaktivierung der α-Amylase in Calciumionen enthaltenden Medien. Sherebzow, N.A. Hochschulnachr., Nahrungsmittel-Technol. (russ.) 1964. Nr.4. 55-59. - Ref.Stärke 17. 99 (1965).

Taka-Amylase A unter Hochdruckbehandlung. 2. Mitt. Die Rückkehr der Enzym-Aktivität von Druck inaktivierter Taka-Amylase A und ihre Erhöhung durch Behandlung bei mäßigem Druck. Miyagawa, K., Sannoe, K. und Suzuki, K. Arch.Biochem.Biophysics 106. 467-74 (1964). - Ref.C.A.(B.) 61. 5980h (1964).

Inaktivierung von Weizen-α-Amylase durch Hitze-Behandlung. Hutchinson, J.B. Res.Ass.Brit.Flour-Millers' Bull. 14. 5-11 (1964).

Einfluß physikalischer Faktoren auf die Amylase-Aktivität der Leber. McGeachin, R.L. und Tabler, S.N. Proc.Soc.exp.Biol.Med. 113. 1003-05 (1963). - Ref.C.A.(B.) 60. 2125c (1964).

Die Lokalisierung von Amylaseaktivität in Gewebeschnitten durch eine Stärkefilmmethode. Tremblay, G. J.Histochem.Cytochem. (Baltimore) 11. 202-06 (1963). - Ref.C. 1965. 2-1328, C.A. 59. 3078d (1963).

Die Verflüssigungsaktivität von Pankreas-, Getreide-, Pilz- und Bakterien-α-Amylasen. Pomeranz, Y. J.Food Sci. 28. 149-55 (1963). - Ref.C. 1965. 44-1263.

Einfluß der aktiven Acidität des Mediums auf die amylolytischen Enzyme von Aspergillus oryzae. Daniljak, N.I. und Tscherewko, N.G. Spiritus-Ind. (russ.) 29. 11-15 (1963). - Ref.C.A.(B.)60. 6175c (1964).

Vergleichende Teste der Amylase-Aktivität. Perten, H. Fermentatio (Gand) 1963. 31-39. - Ref.C. 1964. 14-1091.

Inaktivierung von Enzymen unter hohem Druck. Die Kinetik der Inaktivierung von α-Amylase von Bacillus subtilis unter hohem Druck. Suzuki, K. und Kitamura, K. J.Biochemistry (Tokyo) 54. 214-19 (1963). - Ref.C.A. 60. 14779b (1964), C. 1965. 28-1184.

Einfluß von Natriumchlorid auf die Aktivität von Weizenamylasen. Roiter, I.M. und Bersina, N.I. Hochschulnachr. (Krasnodar), Nahrungsmittel-Technol. (russ.) 1963. Nr.4. 42-46. - Ref.C. 1964. 16-2715, C.A. 60. 813b (1964).

Inaktivierung von α-Amylasen durch Cobaltkomplexe. Pomeranz, Y. Biochim.biophysica Acta (Amsterdam) 77. 451-54 (1963). - Ref.C. 1964. 51-1038, C.A. 60. 808g (1964).

Molekulare Stabilität und Umkehrbarkeit der Denaturierung von α-Amylase aus Bacillus subtilis. 2. Mitt. Regeneration des durch Harnstoff denaturierten Enzyms durch Entfernung oder Verdünnung des Harnstoffs. Imanishi, A., Kakiuchi, K. und Isemura, T. J.Biochemistry (Tokyo) 54. 89-96 (1963). - Ref.C. 1964. 49-1078.

Die Hemmung der Amylase-Aktivität durch Flavine. 4. Mitt. Einfluß von Metall-Ionen auf die Hemmung der α-Amylaseaktivität durch Riboflavin. Sone, K. Vitamine (Japan) 26. Nr.1. 13-24 (1962). - Ref.C.A. 62. 1913a (1965).

Die Hemmung von β-Amylase durch Ascorbinsäure. Rowe, A.W. und Weill, C.E. Biochim.biophysica Acta (Amsterdam) 65. 245-51 (1962).

Die Beeinflussung stärkeabbauender Enzyme des Roggens und Weizens durch Chlorid-Einwirkung. Schulz, A. Brot und Gebäck 16. 141-143 (1962). - Ref.C. 1964. 4-2766.

Die Denaturierung von Enzymen. 3. Mitt. Einfluß von Anionen auf die Hitzeinaktivierung von β-Amylase der Süßkartoffel. Nakayama, S. J.Biochemistry (Tokyo) 49. 328-32 (1961). - Ref.C.A. 55. 22492b (1961).

Die Konzentrationsabhängigkeit der Aktivität von Fermenten im Zusammenhang mit ihrem Verhalten in Koazervaten. Slobodskaja,W.P. und Passynski, A.G. Ber.Akad.Wiss.UdSSR (russ.) 137. 715-18 (1961). - Ref.C. 1965. 36-1244.

Temperatureinfluß auf die Veränderung der Amylaseaktivität in keimendem Weizen. Ikeda, H. Sci.Bull.Fac.Agric., Kyushu Univ. 18. 371-79 (1961). - Ref.C. 1962. 3851.

Untersuchungen über die sortenbedingten Differenzen in den Amylaseaktivitäten einiger Pflanzen. 3. Mitt. Über den Test für die Kälteresistenz von Sorten einiger Futterpflanzen durch Messung der Amylaseaktivitäten ihrer Sämlinge. Ikeda, H. Sci.Bull.Fac. Agric., Kyushu Univ. 18. 235-41 (1961). - Ref.C. 1962. 14178.

Untersuchungen über die sortenbedingten Differenzen in den Amylaseaktivitäten einiger Pflanzen. 2. Mitt. Über die Amylaseaktivitäten von keimenden Samen und Sämlingen bei einigen wichtigen Pflanzen. Ikeda, H. Sci.Bull.Fac.Agric., Kyushu Univ. 18. 225-33 (1961). - Ref.C. 1962. 14178.

Untersuchungen über die sortenbedingten Differenzen in den Amylaseaktivitäten einiger Pflanzen. 1. Mitt. Die Wirkung des Wachstumsstadiums und der Umweltbedingungen auf die Amylaseaktivitäten in Weizensorten. Ikeda, H. Sci.Bull.Fac.Agric., Kyushu Univ. 18. 217-24 (1961). - Ref.C. 1962. 14178, C.A. 59. 15599e (1963).

Einfluß der teilweisen Atmungshemmung von Aspergillus oryzae auf die Biomassesynthese, den P_7-Gehalt und die amylolytische Aktivität. Malkow, A.M. und Dejewa, W.Je. Mikrobiologie (russ.) 30. 229-35 (1961). - Ref.C. 1962. 11244.

916

Aktivität der Stärkezersetzung durch einige Rhizosphären - Mikroorganismen und ihre Beeinflussung durch Spurenelemente. Berschowa, O.I. Mikrobiol.J. (russ.) (Kiew) 23. Nr.3. 13-18 (1961). - Ref.C. 1962. 4202.

Der Einfluß von Substrat, Säurebildung und Temperatur auf die amylolytische Aktivität verschiedener Schimmelpilze. Schröder, H. Z.allg.Mikrobiol. 1. 201-22 (1961). - Ref.C.A. 56. 5209d (1962).

Einfluß der Qualität der Weizenkleie auf die amylolytische Aktivität von Enzympräparaten. Trajnina, T.I., Lifschitz, D.B. und Kalaschnikow, Je.Ja. Mikrobiologie (russ.) 30. Nr.3. 540-44 (1961). - Ref.C. 1962. 3851.

Über die Stabilität von Amylasen gegenüber Arzneistoffen. Rohmann, C. und Führer, C. Arch.Pharmaz.Ber.dtsch.pharmaz.Ges. 294. 28-36 (1961). - Ref.Stärke 13. 310 (1961).

Säureinaktivierung der Amylasen in melanoidinhaltigen Medien. Sherebzow, N.A. Hochschulnachr., Nahrungsmittel-Technol. (russ.) 1961. Nr.3. 34-39. - Ref.C. 1962. 19042.

Eine Untersuchung der Amylase-Inhibitoren in der Eichel. Stankovic, S.C. und Markovic, N.D. Bull.Soc.Chim. (Belgrad) 25-26. 519-25 (1960/61). - Ref.C.A.(B.) 59. 3084d (1963).

Physiologische Wirksamkeit der Gibberellinsäure. 1. Mitt. Über den Kohlenhydratstoffwechsel und die Amylaseaktivität von Gerstenendosperm. Paleg, L.G. Plant Physiol. 35. 293-99 (1960).

Ursprungsort und Größe der Amylase-Aktivität bei der Maiskeimung. Dure, L.S. Plant Physiol. 35. 925-33 (1960). - Ref.C. 1962. 6469.

Der Einfluß von Orthophosphat auf die amylolytische Aktivität des Pilzes Aspergillus oryzae. Malkow, A.M. und Dejewa, W.Je. Hochschulnachr., Nahrungsmittel-Technol. (russ.) 1960. Nr.5. 68-71. - Ref.C.A. 55. 11545i (1961), Stärke 14. 31 (1962).

Amylaseaktivierende Substanz. 4. Mitt. Amylaseaktivierende Aktivität von Gibberellin. Yomo, J. J.Fermentat.Assoc. (Japan) 18. 600-02 (1960). - Ref.C.A. 55. 26145g (1961).

Über die mögliche Erhöhung der amylolytischen Aktivität der mit Hilfe von Schimmelpilzen gewonnenen industriellen Fermentpräparate. Kalaschnikow, Je.Ja., Lifschitz, D.B. und Trainina, T.I. Mikrobiologie (russ.) 29. 749-56 (1960). - Ref.C. 1961. 14325, C.A. 55. 9778a (1961).

Hemmung und Wirkung von ß-Amylase in Gegenwart von Maltose. Misra, U.K. und French, D. Biochem.J. 77. 1p (1960). - Ref.Stärke 13. 146 (1961).

Hemmender Einfluß von Ascorbinsäure auf ß-Amylase. 8. Mitt. Über den Wirkungsmechanismus von Anti-Hemmstoffen. Ito, M. J.agric. chem.Soc. Japan 33. Nr.5. 347-50 (1959). - Ref.C. 1961. 10602.

Reaktivierung von EDTA-inaktivierter Bakterien-α-Amylase. Yamamoto, T. und Fukumoto, J. Bull.agric.chem.Soc. Japan 23. 68-70 (1959).

Einfluß von Gammastrahlen des Radioisotops Co^{60} auf die Aktivität der Enzyme von Maiskörnern. Chmyr, A.D. und Ovchar, L.A. Ukrain. biochem.J. (russ.) 31. Nr.1. 31-34 (1959).

Amylolytische Aktivität von auf künstlichen Medien gewachsenem Aspergillus oryzae. Fenikssowa, R.W. und Dwadzatowa, Je.A. Akad.Wiss.UdSSR, Arb.Inst.Mikrobiol. (russ.) 1959. Nr.6. 144-49. - Ref.C.A. 55. 1799f (1961).

Inhibitoreffekt fungistatischer Antibiotica auf die Amylasebildung durch Penicillium chrysogenum. Horvath, I. und Szentirmai, A. Nature (London) 184. 57-58 (1959).

Faktoren, die die Amylasebildung in Submerskulturen von Aspergillus oryzae stimulieren. Fenikssowa, R.W. und Dwadzatowa, Je.A. Ber.Akad.Wiss.UdSSR (russ.) 128. 1066-69 (1959). - Ref.C.A. 54. 13256a (1960), C. 1960. 12031, Stärke 14. 31 (1962).

Der Einfluß von Natriumcaprylat auf die Inaktivierung der Amylase durch ultraviolette Strahlen. Ilkow, A.T. Ukrain.biochem.J. (russ.) 31. 35-41 (1959). - Ref.C.A. 54. 3552h (1960).

Untersuchungen über die hemmende Wirkung der Amylaseaktivität durch Flavin. 1. Mitt. Inaktivierung von α-Amylase bei Gegenwart von Riboflavin. Sone, K. J.agric.chem.Soc. Japan 33. 1119-23 (1959). - Ref.C. 1962. 2035.

Die Inhibition von β-Amylase durch Ascorbinsäure. Rowe, A.W. und Weill, E.C. J.Amer.chem.Soc. 81. 921-24 (1959).

Hemmung von β-Amylase durch Ascorbinsäure. Rowe, A.W. und Weill, C.E. Cereal Chem. 35. 289-94 (1958).

Fermentaktivierung durch Ultraschall. Heilinger, F. Beitr.Biol. Pflanzen 34. 457-66 (1958).

Untersuchungen über die Denaturierung von Enzymen. 2. Mitt. Über den Einfluß von anorganischen und organischen Substanzen auf die Hitzeinaktivierung der β-Amylase von Süßkartoffeln. Nakayama, S. und Kono, Y. J.Biochemistry 45. 243-49 (1958). - Ref.Stärke 11. 339 (1959), C. 1961. 2660.

Inaktivierung von Speichelamylase durch Glycerin. Goffredo, L. Enzymologia (Amsterdam) 19. 251-60 (1958).

Einfluß von Thiamin-Cl-HCl auf Säurebildung und auf die Dextrinisierungszeit von Speichelamylase bei einem Maisstärkesubstrat. Turner, N.C., Anders, J.T. und Becker, N. J.Dental Res. 36. 343-48 (1957). - Ref.C. 1960. 10264.

Denaturierung und Inaktivierung von Enzymproteinen. 8. Mitt. Thermodynamische Gesichtspunkte der Denaturierung von kristallisierter α-Amylase aus Bacillus subtilis. Yamanaka, T., Higashi, T., Horio, T. und Okunuki, K. J.Biochemistry (Tokyo) 44. 637-48 (1957). - Ref.C. 1959. 12268.

Einflüsse des p_H auf bakterielle α-Amylasen. Ono, S., Hiromi, K. und Yoshikawa, S. Symposia Enzyme Chem. (Tokyo) 12. 1-5 (1957). - Ref.C. 1957. 11332.

Der Einfluß der Verzuckerungszeit auf die zu beobachtende Aktivität der Roggenamylase bei deren unvollständiger thermischer Inaktivierung. Pronin, Ss.I. und Balaschowa, G.B. Ber.Akad. Wiss.UdSSR (russ.) 113. 866-68 (1957). - Ref.C. 1958. 4518.

Untersuchungen über die Denaturation von Enzymen. 1. Mitt. Einfluß der Konzentration auf den Grad der Hitzeinaktivierung von Enzymen. Nakayama, S. und Kono, Y. J.Biochemistry 44. 25-31 (1957). - Ref.C. 1961. 2660.

Untersuchung über Substanzen, die die Amylasedenaturation beeinflussen. Der Schutzeffekt von Gemüseextrakten für Süßkartoffel-ß-Amylase gegen Hitzeinaktivierung. Nakayama, S. und Kono, M. J.Agric.chem.Soc. Japan 30. 340-42 (1956). - Ref.C. 1958. 5112.

Einfluß anorganischer Ionen auf die Aktivität der Amylase. Urata, Gumpei. Biochemistry (Tokyo) 44. 359-74 (1957). - Ref.C. 1959. 840, Stärke 11. 339 (1959).

Inaktivierung der amylolytischen Fermente bei einer verschiedenen Aktivität des Mediums. Malzew, P.M. und Sherebzow, N.A. Spirituosen-Ind. (russ.) 23. Nr.3. 6-9 (1957). - Ref.C. 1958. 1879.

Einfluß der Temperatur und des Substrates auf die Inaktivierung von Amylase durch Ultraviolettstrahlen. Nikolow, T.K. und Ssajew, G.K. Biochemie (russ.) 22. 865-71 (1957). - Ref.C. 1958. 9247, Stärke 12. 91 (1960).

Weitere Untersuchungen über die Rolle von Inosit bei der Aktivität der Amylase. Ramachandran, S., Sivaramakrishnan, R. und Sarma, P.S. Indian J.med.Res. 44. 193-99 (1956). - Ref.C. 1960. 1207.

Über die Aktivität von Stärke hydrolysierenden Enzymen in Birnen während der Reife und der Kalt-Lagerung. McArthur-Hespe,G.F.W.M. Acta bot.neerl. 5. 200-13 (1956). - Ref.C. 1959. 12579.

Hemmender Einfluß von F, Ca und Ascorbinsäure auf die Amylaseaktivität von Kartoffeln. Calvo, J.M. und Ruiz, A.S. An.Bromatologia 8. 255-60 (1956).

Einige Untersuchungen über die Aktivität von stärkespaltenden Enzymen in Birnen während der Entwicklung und während der Kühlhausaufbewahrung. McArthur-Hespe, G.F.W.M. Dissertation, Amsterdam 1955.

Einige Untersuchungen über die Aktivität stärkespaltender Enzyme in Birnen während der Entwicklung und bei Kühlhauslagerung. McArthur-Hespe, G.F.W.M. Centr.Inst.Voedingsonderzoek T.N.O., Utrecht, Publ. 1955. Nr.194. 1-70. - Ref.C. 1956. 3444.

Papierchromatographie von Zuckern. 4. Mitt. Amylase-Aktivität der Kartoffeln. Calvo, J.M. An.Bromatologia 7. 167-75 (1955). - Ref.C.A. 50. 11412d (1956).

Untersuchungen über die Aktivität der wichtigsten Enzyme, die am Stärkeumsatz von gesunden und viruskranken Pflanzen von Nicotiana tabacum beteiligt sind. Gerola, F.M. und Vaccari, E. Rend.Ist.lombardo Sci.Lettere, Cl.Sci.mat.natur. 88. (3) 19. 575-81 (1955). - Ref.C. 1959. 8192.

Über die Aktivität der Amylasen während der Reifung und Keimung von Weizensamen. Prosskurjakow, N.I. und Nikiforowskaja, Ss.,A. Ber.Akad.Wiss.UdSSR (russ.) 102. 989-91 (1955). - Ref.C. 1956. 4750.

Untersuchungen über den Einfluß von basischen Farbstoffen auf die ß-Amylase des Weizens. Grosh, A.K. Naturwissenschaften 42. 181 (1955). - Ref.C. 1957. 6174.

Gesichtspunkte über die Aktivität bakterieller Amylasen. Yamamoto, T. und Fukumoto, J. Symposia Enzyme Chem. (Japan) 10. 32-42 (1954). - Ref.C.A. 49. 13319a (1955).

Hemmwirkung von Ascorbinsäure auf ß-Amylase. 5. Mitt. Einfluß von Temperatur und p_H und ein Vergleich der Hemmung durch mercaptidbildende Schwermetalle. Ito, Masaharu und Abe, Michio. J.agric.chem.Soc. Japan, Trans. 28. 751-56 (1954). - Ref.C. 1956. 13736.

Hemmwirkung von Ascorbinsäure auf ß-Amylase. 4. Mitt. Wirkung von H_2O_2. Ito, Masaharu und Abe, Michio. J.agric.chem.Soc. Japan, Trans. 28. 368-72 (1954). - Ref.C. 1956. 13736.

Hemmwirkung von Ascorbinsäure auf ß-Amylase. 3. Mitt. Wirkung der Sauerstoffspannung auf die Hemmung durch Ascorbinsäure in verschiedenen Stadien der Autoxydation in Gegenwart von Cu^{2+}. Ito, Masaharu, und Abe, Michio. J.agric.chem.Soc. Japan, Trans. 28. 15-20 (1954). - Ref.C. 1956. 13736.

Hemmwirkung von Ascorbinsäure mit Kupfersalzen auf die ß-Amylase der Süßkartoffel. Bessho, H. J.agric.chem.Soc. Japan (Auszug: engl.) 28. 143-48 (1954). - Ref.C. 1956. 10259.

Eine Untersuchung über den Einfluß einer Reihe von Faktoren auf die Stabilität und Aktivität pankreatischer Amylase. Caldwell, M.L. und Kung, J.T. J.Amer.chem.Soc. 75. 3132-35 (1953). - Ref.C. 1950/54. 315 S.

Hemmwirkung von Ascorbinsäure auf ß-Amylase. 2. Mitt. Reaktivierung mit Cystein. Ito, Masaharu und Abe, Michio. J.agric.chem. Soc. Japan, Trans. 27. 762-66 (1953). - Ref.C. 1956. 13735.

Hemmwirkung von Ascorbinsäure auf ß-Amylase. 1. Mitt. Wirkung von Kupferion. Ito, Masaharu und Abe, Michio. J.agric.chem.Soc. Japan, Trans. 27. 486-91 (1953). - Ref.C. 1956. 13735.

Einfluß von Ascorbinsäure auf die Hydrolyse von Amylose durch Ptyalin. Kushimoto, T., Matoba, Y. und Hosoya, J. Tokyo Jikeikai med. J. 67. 24-26 (1953). - Ref.C. 1956. 13735.

Über den Einfluß der Ascorbinsäure auf die Ptyalinwirkung. 3.Mitt. Einfluß der Ascorbinsäure auf Ptyalin bei den einzelnen Stufen der Reinigung. Kushimoto, H. Tokyo Jikeikai med.J. 67. 148-51 (1953). - Ref.C. 1956. 13735.

Über den Einfluß von Ascorbinsäure auf die Ptyalinwirkung. 2.Mitt. Ptyalinwirkung und deren Beeinflussung durch Ascorbinsäure aus Beobachtungen der Adsorptionsspektren. Kushimoto, H. Tokyo Jikeikai med.J. 67. 145-47 (1953). - Ref.C. 1956. 13735.

Über den Einfluß von Ascorbinsäure auf die Ptyalinwirkung. 1.Mitt. Einfluß der Konzentration der Ascorbinsäure und der Art des Puffers auf die Ptyalinwirkung. Kushimoto, H. Tokyo Jikeikai med.J. 67. 138-44 (1953). - Ref.C. 1956. 13735.

Einwirkung von Heparin auf die ß-Amylase aus Gerste. Myrbäck, K. und Persson, B. Ark.Kemi 5. Nr.44. 477-88 (1953). - Ref.C. 1954. 10736.

Verbesserung der enzymatischen Eigenschaften von Amylasen. Ostersetzer, B. und Mauss, W. (Erfinder: W. Mauss und M. Kuhl). F.P. 1 024 371 vom 7/9.1950, ausg. 1/4.1953. D.Prior. 17/9.1949. - Ref.C. 1954. 6121.

Inaktivierung von Enzymen durch Bariumperoxyd. Wallerstein Co., übert.von: Pfannmüller, J. und Noe, A.F. A.P. 2 647 854 vom 25/11.1949, ausg. 4/8.1953. - Ref.C.A. 47. 12854h, (1953), Stärke 6. 12 (1954).

Temperaturabhängigkeit der Stärkespaltung durch Speichelferment. Turner, N. und Crowell, G. J.Dental Res. 31. 359-60 (1952). - Ref.Stärke 5. 96 (1953), C. 1953. 1663.

Über einige Besonderheiten der thermischen Inaktivierung der ß-Amylase des Weizens in Lösung. Pronin, Ss.I. und Dach, B.M. Biochemie (russ.) 17. 557-58 (1952). - Ref.C. 1953. 6508.

Der Einfluß von NaCl auf das Temperaturoptimum der Speichelamylase. Rotini, O.T. und Galoppini, C. Enzymologia (Den Haag) 15. 279-84 (1952). - Ref.C. 1953. 8106.

Amylolytische Aktivität von Speichel. Marenduzzo, A. Atti Soc. napoletana stomatol. 7. 255-66 (1952). - Ref.C.A. 49. 14983b (1955).

Die amylolytische Aktivität von Aspergillus niger bei submerser Züchtung in verschiedenen Schlempen. Drews, B., Specht, H. und Rothenbach, E. Biochem.Z. 322. 380-87 (1952). - Ref.C. 1955. 7469.

Zur Ermittlung der amylolytischen Kraft von Verzuckerungsstoffen, insbesondere von Pilzdiastasepräparaten. 2. Mitt. Drews, B. und Specht, H. Branntweinwirtschaft 74. 93-97 (1952). - Ref.C. 1954. 11564.

Die Reaktion von Ascorbinsäure mit pflanzlichen Amylasen verschiedener Herkunft. Prosskurjakow, N.I. und Cholopowa, I.Ss. Biochemie 17. 578-83 (1952). - Ref.C. 1953. 6508.

Das gegenseitige Verhältnis der optimalen Zonen des p_H und der Temperatur für die Wirkung der ß-Amylase des Weizens und des Roggens. Pronin, Ss.I. und Dach, B.M. Ber.Akad.Wiss.UdSSR (russ.) (N.S.) 77. 321-24 (1951). - Ref.C. 1951. II. 2331.

Intramolekulare Natur der oxydativen Inaktivierung von kristallisierter ß-Amylase. Englard, S., Sorof, S. und Singer, T.P. J.biol.Chemistry 189. 217-26 (1951). - Ref.C. 1951. II. 2055.

Pflanzliche Amylase hemmende Verbindungen. Volker, J.F. Science (New York) 112. 61 (1950). - Ref.C. 1951. II. 2607.

Untersuchungen über die amylolytische Aktivität einiger Schimmelpilze. Bhat, J.V. und Mahomed, N. J.Univ.Bombay (N.S.) 18. Nr.5. Sect.B 1-2 (1950). - Ref.C. 1950/54. 9783 S.

Hemmung der ß-Amylase durch Cyanid. Roy, D.K. und Underkofler, L.A. Cereal Chem. 27. 404-08 (1950). - Ref.C. 1951. I. 2168.

ß-Amylaseaktivitäten von Gerste, Weizen und Roggen. Erlich, V.L. und Burkert, G.M. Cereal Chem. 27. 423-37 (1950). - Ref.C. 1951. II. 1073.

Wirkung von Coffein auf Amylasen. Vincent, D. und Lagreu, R. C.R.Séances Soc.Biol.Filiales 144. 1658-60 (1950). - Ref.C. 1951. II. 991.

Der Einfluß von Zuckern, Stärke und Natriumchlorid auf die spontane Zersetzung von pankreatischer Amylase in einer wäßrigen Lösung. Boekestein, P.T. Acta physiol.pharmacol.neerl. 1. 99-111 (1950). - Ref.C. 1951. II. 3464.

Die Stabilität und Aktivität von Speichelamylase. Bauer, Ch.W. und Martin, W.F. J.Amer.pharmac.Assoc., sci.Edit. 37. 188-91 (1948).

α-Amylase von Bacillus subtilis. 3. Mitt. Wirkung von Inhibitoren auf Verflüssigung und Dextrinierung. Carlo, F.J.Di und Redfern, S. Arch.Biochemistry 17. 1-2 (1948). - Ref.C. 1948. E. 2102.

Gewinnung und Eigenschaften eines Inhibitors für Amylase aus Weizen. Militzer, W., Ikeda, C. und Kneen, E. Arch.Biochemistry 9. 309-20 (1946). - Ref.C. 1946. I. 1886.

Die Wirkungsweise eines Inhibitors aus Weizen auf Amylase. Militzer, W., Ikeda, C. und Kneen, E. Arch.Biochemistry 9. 321-29 (1946). - Ref.C. 1946. I. 1887.

Verteilung und allgemeine Eigenschaften eines Inhibitors der Amylase in Cerealien. Kneen, E. und Sandstedt, R.M. Arch.Biochemistry 9. 235-49 (1946). - Ref.C. 1946. I. 1886.

Die amylolytische und proteolytische Aktivität von Sojabohnen. Laufer, S., Tauber, H. und Davis, C.F. Amer.Brewer 77. Nr.12. 23-24, 42 (1944).

Enzymatisches Verfahren. Standard Brands Inc., übert.von: Gore, H.C. und Frey, C.N. A.P. 2 351 954, ausg. 20/6.1944. - Ref.C. 1945. II. 739.

Ein Hemmstoff für Amylase aus gewissen Cerealien. Kneen, E. und Sandstedt. J.Amer.chem.Soc. 65. 1247 (1943). - Ref.C. 1944. II. 1284.

Veränderungen von Weizen und Weizenmehl während des Lagerns. Szabo, E. Kisérlet.Kötzlem. 45. 102-106 (1942).

Über die amylolytische Aktivität wässeriger Speicheldrüsenextrakte bei Dekapoden. Riv.Biol. 25. 269-77 (1938).

Reaktionskinetische Fragen bezüglich der Thermodestruktion der Amylasen im Honig. Schmidt-Nielsen, S. und Artun, T. Kgl.norske Vidensk.Selsk.Forh. 11. 101-104 (1938). - Ref.C. 1939. I. 1468.

Sublimatmikrokonzentrationen und Stärkeabbau durch Speichelamylase. Sabalitschka, Th. und Crzellitzer, R. Mikrochemie 25. 225-27 (1938). - Ref.C. 1940. I. 3664.

Der Einfluß von Antiseptiken auf amylolytische Wirkungen. Hauwaert, Mag. van. Natuurwetensch.Tijdschr. 18. 187-90 (1936). - Ref.C. 1936. II. 1809.

Einwirkung verschiedener Puffer und Substrattypen auf die Diastase von Weizenstärke. Mangels, C.E. und Martin jr., J.J. Cereal Chem. 12. 256-68 (1935). - Ref.C. 1935. II. 1983.

Einwirkung von Ultrakurzwellen auf Enzyme. Körber, H. Österr. Chemiker Ztg. (N.F.) 37. 117-18 (1934). - Ref.C. 1934. II. 2990.

Über die biologische Bedeutung enzymatischer Aktivierung. Waldschmidt-Leitz, E. Böhm.Bierbrauer 60. 317-19 (1933). - Ref.C. 1933. II. 2683.

Über die biologische Bedeutung enzymatischer Aktivierung. Waldschmidt-Leitz, E. Böhm.Bierbrauer 60. 299-302 (1933). - Ref.C. 1933. II. 2683.

Zur Frage der Hitzeinaktivierung der Amylase. Oparin, A. und Manskaja, S. Biochem.Z. 260. 170-79 (1933). - Ref.C. 1933. II. 398.

Zur Kenntnis der Amylokinase. 3. Mitt. über enzymatische Amylolyse in der von M. Samec und E. Waldschmidt-Leitz begonnenen Untersuchungsreihe. Waldschmidt-Leitz, E. und Purr, A. Hoppe-Seyler's Z.physiol.Chem. 213. 63-70 (1932). - Ref.C.1933. I.2827.

Einfluß von Guanidin und seinen Derivaten auf die Wirkung der Amylase. Mystkowski, E.M. Biochem.J. 26. 910-14 (1932). - Ref.C. 1933. I. 241.

Struktur und Enzymreaktionen. 11. Mitt. Wirkung von Salzen in dem System: Stärke-Amylase-Eiweiß. Baumgarten, G. Biochem.J. 26. 539-42 (1932). - Ref.C. 1933. II. 2149.

Struktur- und Enzymreaktionen. 10. Mitt. Die Wirkung von Salzen auf das System: Amylase-Stärke-Eiweiß. Chrempinska, H. Biochem.J. 25. 1555-64 (1931). - Ref.C. 1932. II. 2977.

Über Glutathion als Aktivator der fermentativen Stärkeverzuckerung. Pringsheim, H., Borchardt, H. und Hupfer, H. Biochem.Z. 238. 476-77 (1931). - Ref.C. 1931. II. 3352.

Über den Einfluß von Magnesium- und Calciumchlorid auf einige Fermentwirkungen. Keeser, E. Arch.exp.Pathol.Pharmakol. 160. 663-86 (1931). - Ref.C. 1931. II. 3619.

Enzymaktivität von Kartoffelsaft behandelt mit Chemikalien, die die Ruheperiode unterbrechen. Denny, F.E., Miller, L.P. und Guthrie, J.D. Amer.J.Bot. 17. 483 (1930).

Die Einwirkung des Ptyalins auf Stärke. 2. Mitt. Elektrolyteinflüsse. Broeze, J.R. Biochem.Z. 231. 365-84 (1931). - Ref.C. 1931. II. 724.

Passivierung der Fermentwirkung. Über den Einfluß organischer Fettsäuren auf den Spaltungsprozeß der Stärke durch die Fermente des menschlichen Speichels. Borissowski, V. und Wwedenski, N. Biochem.Z. 219. 72-78 (1930). - Ref.C. 1930. I. 2906.

Die Wirkung der Wasserstoffionenkonzentration auf die stärkeverflüssigende Tätigkeit der Amylase von Aspergillus oryzae. Maslow, H.L. und Davison, W.C. J.biol.Chemistry 68. 83-93 (1926). - Ref.C. 1926. II. 49.

Die aufschließende Aktivität verschiedener handelsüblicher Enzympräparate. Cahn, G. Arch.Verdauungs-Krankh. 34. 1-11 (1924). - Ref.C.A. 19. 1031 (1925), W.Ref. 3482.

Einfluß von Tryptophan und anderen Aminosäuren auf die Stabilität und enzymatische Aktivität der Pankreasamylase. Sherman, H.C., Caldwell, M.L. und Naylor, N.M. J.Amer.chem.Soc. 47. 1702-1709 (1925). - Ref.C.A. 19. 2350 (1925), C. 1925. II. 1989, W.Ref. 3022.

Haben die bicarbonathaltigen kohlensauren Mineralwässer eine aktivierende Wirkung auf Amylasen? Löper, M. und Mougeot, A. C.R.Séances Soc.Biol.Filiales 92. 569-571 (1925). - Ref.C. 1925. II. 1173, C.A. 20. 2505 (1926), W.Ref. 3019.

Die Einwirkung gewisser Basen auf die Tätigkeit der Enzyme. Hulpieu, H. Studies Univ. Oklahoma 21. 22-26 (1925). - W.Ref. 3018B.

Über das amylolytische Vermögen des Hundespeichels. Gayda, Tullio. Arch.Sci.biol. 7. 438-45 (1925). - Ref.C. 1926. II. 594.

Über den Einfluß der Reinigung von Fermenten auf ihre Empfindlichkeit gegenüber der Strahlung. Pincussen, L. Fermentforschung 8. 181-186 (1925). - Ref.C.A. 19. 2503 (1925), W.Ref. 3089.

Der Einfluß der Wasserstoffionenkonzentration auf die Wirkung einiger Amylasen. Temminck Groll, J. Nederl.Tijdschr.Geneeskunde 68. I B. 2832-2837 (1924). - Ref.C. 1924. II. 1595, W.Ref. 3016.

Über die Wirkung des Uranylacetats. Mikawa, Y. Biochem.Z. 149. 540-549 (1924). - W.Ref. 3014.

Über Antiamylase. Ein Beitrag zur Frage der Antienzyme. Lüers, H. und Albrecht, F. Fermentforschung 8. 52-72 (1924). - Ref.C.A. 18. 3389 (1924), C. 1924. II. 2341, W.Ref. 3013.

Aktiviert das Rhodanat im Speichel das Ptyalin? Dryerre, H. Quart.J.exp.Physiol. 14. 225-228 (1924). - W.Ref. 3010.

Eine Studie über den Einfluß der neuen, schwefelhaltigen Aminosäure (Mueller) auf die Aktivität der Pankreasamylase. Caldwell, M.L. J.biol.Chemistry 59. 661-665 (1924). - Ref.C. 1924. II. 673, W.Ref. 3008.

Eine Reaktion durch Insulinlösungen in vitro. Benedict, S.R. Proc.Soc.exp.Biol.Med. 21. 529 (1924). - W.Ref. 3006.

Fermente und Licht. 6. Mitt. Über Beeinflussung von Fermentwirkungen durch Jodsalze unter Bestrahlung. Pincussen, L. und Renzo, di, F. Biochem.Z. 152. 406-415 (1924). - Ref.C. 1925. I. 675, W.Ref. 3088.

Chemische Reaktionen unter dem Einfluß von X-Strahlen. Peskov,N.P. Bull.Inst.polytechn.Iwanowo-Wosnesensk 7. 119-20 (1923). - Ref.C.A. 18. 1083 (1924), W.Ref. 3085.

Der Mechanismus der Einwirkung von Amino-Promotern auf Enzyme. Rockwood, E.W. J.Amer.chem.Soc. 46. 1641-1645 (1924). - W.Ref. 3015.

Das Vitamin B als Aktivator der Fermente. Villaröl, M.-J. C.R.Séances Soc.Biol.Filiales 88. 376-377 (1923). - W.Ref. 3005.

Einwirkung von Aminosäuren auf die Hemmung des hydrolytischen Abbaues eines Enzyms. (Pankreasamylase). Sherman, H.C. und Walker, F. J.Amer.chem.Soc. 45. 1960-1964 (1923). - Ref.C.A. 17. 3515 (1923), C. 1924. 1. 566, W.Ref. 3002.

Über den Einfluß von Kolloiden auf Fermente. 1. Mitt. Pincussen,L. Biochem.Z. 142. 212-221 (1923). - Ref.C. 1924. I. 680, W.Ref. 2999.

Eine vorläufige Bemerkung über die hemmende Wirkung von Silbersalzen und einigen anderen Schwermetallen auf Amylase. Mori, G. J.Biochemistry (Tokyo) 2. 117-129 (1923). - Ref.C.A. 17. 1807 (1923), W.Ref. 2996.

Über den Einfluß der Kambaraerde (saure Bleicherde) auf einige hydrolytische Enzyme. Kita, G. und Suzuki, K. Wschr.Brauerei 40. 79-80 (1923). - Ref.C. 1923. IV. 24, W.Ref. 2994.

Wirkung verschiedener Ionen auf Pankreasamylase. Fonseca, H.da. C.R.Séances Soc.Biol.Filiales 88. 313-315 (1923). - W.Ref. 2991.

Einfluß der Temperatur auf die Wirkung der Amylase. Die Wirkung der verzuckernden Kraft der Amylase. Chrzaszcz, T. Biochem.Z. 142. 416-439 (1923). - Ref.C. 1924. I. 1047, W.Ref. 3059.

Bemerkung über die molekulare amylolytische Kraft des Speichels. Doumer, E. C.R.Séances Soc.Biol.Filiales 89. 546-548 (1923). - Ref.C.A. 18. 404 (1924), C. 1923. III. 1039, W.Ref. 2759.

Über die Sekretion und Aktivität der Speichelamylase. Pringsheim, H. und Gorodiski, H. Biochem.Z. 140. 175-178 (1923). - Ref.C. 1924. I. 1218, W.Ref. 3000.

Aktivität verschiedener Arten von Reisenzymen bei der Lagerung. (Auszug). Noguchi, Y. J.sci.agric.Soc. (Japan) No.245. 115-20 (1923). - Ref.C.A. 17. 2893 (1923), W.Ref. 3428.

Über den Temperaturkoeffizienten der Stärkespaltung und die Thermostabilität der Malzamylase und des Ptyalins. Ernström, E. Z.physiol.Chem. 119. 190-263 (1922). - Ref.C. 1922. III. 279, W.Ref. 3054.

Über den Einfluß von Kobaltammoniaken auf die Fermentwirkung der Katalase und Amylase. Funk, E. Biochem.Z. 128. 108-109 (1922). - Ref.C.A. 16. 1963 (1922), C. 1922. III. 177, W.Ref. 2979.

Die Erhaltung der Speichelamylase durch Glycerin. Doumer, E. C.R.Séances Soc.Biol.Filiales 87. 678-679 (1922). - W.Ref.2753.

Einfluß von Aminosäure zum Schutz von Amylase vor der Inaktivierung durch Quecksilber. Sherman, H.C. und Caldwell, M.L. J.Amer. chem.Soc. 44. 2923-2926 (1922). - Ref.C.A. 17. 292 (1923), C. 1923. III. 1095, W.Ref. 2984.

Einfluß einiger Mineralsalze auf die amylolytische Wirkung des Pankreatin. Fonseca, H.da. C.R.Séances Soc.Biol.Filiales 87. 1033-1035 (1922). - Ref.C.A. 17. 830 (1923), W.Ref. 2977.

Pankreasamylase und Cl-Ionen. Bierry, H. C.R.Séances Soc.Biol. Filiales 87. 1111 (1922). - Ref.C. 1923. I. 975, W.Ref. 2975.

Beitrag zur Kenntnis der Enzyme. 8. Mitt. Über das Wiederauftreten der amylolytischen Wirksamkeit des gemischten menschlichen Speichels nach dem Kochen. Maestrini, D. Atti Reale Accad.naz. Lincei, Rend. 31. Sem.2; 161-163 (1922). - Ref.C. 1923. I. 1374, W.Ref. 3057.

Über die Hitzeinaktivierung der Amylase in Abhängigkeit von der Wasserstoffionenkonzentration. Lüers, H. und Lorinser, P. Biochem.Z. 133. 487-492 (1922). - Ref.C. 1923. III. 314, W.Ref. 3056.

Die Aktivierung eines durch Schwermetallsalze vergifteten Enzyms. Kehoe, R.A. J.Lab.clin.Med. 7. 736-742 (1921-22). - Ref.C.A. 17. 2121 (1923), C. 1923. III. 164, W.Ref. 2962.

Wirkung von Natriumoleat auf amylolytische Fermentierung. Isawa,T. J.med.Soc.Kyoto (Japan) 18. 49-82 (1921). - Ref.C.A. 15. 1542 (1921), W.Ref. 2961.

Beitrag zum Studium der Abtrennung von Ptomainen aus pflanzlichen Alkaloiden in toxikologischen Untersuchungen. Ionescu, A. Bul.Soc.Chim.România 2. 82-89 (1921). - Ref.C.A. 15. 1116 (1921), W.Ref. 2960.

Fermentstudien. 8. Mitt. Zur Kenntnis der Wirkungsbedingungen der Amylasen. Biedermann, W. und Rüha, A. Fermentforschung 5. 56-83 (1921). - Ref.C. 1921. III. 1171, W.Ref. 2978.

Über den Einfluß der Reaktion auf die Wirkung der Pankreas-Amylase. Temminck Groll, J. Nederl.Tijdschr.Geneeskunde 65. 2B 2541-2544 (1921). - Ref.C.A. 16. 3667 (1922), C. 1922. I. 210, W.Ref. 2971.

Wirkung gewisser antispetischer Mittel auf die Aktivität der Amylasen. Sherman, H.C. und Wayman, M. J.Amer.chem.Soc. 43. 2454-2461 (1921). - Ref.C. 1922. III. 929, C.A. 16. 571 (1922), W.Ref. 2968.

Über Vergiftungserscheinungen an Amylasen. Olsson, U. Hoppe-Seyler's Z.physiol.Chem. 117. 91-145 (1921). - Ref.C.A. 17. 1250 (1923), C. 1922. I. 473, W.Ref. 2966.

Über Vergiftung der Amylase durch Schwermetalle und organische Stoffe. Olsson, U. Hoppe-Seyler's Z.physiol.Chem. 114. 51-71 (1921). - Ref.C. 1921. III. 1290, C.A. 16. 264 (1922), W.Ref. 2965.

Einfluß einiger organischer Basen und ihrer Chlorhydrate auf die Tätigkeit der Pankreasamylase. Desgrez, A. und Moog, R. C.R.hebd.Séances Acad.Sci. 172. 551-553 (1921). - Ref.C.A. 15. 1910 (1921), C. 1921. I. 1004, W.Ref. 2958.

Beitrag zur Kenntnis der Enzyme. 6. Über die Schutzwirkung der Stärke und anderer Substanzen auf Ptyalin im sauren Milieu. Maestrini, D. Atti Reale Accad.naz.Lincei, Rend. 30. Sem.1; 315-318 (1921). - Ref.C.A. 16. 2151 (1922), W.Ref. 2745.

Der Einfluß des Alters auf pankreatische Enzyme. Fenger, F. und Hull, M. J.biol.Chemistry 46. 431-435 (1921). - W.Ref. 2743.

Wirkung radioaktiver Substanzen auf die Amylase. Laborde und Lemay. C.R.Séances Soc.Biol.Filiales 85. 497-498 (1921). - Ref.C. 1922. I. 50, W.Ref. 3081.

Beitrag zur Kenntnis der Enzyme. 5. Mitt. Die Resistenz von Ptyalin gegenüber der Einwirkung von HCl in Gegenwart von Stärke. Maestrini, D. Atti Reale Accad.naz.Lincei 29. Sem.2; 391-394 (1920). - Ref.C. 1921. III. 184, W.Ref. 2738.

Untersuchungen über den Einfluß von Temperaturen auf Fermente, besonders von Lab und Pepsin. König, A. Biochem.Z. 110. 266-286 (1920). - W.Ref. 3052.

Experimente über die Wirkung der ungesättigten Fettsäuren und Lipoide auf amylolytische und hämolytische Erscheinungen. Stocks, P. J.Pathol.Bacteriol. 23. 1-14 (1919-20). - Ref.C.A. 14. 1147 (1920), W.Ref. 2955.

Einfluß der Wasserstoffionenkonzentration auf die enzymatische Wirksamkeit von drei typischen Amylasen. 18. Mitt. Über Amylasen und verwandte Enzyme. Sherman, H.C., Thomas, A.W. und Baldwin, M.E. J.Amer.chem.Soc. 41. 231-235 (1919). - Ref.C.A. 13. 1867 (1919), C. 1919. III. 1071, W.Ref. 2952.

Proteolytische Aktivität der Pankreasamylase-Präparate. Sherman, H.C. und Neun, D.E. J.Amer.chem.Soc. 41. 1855-1862 (1919). - Ref.C.A. 14. 188 (1920), C. 1920. I. 657, W.Ref. 2628.

Enzyme der warmblütigen und kaltblütigen Tiere in ihren Beziehungen zur Temperatur und anderen äußeren Bedingungen. Hosaka, Y. Tokyo Igakukai Zasski 31. No.3, 1-28, No.17, 27-38 (1917). - Ref.C.A. 12. 1871 (1918), W.Ref. 3050.

Die Wirkung neutraler Salze auf die Wirksamkeit des Ptyalins. Rockwood, E.W. J.Amer.chem.Soc. 41. 228-30 (1918). - Ref.C. 1919. III. 800.

Über den Einfluß der Kalziumsalze auf das Stärke verflüssigende Enzym des Aspergillus oryzae. Kita, G. Coll.Sci.Engng., Kyoto Imp.Univ. 2. 1-5 (1918). - Ref.C.A. 13. 285 (1919), W.Ref. 3312.

Über die Amylase des Speichels. Teil I. Eine vorläufige experimentelle Studie über ihre Stabilität im Speichel. Myers, R.C. und Scott, L.C. J.Amer.chem.Soc. 40. 1713-16 (1918). - Ref.C. 1919. I. 679, W.Ref. 2731.

Veränderlichkeit in der Aktivität von Ptyalin. Bruyne, F.de. Arch.néerl.Physiol.Homme Animaux 2. 358-363 (1917-18). - W.Ref. 2729.

Anregung der amylolytischen Wirksamkeit durch Aminosäure. Ujihara, K. Taiwan Igakukai Zasshi No. 172, 91-95 (1917). - Ref.C.A. 12. 1971 (1918), W.Ref. 2947.

Die Wirkung der Seifen auf den fermentativen Abbau der Stärke und des Glykogens. Kende, S. Biochem.Z. 82. 9-30 (1917). - Ref.C. 1917. II. 156, W.Ref. 2943.

Einige stickstoffhaltige Auxoamylasen. Rockwood, E.W. J.Amer. chem.Soc. 39. 2745-2752 (1917). - Ref.C. 1918. II. 199, W.Ref. 2944.

Über die Hemmung enzymatischer Reaktionen durch Harn. Euler, H. von und Svanberg, O. Hoppe-Seyler's Z.physiol.Chem. 98. 202-225 (1917). - Ref.C.A. 12. 159 (1918), C. 1917. I. 884, W.Ref. 2942.

Einige Faktoren, die das Kochen von Dholl (Cajanus indicus) beeinflussen. Viswanath, B., Row, T.L. und Ayyangar, P.A.R. Mem.Dep. Agric.India, chem.Ser. 4. 149-163 (1914-16). - Ref.C.A. 10. 2996 (1916), W.Ref. 2932.

Zur Frage der Elektrokultur. I. Mitt. Die Beeinflussung von Enzymreaktionen durch die stille Entladung. Löb, W. Biochem.Z. 69. 1-35 (1915). - Ref.C. 1915. I. 1128, W.Ref. 2723.

Die anregende Wirkung von Serum auf Pankreasamylase. Crohn, B.B. und Epstein, A.A. J.biol.Chemistry 17. 317-324 (1914). - W.Ref. 2927.

Über die Zerstörung der Pankreasfermente durch Wärme und über Substanzen, welche die Einwirkung verhindern. Lombroso, U. Arch.Farmacol.sperim.Sci.affini 18. 404-424 (1914). - Ref.C.A. 9. 1068 (1915), C. 1915. I. 487, W.Ref. 3049.

Wärmeunbeständigkeit der Pankreasamylase. Bierry, H. und Larguier des Bancels, J. C.R.Séances Soc.Biol.Filiales 77. 146-147 (1914). - Ref.C.A. 11. 607 (1917), W.Ref. 3047.

Das Überleben von Amylase in getrocknetem Futter. Neidig, R.E. J.Amer.chem.Soc. 36. 1312-1314 (1914). - Ref.C. 1914. II. 430, W.Ref. 3412.

Die Einwirkung von X-Strahlen auf die Wirkung gewisser Enzyme. Richards, A. Amer.J.Physiol. 35. 224-238 (1914). - W.Ref.3080.

Einwirkung von monochromatischen ultravioletten Strahlen auf die Amylase und Lipase des Pankreassaftes. Chauchard, A. C.R.hebd. Séances Acad.Sci. 158. 1575-1577 (1914). - Ref.C.A. 8. 3061 (1914), C. 1914. II. 721, W.Ref. 3079.

Einige Bedingungen, die Aktivität und Stabilität gewisser Fermente beeinflussen. Long, J.H. und Johnson, W.A. J.Amer.chem.Soc. 35. 895-913 (1913). - Ref.C. 1913. II. 976, W.Ref. 2924.

Die Geschwindigkeit der Zerstörung des Ptyalins beim Durchleiten eines elektrischen Stromes. Burge, W.E. Amer.J.Physiol. 31. 328-33 (1913). - Ref.C. 1913. I. 1213, W.Ref. 2904.

Einwirkung des Wasserstoffperoxyds auf die Amylase der Frauenmilch. Lagane, L. C.R.hebd.Séances Acad.Sci. 156. 1941-43 (1913). - Ref.C. 1913. II. 593, W.Ref. 2923.

Der hemmende Einfluß des mit Kalk enthärteten Wassers auf die Enzymwirkung. Bergeim, O. und Hawk, P.B. J.Amer.chem.Soc. 35. 1049-56 (1913). - Ref.C. 1913. II. 1314, W.Ref. 2920.

Der Zusammenhang zwischen dem aktiven und inaktiven Zustand des Ferments und der Oberflächenspannung desselben. Gramenizki,M.J. Biochem.Z. 52. 142-154 (1913). - Ref.C. 1913. II. 518, W.Ref. 3045.

Quantitative Untersuchung der Einwirkung monochromatischer ultravioletter Strahlen auf Amylase. Chauchard, A. C.R.hebd. Séances Acad.Sci. 156. 1858-1860 (1913). - Ref.C. 1913. II. 589, W.Ref. 3078.

Die Wirkung von Hochfrequenzstrom auf die Aktivität der pankreatischen Amylase (Auszug). Punnett, P.W. Biochem.Bull. 2. 555-556 (1912-13). - Ref.C.A. 9. 3072 (1915), W.Ref. 2697.

Die Rolle der Elektrolyte bei der Wirkung einiger tierischer Fermente. Bierry, H. Biochem.Z. 40. 357-369 (1912). - W.Ref.2903.

Über Fermentwirkung und deren Beeinflussung durch Neutralsalze. 2. Mitt. Starkenstein, E. Biochem.Z. 47. 300-19 (1912). - Ref.C. 1912. I. 445, W.Ref. 2917.

Einfluß der Reaktion auf die Ptyalinwirkung. Ringer, W.E. und Trigt, H.van. Hoppe-Seyler's Z.physiol.Chem. 82. 484-501 (1912). - Ref.C. 1913. I. 1044, W.Ref. 2916.

Wirkung ultravioletter Strahlen auf Pankreassaft. Ihr Einfluß auf die Aktivierung des Saftes durch Kinase und Calciumsalze. Delezenne, C. und Lisbonné, M. C.R.hebd.Séances Acad.Sci. 155. 788-790 (1912). - W.Ref. 3077.

Über eine Bedingung des notwendigen Milieus bei der Wirkung der Speichelamylase. Lisbonné, M. C.R.Séances Soc.Biol.Filiales 70. 62-63 (1911). - W.Ref. 2895.

Wirkung der radioaktiven Strahlen auf Amylase, Invertin und die Mischungen dieser beiden Diastasen. Chauchard, A. und Mazoué,B. C.R.hebd.Séances Acad.Sci. 152. 1709-1711 (1911). - Ref.C. 1911. II. 341, W.Ref. 3076.

Studien über Amylase. 2. Mitt. Eine Studie über die Wirkung der Pankreasamylase. Kendall, E.C. und Sherman, H.C. J.Amer.chem. Soc. 32. 1087-1105 (1910). - Ref.C. 1910. II. 1411-1412, W.Ref. 2880.

Über Fermentwirkung und deren Beeinflussung durch Neutralsalze. Starkenstein, E. Biochem.Z. 24. 210-218 (1910). - Ref.C.A. 4. 1500 (1910), C. 1910. I. 1734, W.Ref. 2881.

Eiweiß als Schutzmittel für Enzyme. Rosenthaler, L. Biochem.Z. 26. 9-13 (1910). - W.Ref. 2691.

Über die Inaktivierung von Fermenten und die Entstehung von Antifermenten in Gegenwart von Kollodium- und anderen Membranen. Porter, A.E. Biochem.Z. 25. 301-304 (1910). - W.Ref. 2690.

Beitrag zur Biologie der Enzyme. Die Wirkung der Wärme auf Lipase und Amylase des Pankreassaftes. Visco, S. Atti Reale Accad. naz.Lincei, Rend. 19. Sem.1; 597-603 (1910). - Ref.C.A. 6. 2086 (1912), C. 1910. II. 325, W.Ref. 3043.

Der Einfluß verschiedener Temperaturen auf die Fermente und die Regeneration fermentativer Eigenschaften. Gramenizki, M.J. Hoppe-Seyler's Z.physiol.Chem. 69. 286-300 (1910). - Ref.C. 1911. I. 239, W.Ref. 3042.

Zur Frage des Ptyalinogens. Brunacci, B. Bull.Scienze med. (Bologna) 80. 243 (1909). - Ref.C.A. 4. 2324 (1910), W.Ref.2870.

Über die Wirkung des Schüttelns auf die Enzymtätigkeit. Harlow, M.M. und Stiles, P.G. J.biol.Chemistry 6. 359-62 (1909).

Die Wirkung der Elektrolyte auf das Speichelferment. Brunacci, B. Bull.Scienze med. (Bologna) 80. 244 (1909). - W.Ref. 2871.

Über die Sublimathemmung und Reaktivierung der Fermentwirkungen. Hata, S. Biochem.Z. 17. 156-187 (1909). - Ref.C.A. 3. 1773 (1909), C. 1909. I. 1895, W.Ref. 2872.

Die Einwirkung der Elektrolyten auf das Substrat der Gärung. Brunacci, B. Bull.Scienze med. (Bologna) 80. 245 (1909). - W.Ref. 732.

Über den Einfluß der Elektrizität auf die Fermente. Kudo, T. Biochem.Z. 16. 233-242 (1909). - W.Ref. 2686.

Die Wirkung der Pankreasamylase in ihrem Verhältnis zur Temperatur der Umgebung. Slosse, A. und Limbosch, H. Arch.Fisiol. 7. 100-112 (1909). - W.Ref. 3041.

Über das Antiamylaseserum. Gessard, C. und Wolff, J. C.R.hebd. Séances Acad.Sci. 146. 414-416 (1908). - Ref.C. 1908. I. 1289, W.Ref. 2861.

Die Wirkung der Amylase des pankreatischen Saftes und seine Aktivierung durch Magensaft. Bierry, H. C.R.hebd.Séances Acad.Sci. 146. 417-419 (1908). - Ref.C. 1908. II. 1298, W.Ref. 2859.

Über die Rolle der Phosphate bei der Speichelverzuckerung. Roger,H. C.R.Séances Soc.Biol.Filiales 65. 374-375 (1908). - W.Ref.2864.

Wirkung von Uranacetat auf einige amylolytische Fermente. Roger,H. C.R.Séances Soc.Biol.Filiales 65. 388-389 (1908). - W.Ref.2865.

Bemerkungen über die Dialyse der verdauungsfördernden Fermente in Kollodiumhüllen. Slosse, A. und Limbosch, H. Bull.Soc.roy.Sci. méd.natur. 66. 80-82 (1908). - W.Ref. 2868.

Über den Einfluß des Alkohols auf hydrolysierende Enzyme. Schöndorff, B. und Victorow, C. Pflügers Arch.ges.Physiol.Menschen Tiere 116. 495-516 (1907). - W.Ref. 2683.

Einfluß der Dialyse und er Mineralsalze auf die Aktivität des amylolytischen Ferments des Speichels. Guyenot, E. C.R. Séances Soc.Biol.Filiales 63. 768-770 (1907). - W.Ref.2856.

Der Einfluß gewisser amphoterer Elektrolyte auf die amylolytische Wirkung. Ford, J.S. und Guthrie, J.M. J.chem.Soc. (London) 89. 76-92 (1906). - Ref.C. 1906. I. 314, W.Ref. 2847.

Einfluß der Reaktion des Mediums auf die Aktivität der Amylase und die Zusammensetzung der verzuckerten Stärke. Maquenne, L. und Roux, E. C.R.hebd.Séances Acad.Sci. 142. 124-129 (1906). - Ref.C. 1906. I. 550, W.Ref. 2849.

Der Einfluß gewisser amphoterer Elektrolyte auf amylolytische Einwirkung. Ford, J.S. und Guthrie, J.M. Proc.chem.Soc. (London) 21. 296-97 (1905). - Ref.C. 1906. I. 314.

Zur Kenntnis der Antipepsine. Mohr, O. Wschr.Brauerei 22. 501 (1905). - Ref.C. 1905. II. 1273, W.Ref. 2842.

Einwirkung der Wärme und der Acidität auf gelöste Amylase. Petit, P. C.R.hebd.Séances Acad.Sci. 138. 1716-1718 (1904). - Ref.C. 1904. II. 460, W.Ref. 2676.

Wirkung von Wärme und Acidität auf Amylase. Petit, P. C.R.hebd. Séances Acad.Sci. 138. 1231-1233 (1904). - Ref.C. 1904. II. 48, W.Ref. 2675.

Einfluß der Acidität auf die Enzyme. Petit, P. C.R.hebd.Séances Acad.Sci. 138. 1003-1004 (1904). - W.Ref. 2674.

Über die Wirkung fluoreszierender Substanzen auf Fermente und Toxine. Tappeiner, H.von. Ber.dtsch.chem.Ges. 36. 3035-3038 (1903). - Ref.C. 1903. II. 928, W.Ref. 2835.

Beiträge zur Erkenntnis der Enzymwirkung. Einfluß von Elektrolyten auf die Wirkung amylolytischer Fermente. Cole, S.W. J.Physiology 30. 202-220 (1903). - Ref.C. 1903. II. 1455, W.Ref. 2836.

Zur Kenntnis der Einwirkung der Enzyme aufeinander. Wroblewski,A., Bednarski, B. und Wojczynski, M. Beitr.chem.Physiol.Pathol. 1. 290-313 (1902). - Ref.C. 1902. I. 272, W.Ref. 2834.

Die Einwirkung des Sonnenlichtes auf die Enzyme. Emmerling, O. Ber.dtsch.chem.Ges. 34. 3811-3814 (1901). - Ref.C. 1902. I. 128, W.Ref. 3072.

Wirkung einiger löslicher Fermente nach Abkühlung durch flüssige Luft auf etwa -191°. Pozerski. C.R.Séances Soc.Biol.Filiales 52. 714-716 (1900). - W.Ref. 2669.

Über die Einwirkung verschiedener chemischer Stoffe auf die Tätigkeit des Mundspeichels. Kübel, F. Pflügers Arch.ges.Physiol. Menschen Tiere 76. 276-305 (1899). - W.Ref. 2828.

Über den Einfluß der Borsäure auf die Tätigkeit der Verdauungsfermente. Cripps, R.A. Analyst 22. 182-87 (1897). - Ref.C. 1897. II. 500.

Löslichkeit und Aktivität der löslichen Fermente in alkoholischen Flüssigkeiten. Dastre, A. C.R.hebd.Séances Acad.Sci. 121. 899-901 (1895). - W.Ref. 2656.

Über die Enzyme. Vergleichende Studien. Fermi, C. und Pernossi,L. Zbl.Bakteriol., Parasitenkunde Infektionskrankh. 15. 229-234 (1894). - Ref.C. 1894. I. 965, W.Ref. 3069.

Die Einwirkung von Salzen auf Säuren. Wood, R.W. Amer.chem.J. 15. 663-670 (1893). - W.Ref. 2820.

Über die Einwirkung organischer Säuren auf die Stärkeumwandlung durch den Speichel. John, O. Virchow's Arch.pathol.Anatom. Physiol.klin.Med. 122. 271-283 (1890). - Ref.C. 1890. II. 1022, W.Ref. 2811.

Einfluß von Uransalz auf die amylolytische Wirkung von Speichel und die proteolytische Wirkung von Pepsin und Trypsin. Chittenden, R.H. und Hutchinson, M.T. Yale Univ.-Sheffield sci.School: Lab.physiolog.Chem.Stud. 2. 55-67 (1885-86). - W.Ref. 2798.

Einfluß bestimmter therapeutischer und toxischer Mittel auf die amylolytische Wirkung von Speichel. Chittenden, R.H. und Painter, H.M. Trans.Connecticut Acad.Arts Sci. 7. 60-83 (1885-88). - W.Ref. 2801.

Über die Bestimmung der absoluten Neutralität. Duggan, J.R. Amer.chem.J. 8. 211-222 (1886). - W.Ref. 2803.

Einfluß von Galle, Gallensalzen und Gallensäuren auf die amylolytische und proteolytische Wirkung. Chittenden, R.H. und Cummins, G.W. Amer.chem.J. 7. 36-52 (1885-86). - W.Ref. 2800.

Über bestimmte Bedingungen, die die amylolytische Wirkung des Speichels beeinflussen. Langley, J.N. und Eves, F. J.Physiology 4. 18-28 (1883). - W.Ref. 2796.

Einwirkung von Wasserstoffsuperoxyd auf organische Stoffe und die Fermentierungen. Bert, P. und Regnard, P. C.R.hebd.Séances Acad.Sci. 94. 1383-1386 (1882). - W.Ref. 2792.

Über das Verhalten ungeformter Fermente gegen hohe Temperaturen. Hüppe, F. Pharmaz.Zentralhalle Deutschland 22. 488-489 (1881). - Ref.C. 1881. 745-746, W.Ref. 3025.

Vergleichende Studien über Ptyalin und Diastase. Defresne, T. C.R.hebd.Séances Acad.Sci. 89. 1070 (1879). - Ref.C. 1880. 75, W.Ref. 2789.

Über den Einfluß des Thymols auf einige tierische Fermente. Peschechonow. Pharmac.Z.Rußland 12. 609-616 (1873). - Ref.C. 1874. 38, W.Ref. 2784.

917. Methoden der Aktivitätsbestimmung

(Getreide und Mehl vgl. auch 944; Bäckerei vgl. 945; Malz vgl. auch 9424)

Schnellverzuckerungsmethode zur Bestimmung von Serum-Amylase. Fingerhut, B., Ferzola, R., Poock, A. und Marsh, W.H. Clin.Med. (New York) 11. 862-68 (1965). - Ref.C.A. 63. 13624f (1965).

Vereinfachte Mikromethode für die Bestimmung von Serum-Amylase. Simon, K.H. Med.Monatsschr. 19. 377 (1965). - Ref.C.A. 63. 18547e (1965).

Charakteristische Abweichung zwischen der amyloklastischen und saccharogenen Bestimmung der Isoamylase-Aktivität im menschlichen Serum. Searcy, R.L., Ujihira, I., Hayashi, S. und Berk, J.E. Clin.chim.Acta (Amsterdam) 9. 505-08 (1964). - Ref.C.A.(B.) 61. 897c (1964), C. 1966. 21-1262.

Die automatische Bestimmung von Amylase im Magensaft. Glenn, J.H. Clin.chim.Acta (Amsterdam) 9. 501-03 (1964). - Ref.C.A.(B.) 61. 892h (1964).

Stärke-Jodkomplexe: eine modifizierte kolorimetrische Mikrobestimmung von Amylase in biologischen Flüssigkeiten. Pimstone, N.R. Clin.Chem. (New York) 10. 891-906 (1964). - Ref.C.A. 62. 1899g (1965).

Stärkesubstrate mit verbesserter Stabilität für die klinische Bestimmung der Amylase-Aktivität. Martinek, R.G. Clin.chim. Acta (Amsterdam) 9. 590-92 (1964). - Ref.C.A.(B.) 61. 4631h (1964).

Anwendung der Fallzahl-Methode zur Bewertung der Amylase-Aktivität. Perten, H. Cereal Chem. 41. 127-40 (1964). - Ref.C.A.(B.) 61. 7606c (1964), C. 1965. 27-2940, Stärke 17. 31 (1965).

Schimmelpilze. 4. Mitt. Eine Methode zur Vergleichsbestimmung der Enzym-Aktivität verschiedener Aspergillus-Arten. Murakami, H., Suzuki, A., Owaki, K. und Noda, S. J.Soc.Brewing,Japan 59. 898-903 (1964). - Ref.C.A. 63. 15257b (1965).

Ein abgeändertes Verfahren zur Bestimmung der diastatischen Kraft und der α-Amylase-Aktivität. Bendelow, V.M. J.Inst.Brewing 69. 467-72 (1963). - Ref.C. 1964. 39-2616, C.A. 60. 6180h (1964).

Vergleich zweier Methoden zur Bestimmung der Amylaseaktivität des Speichels. Turner, N.C., Crowell, G.E. und Becker, N. Arch.oral Biol. 8. 629-32 (1963). - Ref.C. 1965. 28-1181.

Mikromethode zur Bestimmung der Lipase-Aktivität. Bulazkii, N.P. und Lewizkii, A.P. Fragen med.Chem. (russ.) 9. 426-28 (1963). - Ref.C.A.(B.) 60. 3234c (1964).

Fehlerhaft niedrige Amylasewerte. Sax, S.M. und Trimble, G.E. Clin.Chem. (New York) 9. 296-311 (1963). - Ref.C. 1966. 20-1203.

Enzymatische Hydrolyse von Weizenstärke. 1. Mitt. Eine Schnell-Methode zur kolorimetrischen Bestimmung der Amylase-Aktivität. Rogols, S. und High, R.L. Stärke 15. 1-4 (1963). - Ref.C.A.59. 15854e (1963), C. 1964. 1-3078.

Bestimmung von Serum-Amylase unter Anwendung eines lyophylen Stärkekleisters. Sudaka, P. Repert.Med.Prat. 3. Nr.11 (1962). - Ref.C.A. 57. 12880e (1962).

Amylaseaktivität in Getreide und Mehl. Bestimmung der Fallzahl. Perten, H. Getreide u.Mehl 12. 34-42 (1962). - Ref.C.A. 57. 10302d (1962), C. 1963. 2263.

Standardisierung der α-Amylase. Maes, R. Pharmac.Tijdschr.Belgie 39. 9-11 (1962). - Ref.C.A. 57. 8891e (1962).

Methode zur Bestimmung von Amylase im Darminhalt. Dahlqvist, A. Scand.J.clin.Lab.Invest. 14. 145-50 (1962). - Ref.C. 1965. 28-1180, C.A. 59. 1900e (1963).

Die Bestimmung der Amylaseaktivität und einige Studien über Amylaseaktivität im gekeimten Roggen. Feller, K., Richter, M. und Ruttloff, Ch. Ernährungsforschung 7. 575-85 (1962). - Ref.Stärke 15. 271 (1963), C.A. 59. 873e (1963).

Kupfer und Enzym-Oxydationen von Ascorbinsäure; ihre Beziehung zur Amylase-Aktivität. Witt, P.R. jr. Amer.Soc.Brewing Chemists Proc. 1962. 47-53. - Ref.C.A. 60. 12297h (1964).

Photometrische Methode zur Bestimmung von Amylase. Nielsen, E. Nature (London) 194. 89-90 (1962). - Ref.C.A. 57. 3774g (1962), Stärke 15. 111 (1963), C. 1963. 8595.

Vergleich von Methoden zur Bestimmung der Trockensubstanz der Kohlenhydrate und der α-Amylaseaktivität im Honig. Zalewski, W. Pszczelnicze Zesyty naukowe 6. 121-33 (1962). - Ref.C.A.(B.) 60. 6141d (1964).

Gel-Diffusionsmethode zur Bewertung der -Amylase. Briggs, D.E. J.Inst.Brewing 68. 27-32 (1962). - Ref.C.A. 56. 13353c (1962), C. 1963. 6426.

Stärke-Verflüssigungsaktivität von -Amylase. 1. Mitt. Die Anwendung von vorgelatinierter Weizenstärke als Substrat. Pomeranz, Y. und Shellenberger, J.A. Cereal Chem. 39. 327-35 (1962). - Ref.J.Chem.(russ.) 1963. 2 R279, C. 1963. 9912, Stärke 16. 370 (1964).

Amylose als Substrat für Amylase-Bestimmungen. Jorgensen, K. und Svendsen, A. Scand.J.clin.Lab.Invest. 13. 122-25 (1961). - Ref.C.A. 57. 2577f (1962), C. 1964. 24-1119.

Bestimmung von Serum-α-Amylase. Penaranda, F. Ann.Biol.clinique 19. 319-25 (1961). - Ref.C.A. 57. 1259f (1962).

Die α-Amylaseaktivität im Urin. Bestimmungsmethode und Ergebnisse. Paget, M. und Leifooghe, J. Ann.Biol.clinique 19. 79-90 (1961). - Ref.C.A. 56. 14611h (1962).

Elektrophotometrische Bestimmung von Amylase im Harn durch die Jodreaktion. Vincent, D., Segonzac, G. und Lacroix, R. Ann.Biol. clinique 19. 651-53 (1961). - Ref.C.A. 56. 14560e (1962).

Eine Modifizierung der Sandstedt-, Kneen- und Blish-Methode zur Bestimmung von -Amylase. Briggs, D.E. J.Inst.Brewing 67. (N.S.) 58. 427-31 (1961). - Ref.C.A. 56. 5106e (1962), C. 1962. 9552.

Modifizierte Wohlgemuth-Methode zur Bestimmung der Alpha-Amylase-Aktivität von Weizen und Roggen. Hagberg, S. Cereal Chem. 38. 241-50 (1961). - Ref.C.A. 55. 21403c (1961), C. 1962. 5138.

Zur Problematik der quantitativen Diastasebestimmung in Honig. Überprüfung verschiedener Methoden. Einfluß der Stärkepräparate auf die Diastasezahl. Ausarbeitung einer zuverlässigen Standardmethode zur Diastasezahlbestimmung sowie Anleitung zur Herstellung und Prüfung von Standardstärke. Hadorn, H. Mitt.Gebiete Lebensmittelunters.Hyg. (Bern) 52. 67-103 (1961). - Ref.C.A.56. 5175h (1962)., C. 1962. 12135.

Polarographische Modifizierung der Bertrand-Methode bei der Aktivitätsbestimmung einiger Carbohydrasen. Iwanow, I.D. und Molodowa, G.A. Mikrobiologie (russ.) 30. 337-40 (1961). - Ref.C. 1962. 11234.

Über die Untersuchung der exkretorischen Pankreasfunktion. Methoden zur Aktivitätsbestimmung von Trypsin, Chymotrypsin, Carboxypeptidase, Lipase und Diastase. Schön, H., Rässler, B. und Henning, N. Klin.Wschr. 39. 217-22 (1961). - Ref.C.A. 55. 14618a (1961).

Notiz über eine vereinfachte Schnell-Methode zur Bestimmung der Alpha-Amylaseaktivität. Hagberg, S. Cereal Chem. 38. 202-03 (1961). - Ref.C. 1961. 18543, C.A. 55. 13698f (1961).

Eine Methode für die Bestimmung der Amylase-Aktivität in Schimmelpilzen. Grigorow, I. und Geschewa, R. Nachr.mikrobiol.Inst. Bulg.Akad.Wiss. (bulg.) 12. 67-69 (1960). - Ref.C.A. 55. 27533f (1961).

Verfahren zur Amylasebestimmung in Fermentpräparaten tierischer Herkunft. Zipf, K. und Schmid, A. Arch.Pharmaz.Ber.dtsch. pharmaz.Ges. 293. 890-95 (1960). - Ref.Stärke 13. 276 (1961), C. 1961. 17231.

Schnellmethode zur Bestimmung der diastatischen Aktivität. Terrell, R.S. Cereal Sci. today 5. 286-89 (1960).

Zur Amylase-Bestimmung in Fermentpräparaten. Schmid, A. und Zipf, K. Arzneimittel-Forsch. 10. 559-60 (1960). - Ref.C. 1964. 47-1057.

Eine Schnellmethode zur Bestimmung der α-Amylase-Aktivität. Hagberg, S. Cereal Chem. 37. 218-22 (1960). - Ref.C.A. 54. 13477f (1960), C. 1961. 18911.

Verbesserte spektrophotometrische Bestimmung von Amylase mit Hilfe einer neuen stabilen Stärkesubstratlösung. Rice, E.W. Clin. Chemistry 5. 592-96 (1959).

Eine einfache und genaue Methode zur Bestimmung der Aktivität der Diastase in pharmazeutischen Präparaten. Ramaswamy, S., Biswas, H.K. und Banerjee, H.K. J.Proc.Inst.Chemists (India) 31. 220-21 (1959). - Ref.C.A. 54. 11378i (1960), C. 1961. 14383.

Methoden zur Messung der enzymatischen Amylolyse. Wildner, H. Verlag: Hans Carl. Nürnberg 1959. 416 S.

Ein stabiles Stärkesubstrat für die Bestimmung der Amylase im Serum und anderen Körperflüssigkeiten. Caraway, W.T. Amer.J. clin.Pathol. 32. 97-99 (1959).

Fehlerhafte Resultate bei der Aktivitätsbestimmung von α-Amylasen bei Verwendung von Lintnerstärken. Ulmann, M. und Richter, M. Mber.dtsch.Akad.Wiss.Berlin 1. 496-99 (1959). - Ref.Stärke 12. 254 (1960), C. 1963. 2498.

Zur Bestimmung der Aktivität stärkehydrolysierender Enzyme. Richter, M. Ernährungsforschung 4. 19-34 (1959). - Ref.C. 1959. 14135.

Colorimetrische Bestimmung von α-Amylase. Jongh, G. Z.Lebensmittel-Unters. u. -Forsch. 108. 505 (1958).

Herstellung von Pilz-Amylase. 1. Mitt. Fuwa's Methode zur Bestimmung von ß-Amylase. Yamada, N. J.agric.chem.Soc. Japan 32. 581-83 (1958). - Ref.C. 1960. 2913.

Die Bestimmung der β-Amylase in der Gerste. Kastner, J. und Janacek, J. Petit J.Brasseur 66. 541-44 (1958). - Ref.C. 1959. 9752, C.A. 55. 23687h (1961).

917

α-(p-Nitrophenyl)-maltosid als Substrat zur Bestimmung von Amylase. Jansen, A.P. und Wydeveld, P.G.A.B. Nature (London) 182. 525-26 (1958). - Ref.Stärke 10. 329 (1958), C. 1959. 11607.

Methoden zur Messung der enzymatischen Amylolyse. Wildner, H. und Wildner, G. Verlag Hans Carl, Nürnberg 1958. 432 S. - Ref.Stärke 11. 342 (1959).

Eine Ultramikromethode zur Bestimmung der Amylaseaktivität im Blutserum. Close, J.R. und Street, H.V. Clin.Med.Acta (Amsterdam) 3. 476-79 (1958). - Ref.Stärke 12. 92 (1960).

Messung der enzymatik-amylolytischen Aktivität. Ergänzung zu Gruppe A IV. Methoden in Abhängigkeit von der Jod-Stärke-Reaktion. Wildner, H. und Wildner, G. Brauwissenschaft 11. 119-21 (1958). - Ref.C.A. 52. 18621e (1958).

Messung der enzymatisch-amylolytischen Aktivität. Gruppe B.II. Von der biologischen Bestimmung des Abbaues von Stärkeprodukten abhängige Methoden. Wildner, H. und Wildner, G. Brauwissenschaft 11. 59-65 (1958). - Ref.C.A. 52. 9509g (1958).

Messung der enzymatisch-amylolytischen Aktivität. Gruppe B.I. Chemische Methoden. Wildner, H. und Wildner, G. Brauwissenschaft 11. 35-42 (1958).

Bestimmung der enzymatischen Amylolysis. 1. Mitt. Chemische Methoden. Wildner, H. und Wildner, G. Brauwissenschaft 10. 315-17 (1957).

Über die Bestimmung der Speichelamylasen. Babin, R., Mesnard, P., Geyer, A. und Delmon, G. Bull.Soc.Pharmacie Bordeaux 96. 20-24 (1957). - Ref.C. 1964. 23-1078.

Bestimmung der enzymatisch-amylolytischen Aktivität. Gruppe B.I. Chemische Methoden. Wildner, H. und Wildner, G. Brauwissenschaft 10. 205-10 (1957).

Bestimmung der enzymatisch-amylolytischen Aktivität. Gruppe A.IV. Methoden im Zusammenhang mit der Jod-Reaktion. Wildner, H. und Wildner, G. Brauwissenschaft 10. 71-74 (1957).

Die colorimetrische Bestimmung von α-Amylase. Jongh, G. Chem. Weekbl. 53. 597-602 (1957). - Ref.C. 1958. 6574.

Bestimmung von Serumamylase mit kleinen Serummengen. Gomori, G. Amer.J.clin.Pathol. 27. 714-16 (1957). - Ref.C. 1960. 9932.

Bestimmung der Amylaseaktivität in biologischen Flüssigkeiten. Street, H. und Close, J.R. Clinica chim. Acta 1. 256-68 (1956).

Bestimmung der enzymatischen Amylolysis. 4. Mitt. Methoden im Zusammenhang mit der Jod-Stärke-Reaktion (Untersuchung des Stärkeabbaues durch die (Farb-)Veränderungen bei der Jod-Reaktion). Wildner, H. und Wildner, G. Brauwissenschaft 9. 310-13 (1956).

Bestimmung der enzymatischen Amylolysis. 3. Mitt. Methoden im Zusammenhang mit der Bestimmung der Trübungsmessung von Glykogen oder Stärkelösungen (nephelometrische (Trübungs-)Bestimmung von Amylasen). Wildner, H. und Wildner, G. Brauwissenschaft 9. 296-302 (1956).

Bestimmung der enzymatischen Amylolysis. 2. Mitt. Bestimmungsmethoden im Zusammenhang mit der Abnahme der Viskosität bei der Verkleisterung von Stärke (Viskosimetrische Bestimmung von Amylase). Wildner, H. und Wildner, G. Brauwissenschaft 9. 262-72 (1956).

Bestimmung von Serumamylase. Eine vereinfachte Methode. Shaldon, S. Lancet 271. 547 (1956). - Ref.C. 1959. 6510.

Bestimmung des Temperatur- und p_H-Optimums der die Stärke verflüssigenden Komponente des Diastasekomplexes mit einer viscosimetrischen Methode. Kirschner, M. und Köhler, M. Brot u.Gebäck 9. 85-87 (1955).

Symposium über Amylase. Bestimmung von Stärke zerstörenden Schimmelpilzamylasen. Fukinbara, T. J.Fermentat.Assoc. (Japan) 13. 50-57 (1955). - Ref.C.A. 49. 15156i (1955).

Eine neue Mikromethode zur Bestimmung der Amylaseaktivität durch Verwendung von Amylose-Substrat. Fuwa, H. J.Biochem. (Tokyo) 41. 583-603 (1954).

Einflüsse von ß-Amylase und saccharogenen Enzymen auf die Bestimmung der α-Amylaseaktivität in Schimmelpilzamylasezubereitungen. Muramatsu, K. und Fukinbara, T. J.agric.chem.Soc.Japan 28. 456-60 (1954). - Ref.C. 1956. 10259.

Eine Methode der photometrischen Diastasebestimmung im Blutplasma. Bruns, G. und Goldhammer, H. Z.klin.Med. 151. 521-25 (1954).

Eine vereinfachte Methode zum Nachweis von Amylaseaktivität in Serum und Urin durch Verwendung von Glykogen und Anthronreagens. Sobel, H. und Meyers, S.M. J.Lab.clin.Med. 41. 655-58 (1953). - Ref.C. 1953. 6904.

Bestimmung von Pankreasamylase durch photometrische Trübungsmessung. Guth, P., Komarow, S.A. und Shay, H. Amer.J.Physiol.173. 461-66 (1953). - Ref.C. 1954. 9313.

Zur Ermittlung der amylolytischen Kraft von Verzuckerungsstoffen, insbesondere von Pilzdiastasepräparaten. Drews, B. und Specht, H. Brauerei, wiss. Beilage 5. 47-50 (1952).

Die Schimmelpilzamylasen und ihre Bestimmung. Specht, H. Stärke 4. 216-220 (1952).

Photometrische Methode zur Bestimmung der Blutamylase mit der Jod-Stärke-Farbreaktion. Loon, E.J.van, Likins, M.R. und Seger,A.J. Amer.J.clin.Pathol. 22. 1134-36 (1952).

Verbesserung der Bestimmung der stärkehydrolysierenden Kraft von Diastase nach dem japanischen Arzneibuch. Asahina, M. und Serizawa, J. Bull.nat.hyg.Lab.Tokyo 70. 23-26 (1952). - Ref.C. 1956. 1094.

Die Aktivität von α-Amylase bei Bestimmung mit Adsorptionsindikatoren. Caroll, B. und van Dyk, J.W. Science (Washington) 116. 168-69 (1952). - Ref.C. 1950/54. 6877S.

Photometrische Bestimmung der Amylaseaktivität im Pankreassaft. Waldron, J.M. J.Lab.clin.Med. 38. 148-52 (1951). - Ref.C. 1952. 5270.

917

Verzuckerungsbestimmung von Amylase in Blutplasma und Urin. Kibrick, A.C., Rogers, H.E. und Skupp, S. J.biol.Chemistry 190. 107-10 (1951). - Ref.C. 1952. 1023.

Die Messung der Amylaseaktivität. Teller, J.D. J.biol.Chemistry 185. 701-04 (1950). - Ref.C. 1951. I. 2447.

Kartoffelstärke als Substrat für die Bestimmung der diastatischen Kraft. Blom, J. und Schwarz, B. J.Inst.Brewing 56. 58-62 (1950). - Ref.C. 1950. II. 1755, Stärke 3. 268 (1951).

Eine colorimetrische Modifikation der Willstätter-Methode zur raschen Bestimmung der Amylase-Aktivität in pharmazeutischen Produkten. Smith, G.N. und Stocker, C. Arch.Biochemistry 21. 95-102 (1949). - Ref.C. 1949. E. 76.

Über die viscosimetrische Bestimmung der enzymatischen Wirksamkeit und Geschwindigkeitskonstanten. Hultin, E. Acta chem.scand. 3. 625-29 (1949). - Ref.C. 1949. E. 4942.

Über die amylolytischen Enzyme. IV. Mitt. Bestimmung der Wirksamkeit der α-Amylase. Bernfeld, P. und Fuld, M. Helv.chim.Acta 31. 1420-23 (1948). - Ref.C. 1949. I. 1378.

Über die amylolytischen Enzyme. III. Mitt. Die β-Amylase : Wirksamkeitsbestimmung und Nachprüfung der Abwesenheit von α-Amylase. Noelting, G. und Bernfeld, P. Helv.chim.Acta 31. 286-290 (1948).

Methoden zur Bestimmung von α-Amylase. Redfern, S. Cereal Chem. 24. 259-68 (1947).

Methode zur Bestimmung von α-Amylase. III. Mitt. Verbesserte Methode zur Verflüssigung von Stärke. Landis, Q. und Redfern, S. Cereal Chem. 24. 157-66 (1947).

Methode zur Bestimmung von α-Amylase. 2. Mitt. Verflüssigende und dextrinierende Aktivität von α-Amylasen verschiedener Herkunft. Redfern, S. und Landis, Q. Cereal Chem. 23. 1-15 (1946).

Die Bestimmung der Serumamylase mit besonderer Berücksichtigung der Verwendung von β-Amylose als Substrat. Andersch, M.A. J.biol.Chemistry 166. 705-10 (1946).

Methode zur Bestimmung von α-Amylase. 1. Mitt. Klassifizierung von Enzym-Untersuchungsmethoden, Standardisierung von Proben und modifizierten Verfahren. Landis, Q. Cereal Chem. 22. 1-10 (1945).

Eine Gemeinschaftsuntersuchung über Methoden zur Bestimmung der Amylaseaktivität. Dickson, A.D. Cereal Chem. 20. 31-35 (1943).

Gereinigte Diastasen. 2. Mitt. Eine neue Methode zur Messung von Diastaseaktivität. Minagawa, T. Proc.Imp.Acad. (Tokyo) 19. 401-06 (1943). - Ref.C. 1946. II. 3084.

Quantitative Stärkebestimmung von Amylase-(Diastase)-Präparaten. Lenk, E. J.Soc.Dyers Colourists 58. 138-41 (1942). - Ref.C. 1943. I. 1630.

Amylasebestimmungen in Gerste. Myrbäck, K. und Örtenblad, B. Enzymologia (Den Haag) 7. 176-81 (1939).

Ein standardisiertes Wohlgemuth-Verfahren für die Bestimmung der Alpha-Amylase-Aktivität. Sandstedt, R.M., Kneen, E. und Blish, M.J. Cereal Chem. 16. 712-723 (1939).

917

Über die offizinelle Diastase. Einfluß verschiedener Faktoren. Verfahren zur Titration mit Stärke. Experimentelle Untersuchungen über den Stärkeversuch mit offizineller Diastase. Langlois, J. und Morin, Ch. Bull.Sci. pharmacol. 46. (41). 353-64, 415-36 (1939). - Ref.C. 1940. II. 2903.

Über die Stärkeverflüssigung. Eine Methode zur Bestimmung der Verflüssigung von Stärkekleister. Mayer, K. Hoppe-Seyler's Z. physiol.Chem. 262. 29-36 (1939). - Ref.C. 1940. I. 1345.

Über die Bestimmung von Amylasen durch Verflüssigung von Stärkekleister. Blom, J. und Bak, A. Hoppe-Seyler's Z.physiol.Chem. 256. 197-207 (1938). - Ref.C. 1939. I. 3000.

Inaktivierung der Substrate. Przylecki, St.J. Sparwozdania Posiedzeń Towarzystwa Naukowego Warszawskiego Cl.IV. 29. 186-87 (1936). - Ref.C. 1938. I. 1992.

Bestimmung von α-Amylase. Jozsa, S. und Johnston, W.R. Ind.Engng. Chem., analyt.Edit. 7. 143-46 (1935).

Bemerkung zur Herstellung von Stärkepräparaten zur Amylasenbestimmung. Thompson, W.R. J.biol.Chemistry 109. 201-02 (1935). - Ref.C. 1935. II. 236.

Zur Technik der Blutdiastasebestimmung nach Ottenstein. Rennkamp, F. und Schuler, B. Klin.Wschr. 14. 1760 (1935). - Ref.C. 1936. I. 2156.

Eine neue Methode zur Bestimmung des Stärkeverflüssigungsvermögens. Chrzaszcz, T. Biochem.Z. 242. 130-36 (1935).

Genormte Substrate für die Wertbestimmung löslicher pharmazeutischer Fermente. Pénau, H. und Audic, R. J.Pharmac.Chim. (8) 19. (126). 329-45 (1934). - Ref.C. 1934. II. 1343.

Messung des Verflüssigungsvermögens von Diastase. Willaman, J.J., Clark, E.W. und Hager, O.B. Biochem.Z. 258. 94-101 (1933). - Ref.C. 1933. I. 2825.

Ein reproduzierbares Standardsubstrat für Viscosimetrie der Stärkeamylase. Thompson, W.R., Sara, M. McGarvey und C.H. Wies. J.gen. Physiol. 16. 229-31 (1932). - Ref.C. 1933. I. 950.

Eine colorimetrische Methode zur Bestimmung der Amylasewirkung und ihre Anwendung. Sym, E.A. Biochem.Z. 253. 1-10 (1932). - Ref.C. 1932. II. 3569.

Das Stärkeverflüssigungsvermögen der Amylase und seine Bestimmungsmethoden. Chrzaszcz, T. und Janicki, J. Biochem.Z. 256. 252-91 (1932). - Ref.C. 1933. I. 1956.

Eine neue Methode zur Bestimmung des Stärkeverflüssigungsvermögens. Lampe, B. Z.Spiritusind. 55. 102 (1932).

Eine Studie über die Wirkungen gewisser Variationen in der Herstellung des Stärkesubstrates bei der Amylaseviscosimetrie. Wies, C.H. und Garvey, M.Mc. J.gen.Physiol. 16. 221-27 (1932). - Ref.C. 1933. I. 950.

Eine neue Methode zur Bestimmung des Stärkeverflüssigungsvermögens. Chrzaszcz, T. Biochem.Z. 242. 130-36 (1931). - Ref.C. 1932. I. 1013.

Vergleichende Bestimmungen der diastatischen Kraft nach den Methoden Lintner und Windisch-Kolbach. Lampe, B. Z.Spiritusind. 52. 276 (1929).

Eine neue lösliche Stärke und eine verbesserte polarimetrische Lintnermethode. Gore, H.C. Ind.Engng.Chem. 20. 865-66 (1928). - Ref.C. 1929. I. 584.

Über die Bestimmung der diastatischen Kraft. Lampe, B. Z.Spiritusind. 51. 316-17 (1928).

Methode für die Bewertung der diastatischen Verbindungen. Chase, W.W. und Donaldson, E.R. Textile Colorist 47. 781-782 (1925). - Ref.C.A. 20. 828 (1926), W.Ref. 3148.

Eine viscosimetrische Methode für die quantitative Bestimmung der Amylase. Davison, W.C. Bull.Johns Hopkins Hosp. 37. 281-282 (1925). - Ref.C.A. 20. 61 (1926), W.Ref. 3148A.

Einwirkung der Wasserstoffionenkonzentration auf die Bestimmung der diastatischen Kraft durch die Polarisationsmethode. Gore, H.C. J.Amer.chem.Soc. 47. 281-283 (1925). - W.Ref. 3149.

Einfache Mikro-Diastase-Bestimmung in den Körperflüssigkeiten. Lorber, L. Biochem.Z. 163. 480-487 (1925). - Ref.C.A. 20. 1825 (1926), W.Ref. 3150.

Eine kolorimetrische Methode für die Bestimmung der Diastase in flüssigen Körpern. Cohen, I. und Dodds, E.C. Brit.med.J. 1. 618-620 (1924). - Ref.C.A. 18. 2535 (1924), W.Ref. 3146.

Die Messung der Aktivität eines diastatischen Präparates und die Gesetze von der Wirkung der Diastasen. Fleury, P. J.Pharmac. Chim. 29. 278-284, 325-334 (1924). - Ref.C.A. 19. 1435 (1925), W.Ref. 3147.

Anwendung der Jodometrie zur Bestimmung der diastatischen Kraft. Machida, E. und Kitayama, S. J.pharmac.Soc.Japan No.509. 569-77 (1924). - Ref.C.A. 19. 1722 (1925), W.Ref. 3215.

Fehlerquelle beim Gebrauch der Lintner-Stärkelösung für die Bestimmung der diastatischen Kraft. Syniewski, W. Bull.int.Acad.polon. Sci.Lettres 1924. 149-51. - Ref.C.A. 19. 2502 (1925), W.Ref.3152.

Eine Polarisationsmethode für die Bestimmung der diastatischen Kraft. Gore, H.C. J.Assoc.off.agric.Chemists 7. 364-367 (1923-24). - Ref.C.A. 18. 2352 (1924), C. 1924. II. 2357, W.Ref. 3143.

Untersuchungen über die amylolytischen Fermente. I. Herstellung einer Normalstärke. Fabre, R. und Pénau, H. J.Pharmac.Chim. 28. 289-304 (1923). - Ref.C. 1924. I. 1398, W.Ref. 3213.

Neue Angaben über die zu diastatischen Prüfungen verwendete Stärke. Astruce, A. und Renaud, A. J.Pharmac.Chim. 27. 333-337 (1923). - Ref.C. 1923. IV. 483, W.Ref. 3142.

Eine Methode zur Bestimmung von Diastase im Blut. Fyfe, G.M. Brit. J.exp.Pathol. 4. 127-131 (1923). - Ref.C.A. 17. 3351 (1923), C. 1924. II. 1253, W.Ref. 3214.

Diastasebestimmung für klinische Zwecke. Adam, A. Klin.Wschr. 2. 1548-1549 (1923). - Ref.C. 1923. IV. 569, W.Ref. 3170-3171.

Bezeichnung der Aktivität und Affinität von Enzymen. Euler, H.von und Josephson, K. Ber.dtsch.chem.Ges. 56. 1749-1758 (1923). - Ref.C. 1923. III. 1541, W.Ref. 399.

Untersuchungen über die amylolytischen Fermente. 1. Mitt. Die Herstellung eines Stärkestandards. Fabre, R. und Pénau, H. Bull.Soc.Chim.biol. 5. 897-910 (1923). - Ref.C.A. 18. 997 (1924), W.Ref. 3139.

Bemerkung über die Bestimmung der diastatischen Aktivität. Matthews, Ch.G. J.Inst.Brewing 28. 935-936 (1922). - Ref.C.A. 18. 1546 (1924), W.Ref. 3141.

Veränderungen im diastatischen Vermögen des Urins in Beziehung zu seiner Reaktion mit einer vorgeschlagenen Methode für die Bestimmung des Diastasegehaltes. Dodds, E.C. Brit.J.exp.Pathol. 3. 133-137 (1922). - Ref.C.A. 16. 3099 (1922), C. 1923. IV.230, W.Ref. 3136.

Methode für die Bestimmung der verflüssigenden Kräfte der Amylase. Effront, J. C.R.Séances Soc.Biol.Filiales 86. 269-271 (1922). - Ref.C. 1922. I. 609, W.Ref. 3138.

Über die Bestimmung der diastatischen Kraft. Windisch, W., Dietrich, W. und Kolbach, P. Wschr.Brauerei 39. 213-214, 219-22, 225-236 (1922). - Ref.C. 1923. II. 46.

Nachtrag zu der vorausgehenden Mitteilung über "Vergiftungserscheinungen an Amylasen". Eine Methode zur Messung der Stärkeverflüssigung. Olsson, U. Hoppe-Seyler's Z.physiol.Chem. 119. 1-3 (1922). - Ref.C. 1922. III. 67, W.Ref. 3169.

Eine Viskositätsmethode für die Prüfung von Diastaseprodukten. Hall, A.J. Canad.Dyer Color User 1. 156 (1921). - W.Ref. 3168.

Eine Bemerkung über die Bestimmung der diastatischen Aktivität. Rosenblum, E.I. J.Soc.chem.Ind. 39. 311-313T. (1920). - Ref.C.A. 15. 607 (1921), C. 1921. II. 1024, W.Ref. 3206.

Technische Methode für die Bestimmung des Verzuckerungsvermögens der diastatischen Präparate. Oshima, K. J.ind.Engng.Chem. 12. 991-993 (1920). - Ref.C. 1921. II. 428, W.Ref. 3205.

Quantitative Bestimmung der Lipase und Amylase des direkt aus dem Duodenum gewonnenen Pankreassaftes. Mauban, H. C.R.Séances Soc.Biol.Filiales 83. 130-131 (1920). - Ref.C.A. 14. 3092 (1920), C. 1920. II. 681, W.Ref. 3204.

Volumetrische Methode für die Bestimmung der diastatischen Kraft. Flohil, J.T. J.ind.Engng.Chem. 12. 677 (1920). - Ref.C. 1920. IV. 369, W.Ref. 3203.

Eine Methode zur Bestimmung der amylolytischen Wirkung der Diastase von Aspergillus oryzae. Waksman, S.A. J.Amer.chem.Soc. 42. 293-299 (1920). - Ref.C. 1920. IV. 3, W.Ref. 3167.

Über die Bestimmung der amylolytischen Kraft des Speichels. Grimbert, L. C.R.Séances Soc.Biol.Filiales 82. 312-315 (1919). - Ref.C.A. 13. 2892 (1919), C. 1919. IV. 38, W.Ref. 3201.

Bestimmung der diastatischen Kraft: eine Anregung. Wilson, L.C. und Minchin, A.L. J.Inst.Brewing 25. 65-67 (1919). - W.Ref. 3199.

Untersuchungen über die amylolytische Aktivität des menschlichen Speichels nebst einer neuen Methode. Myers, V.C. und Dellenbaugh, A.G. Proc.Soc.exp.Biol.Med. 16. 18-20 (1918-19). - Ref.C.A. 13. 2688 (1919), W.Ref. 3200.

Abgeänderte Wohlgemuthsche Methode zur Bestimmung der Aktivität der Amylase bei Gegenwart von Alkaloiden. Bodnár, J. Fermentforschung 1. 347-350 (1916). - Ref.C.A. 10. 2099 (1916), C. 1916. I. 37, W.Ref. 3165.

Untersuchungen über die Verwendung von Stärke als Substrat für die Enzymwirkung. Sherman, H.C. und Baker, J.C. J.Amer.chem.Soc. 38. 1885-1904 (1916). - Ref.C. 1916. II. 1124, W.Ref. 589.

Die quantitative Bestimmung der Amylase im Blutserum und Urin als Hilfe für die Diagnose. Stocks, P. Quart.J.Med. 9. 216-244 (1915-16). - Ref.C.A. 10. 2001 (1916), W.Ref. 3164.

Über eine neue Methode zur Bestimmung der Fermentwirkung der Diastase. Wolff, O. Chemiker-Ztg. 39. 105-107 (1915). - Ref.C.A. 9. 2260 (1915), C. 1915. I. 574, W.Ref. 3196.

Über enzymatische Energiemessungen. Scheermesser. Apotheker-Ztg. 28. 752-754 (1913). - Ref.C. 1913. II. 1429, W.Ref. 3163.

Eine Kritik zweier Methoden zur Bestimmung amylolytischer Wirksamkeit. Evans, C.L. J.Physiology 44. 220-224 (1912). - Ref.C. 1912. II. 729, W.Ref. 3161.

Die Bestimmung der diastatischen Kraft. Deutschland, A. Z.Spiritusind. 35. 552-553 (1912). - W.Ref. 3131.

Biologische Analyse des Honigs. Moreau, E. Ann.Falsificat.Fraudes 4. 145-148 (1911). - Ref.C.A. 5. 2123 (1911), C. 1911. I. 1382, W.Ref. 3192.

Zur Bestimmung der Diastase in Organen. Schorokauer, H. und Wilenko, G.G. Biochem.Z. 33. 275-281 (1911). - W.Ref. 3160.

Eine Abänderung der Wohlgemuth'schen Methode für die quantitative Kenntnis der Aktivität der pankreatischen Funktion. Hawk, P.B. Arch.Internal Med. 8. 552-556 (1911). - Ref.C.A. 6. 237 (1912), W.Ref. 3159.

Studien über Amylasen. 1. Eine Prüfung der Methoden für die Bestimmung der diastatischen Kraft. Sherman, H.C., Kendall, E.C. und Clark, E.D. J.Amer.chem.Soc. 32. 1073-1086 (1910). - Ref.C. 1910. II. 1410, C.A. 5. 1615 (1911), W.Ref. 3191.

Die scheinbare Diastase-Reaktion von Wasser auf Stärke. Koning, C.J. Chem.Weekbl. 7. 484-485 (1910). - W.Ref. 3129.

Über die Diastasebestimmung in Milch. Koning, C.J. Chem.Weekbl. 7. 377 (1910). - W.Ref. 3128.

Über die Diastasebestimmung in Milch. Haarst, J.van. Chem.Weekbl. 7. 354-355 (1910). - Ref.C. 1910. I. 1852, W.Ref. 3127.

Neue Methode für die Bestimmung der diastatischen Kraft im Malz. Guyatt, R. Brewers J. 45. 123-124 (1909). - Ref.C.A. 3. 1200 (1909), W.Ref. 3187.

Versuch zur Bestimmung der Einheit der amylolytischen Kraft in den Untersuchungen über die Quantität der Amylase. Pariset. C.R.Séances Soc.Biol.Filiales 65. 593-594 (1908). - W.Ref. 3185.

Bestimmung der diastatischen Kraft durch die Lintner'sche Methode. Jones, G.C. J.Inst.Brewing 14. 13-32 (1908). - Ref.C.A. 2. 1592 (1908), W.Ref. 3184.

Über eine neue Methode zur quantitativen Bestimmung des diastatischen Fermentes. Wohlgemuth, J. Biochem.Z. 9. 1-9 (1908). - Ref.C.A. 2. 2569 (1908), W.Ref. 3158.

Die Stärkekleisterplatte, ein einfaches Hilfsmittel zum Studium diastatischer Fermentwirkungen. Müller, E. Zbl.inn.Med. 29. 385-389 (1908). - Ref.C.A. 2. 2581 (1908), W.Ref. 3157.

Eine vorgeschlagene Methode für die Routinebewertung der Diastase-Präparate. Johnson, W.A. J.Amer.chem.Soc. 30. 798-805 (1908). - Ref.C.A. 2. 1854 (1908), C. 1908. II. 546, W.Ref. 3124.

Über eine neue Methode der Diastasebestimmung unter sterilen Bedingungen (Auszug). Brown, H.T. Trans.Guinness Res.Lab. 1906. I. Teil 2. 300; - Ref.C. 1907. II. 940, W.Ref. 3123.

Die Bestimmung des diastatischen Vermögens, mit einer Beschreibung einer neuen Methode. Ford, J.S. und Guthrie, J.M. J.federat. Inst.Brewers 11. 206-221 (1905). - W.Ref. 3121.

Lintners lösliche Stärke und die Bestimmung der "diastatischen Kraft". (Auszug). Ford, J.S. Z.Spiritusind. 28. 2-3, 12-13, 23-24, 30-31 (1905).

Lintner's lösliche Stärke und die Bestimmung der "diastatischen Kraft". Ford, J.S. J.Soc.chem.Ind. 23. 414-422 (1904). - Ref.C. 1904. II. 645, W.Ref. 2838.

Methode zur Bestimmung diastatischer Wirksamkeit. Pollak, A. Z.Spiritusind. 26. 241-243 (1903). - W.Ref. 3179.

Die Bestimmung der diastatischen Wirksamkeit enzymatischer Präparate. Pollak, A. Z.Unters.Nahrungs- u.Genußmittel 6. 729-33 (1903).

Eine praktische Methode zur Bestimmung der diastatischen Wirksamkeit. Egloffstein. Z.ges.Brauwes. 26. 330-334 (1903). - Ref.C. 1903. II. 153, W.Ref. 3178.

Zur Bestimmung der diastatischen Kraft nach Lintner. Mohr, O. Wschr.Brauerei 19. 313 (1902). - Ref.C. 1902. II. 154, W.Ref. 2832.

Bemerkung über die Bestimmungsmethode der diastatischen Malzkapazität. Ling, A.R. J.federat.Inst.Brewers 6. 355-357 (1900). - W.Ref. 2829.

Über eine neue Methode zur Bestimmung der Wirksamkeit von Fermentlösungen. Friedenthal, H. Zbl.Physiol. 13. 481-485 (1899). - Ref.C. 1900. I. 242, W.Ref. 3118.

Über die chemische Beschaffenheit der Diastase und über die Bestimmung ihrer Wirksamkeit unter Benutzung von löslicher Stärke sowie über ein in den Diastasepräparaten vorhandenes Araban. 1. Wróblewski, A. Hoppe-Seyler's Z.physiol.Chem. 24. 173-223 (1898). - Ref.C. 1898. I. 393, W.Ref. 3177.

Diastasimetrie. Davoll, D.L. Pharmac. Arch. 1. 73-85 (1898). - Ref.C. 1898. II. 135, W.Ref. 3155.

Einfache quantitative Bestimmung des diastatischen Vermögens. Takamine, J. J.Soc.chem.Ind. 17. 437-438 (1898). - Ref.C. 1898. II. 51, W.Ref. 3117.

Über die Unsicherheit der Guajak-Reaktion auf wirksame Diastase. Pawlewski, B. Ber.dtsch.chem.Ges. 30. 1313-1314 (1897). - W.Ref. 2661.

Die Bestimmung der diastatischen Wirkung auf Stärke. Dott, D.B. Pharmac.J.Trans. 53. 213-214 (1893-94). - Ref.C. 1893. II. 825, W.Ref. 3115.

Über die Bestimmung der diastatischen Wirkung. Duggan, J.R. Amer.chem.J. 7. 306-312 (1885-86). - Ref.C. 1886. 344, W.Ref. 2802.

Über die Bestimmung der amylolytischen und proteolytischen Aktivität der Pankreas-Extrakte. Roberts, W. Proc.roy.Soc. (London) 32. 145-161 (1881). - W.Ref. 3153A.

92. Enzymatischer Stärkeabbau

921. Angreifbarkeit der Stärke
922. Mechanismus und Kinetik der Stärkespaltung
923. Enzymatische Hydrolyse
924. Diastasen und ihre Wirkung
925. Maltasen und ihre Wirkung
926. Glucoamylasen und ihre Wirkung
927. Stärkeumwandlungen im tierischen Organismus
928. Stärkeumwandlungen im pflanzlichen Organismus

921. Angreifbarkeit der Stärke

Einfluß der Behandlung von Stärke mit Salzen auf ihre Angreifbarkeit durch Fermente. Kriwolapow, F.G. und Ssinelnikowa, L.Je. Hochschulnachr.Nahrungsmittel-Technol.(russ.) 1961. Nr.6. 33-36. - Ref.C.A. 56. 13355g (1962), C. 1962. 17595.

Strahleninduzierte Änderungen der Empfindlichkeit von Substraten gegenüber dem Abbau durch Enzyme. Okada, S., Kraunz, R. und Gassner, E. Radiation Res. 12. 607-12 (1960). - Ref.C. 1962. 1644.

Der Einfluß der Verkochungsbedingungen auf den Grad der Angreifbarkeit der Stärke durch Malz. Aschkinusi, S.K., Kotschkina, L.W. und Drashner, T.M. Arb.Kiewer Filiale wiss.Allunions Forsch.-Inst.Spiritus- u.Likör-Branntwein-Ind. (russ.) 1958. Nr.4. 25-30. - Ref.C.A. 55. 895h (1961).

Untersuchungen über die Abhängigkeit des diastatischen Abbaus und der Viskosität von der Korngröße der Getreidestärken. Rohrlich, M. und Rasmus, R. Stärke 4. 295-301 (1952). - Ref.C. 1953. 6585.

Über die Gleichartigkeit von Kartoffelstärken verschiedener Herkunft. Blom, J. und Schwarz, B. Acta chem.scand. 6. 599-601 (1952). - Ref.C. 1953. 1827.

Widerstandsfähigkeit von Stärke verschiedener Weizensorten gegenüber der hydrolysierenden Wirkung der Amylase. Milkowskaja, W.F. Biochemie (russ.) 5. 589-95 (1940). - Ref.C. 1942. I. 1144.

Eiweißfilme und Empfindlichkeit von roher Stärke gegen diastatischen Angriff. Gortner, R.A. und Hamalainen, C. Cereal Chem. 17. 378-83 (1940). - Ref.C. 1940. II. 2759.

Die Bedeutung des elektrokinetischen Potentials der Stärke für die enzymatische Hydrolyse. Barmenkow, Ja.P. Biochemie (russ.) 3. 740-50 (1938). - Ref.C. 1939. II. 1497.

Einfluß des kolloidalen Zustandes der Stärke und der Amylaselösung auf die Geschwindigkeit der Amylolyse. Sym, E.A. Biochem.Z. 251. 116-32 (1932). - Ref.C. 1932. II. 3567.

Über die enzymatische Spaltbarkeit der Amylo- und Erythrokörper aus Stärke. Samec, M. und Waldschmidt-Leitz, E. Hoppe-Seyler's Z.physiol.Chem. 203. 16-32 (1931). - Ref.C. 1932. I. 685.

Untersuchungen über die Resistenz von Weizenstärke gegenüber einer diastatischen Wirkung. Malloch, J.G. Canad.J.Res. 1. 111-43 (1929). - Ref.C. 1929. II. 2272.

Über den Einfluß von Kolloiden auf Fermente. 2. Hagihara, J. Biochem.Z. 142. 222-227 (1923). - Ref.C. 1924. I. 680, W.Ref. 2993.

Wirkung von Enzymen auf Stärke verschiedenen Ursprungs. Sherman, H.C., Walker, F. und Caldwell, M.L. J.Amer.chem.Soc. 41. 1123-29 (1919). - Ref.C. 1919. III. 829, W.Ref. 383.

Einfluß einiger Kolloide auf mikrobiologische Prozesse. Söhngen, N.L. Chem.Weekbl. 11. 42-59 (1914). - Ref.C. 1914. I. 691, W.Ref. 3304.

Über die Ungleichheit des Widerstandes der natürlichen Stärke und der künstlichen Amylose gegen Gerstenauszug. Wolff, J. und Fernbach, A. C.R.hebd. Séances Acad.Sci. 144. 645-646 (1907). - Ref.C. 1907. I. 1339, C.A. 1. 1480 (1907), W.Ref. 330.

Einfluß des Verflüssigungszustandes von Stärke auf ihre Umwandlung durch verzuckernde Diastasen. Fernbach, A. und Wolff, J. C.R.hebd.Séances Acad.Sci. 140. 1067-1069 (1905). - Ref.C. 1905. I. 1413, W.Ref. 318.

Die Einwirkung von Enzymen auf Stärken verschiedenen Ursprungs. Stone, W.E. U.S.Dep.Agric., Office Exp.Stat., Bull. 34. 29-44 (1896). - Ref.C. 1897. I. 853, W.Ref. 272.

922. Mechanismus und Kinetik der Stärkespaltung

(Vgl. auch "Amylasen, Wirkungsweise": 915, "Enzymatischer Auf- und Abbau der Stärke": 735)

Einfluß von verestertem Phosphor in Kartoffelstärke auf die Wirkungsweise der Speichel-α-Amylase. McBurney, L.J. und Smith, M.D. J.technol.Soc.Starch (Japan) 12. 149-50 (1965).

Einfluß von verestertem Phosphor in Kartoffelstärke auf die Wirkungsweise von Speichel-Amylase. McBurney, L.J. Cereal Sci today 9. 132 (1964).

Kinetik der durch kristalline bakterielle α-Amylase katalysierten hydrolytischen Reaktion. 3. Mitt. Einfluß der Temperatur. Hiromi, K., Tokasaki, Y. und Ono, S. Bull.chem.Soc. Japan 36. 563-69 (1963). - Ref.C.A.(B.) 60. 5827a (1964).

Kinetik der von kristallisierter Bakterien-α-Amylase katalysierten Reaktion. 2. Mitt. Der Einfluß des Lösungsmittels. Ono, S., Hiromi, K. und Sano, Y. Bull.chem.Soc. Japan 36. 431-40 (1963). - Ref.C. 1964. 51-1039, C.A. 59. 4223e (1963).

Mechanismus der Enzym-Wirkung von Taka-Amylase-A-Isolierung und Identifizierung von O-α-Glucopyranosyl(1 →4)Phenyl-6-O-Acetyl-α-D-Glucopyranosid. Ikenaka, T. J.Biochemistry (Tokyo) 54. 328-33 (1963). - Ref.C.A. 60. 14777b (1964).

Mechanismus der Wirkung der α-Amylase der Leber. Olavarria, J.M. und Torres, H.N. J.biol.Chemistry 237. 1746-57 (1962). - Ref.C. 1963. 7392.

Enzymkinetik der Spaltung von kurzkettigen Polymeren. Hanson, K.R. Biochemistry (Washington) 1. 723-34 (1962). - Ref.C. 1964. 37-1165.

Ablauf der α-Amylolyse in Abhängigkeit der Aktivität des Milieuwassers. Drapon, P.R. und Guilbot, A. Stärke 14. 449-54 (1962). - Ref.C. 1963. 21373.

Die Wirkungsweise von Sorghum α-Amylase. Dube, S.K. und Nordin, P. Arch.Biochem.Biophysics 99. 105-08 (1962). - Ref.C. 1963. 11299.

Reaktionsschema von β-Amylase. French, D. Nature (London) 190. 445-46 (1961). - Ref.C. 1962. 4959, Stärke 14. 191 (1962).

Wirkungsmechanismus beider Typen saccharogener Schimmelpilzamylase. Fukumoto, J., Tsujisaka, Y. und Ishimatsu, K. Symposia Enzyme Chem. (Japan) 15. 1-5 (1961). - Ref.C.A. 55. 26116b (1961).

Die Folgen von systematischem Fehler bei der Enzymkinetik. Almond, H.R. jun. und Niemann, C. Biochim.biophysica Acta (Amsterdam) 44. 143-50 (1960). - Ref.C. 1961. 18357.

Konkurrierende Inhibition durch das Substrat während der Enzymwirkung. Beweis für die "Induced-fit Theory". Thoma, J.A. und Koshland, D.E. J.Amer.chem.Soc. 82. 3329-33 (1960). - Ref.C. 1962. 2771.

Sterochemie der Enzyme, Substrate und Abbauprodukte während der Einwirkung von β-Amylase. Thoma, J.A. und Koshland, D.E. J.biol.Chemistry 235. 2511-17 (1960). - Ref.C. 1961. 7614.

Der Mechanismus der Carbohydrasewirkung. 7. Mitt. Stadien in der Speichel-α-Amylolyse von Amylose, Amylopektin und Glykogen. Walker, G.J. und Whelan, W.J. Biochem.J. 76. 257-63 (1960). - Ref.C. 1961. 8336, Stärke 13. 144 (1961).

Der Mechanismus der Carbohydrasewirkung. 5. Mitt. Einfluß von menschlicher Speichelamylase auf Amylopektin und Glykogen. Roberts, P.J.P. und Whelan, W.J. Biochem.J. 76. 246-53 (1960). - Ref.C. 1961. 8335, Stärke 13. 143 (1961).

Zur Kenntnis der Reaktionskonstanten des diastatischen Stärkeabbaus. Ulmann, M. und Richter, M. Mber.dtsch.Akad.Wiss. Berlin 1. 123-33 (1959). - Ref.Stärke 11. 339 (1959), C.A. 54. 3554b (1960), C. 1960. 12374.

Spaltungsstelle am Substrat unter Einwirkung von α- und β-Amylasen. Mayer, F.C. und Larner, J. J.Amer.chem.Soc. 81. 188-93 (1959). - Ref. C. 1959. 16041.

Über den Mechanismus der Spaltung der glukosidischen Bindungen bei der enzymatischen Hydrolyse von Stärke. Halpern, M. und Leibowitz, J. Biochim.Biophysica Acta (Amsterdam) 36. 29-34 (1959). - Ref.C. 1960. 13386, Stärke 13. 145 (1961).

Der stereochemische Mechanismus der Stärkehydrolyse durch α-Amylase. Halpern, M. und Leibowitz, J. Bull.Res.Counc.Israel Sect. A.Chem. 8. 41 (1959). - Ref.C.A. 53. 13234a (1959), Stärke 12. 253 (1960), C. 1962. 18880.

Mechanismen der Enzymwirkung. Alberty, R.A. Rev.mod.Physics 31. 177-84 (1959). - Ref.C. 1960. 8895.

Physikochemische Studien über Stärke. 9. Mitt. Der Mechanismus der der ß-Amylolysis von Amylose und die Natur von β-Grenzdextrinen. Cowie, J.M.G., Fleming, I.D., Greenwood, C.T. und Manners, D.J. J.chem.Soc. (London) 1958. 697-702.

Spaltungsstellen am Substrat unter der Einwirkung von α- und β-Amylasen. Mayer, F.C. und Larner, J. Biochim.biophysica Acta (Amsterdam) 29. 465 (1958).

Neuere Entwicklungen und theoretische Betrachtungen der Amylasewirkung. French, D. Brewers Digest 32. Nr.7. 50-56, Bakers Digest 31. Nr.4. 24-25, 28, 30, 32, 34, 36 (1957). - Ref.C. 1958. 9526.

Der Mechanismus der Carbohydrasewirkung. 3. Mitt. Die Wirkungsweise der β-Amylase. Bailey, J.M. und Whelan, W.J. Biochem.J. 67. 540-47 (1957). - Ref.C. 1958. 6857.

Die Bedeutung von multiplen Reaktionen in Enzym-Polymer-Systemen. Bailey, J.M. und French, D. J.biol.Chemistry 226. 1-14 (1957). - Ref.C. 1958. 5105, Stärke 9. 162 (1957).

Wirkungsmechanismus von β-Amylase. French, D. Proc.int.Sympos. Enzyme Chem., Tokyo and Kyoto 2. 530-32 (1957).

Stereochemischer Mechanismus von Stärkehydrolysen durch ß-Amylasen. Halpern, M. und Leibowitz, Y. Bull.Res.Council Israel 6A. 131-32 (1957). - Ref.C.A. 51. 18664h (1957), C. 1959. 15393.

Mechanismus des Abbaus von Kartoffelamylose durch β-Amylase. Cowie, J.M.G., Fleming, I.D., Greenwood, C.T. und Manners, D.J. Chem. and Ind. 1957. 634-35. - Ref.Stärke 9. 162 (1957), C.A. 51. 13087g (1957), C. 1962. 6069.

Eine Untersuchung der Kinetik der Hydrolyse von Wachs-Maisstärke durch kristalline Pankreasamylase vom Schwein. Van Dyk, J.W. und Caldwell, M.L. J.Amer.chem.Soc. 78. 3345-50 (1956). - Ref.C. 1957. 452, Stärke 8. 287 (1956), C.A. 50. 15653b (1956).

Einfluß des Hydrolysengrades auf die Bestimmung der Anfangsgeschwindigkeit der α-Amylaseeinwirkung. Van Dyk, J.W., Kung, Jo-fen Tung und Caldwell, M.L. J.Amer.chem.Soc. 78. 3343-44 (1956). - Ref.C. 1957. 4998.

Michaelis-Menten Kinetik an kristalliner Schweine-Pankreas-Amylase und Wachs-Mais-Stärke. Van Dyk, J.W. Univ.Microfilms (Ann. Arbor,Mich.) Publ.No. 16919. 108 S. D.A. 16. 1208-09 (1956). - Ref.C.A. 50. 14843i (1956).

Untersuchung über die Amylasen verschiedener Arten von Schimmelpilzen. 12. Mitt. Geschwindigkeit der sekundären Umwandlung von löslicher Kartoffelstärke mit Schimmelpilzamylasesystemen in Gegenwart und Abwesenheit von Hefe. Okazaki, H. J.agric.chem. Soc. Japan 29. 605-11 (1955). - Ref.C. 1961. 1968, C.A. 51. 8160g (1957).

Dynamik der Stärkehydrolyse durch Aspergillus niger- und Aspergillus oryzae-Amylasen. Stárka, J. Preslia (Praha) 27. 154-69 (1955). - Ref.Stärke 7. 297 (1955), C.A. 49. 14055 (1955).

Der Mechanismus der Stärkehydrolyse durch α- und ß-Amylasen. Nowotny, F. Postepy Biochemii 1. 207-51 (1955). - Ref.C. 1958. 3056, C.A. 51. 10614e (1957).

Ein Versuch, den Mechanismus der Amylasewirkung durch die Verwendung von mit ^{14}C-markierter Stärke zu untersuchen. Akabori, S., Maruo, B., Nomura, M. und Mitsui, H. J.gen.appl.Microbiol. (Tokyo) 1. 1-9 (1955). - Ref.C. 1959. 4845.

Der Mechanismus der ß-Amylasewirkung. 2. Mitt. "Vielketten"-Wirkung auf Amylosespaltprodukte. Bird, R. und Hopkins, R.H. Biochem.J. 56. 140-46 (1954). - Ref.C. 1956. 456.

Der Mechanismus der ß-Amylasewirkung. 1. Mitt. "Vielketten"-Wirkung auf Amylose. Hopkins, R.H. und Jelinek, B. Biochem.J. 56. 136-40 (1954). - Ref.C. 1956. 456.

Über den Abbau von α-Stärke in sake moromi (Reis). 1. Mitt. Bestimmung der Geschwindigkeit des Abbaues. Sato, M. und Harada, T. J.Soc.Brewing (Japan) 48. 268-72 (1953). - Ref.C.A. 49. 5771e (1955).

Verwendung der ringförmigen Papierchromatographie beim Studium des Mechanismus der Amylolyse. Giri, K.V., Nigam, V.N. und Saroja,K. Naturwissenschaften 40. 484 (1953). - Ref.C. 1950/54. 995 S.

Kinetik der enzymatischen Reaktionen. 2. Mitt. Kinetik des Amylose-Abbaus durch bakterielle α-Amylase. Osugi, J. Proc. Japan Acad. 27. 245-49 (1951). - Ref.C.A. 46. 6680e (1952).

Kinetik der enzymatischen Reaktionen. 1. Mitt. Mechanismus des Amylose-Abbaus durch bakterielle α-Amylase. Osugi, J. Proc.Japan Acad. 27. 241-44 (1951). - Ref.C.A. 46. 6680e (1952).

Der Einfluß von beginnender thermischer Inaktivierung von Getreideamylase auf die Kinetik ihrer hydrolytischen Wirkung. Pronin, Ss.I. und Dach, B.M. Ber.Akad.Wiss.UdSSR (russ.) 79. 837-38 (1951). - Ref.C. 1950/54. 5761 S.

Die Kinetik der Malz-α-Amylasenwirkung. Schwimmer, S. J.biol.Chemistry 186. 181-93 (1950). - Ref.C. 1951. I. 2024.

Der Mechanismus der ß-Amylolyse der Amylose. Bourne, E.J. und Whelan, W.J. Nature (London) 166. 258-59 (1950). - Ref.C. 1951. I. 1606.

Mechanismus der Wirkung der Speichelamylase. Pazur, J.H., French, D. und Knapp, D.W. Proc. Iowa Acad.Sci. 57. 203-09 (1950). - Ref.C. 1953. 8106.

Über den Mechanismus der Wirkung von α-Amylase. Myrbäck, K. 1.Int. Congr.Biochem., Abstr.Commun., Cambridge, Engl. 1949. 227-8. - Ref.C.A. 46. 8168 (1952).

Kinetik der Enzymwirkung. 1. Mitt. Einwirkung von Amylase auf Stärke. Sobue, H. und Matsumoto, K. J.chem.Soc. Japan, ind. Chem.Sect., 52. 331-2 (1949). - Ref.C.A. 46. 7139 (1952).

Über die Wirkungsweise der α-Malzamylase. Myrbäck, K. Ark.Kem. Mineral.Geol.Ser.A 26. Nr.7. (1948). - Ref.C. 1949. II. 550.

Über die Wirkungsweise der stärkeverzuckernden Enzyme und einfache Methoden zur Prüfung von Maismehlen. Drews, E. Getreide, Mehl Brot 1. 85 (1947).

Über die Wirkungsweise der Amylasen und ihre Affinität zu verschiedenen Substraten. Myrbäck, K. und Johansson, N.O. Ark.Kem., Mineral.Geol. 20 A. Nr.6. 1-9 (1945).

Das Zeitgesetz der diastatischen Verflüssigung von Stärkekleister. Sippel, A. Biochem.Z. 314. 227-31 (1943). - Ref.C. 1943. II. 1808.

Mechanismus der enzymatischen Spaltung der Amylose. (Zur Kenntnis der Hydrolyse langkettiger Moleküle.) Myrbäck, K. und Thorsell, W. Svensk kem.Tidskr. 54. 50-60 (1942). - Ref.C. 1942. II. 1465.

Zur Kenntnis der Kinetik der enzymatischen Stärkeverflüssigung. Szilvinyi, A. von. Naturwissenschaften 3. 314 (1942). - Ref.C. 1942. II. 1919.

Kinetik der α-Amylase des Malzes. Hamoir, G. Enzymologia (Den Haag) 10. 203-11 (1942). - Ref.C. 1944. I. 225.

Gleichgewichte bei Diastasewirkung. Stark, I.E. J.biol.Chemistry 142. 569-77 (1942). - Ref.C. 1943. I. 521.

Einige Vergleiche zwischen einer Bakterienamylase und α-Malzamylase. 1. Mitt. Die Kinetik der Stärkeverzuckerung durch die beiden Enzyme. Hopkins, R.H. und Kulka, D. J.Inst.Brewing 48. 170-74 (1942). - Ref.C. 1944. I. 1387.

Einige Vergleiche zwischen bakterieller Amylase und Malz-α-Amylase. 1. Mitt. Kinetik der Stärkeverzuckerung durch diese beiden Enzyme. Hopkins, R.H. und Kulka, D. Wallerstein Lab.Commun. 5. 115 (1942).

Untersuchungen über Stärke. 15. Mitt. Die Kinetik des Abbaues von nicht abgebauter Stärke aus Kartoffeln und Mais durch β-Amylase. Meyer, K.H., Preiswerk, E. und Jeanloz, R. Helv.chim.Acta 24. 1395-1400 (1941). - Ref.C. 1942. I. 1256.

Untersuchungen über Stärke. 9. Mitt. Der Abbau durch β-Amylase und das Massenwirkungsgesetz. Meyer, K.H. und Press, J. Helv.chim. Acta 24. 50-58 (1941). - Ref.C. 1941. I. 1682.

Über den Mechanismus der Enzymwirkungen. Nakamura, Y. und Satow, K. J.agric.chem.Soc. Japan, Bull. 17. 27-28 (1941). - Ref.C. 1942. I. 2019.

Deutung der saccharogenen Wirkung der Diastase als Substratverdrängung. Somogyi, M. J.biol.Chemistry 134. 301-13 (1940). - Ref.C. 1940. II. 2315.

Zur Kinetik der Amylasewirkung. Janke, A. Biochem.Z. 304. 194-200 (1940). - Ref.C. 1940. I. 3277.

Die Kinetik der Stärkehydrolyse durch Pankreasamylase. 3. Mitt. Pronin, Ss.I. Biochemie 5. 648-57 (1940) (russ.). - Ref.C. 1942. I. 1144.

Die Kinetik der Zersetzung der Stärke durch die Amylase des Getreides. Meyer, K.H. und Bernfeld, H.P. C.R.Séances Soc. Pysique Hist.natur.Genève 57. 89-91 (1940). - Ref.C. 1941. I. 1045.

Über die Beteiligung der Phosphorsäure an dem Abbau der Stärke. Schmorl, K. Mühle 75. Mühlenlabor 8. 1-6 (1938). - Ref.C. 1938. I. 2638.

Stärke-Jodfärbung als Index des verschiedenartigen Abbaues durch die Amylasen. Hanes, C.S. und Cattle, M. Proc.Roy.Soc. (London) Ser.B 125. 387-414 (1938). - Ref.C. 1939. II. 4007.

Über den Mechanismus der enzymatischen Amylolyse. Örtenblad, B. und Myrbäck, K. Svensk kem.Tidskr. 50. 168-74 (1938). - Ref.C. 1938. II. 4255.

Der Mechanismus des Abbaues von Stärke durch Amylase. 4. Mitt. Die Wirkung von Malzamylase auf α-Amylodextrin. Bailey, K., Hopkins, R.H. und Dolby, D.E. Biochem.J. 31. 586-90 (1937). - Ref.C. 1937. I. 4961.

Zur Kinetik der enzymatischen Stärkehydrolyse. 2. Mitt. Pronin, S.I. Biochemie (russ.) 2. 935-43 (1937). - Ref.C. 1938. I. 3483.

Abhängigkeit der Kinetik der enzymatischen Hydrolyse der Stärke von der Enzymkonzentration. Pronin, S.I. Bull.Biol.Med.exp. UdSSR 3. 419-22 (1937). - Ref.C. 1938. I. 620.

Über die Anwendbarkeit der Regel von Michaelis-Menten auf die Hydrolyse der Stärke durch Amylase. Kolobkowa, Je.W. Arch.Sci. biol.(russ.) 42. Nr.3. 67-71 (1936). - Ref.C. 1938. II. 867.

Der Mechanismus des Abbaues von Stärke durch Amylasen. 3. Mitt. Mutarotation der Spaltprodukte. Freeman, G.G. und Hopkins, R.H. Biochem.J. 30. 451-56 (1936). - Ref.C. 1936. II. 1559.

Der Mechanismus des Abbaues von Stärke durch Amylasen. 2. Mitt. Kinetik der Wirkung von α- und β-Amylase auf Stärke, ihre Komponenten und die Abbauprodukte. Freeman, G.G. und Hopkins, R.H. Biochem.J. 30. 446-50 (1936). - Ref.C. 1936. II. 1558.

Der Mechanismus des Abbaus von Stärke durch Amylasen. 1. Mitt. Die Natur der ersten Spaltprodukte. Freeman, G.G. und Hopkins, R.H. Biochem.J. 30. 442-45 (1936). - Ref.C. 1936. II. 1558.

Vergleichende Kinetik der enzymatischen Verflüssigung und Verzuckerung der Stärke. 1. Mitt. Amylase der Sojabohnen. Artom, C. und Orestano, G. Bull.Soc.chim.biol. 13. 516-41 (1933). - Ref.C. 1933. II. 2836.

Vergleichende Kinetik der enzymatischen Verflüssigung und Verzuckerung der Stärke. 2. Mitt. Amylase des Pankreassaftes. Orestano, G. Bull.Soc.chim.biol. 14. 1531-51 (1932). - Ref.C. 1934. I. 714.

Struktur und Enzymreaktionen. 9. Mitt. Die Amylase-Stärke-Gelatine- bzw. Urease-Harnstoff-Gelatinesysteme. Freiberger, S. Biochem. J. 25. 705-12 (1931). - Ref.C. 1932. I. 82.

Zur Kenntnis der Stärke. 3. Mitt. Über die bei der enzymatischen Stärkespaltung auftretenden Drehungsänderungen. Weidenhagen, R. und Wolf, A. Z.Ver.dtsch.Zuckerind. 80. 935-48 (1930). - Ref.C. 1931. I. 1903.

Einfluß des Oxydations-Reduktionspotentials auf enzymatische Reaktionen. Field, S.M. und Field, J. Proc.Soc.exp.Biol.Med. 28. 154-55 (1930). - Ref.C. 1931. I. 2886.

Komplement der Amylase. Sullivan, B. Ann.Brass.Dist. 24. 49-52 (1925). - Ref.C.A. 20. 1997 (1926), W.Ref. 429.

Untersuchungen über Diastase. 3a. Über die Geschwindigkeit der unter Vermittlung von α-Diastase verlaufenden Stärkehydrolyse. Syniewski, W. Biochem.Z. 162. 236-244 (1925). - Ref.C. 1926. I. 691, W.Ref. 431.

Untersuchungen über Diastase. 3a. Mitt. über die Geschwindigkeit der unter Vermittlung von -Diastase verlaufenden Stärkehydrolyse. Syniewski, W. Bull.int.Acad.polon.Sci.Lettres 1925. 51-54. - Ref.C. 1926. I. 691.

Über die Gesetze der monomolekularen Reaktionen (Fermentreaktionen - katalytische Reaktionen). Ambard, L. J.Chim.Phys. 22. 402-412 (1925). - Ref.C.A. 20. 608 (1926), C. 1926. I. 962, W.Ref. 3106A.

Über die Wirkungsweise des Speichels auf Stärke. Hattori, K. J.pharmac.Soc.Japan 1925. Nr.516. 9-10. - Ref.C.A. 19. 2349 (1925), C. 1925. II. 45, W.Ref. 423.

Untersuchungen über die amylolytischen Fermente. 2. Mitt. Über die Wirkungsweise der amylolytischen Fermente des Codex. Fabre, R. und Pénau, H. Bull.Soc.Chim.biol. 5. 911-917 (1923). - W.Ref. 400.

Über Mutarotation. 1. Mitt. Riiber, C.N. Ber.dtsch.chem.Ges. 55. 3132-3143 (1922). - Ref.C. 1923. I. 12.

Über die Wirkungsweise der Amylase. Lüers, H. und Wasmund, W. Fermentforschung 5. 169-235 (1922). - Ref.C. 1922. I. 697.

Experimentelle Untersuchung über die Geschwindigkeit der Reaktion der pflanzlichen Enzyme. Maestrini, D. Arch.Farmacol.sperim. Sci.affini 32. 40-59, 99-112, 126-133 (1921). - Ref.C.A. 16. 1593 (1922), C. 1922. III. 1008, W.Ref. 393.

Über Amylase. Ihre Bestimmung. Mechanismus der amylolytischen Digestion. Ambard, L. Bull.Soc.Chim.biol. 3. 51-65 (1921). - Ref.C.A. 15. 2651 (1921), W.Ref. 3100.

Untersuchungen über die Wirkungsweise der hydrolysierenden Diastasen. Laer, H.van. Bull.Soc.chim.Belgique 29. 214-227 (1920). - W.Ref. 389.

Zur Theorie der Diastasewirkung. Woker, G. Biochem.Z. 99. 307-315 (1919). - Ref.C. 1920. I. 227, W.Ref. 985.

Enzymwirkung und elektrolytische Dissoziation. Rohonyi, H. Biochem. Z. 34. 176-191 (1911). - W.Ref. 349.

Neue Untersuchungen über die Geschwindigkeit der Stärkeverzuckerung. 6. Mitt. Laer, H.van. Bull.Cl.Sci., Acad.roy.Belgique 1911. 795-830. - Ref.C. 1912. I. 483, C.A. 6. 810 (1912), W.Ref. 353.

Neue Untersuchungen über die Geschwindigkeit der Stärkeverzuckerung. Laer, H.van. Bull.Cl.Sci., Acad.roy.Belgique 1911. 362-370. - W.Ref. 352.

Neue Untersuchungen über die Geschwindigkeit der Stärkeverzuckerung. 4. Mitt. Laer, H.van. Bull.Cl.Sci., Acad.roy.Belgique 1911. 305-320. - Ref.C. 1911. I. 1816, W.Ref. 351.

Neue Untersuchungen über die Geschwindigkeit der Stärkeverzuckerung. 3. Mitt. Bull.Cl.Sci., Acad.roy.Belgique 1911. 84-109. - Ref.C. 1911. I. 1687, C.A. 5. 2443 (1911), W.Ref. 350.

Neue Untersuchungen über die Geschwindigkeit der Stärkeverzuckerung. 2. Mitt. Laer, H.van. Bull.Cl.Sci., Acad.roy.Belgique 1910. 707-718. - Ref.C. 1911. I. 132, W.Ref. 344.

Der Mechanismus der Enzym- und Fermentwirkung. Dawson, H.M. J.Inst.Brewing 11. 288 (1905).

Die Geschwindigkeit der Stärkehydrolyse durch Diastase, nebst einigen Bemerkungen über Enzymwirkung. Brown, H.T. und Glendinning, T.A. J.chem.Soc. (London) 81. 388-400 (1902). - Ref.C. 1902. I. 770, W.Ref. 303.

Hauptgesetz über die Einwirkung der Diastasen. Duclaux, E. Ann. Inst.Pasteur 12. 96-127 (1898). - Ref.C. 1898. I. 899, W.Ref. 282.

Erklärungsversuch über die Wirkungsart der ungeformten Fermente. Jager, L.de. Virchow's Arch.pathol.Anatom.Physiol.klin.Med. 121. 182-187 (1890). - Ref.C. 1890. II. 246, W.Ref. 2648.

Zur Kenntnis der Diastasewirkung. Lintner, C.J. Z.ges.Brauwes. 9. 330-333 (1886). - W.Ref. 198.

Direkte Vergärung der Stärke. Mechanismus dieser Umbildung. Marcano, V. C.R.hebd.Séances Acad.Sci. 95. 856-859 (1882). - Ref.C. 1882. 806, W.Ref. 3227.

Über die Theorie der Verzuckerung stärkeartiger Substanzen. Dubrunfaut, A.P. Monit.sci.Dr.Quesneville Sér.3; 10. 60-67 (1880). - W.Ref. 184.

923. Enzymatische Hydrolyse

(Vgl. auch "Amylasen in der Industrie": 94)

Einfluß von Amylasen verschiedenen Ursprungs auf die Verzuckerung von Mais. Weselow, I.Ja., Michailowa, L.Je. und Gratschewa, I.M. Angew.Biochem.Mikrobiol. (russ.) 1. 285-93 (1965). - Ref.C.A.63. 18934a (1965).

Die α-Amylolyse von Stärke. Greenwood, C.T., MacGregor, A.W. und Milne, E.A. Stärke 17. 219-25 (1965).

Kontinuierliche Enzymumwandlung von Maisstärke. Bidrawn, J.L., Ewing, F.G., Landis, B.H. und Wheeler, H.R. Tappi 48. 101A-04A (1965). - Ref.C.A. 63. 15084b (1965).

Ein vereinfachtes Verfahren für die Entdeckung der Stärkehydrolyse durch Bakterien. Mahadeva, I. und Karthiayani, T.C. Current Sci. 33. 18 (1964).

Entwicklung einer betriebsreifen Anlage zur kontinuierlichen enzymatischen Konversion von Stärke. Goos, H. Stärke 16. 351-59 (1964). - Ref.C.A. 62. 1834h (1965).

Der Einfluß von Druck auf die durch α-Amylase katalysierte Hydrolyse von Stärke. Griskey, R.G. und Richter, T. Biotechnol. Bioengng. 6. 469-71 (1964). - Ref.C.A. 62. 2905c (1965).

Stärkeabbau mit Enzymen. Corn 18. 2 (1962). - Ref.Stärke 15. 231 (1963).

Stärkeverflüssigung durch kristalline α-Amylase. Moro, M.S., Pomeranz, Y. und Shellenberger, J.A. Cereal Chem. 40. 442-50 (1963). - Ref.C. 1964. 24-2748, C.A. 59. 11809f (1963), Stärke 16. 343 (1964).

Enzymatische Hydrolyse von Weizenstärke. 2. Mitt. Der Einfluß des pH-Wertes auf die Abbauprodukte von Weizen- und Maisstärkesubstraten und ihre Rolle in Titaniumdioxid-Retention. Rogols, S. und Hyldon, R.G. Stärke 15. 364-67 (1963).

Enzym-Reaktionen in strukturell begrenzten Systemen. 4. Mitt. Der Abbau von unlöslichen Substraten durch hydrolytische Enzyme. McLaren, A.D. Enzymologia (Den Haag) 26. 237-46 (1963). - Ref.C.A. 60. 7085f (1964).

Herstellung und Anwendung von Stärke. 1. Mitt. Trennung von zwei unterschiedlichen (Pilz) Stämmen mit hoher Verzuckerungsaktivität. Kim, H.S., Lee, S.R. und Jhon, N.S. J.Korean agric.chem. Soc. 3. 9 (1962). - Ref.C.A.(M.) 58. 8123e (1963).

Verwendung von Pilztrockenkulturen für die Stärkeverzuckerung. Brisch, W.N. und Daniljak, N.I. Spiritus-Ind. (russ.) 28. Nr.1. 37 (1962). - Ref.C.A. 56. 14739d (1962)., C. 1963. 724.

Stärkehydrolyse durch Streptococcus equinus. Dunican, L.K. und Seeley, H.W. J.Bacteriol. 83. 264-69 (1962). - Ref.C.A. 56. 13336g (1962), C. 1963. 12460.

Eine einfache Methode für die enzymatische Hydrolyse der Polysaccharide und Oligosaccharide in Verbindung mit Papierchromatographie. Wohnlich, J. Bull.Soc.Chim.biol. 43. 1121-28 (1961). - Ref.C.A. 56. 9107c (1962), C. 1962. 7192.

Über natürliche und synthetische Amylose. 17. Mitt. Über den Abbau von synthetischer und natürlicher Amylose mit Kartoffelphosphorylase und ß-Amylase. Husemann, E. und Pfannemüller, B. Makromolekulare Chem. 49. 214-37 (1961). - Ref.J.Chem. (russ.) 1962. 15 N280, C.A. 57. 1274a (1962).

Die Abbaufähigkeit der Amylase von Endomycopsis fibuliger gegenüber roher Stärke. Hattori, Y. und Takeuchi, I. Rep.Inst.physic. chem.Res. (Japan) 37. 37-42 (1961). - Ref.C.A. 55. 26132f (1961).

Einfluß einer Phosphatase-Behandlung auf die β-Amylolyse von Amylose. Banks, W. und Greenwood, C.T. Chem. and Ind. 1961. 714-15. - Ref.C.A. 56. 5112h (1962), Stärke 14. 105 (1962), C.1965. 49-1239.

Die Hydrolyse von Glucosyl-Oligosacchariden mit α-d-1.4- und α-d-1.6-Bindungen durch Pilz-Amyloglucosidase. Pazur, J.H. und Ando, T. J.biol.Chemistry 235. 297-302 (1960). - Ref.C. 1960. 15779, C.A. 54. 11150h (1960), Stärke 12. 372 (1960).

Enzymsysteme in Stylonchia pustulata. 3. Mitt. Hydrolyse von Stärke und Glykogen. Hunter, N.W. Physiol.Zoöl. 33. 64-67 (1960).

Probleme der enzymatischen Verzuckerung von Stärke. Komaki, T. J.technol.Soc. Starch (Japan) 7. 161-64 (1960). - Ref.C.A. 57. 8785b (1962), Ref.J.Chem. (russ.) 1962. 1 N363.

Enzymatische Stärkehydrolyse. 5. Mitt. Stärkehydrolyse mit Enzympräparaten von Rhizopus niveus und Aspergillus usamii. Komaki, T., Matsuba, Y., Okamoto, N., Yamada, T. und Sawada, K. J.technol.Soc.Starch (Japan) 7. 89-96 (1960). - Ref.C.A. 54. 23387f (1960), Ref.J.Chem.(russ.) 1961. 24 N321.

Einfluß von Sauerstoff-Behandlung auf die β-Amylolyse von Amylose. Banks, W., Greenwood, C.T. und Thomson, J. Chem. and Ind. 1959. 928. - Ref.Stärke 11. 372 (1959), C.A. 53. 23015i (1959), C. 1961. 3341.

Der Einfluß von Amyloglucosidase von Aspergillus niger auf Stärke und Malto-Oligosaccharide. Pazur, J.H. und Ando, T. J.biol. Chemistry 234. 1966-70 (1959). - Ref.C.A. 53. 20192h (1959), Stärke 12. 90 (1960), C. 1960. 8900.

Neue Angaben über den enzymatischen Stärkeabbau. Bårtfay, J. und Våmos, E. Branntweinwirtschaft 81. 133-41 (1959). - Ref.C.A. 53. 15167g (1959), C. 1960. 1697, Stärke 12. 32 (1960), Stärke 13. 145 (1961).

Durch Zusatz von amylolytischen Enzymen hervorgerufene Veränderungen bei Stärke. Beck, H., Miller, B.S. und Johnson, J.A. Rev.Quim.ind. 38. Nr.326. 15-19 (1959). - Ref.C.A. 54. 6166e (1960), C. 1962. 10305.

Enzymatische Stärkehydrolyse. 2. Mitt. Optimale Bedingungen bei dem Verflüssigungsprozeß bei hohen Temperaturen. Komaki, T. J.technol.Soc.Starch (Japan) 6. 91-94 (1958/59). - Ref.C.A. 54. 23386g (1960).

Die enzymatische Verzuckerung von Stärke. Bártfay, J. Mitt.Forsch.-Inst.Gärungsind. (Budapest) 1958. 17-22. - Ref.Stärke 12. 222 (1960).

Über den enzymatischen Abbau von Körnern von Rohstärke. Turvey, J.R. und Hughes, R.C. Biochem.J. 69. 4 (1958). - Ref.C. 1959. 8192, C.A. 53. 459f (1959).

Der enzymatische Abbau von Stärke durch holotric protozoa des Schafpansen. Mould, D.L. und Thomas, G.J. Biochem.J. 69. 327-37 (1958). - Ref.Stärke 10. 240 (1958), C.A. 52. 18918i (1958), C. 1960. 9932.

Studium des enzymatischen Stärkeabbaus in den verschiedenen Verzuckerungsstadien. Sova, V. Kvasný Průmysl 4. 40 (1958). - Ref.C. 1958. 13651, C.A. 52. 6712b (1958).

Über die amylolytische Wirkung der Samen von Canavalia ensiformis unter besonderen Versuchsbedingungen. 7. Mitt. Untersuchungen über die Hydrolysenprodukte der Stärke durch Einwirkung von α-Amylase. Leo, de T. und Manfredi, U. Ricerca sci. 27. 2426-42 (1957). - Ref.C. 1960. 1531.

Viscosimetrischer Verlauf des enzymatischen Stärkeabbaues. Loss,R. Chimia (Zürich) 11. 277-78 (1957). - Ref.C.A. 51. 16591a (1957), C. 1961. 15413.

Enzymatische Umwandlung von Stärke. Schwalbe, H.C. und Gillan,E.P. Tappi Monogr. Ser.Nr.17. 39-53 (1957). - Ref.C. 1958. 12853.

Stärkehydrolyse durch Entamoeba histolytica. Hilker, D.M., Sherman, H.J. und White, G.C. Exp.Parasitology 6. 459-64 (1957).

Spektrometrische Methode zur quantitativen Bestimmung der Anfangsstadien der Hydrolyse von verzweigten Stärkekomponenten durch Alpha-Amylasen. Dyk, J.W.van und Caldwell, M.L. Analytic.Chem. 28. 318-20 (1956). - Ref.C.A. 50. 8788f (1956), C. 1957. 5958.

Abbau bei Wachs-Mais-Stärke durch Malz-α-Amylase. Lohmar, R.L., Weakley, F.B. und Lauterbach, G.E. Cereal Chem. 33. 198-206 (1956). - Ref.C.A. 50. 11044g (1956), C. 1958. 876.

Verzuckerungsvermögen von Säuglingsspeichel gegenüber Stärke. 2. Mitt. Verzuckerungsvermögen des Speichels von Säuglingen durch getrennte Bestimmung von reduzierendem Dextrin, Maltose und Glucose. Akita, T. J.Jap.Soc.Food Nutrit. 8. 100-06 (1955-56). - Ref.C.A. 55. 3759f (1961).

Verzuckerungsvermögen von Säuglingsspeichel gegenüber Stärke. 1. Mitt. Verzuckerungsvermögen des Speichels von Säuglingen aus dem Gesichtspunkt der gesamten reduzierenden Zucker. Akita, T. J.Jap.Soc.Food Nutrit. 7. 230-42 (1955). - Ref.C.A. 55. 3759f (1961).

Die fermentative Hydrolyse der Stärke verschiedener Weizensorten. Darkanbajew, T.B. und Kosstjukowa, T.N. Nachr.Akad.Wiss. KasachSSR, biol.Ser. 1955. Nr.10. 94-99. - Ref.C. 1956. 9216.

Hydrolyse von Amylotriose durch kristallisierte Speichelamylase. Pazur, J.H. und Budovich, T. Science (Washington) 121. 702-03 (1955). - Ref.C. 1957. 7390.

Der enzymatische Abbau von Polysacchariden. Manners, D.J. Quart. Rev. (chem.Soc.London) 9. 73-99 (1955). - Ref.C. 1957. 3553.

Stärkehydrolyse durch ß-Amylase und Z-Enzym. Neufeld, E.F. und Hassid, W.Z. Arch.Biochem.Biophysics 59. 405-19 (1955). - Ref.C.A. 50. 4263g (1956), C. 1957. 8542.

Untersuchungen über den Einfluß von bakterieller α-Amylase auf Amylopektin der Wachs-Mais-Stärke. Emery, D.F. Univ.Microfilms (Ann Arbor, Mich.), Publ.Nr.11 932. 117 S. - Ref.C.A. 49. 12568h (1955).

Verzuckerung von Stärkekleister durch Amylase von Aspergillus oryzae. Levin, M.S. Arbeit.Ukrain.Wiss.Forschungs-Inst.Spiritus-Ind. (russ.) 1954. Nr.1. 18-29. - Ref.C.A. 50. 7172g (1956), Ref.J.Chem., biol.Chem. (russ.) 1955. 13339.

Untersuchungen über den aeroben und anaeroben Abbau der Kohlenhydrate im Speichel. Eggers Lura, H. Dtsch.Zahn-, Mund-Kieferheilkunde 21. 97-111 (1954).

Stärkeabbau durch Speichelamylase. 2. Mitt. Myrbäck, K. Ark.Kemi 7. Nr.1. 53-59 (1954). - Ref.C. 1955. 6773, C.A. 48. 12189g (1954).

Stärkeabbau durch α-Amylasen. 2. Mitt. Papierchromatographie der niedermolekularen Abbauprodukte. Myrbäck, K. und Willstaedt,E. Ark.Kemi 6. 417-25 (1954). - Ref.C. 1956. 7826.

Verdauung von Rohstärke: Ein Vergleich der Fähigkeiten der Amylasesysteme aus vier α-Amylasequellen, Rohstärke abzubauen. Sandstedt, R.M. und Gates, R.L. Food Res. 19. 190-99 (1954). - Ref.C. 1955. 2453, Stärke 6. 172 (1954).

923

Eine Methode zur Bestimmung der enzymatischen Verdauung von Rohstärke. Gates, R.L. und Sandstedt, R.M. Cereal Chem. 30. 413-19 (1953). - Ref.Stärke 6. 15 (1954), C. 1950/54. 8808 S.

Der Einfluß von ß-Amylase auf Kartoffel-Amylose. Das Auftreten eines Haltepunktes im Verlauf der ß-Amylolysis. Oshima, Y., Norimasa Hada und M. Shirakawa. Sci.Bull.Fac.Agric. Kyushu Univ. 14. (1) 73-84 (1953). - Ref.C. 1950/54. 4713 S, C.A. 50. 7903h (1956).

Der enzymatische Stärkeabbau. Whelan, W.J. Biochem.Soc.Symposia 1953. Nr.11. 17-26. - Ref.C. 1954. 10971, C.A. 48. 3426d (1954).

Vergleichende Untersuchungen über den enzymatischen Abbau der verschiedenen Stärkearten. Loes, M. Ann.paediatrici (Basel) 181. 1-16 (1953). - Ref.C. 1954. 1508, C.A. 49. 4745f (1955).

Der enzymatische Abbau von Stärke und Glykogen. Manners, D.J. Annu.Rep.Progr.Chem. 50. 288-301 (1953). - Ref.C. 1955. 5570, C.A. 48. 10089c (1954).

Bakterieller Stärkeabbau in Abhängigkeit von natürlichen Stickstoffquellen und proteolytischen Enzymen. Dierchen, W. Stärke 5. 133-38 (1953). - Ref.C. 1954. 902.

Stärkeabbau mit Speichelamylase. 1. Mitt. Myrbäck, K. und Svanborg, K. Ark.Kemi 5. 317-26 (1953). - Ref.C. 1955. 3403.

Stärkeabbau durch α-Amylasen. Svanborg, K. und Myrbäck, K. Ark. Kemi 6. Nr.9. 113-21 (1953). - Ref.C. 1954. 10736.

Beobachtung über Stärkeumwandlung durch α-Amylase mit Hilfe eines Belichtungsverfahrens. Banasik, O.J., Wischow, R. und Harris, R.H. Brewers Digest 28. Nr.1. 51-54 (1953). - Ref.C. 1953.9339.

Abbau von Stärke. Seiji, M. J.Japan Soc.Food Nutrit. 5. 38-41 (1952-53). - Ref.C.A. 49. 7017d (1955).

Enzymatische Hydrolyse von Kartoffeln. Heisler, E.G., Treadway, R.H., Osborne, M.F. und McClennan, M.L. Amer.Potato J. 29. 37-48 (1952). - Ref.C. 1953. 1096, C.A. 48. 9480c (1954).

Einfluß von Speichel-α-Amylase auf Amylopektin und Glykogen. Whelan, W.J. und Roberts, P.J.P. Nature (London) 170. 748 (1952). - Ref.C. 1956. 3602.

Über den enzymatischen Abbau von Stärke. Voß, J. Stärke 4. 192-200 (1952).

Stärkeabbau durch Amylase. Meyer, K.H. Brewers Digest 27. Nr.6. 41-46; Nr.7. 47-49, 51 (1952).

Stärkehydrolyse durch Neurospora. Yenko, F.M. und Umali, P. Philippine J.Sci. 81. 121-24 (1952). - Ref.C. 1954. 3960.

Amylase von verschiedenen Schimmelarten. 6. Mitt. Anteil der sekundären Phase der Stärkehydrolyse durch den gemeinsamen Einfluß von kristalliner Taka-α-Amylase und saccharogenem Amylasesystem hergestellt aus Taka-Diastase. Akazaki, H. und Saito, S. J.agric.chem.Soc. Japan 26. 447-53 (1952). - Ref.C.A. 48. 12880g (1954).

β-amylatischer und arsenolytischer Abbau von Amylopektin. 20.Mitt. über amylolytische Enzyme. Meyer, K.H., Weil, R.M. und Fischer, E.H. Helv.chim.Acta 35. 247-57 (1952). - Ref.C. 1952. 6071.

Der Einfluß hygroskopischer Begleitstoffe auf die Wirkung von Fermenten in lufttrockenen Substraten. Maschkowzew, M.F., Wolgunow, G.P. und Pochno, M.T. Biochemie (russ.) 16. 24-28 (1951). - Ref.C. 1951. II. 1902.

Untersuchungen über die Stärke. 49. Mitt. Bestimmung von Erzeugnissen der enzymatischen Hydrolyse der Stärke durch Gärung. Meyer, K.H. und Gonon, W.F. Helv.chim.Acta 34. 290-94 (1951). - Ref.Stärke 4. 12 (1952), C. 1952. 3833, C.A. 46. 4828a (1952).

Enzymatische Stärkehydrolyse unter hohem Druck. Talwar, G.P., Barbu, E., Basset, J. und Macheboeuf, M. Bull.Soc.chim.biol. 33. 1793-1804 (1951). - Ref.C.A. 46. 7599c (1952), C. 1950/54. 995 S.

Eine analytische Erklärung des Temperaturoptimums und die Existenz des absoluten Optimums in einigen enzymatischen Hydrolysenprozessen. Terui, G., Okada, H. und Okuno, S. Technol.Rep.Osaka Univ. 1. 133-50 (1951). - Ref.C. 1950/54. 2539 S.

Untersuchungen über den Abbau von Getreidestärken durch Pilzamylasen. Getreide, Mehl Brot 5. 42 (1951). - Ref.C. 1951. II. 758.

Untersuchungen über die Stärke. 50. Mitt. Der Abbau der Amylose durch die α-Amylasen. Meyer, K.H. und Gonon, W.F. Helv.chim. Acta 34. 294-307 (1951). - Ref.Stärke 4. 12 (1952), C. 1952. 3834.

Untersuchungen über die Stärke. 51. Mitt. Der Abbau des Amylopektins durch die α-Amylasen. Meyer, K.H. und Gonon, W.F. Helv. chim.Acta 34. 308-16 (1951). - Ref.Stärke 4. 12 (1952), C.1952. 3834.

Stärkeabbau durch Pilzenzyme. Tsuchiya, H.M. und Blom, R.H. The Yearbook of Agriculture, Washington 1950/51. S. 148. - Ref.Stärke 4. 13 (1952).

Der Abbau von Stärke durch Streptokokken der Gruppe A mit verwandten Antigenen. Crowley, N. J.gen.Microbiol. 4. 156-70 (1950).

Untersuchungen über den Abbau von Getreidestärken durch Pilzamylasen. Schulz, A. Getreide, Mehl Brot 4. 61-63 (1950). - Ref.Stärke 2. 144 (1950), C. 1951. II. 758.

Amylasen und die Hydrolyse der Stärke und des Glykogens. Myrbäck,K. und Neumüller, G. In J.B. Sumner und K. Myrbäck: The enzymes, Vol.I, Part 1, S. 653-724. Academic Press, Inc., New York 1950.

Verbesserte Untersuchungstechnik der durch Malz-α-Amylase verursachten Hydrolyse von Amylose. Dimler, R.J., Bachmann, R.C. und Davis, H.A. Cereal Chem. 27. 488-95 (1950). - Ref.C. 1951. II. 1369.

Über amylolytische Enzyme. 13. Mitt. Über die Verflüssigung der Stärke durch menschliche α-Amylase. Meyer, K.H., Duckert, F. und Fischer, E.H. Helv.chim.Acta 33. 207-10 und 13 (1950). - Ref.C. 1951. I. 2024.

Die selektive Hydrolyse von Amylopektin und Amylose durch β-Amylase. Hopkins, R.H. und Jha, B.K. Biochem.J. 46. 319-24 (1950). - Ref.C. 1950. II. 2447.

923

Weitere Untersuchungen über die Wirkung der Pankreasamylase: Hydrolyse von Wachs-Mais-Stärke. Mindell, F.M., Agnew, A.L. und Caldwell, M.L. J.Amer.chem.Soc. 71. 1779-81 (1949). - Ref.C. 1949. E. 75.

Beiträge zur Beeinflussung des amylatischen Stärkeabbaues. Hatzky, G. Dissertation, Marburg 1949.

Hydrolyse von Stärke unter der Einwirkung von Amylase verschiedenen Ursprungs. Klimowski, D.N. und Rodsewitsch, W.I. Biochemie (russ.) 14. 26-34 (1949). - Ref.C. 1950. I. 883, Stärke 3. 268 (1951).

Untersuchungen über die bakterielle Hydrolyse der Stärke. Mahomed, N. und Bhat, J.V. J.Univ.Bombay 17. Nr.5. Sect.B. 82-83 (1949). - Ref.C. 1949. E. 80.

Der amylolytische Abbau von Stärke. Eine Revision über die Hypothese der Aktivierung. Bourne, E.J., Haworth, N., Macey, A. und Peat, S. J.chem.Soc. (London) 1948. 924-30. - Ref.C. 1949. I. 804.

Der Einfluß von ß-Amylase auf Maisamylose. Cleveland, F.C. und Kerr, R.W. Cereal Chem. 25. 133-39 (1948).

Untersuchungen über Stärke. 38. Mitt. Verbesserte Methode des ß-amylatischen Abbaus von Amylose und Amylopektin. Bernfeld, P. und Gürtler, P. Helv.chim.Acta 31. 106-08 (1948). - Ref.C. 1948. I. 1209, Stärke 3. 43 (1951).

Hydrolyse von Amylopektinen verschiedener Stärken mit ß-Amylase. Hodge, J.E., Montgomery, E.M. und Hilbert, G.E. Cereal Chem. 25. 19-30 (1948). - Ref.Stärke 1949. I. 157.

Enzymatische Studien beim Kohlenhydratabbau. Rotsch, A. Getreide, Mehl Brot 2. 50-52 (1948). - Ref.C. 1948. E. 326.

Untersuchungen über die Stärke. 41. Mitt. Der Abbau des Amylopektins durch ß-Amylase. Meyer, K.H., Bernfeld, P., Rathgeb, P. und Gürtler, P. Helv.chim.Acta 31. 1536-40 (1948). - Ref.C. 1950. II. 2922, Stärke 3. 43 (1951).

Einige durch Schimmelpilze hervorgerufene Veränderungen in geschältem Mais. Nagel, C.M. und Semeniuk, G. Plant Physiol. 22. 20-33 (1947).

Abbau von Kartoffelstärke durch Pankreasamylase. Blom, J. und Schmith, T. Acta chem.scand. 1. 230-32 (1947).

Untersuchungen über Stärke. 35. Mitt. Der Abbau der Amylose durch die α-Amylase. Bernfeld, P. und Studer-Pécha, E. Helv.chim. Acta 30. 1895-1903 (1947). - Ref.Stärke 3. 133 (1951).

Zwischenprodukte der enzymatischen Stärkespaltung. Myrbäck, K. und Lundén, R. Ark.Kem., Mineralog.Geol. 23. A Nr.7. 1-10 (1946).

Ausmaß der Stärkehydrolyse durch Amylasen in Gegenwart und Abwesenheit von Hefen. Pigman, W.W. U.S.Dep.Commerce, J.Res.nat.Bur. Standards 33. 105-120 (1944).

Die Wirkung von ß-Amylase auf Maisglykogen. Morris, D.L. J.biol. Chemistry 154. 503 (1944). - Ref.C. 1946. I. 1878.

Über die Dextrinierung von Amylose durch α-Amylase. Sillen, L.G. und Myrbäck, K. Svensk.kem.Tidskr. 56. 142-51 (1944). - Ref.C. 1944. II. 1284.

Der amylolytische Abbau der Stärke. Haworth, W.N., Kitchen, H. und Peat, S. J.chem.Soc. (London) 1943. 619-25. - Ref.C. 1946. I. 986.

Chemische Versuche mit kleinen Mengen. Hansel, C.W. School Sci. Rev. 24. 262-72 (1943). - Ref.C. 1944. II. 1.

Das kolloid-chemische Verhalten und der enzymatische Abbau der Stärke, zugleich ein Beitrag zur Minderung von Auswuchsschäden. Diedering, P. Z.ges.Getreidewes. 29. 182-84. 30. 1-17 (1943). - Ref.C. 1943. I. 2454.

Zweigmoleküle. 2. Mitt. Anwendung unseres Modells auf Stärke und Glykogen mit besonderer Berücksichtigung der enzymatischen Verzuckerung. Myrbäck, K. und Sillen, L.G. Svensk.kem.Tidskr. 55. 311-23 (1943). - Ref.C. 1944. I. 531.

Hydrolyse von Stärke und Glykogen durch Blutamylase. Morris, D.L. J.biol.Chemistry 148. 271-79 (1943). - Ref.C. 1944. I. 763.

Schwermetallwirkungen auf Aspergillus niger. 1. Mitt. Der Stärkeabbau. Fischer, J. Planta 32. 395-413 (1942). - Ref.C. 1942. II. 2805.

Amylasewirkung auf oxydierte Stärke. Örtenblad, B. und Myrbäck, K. Biochem. Z. 307. 129-31 (1941). - Ref.C. 1941. I. 3086.

Untersuchungen über Stärke. 16. Mitt. Über den Abbau der Kohlenhydrate der Stärkegruppe durch dialysierten Hefesaft nach Lebedew. Meyer, K.H. und Bernfeld, P. Helv.chim.Acta 24. 1400-04 (1941). - Ref.C. 1942. I. 1256.

Untersuchungen über Stärke. 19. Mitt. Über den Abbau der Stärke durch α-Amylase. Meyer, K.H. und Bernfeld, P. Helv.chim.Acta 24. Sond.-Nr. 359 E-69 E (1941). - Ref.C. 1942. I. 1888.

Über Temperaturkoeffizienten der enzymatischen Hydrolyse natürlicher Stärkearten. Pronin, S.I. Biochemie (russ.) 5. 65-73 (1940). - Ref.C. 1940. II. 1156.

Die Steuerung eines enzymatischen Abbaues durch einen anderen. Wunderly, Ch. Helv.chim.Acta 23. 414 (1940). - Ref.C. 1940. II. 69.

Untersuchungen über Stärke. 8. Mitt. Der Abbau der Bestandteile der Stärke durch ß-Amylase. Meyer, K.H., Bernfeld, P. und Press, J. Helv.chim.Acta 23. 1465-76 (1940). - Ref.C. 1941. I. 646.

Der Einfluß der kulinarischen Verarbeitung von Kartoffeln auf die Stärkespaltung durch Amylase. Porodko, F.M., Rosenfeld, Je.L. und Ssoloweitschik, I.Ja. Problems Nutrit. (russ.) 8. Nr.2. 109-22 (1939). - Ref.C. 1939. II. 4120.

Verzuckerung verschiedener Stärken durch die Wirkung der Amylase von Corynebacterium dyphtheriae. Chiara, Fedele di. Boll.Sez. ital.Soc.int.Microbiol. 11. 205-07 (1939). - Ref.C. 1940. I. 3278.

Weitere Studien über die Hydrolyse von Stärke durch die Amylasen der süßen Kartoffeln. Giri, K.V. J.Indian chem.Soc. 15. 249-62 (1938). - Ref.C. 1939. II. 435.

Hydrolyse von Reisstärke durch Pankreasamylase. Pronin, S.I. Bull. Biol.Med.exp.UdSSR 4. 65-66 (1937). - Ref.C. 1938. II. 1429.

Untersuchungen über die Stärke. 2. Mitt. Hydrolyse des Stärkekleisters mit ß-Amylase. Tychowski, A. Biochem.Z. 291. 247-53 (1937). - Ref.C. 1939. I. 129.

Zur Kenntnis der Stärkespaltung durch pflanzliche Amylasen. 1.Mitt. Myrbäck, K. Biochem.Z. 285. 290-93 (1936). - Ref.C. 1936. II. 109.

Untersuchungen über den enzymatischen Abbau der Stärke. Blom, J., Bak, A. und Braae, B. Kem.Maanedsbl.nord.Handelsbl.kem.Ind. 17. 125-30 (1936). - Ref.C. 1937. I. 2387.

Untersuchungen über den enzymatischen Abbau der Stärke. Blom, J., Bak, A. und Braae, B. Hoppe-Seyler's Z.physiol.Chem. 241. 273-87 (1936). - Ref.C. 1936. II. 1951.

Die Jodfarbe dephosphorylierter Kartoffelstärke. 6. Mitt. über enzymatische Amylolyse. Samec, M., Waldschmidt-Leitz, E. und Mayer, K. Hoppe-Seyler's Z.physiol.Chem. 242. 165-68 (1936). - Ref.C. 1936. II. 3553.

Über den Grad der Zuckerbildung aus Stärke im Anfangsstadium der enzymatischen Hydrolyse. Pronin, S.I. Bull.Biol.Med.exp.UdSSR 2. 376-78 (1936).

Über die enzymatischen Reaktionen in schwerem Wasser. 2. Mitt. Deuterium und die Stärkehydrolyse. Fox, D.L. und Craig, R. Proc.Soc.exp.Biol.Med. 33. 266-69 (1935).

Studien zur Salzaktivierung. 1. Mitt. Einfluß von Neutralsalzen auf die enzymatische Hydrolyse von Stärke. Giri, K.V. und Shrikhande, J.G. J.Indian chem.Soc. 12. 273-86 (1935). - Ref.C. 1936. I. 361.

Über die Verzuckerung von Kartoffelstärke durch Bakterien und die Symbiose der letzteren mit Hefe. Wetzesol, A. Gärungs-Ind. (russ.) 12. Nr.1. 17-22 (1935). - Ref.C. 1936. I. 1528.

Die Abbaugrenze der Stärke bei der Einwirkung von Speichel- und Pankreasamylase. Vonk, H.J. und Braak, J.P. Kon.Akad.Wetensch. Amsterdam, Proc. 37. 188-93 (1934). - Ref.C. 1934. II. 1142.

Die Hydrolyse gewisser Polysaccharide und Proteine durch die Endosporen aerober Bacillen. Tarr, H.L.A. Biochem.J. 26. 391-93 (1934). - Ref.C. 1935. I. 2386.

Eine Untersuchung des Stärkeabbaues und der zuckerbildenden Enzyme des Weizens. Creighton, M. und Naylor, N.M. Iowa State Coll.J. Sci. 7. 253 (1933).

Über die Nachwirkung der Amylase bei der Verzuckerung von Stärke. Tychowski, A. Przemysl chem. 17. 65-74 (1933). - Ref.C. 1933. II. 2542.

Die Verflüssigung und Verzuckerung der Stärke durch Wirkung der Amylasen verschiedener Herkunft. Orestano, G. Arch.Farmacol. sperim.Sci.affini 56. 383-406 (1933). - Ref.C.A. 28. 1721 (1934).

Über die Grenzverzuckerung der Stärke und das sogenannte Komplement der Amylasen. Myrbäck, K. und Myrbäck, S. Svensk kem. Tidskr. 45. 230-36 (1933). - Ref.C. 1934. I. 1504.

Mitogenetische Spektralanalyse des Polysaccharidabbaus. Klenitzky, J.S. und Prokofewa, E.G. Biochem.Z. 265. 375-79 (1933). - Ref.C. 1934. I. 2296.

Die Hemmung der Stärkehydrolyse in Gegenwart von Glucose. Reid, Ch. J.Physiol. 75. Nr.3. 10-11 P (1932). - Ref.C. 1932. II. 2666.

Zur Kenntnis der Stärke. Über den enzymatischen Grenzabbau und das Komplement der Amylasen. Schlußbemerkung. Pringsheim, H. Z.Ver.dtsch.Zuckerind. 81. 647 (1931). - Ref.C. 1932. I. 1254.

Zur Kenntnis der Stärke. Über den enzymatischen Grenzabbau und das Komplement der Amylasen. Erwiderung auf die vorstehende Arbeit von H. Pringsheim, H. Borchardt und H. Hupfer. Weidenhagen, R. Z.Ver.dtsch.Zuckerind. 81. 644-46 (1931). - Ref.C. 1932. I. 1254.

Zur Kenntnis der Stärke. Über den enzymatischen Grenzabbau und das Komplement der Amylasen. Pringsheim, H., Borchardt, H. und Hupfer, H. Z.Ver.dtsch.Zuckerind. 81. 633-43 (1931). - Ref.C. 1932. I. 1253.

Messungen mit Hilfe der Dialysenmethode. Untersuchungen über den enzymatischen Stärkeabbau sowie über die thermische Spaltung von Dextrin in Gegenwart von Säure. Brintzinger, H. und Brintzinger, W. Z.anorgan.allg.Chem. 196. 50-54 (1931). - Ref.C. 1931. II. 399.

Einfluß von Aminosäuren auf die Hydrolyse von Stärke durch Cumbuamylase. Narayanamurti, D. und Ramaswami, C.V. Ayyar. J.Indian chem.Soc. 8. 645-50 (1931). - Ref.C. 1932. I. 2432.

Einfluß der Citrate auf die enzymatische Stärkehydrolyse. Ohlsson, E. Arch.int.Pharmacodynam.Therap. 37. 98-107 (1930). - Ref.C. 1930. II. 2909.

Biochemische Untersuchungen über Reisstärke. 5. Mitt. Vergleichende Untersuchungen mit Reis, gekochtem Reis und Mochi. Tao, Wei Sun. Bull.chem.Soc. Japan 5. 209-14 (1930). - Ref.C. 1930. II. 2396.

Biochemische Untersuchungen über Reisstärke. 4. Mitt. Einfluß von Enzymen auf Reisstärke. II. Tao, Wei Sun. Bull.chem.Soc.Japan 5. 91-92 (1930). - Ref.C. 1930. II. 255.

Biochemische Untersuchungen über Reisstärke. 3. Mitt. Der Einfluß von Enzymen auf Reisstärke. I. Tao, Wei Sun. Bull.chem.Soc.Japan 5. 87-90 (1930). - Ref.C. 1930. II. 255.

Zur Kenntnis der Stärke. 2. Mitt. Über den enzymatischen Grenzabbau und das Komplement der Amylasen. Weidenhagen, R. und Wolf, A. Z.Ver.dtsch.Zuckerind. 80. 866-76 (1930). - Ref.C. 1931. I. 1120.

Studie über Stärke. Ling, A.R. J.Inst.Brewing 34. 298 (1928). Wschr.Brauerei 45. 347 (1928).

Feststellung der optimalen Wasserstoffionenkonzentration der enzymatischen Stärkehydrolyse durch Pankreas- und Malzamylase bei verschiedenen Bedingungen von Zeit und Temperatur. Sherman, H.C., Caldwell, M.L. und Adams, M. J.Amer.chem.Soc. 49. 2000-05 (1927). - Ref.C. 1927. II. 1850.

Die Zersetzung pflanzlicher Massen unter Böden mit Calcium und Natrium als ersetzbaren Basen. Taylor, McKenzie, E. Fuel 6. 359-67 (1927). - Ref.C. 1927. II. 2339.

Über den Abbau der Stärke durch die Amylase des Aspergillus oryzae und des Malzes mit besonderer Berücksichtigung des Grenzabbaues. Nishimura, S. Wschr.Brauerei 44. 533-35 (1927). - Ref.C. 1928. I. 601.

Quantitative Hydrolyse von Stärke durch gepufferte Takadiastase. Collins, I.D. Science (New York) 66. 430-31 (1927). - Ref.C. 1928. I. 731.

Über die vermeintliche Hydrolyse der Stärke durch Salze und Eiweißabbauprodukte. Takane, K. Biochem.Z. 175. 241-52 (1926). - Ref.C. 1926. II. 3058.

Studie über bestimmte Reaktionen von Stärken in besonderer Hinsicht auf Enzymhydrolyse. Hermano, A.J. und Rask, O.S. Cereal Chem. 3. 361-92 (1926).

Über die fermentative Spaltung der Polyamylosen. Leibowitz, J. und Mechlinski, P. Ber.dtsch.chem.Ges. 59. 2737-46 (1926). - Ref.C. 1927. I. 997.

Der Einfluß der Substratkonzentration auf die Hydrolyse der Stärke durch Amylase aus gekeimter Gerste. Eadie, G.S. Biochem.J.20. 1016-23 (1926). - Ref.C. 1927. I. 904.

Einfluß der Auflösungsart von Amylase auf die Verzuckerung von Stärke. Petit, P. und Richard. C.R.hebd.Séances Sci. 181. 575-77 (1925). - Ref.C. 1926. I. 2802.

Über die Aktivierung des fermentativen Stärkeabbaus. Pringsheim,H. Z.angew.Chem. 39. 1454-57 (1926). - Ref.C. 1927. I. 462.

Ein Vergleich der viscosimetrischen, der Kupferreduktions-, der polariskopischen und jodometrischen Methoden zur Messung der Größe der Stärke- und Dextrinhydrolyse durch Aspergillus oryzae. Maslow, H.L. und Davison, W.C. J.biol.Chemistry 68. 75-81 (1926). - Ref.C. 1926. II. 48.

Hydrolyse von Maisstärke durch Handels-Pankreatin. Walton, J.H. und Dittmar, H.R. J.biol.Chemistry 70. 713-28 (1926). - Ref.C. 1927. I. 1030.

Stärkeabbau durch das System: Neutralsalze + Aminosäuren + Pepton. 2. Mitt. Zur Kenntnis der Reaktionen plasmophiler Stoffe, Zymoreaktionen. Haehn, H. und Berentzen, H. Chemie d.Zelle u. Gewebe 12. 286-316 (1925). - Ref.C. 1926. I. 1428.

Über den Grenzabbau der Stärke und ein Komplement der Amylasen. 2. Mitt. Pringsheim, H. und Schmalz, K. Biedermanns Zbl.Agrikulturchem.ration.Landwirtschaftsbetrieb 54. 135-36 (1925).

Über die enzymatische Hydrolyse der natürlichen und synthetischen Amylophosphate. Samec, M. C.R.hebd.Séances Acad.Sci. 181. 532-33 (1925). - Ref.C. 1926. I. 1213.

Der Einfluß gewisser organischer Verbindungen auf die Hydrolyse der Stärke durch Speichel und pankreatische Amylase. Sherman, H.C. und Naylor, U.W. Biedermanns Zbl.Agrikulturchem.ration. Landwirtschaftsbetrieb 53. 437-38 (1924).

Einwirkung von Kaliumjodid auf die Verzuckerung der Stärke durch verschiedene Amylasen. Holmbergh, O. Biochem.Z. 145. 244-248 (1924). - Ref.C. 1924. II. 478, W.Ref. 3012.

Stärkehydrolyse durch amylatisch reagierende neutrale Stoffe. Haehn, H. Biedermanns Zbl.Agrikulturchem.ration.Landwirtschaftsbetrieb 53. 227-29 (1924).

Über die Spaltung der Stärke durch Amylase. 2. Mitt. Harada, K. J.Biochemistry (Tokyo) 4. 123-137 (1924). - Ref.C. 1925. I. 1613, C.A. 19. 1286 (1925), W.Ref. 413.

Stärkeverzuckerung. Vermeylen. Bull.Inst.Fermentat.Gand 23. 226-34 (1923). - Ref.C.A. 18. 1584 (1924), W.Ref. 418.

Bildung von Maltose beim Kochen von Süßkartoffeln. Gore, H.C. Ind.Engng.Chem. 15. 938-940 (1923). - Ref.C. 1923. IV. 954, W.Ref. 3425.

Über den Grenzabbau der Stärke und ein Komplement der Amylasen. 2. Mitt. Pringsheim, H. und Schmalz, K. Biochem.Z. 142. 108-116 (1923). - Ref.C. 1924. I. 491, W.Ref. 407.

Über die Spaltung der Stärke durch Amylase. Harada, K. J.Biochemistry 3. 149-67 (1923). - Ref.C. 1924. I. 2104.

Über die Spaltung der Stärke durch Amylase. II. Harada, K. J.Biochemistry 4. 123-37 (1924). - Ref.C. 1925. I. 1613, W.Ref. 413.

Stärkespaltung durch tierische Amylasen. Holmbergh, O. Ark.Kem. Mineralog.Geol. 8. Nr.33. 1-5 (1923). - Ref.C. 1924. I. 927.

Einfluß einiger organischer Verbindungen auf die Stärkehydrolyse durch Speichel- und Pankreasamylase. Sherman, H.C. und Naylor, N.M. J.Amer.chem.Soc. 44. 2957-2966 (1922). - Ref.C.A. 17. 292 (1923), C. 1923. III. 1096, W.Ref. 2986-87.

Einfluß von Lysin auf die Stärkehydrolyse durch gereinigte Pankreasamylase. Sherman, H. und Caldwell, M.L. J.Amer.chem.Soc. 44. 2926-2930 (1922). - Ref.C.A. 17. 292 (1923), C. 1923. III. 1096, W.Ref. 2985.

Eine Untersuchung über den Einfluß von Arginin, Histidin, Tryptophan und Cystin auf die Hydrolyse von Stärke durch gereinigte Pankreatinamylase. Sherman, H.C. und Caldwell, M.L. J.Amer. chem.Soc. 43. 2469-2476 (1921). - Ref.C. 1922. III. 929, W.Ref. 2970.

Die Einwirkung gewisser Aminosäuren auf die enzymatische Hydrolyse von Stärke. Sherman, H.C. und Walker, F. J.Amer.chem.Soc. 43. 2461-2489 (1921). - Ref.C. 1922. III. 929, W.Ref. 2969.

Der Einfluß von Asparaginsäure und Asparagin auf die Enzymhydrolyse der Stärke. Sherman, H.C. und Walker, F. J.Amer.chem.Soc. 41. 1866-1873 (1919). - Ref.C. 1920. I. 657, W.Ref. 2953.

Enzymatische Studien. Euler, H.von. Z.Elektrochem.angew.physik. Chem. 24. 173-177 (1918). - Ref.C. 1918. II. 289, W.Ref. 3311.

Die fraktionierte Verflüssigung von Reisstärke. Warth, F.J. und Darabsett, D.B. Mem.Dep.Agric.India, chem.Ser. 3. 135-147 (1914). - Ref.C.A. 8. 2080 (1914), W.Ref. 768.

Wirkung von Aminosäuren auf die Stärkeverzuckerung durch Pankreassaft. Terroine, E.F. und Weill, J. C.R.Séances Soc.Biol.Filiales 72. 542 (1912). - Ref.C.A. 7. 1535 (1913), W.Ref. 2918.

Beitrag zum Studium der Stärke. II. Mitt. Hydrolyse der Stärke und ihrer Bestandteile durch den Pankreassaft des Hundes und durch H_2O_2. Gruzewska, Z. J.Physiol.Pathol.gén. 14. 32-41 (1912).

Über einige physiologische Bedingungen der Verzuckerung der Stärke durch Pankreassaft. Terroine, E.F. und Weill, J. J.Physiol. Pathol.gén. 14. 437-52 (1912).

Einfluß von Jod auf die Verzuckerung von Stärke durch einige pflanzliche und tierische Amylasen. Gerber, C. C.R.Séances Soc. Biol.Filiales 72. 1116-1118 (1912). - Ref.C.A. 8. 139 (1914), W.Ref. 2907.

Wirkung schwacher Dosen Wasserstoffsuperoxyd auf die Verzuckerung von Stärkekleister und der Lösung löslicher Stärke von Fernbach-Wolff durch einige pflanzliche und tierische amylolytische Fermente. Gerber, C. C.R.Séances Soc.Biol.Filiales 72. 946-948 (1912). - Ref.C.A. 7. 2582 (1913), W.Ref. 2906.

Wirkung einiger Salze auf die Verzuckerung der löslichen Stärke von Fernbach-Wolff durch amylolytische Fermente. Gerber, C. C.R.Séances Soc.Biol.Filiales 71. 247-249 (1911). - Ref.C.A. 5. 3472 (1911), W.Ref. 2893.

Wirkung von Alkaloiden und ihren Salzen auf die Verzuckerung von Stärkekleister durch amylolytische Fermente. Gerber, C. C.R.Séances Soc.Biol.Filiales 71. 208-214 (1911). - Ref.C.A. 5. 3472 (1911), W.Ref. 2892.

Wirkung alkalischer Metallsalze auf die Verzuckerung von Stärkekleister durch amylolytische Fermente. 7. Mitt. Gerber, C. C.R.Séances Soc.Biol.Filiales 71. 41-47 (1911). - Ref.C.A. 5. 3294 (1911), W.Ref. 2891.

Wirkung alkalischer Metallsalze auf die Verzuckerung von Stärkekleister durch proteolytische Fermente. Gerber, C. C.R.Séances Soc.Biol.Filiales 70. 822-828 (1911). - Ref.C.A. 5. 2660 (1911), W.Ref. 2890.

Wirkung der Alaune auf die Verzuckerung von Stärkekleister durch amylolytische Fermente. Gerber, C. C.R.Séances Soc.Biol.Filiales 70. 728-730 (1911). - Ref.C.A. 5. 2396 (1911), W.Ref. 2889.

Wirkung der Magnesium-, Mangan-, Eisen- und Aluminiumsalze auf die Verzuckerung von Stärkekleister durch amylolytische Fermente. Gerber, C. C.R.Séances Soc.Biol.Filiales 70. 726-728 (1911). - Ref.C.A. 5. 2396 (1911), W.Ref. 2888.

Wirkung von Chromverbindungen auf die Verzuckerung von Stärkekleister durch amylolytische Fermente. Gerber, C. C.R.Séances Soc. Biol.Filiales 70. 724-726 (1911). - Ref.C.A. 5. 2396 (1911), W.Ref. 2887.

Wirkung der Metallsalze der Goldgruppe auf die Verzuckerung des Stärkekleisters durch amylolytische Fermente. Gerber, C. C.R.Séances Soc.Biol.Filiales 70. 547-553 (1911). - Ref.C.A. 5. 2396 (1911), W.Ref. 2886.

Wirkung alkalischer Metallsalze auf die Verzuckerung von Stärkekleister durch amylolytische Fermente. Gerber, C. C.R.Séances Soc.Biol.Filiales 70. 391-397 (1911). - Ref.C.A. 5. 2116 (1911), W.Ref. 2885.

Einfluß von Chlorüren und Phosphaten auf die Verzuckerung entmineralisierter Stärke durch Speichel- und Pankreasamylase. Lisbonne, M. C.R.Séances Soc.Biol.Filiales 70. 207-209 (1911). - Ref.C.A. 5. 1625 (1911), W.Ref. 2897.

Über die Rolle der Elektrolyte bei der Verzuckerung von Stärke durch die Speichel- und Pankreasamylase. Lisbonne, M. C.R. Séances Soc.Biol.Filiales 70. 132-134 (1911). - W.Ref. 2896.

Wirkung der Metallsalze der Goldgruppe auf die Verzuckerung des Stärkekleisters durch amylolytische Fermente. Gerber, C. C.R.Séances Soc.Biol.Filiales 70. 139-145 (1911). - Ref.C.A. 5. 1624 (1911), W.Ref. 2884.

Über den biologischen Abbau der Kohlenhydrate. Fernbach, A. C.R.hebd.Séances Acad.Sci. 151. 1004-1006 (1910).

Über die Rolle der Phosphate bei der Verzuckerung durch Speichel. Royer, H. C.R.Séances Soc.Biol.Filiales Associées 65. Nr.30 (1908).

Experimentalstudie über den Stärkeverzuckerungsprozeß. Moreau, J. Ann.Soc.roy.Sci.méd.natur.Bruxelles 12. H.3, 116 (1903). - Ref.C. 1905. I. 863, W.Ref. 313.

Untersuchungen über die Verzuckerung durch Schimmelpilze. II.Teil. Serie der Rhizopus. Vuillemin, P. Rev.mycologique 24. Nr.94. 45-60 (1902).

Untersuchungen über die Verzuckerung durch Schimmelpilze (Amylomyces). Vuillemin, P. Rev.mycologique 24. Nr.93. 1-21 (1902).

Zur Frage der Kohlenhydratzerlegung durch tierische und pflanzliche Fermente und Enzyme. Clemm, W.N. Pflüger's Arch.ges. Physiol.Menschen Tiere 89. 517-526 (1902). - Ref.C. 1902. I. 943, W.Ref. 304.

Über die Hydrolyse der Polysaccharide durch lösliche Fermente. Bourquelot, E. J.Pharmac.Chim. 16. 578-84 (1902).

Aktueller Stand unserer Kenntnisse über die Stärkeverzuckerung. Fernbach, A. 4.Congr.int.Chim.appl., Paris, C.R.inextenso 2. 287-292 (1900). - W.Ref. 294.

Die Verzuckerung der Stärke. Pottevin, H. Z.Spiritusind. 23. 2, 10-11, 73, 213, 248 (1900). - W.Ref. 297.

Die Verzuckerung der Stärke. Pottevin, H. Ann.Inst.Pasteur 13. 665-688 (1899). - Ref.C. 1899. II. 644, W.Ref. 291.

Saccharification der Stärke durch Pankreasfermente (Auszug). Chlodounsky, K. und Sulc, O. Jber.Fortschr.Tier-Chem. 26. 67-68 (1896). - W.Ref. 268.

Über die Verzuckerung der Stärke. Duclaux, E. Ann.Inst.Pasteur 9. 56-64 (1895). - Ref.C. 1895. I. 606, W.Ref. 256.

Natürliche und chemische Vergärung. Arthus, M. und Huber, A. C.R.hebd.Séances Acad.Sci. 115. 839-841 (1892). - Ref.C. 1893. I. 43, W.Ref. 2816.

Die Verzuckerung von Stärke durch Blutserum. Roehmann, F. Ber.dtsch. chem.Ges. 25. 3654-3657 (1892). - Ref.C. 1893. I. 350, W.Ref. 238.

Die Terminologie der Hydrolyse, speziell beeinflußt durch "Fermente". Armstrong, H.E. J.chem.Soc. (London) 57. 528-531 (1890). - Ref.C. 1890. II. 247, W.Ref. 2647.

Die Glucase und die glucosidische Verzuckerung stärkeartiger Stoffe. Cuisinier, L. Sucrerie indigène coloniale 27. 226-227 (1886). - Ref.C. 1886. 614, W.Ref. 197.

Berichtigende Bemerkung zu der von Musculus und von Mering mitgeteilten Arbeit "Über die Umwandlung von Stärke" etc. Seegen, J. Hoppe-Seyler's Z.physiol.Chem. 3. 212-214 (1879). - W.Ref. 182.

Über die Einwirkung von Speichel- und Pankreasferment auf Glykogen und Stärke. Mering, von, und Musculus, F. Hoppe-Seyler's Z. physiol.Chem. 1. 395 (1877-78). - W.Ref. 3360.

Bemerkung zur Physiologie der Kohlenhydrate. Nasse, O. Pflüger's Arch.ges.Physiol.Menschen Tiere 14. 473-484 (1877). - W.Ref. 173.

Über die durch Speichel hervorgerufene Wirkung auf verschiedene Stärkearten und über den Einfluß verdünnter Säuren auf die verzuckernden Eigenschaften des Speichels (Auszug). Levberg und Georiyesky. Bull.Soc.chim. (Paris) 25. 393-394 (1876). - W.Ref. 168.

Über die spezielle Einwirkung von Pancreas auf Fett und Stärke. Dobell, H. Proc.Roy.Soc.(London) 16. 209-213 (1867-68). - W.Ref. 2637.

924. Diastasen und ihre Wirkung

(Aktivitätsbestimmung vgl. 917. Vgl. auch "Diastasen, Patente": 9413)

Synthese des Enzym-Präparates "Superbiolase". Uleslo, I.W. und Palitsyn, N.P. Einführung Fermentpräparaten Volkswirtsch., Sammlung Vorträge Allunions Konferenz Moskau (russ.) 1961. Nr.1. 189-93. - Ref.C.A.(B.) 61. 4923d (1964).

Untersuchungen über die Amylasen. 3. Mitt. Takadiastase. Sutra, R. Bull.Soc.Chim.biol. 41. 1245-49 (1959). - Ref.C. 1960. 12722.

Diastase von Honig. Valin, J. Ann.Falsificat.Fraudes 51. 269-75 (1958).

Über den diastatischen Stärkeabbau in lufttrockenen Substanzen. Kiermeier, F. und Coduro, E. Biochem.Z. 325. 280-87 (1954). - Ref.Stärke 6. 139 (1954), C.A. 48. 8294g (1954), C. 1956. 5864.

Die Wirkung von Schimmelpilzamylase auf die alkoholische Gärung. 1. Mitt. Saccharogene Enzyme von Taka-Diastase und alkoholische Gärung durch verzuckernde Agentien verschiedener Enzymverhältnisse. Fukinbara, T. und Muramatsu, K. J.agric.chem.Soc.Japan 27. 398-402 (1953). - Ref.C.A. 50. 14866d (1956), C. 1956. 1920.

Diastatisches Enzymsystem bei Schimmelpilzen. 9. Mitt. Bestätigung von γ-Amylase. Kitahara, K. und Kurushima, M. J.Fermentation Technol.(Japan) 30. 72-77 (1952). - Ref.C.A. 49. 10396i (1955).

Besonderheiten bei der diastatischen Verzuckerung von Maismehl. Rotsch, A. Stärke 2. 78-81 (1950).

Untersuchung über die β-Diastase. 1. Mitt. Stabilität der β-Diastase in Abhängigkeit von der Temperatur und Wasserstoffionenkonzentration. Vandor, J. und Laszlo, J.F. Nagyar Kemiei Folyóirat 56. 373-76 (1950). - Ref.C. 1951. I. 2665.

Erfahrungen über Pilzdiastase. Schulz, A. Getreide, Mehl Brot 3. 185-88 (1949).

Die Bestimmung der diastatischen Kraft. Drews, E. Getreide, Mehl Brot 3. 40-42 (1949).

Die Beziehung von α-Amylase und empfindlicher Stärke zur Diastase-Aktivität. Dadswell, I.W. und Gardner, J.F. Cereal Chem. 24. 79-99 (1947).

Amerikanische Gesellschaft der Brauerei-Chemiker. Bericht über die Zusammenarbeit bei der Untersuchung der löslichen Stärken als Substrat für die Bestimmung der diastatischen Kraft - Unterausschuß für diastatische Kraft. Dickson, A.D., Wilcox, Ch.F., Singruen, E. und Schönfeldt, J.F. Amer.Brewer 77. Nr.9. 54, 60 (1944).

Die Diastasen in der Diätetik. Leqoq, R. Pharmac.Produits pharmac. 2. 26-29 (1944). - Ref.C. 1944. II. 330.

Gereinigte Diastasen. 1. Mitt. Reinigung. Minagawa, T. Proc.Imp. Acad. (Tokyo) 19. 398-400 (1943). - Ref.C. 1946. II. 3084.

Gereinigte Diastasen. 6. Mitt. Faktoren, die die Synthese der Bakteriendiastase lenken. Minagawa, T. Proc.Imp.Acad.(Tokyo) 19. 566-69 (1943). (Org.engl.). - Ref.C. 1949. E 6688.

Gereinigte Diastasen. 5. Mitt. Pankreasdiastase. Minagawa, T. Proc.Imp.Acad. (Tokyo) 19. 561-65 (1943). (Orig.engl.). - Ref.C. 1949. E 6688.

Gereinigte Diastasen. 4. Mitt. Zusammensetzung und Konstitution der Diastase. Minagawa, T. Proc.Imp.Acad. (Tokyo) 19. 557-60 (1943). (Orig.engl.). - Ref.C. 1949. E 6688.

Gereinigte Diastasen. 3. Mitt. Eigenschaften der Diastasewirkung. Minagawa, T. Proc.Imp.Acad. (Tokyo) 19. 553-56 (1943). - Ref.C. 1949. E 6688.

Die Anfangsphase der α-diastatischen Stärkehydrolyse. 8. Mitt. Über enzymatische Amylolyse. Samec, M. Hoppe-Seyler's Z.physiol. Chem. 259. 204-12 (1939). - Ref.C. 1940. I. 880.

Der Einfluß der Asche von Stärke auf die Verflüssigung und Hydrolyse von Stärkekleister durch Malzdiastase. Corvaisier, H. le. Bull.Soc.sci.Bretagne 15. 1-74 (1939). - Ref.C.A. 34. 6842 (1940).

Die Wirkung des Substrates auf die diastatische Kraft. Redfern, S. und Johnston, W.R. Cereal Chem. 15. 327-41 (1938). - Ref.C. 1938. II. 1873.

Die mannigfaltige Auswertung der Diastasewirkung. Kalning, H. Mühle 75. Mühlenlabor. 8. 35-46 (1938).

Über den Einfluß der Chloride der Alkalien auf die Stärkeverzuckerung durch diastatische Fermente. Bartscher, K. Dissertation, Münster 1937, 16 S.

Über die Fähigkeit der Fermente, insbesondere der Diastasen, die pflanzliche Zellmembran zu durchdringen. Heupke, W. Arch.Verdauungskrankh. 62. 166-67 (1937).

Über den Nachweis von zwei Typen pflanzlicher Diastase. Teller,G.L. J.biol.Chemistry 114. 425-430 (1936).

Über den Einfluß der Wasserstoffionenkonzentration auf die Verzuckerung der Stärke durch diastatische Fermente. Kaiser, P. Dissertation, Münster 1936, 19 S.

Der diastatische Abbau nativer Kartoffelstärke. Weichsel, G. Planta 26. 28-47 (1936). - Ref.C. 1937. I. 4379.

Die Extraktion von Diastase aus Grünmalz bei Zusatz von Natriumchlorid. Lampe, B. und Deplanque, R. Z.Spiritusind. 58. 171-72; 174-75 (1935).

Über Diastase und die Bestimmung der diastatischen Kraft, insbesondere des Grünmalzes. Lampe, B. und Deplanque, R. Z.Spiritusind. 58. 79-80, 85-86, 92, 94, 100 (1935).

Dilatometrische Studien über die enzymatische Hydrolyse von Polysacchariden. 3. Mitt. Hydrolyse von Stärke, Amylose und Amylopektin durch Takadiastase. Sreerangachar, H.B. Proc.Indian Acad.Sci., Sect.B. 2. 333-41 (1935). - Ref.C. 1936. I. 361, C.A. 30. 742 (1936).

Zur Kenntnis der Takaamylase. 1. - 3. Mitt. - 1. Mitt. Über die aus Stärke bei der Wirkung der Takadiastase gebildete Glucosemenge. 2. Mitt. Über Reaktionsgeschwindigkeitskonstanten der amylolytischen und der maltatischen Wirkungen. 3. Mitt. Über die optimale Wasserstoffionenkonzentration bei der Wirkung der Takadiastase. Kitano, T. J.Soc.chem.Ind., Japan Suppl. 38. 376B-88B (1935). - Ref.C. 1936. I. 2957.

Diastasebildende Bakterien. Düll, A. Z.Spiritusind. 58. 17-18 (1935).

Untersuchungen über Gerstendiastase. Hopkins, R.H., Cope, G.F. und Green, J.W. J.Inst.Brewing. 39. 487-93 (1933). - Ref.C. 1933. II. 2684.

Diastasebildende Bakterien (unter besonderer Berücksichtigung der Milchsäurebakterien) und Hefen. Düll, A. Zbl.Bakteriol., Parasitenkunde Infektionskrankh. Abt. II. 88. 81-124 (1933). - Ref.C. 1933. I. 3951.

Über das optimale Mengenverhältnis der α- und β-Diastase beim Verzuckern der Kartoffelstärke. Syniewski, W. und Zieminski, S. Biochem.Z. 253. 266-74 (1932). - Ref.C. 1932. II. 3567.

Über Enzyme der Diastase. Ljalin, L. J.russ.physik.-chem.Ges. 2. 624-33 (1932).

Untersuchungen über die diastatische Hydrolyse der Stärke. Tychowski, A. Przemysl chem. 15. 346-54 (1931). - Ref.C. 1932. I. 1519.

Das Verhältnis von Drehungs- und Reduktionsvermögen der durch Diastasewirkung gewonnenen Stärkehydrolysate. Englis, D.T., Peifer, G.T. und Gabby, J.L. J.Amer.chem.Soc. 53. 1883-89 (1931). - Ref.C. 1931. II. 700.

Diastase. Muyzert, C.M. Pharmac.Weekbl. 68. 1045-48 (1931). - Ref.C. 1932. I. 153.

Der Einfluß von Äthylen auf die Aktivität von Diastase und Invertase. Englis, D.T. und Zannis, C.D. J.Amer.chem.Soc. 52. 797-802 (1930). - Ref.C. 1930. I. 2430.

Zur Kenntnis der Takadiastase. Nishikawa, K. Biochem.Z. 188. 386-404 (1928). - Ref.C. 1928. I. 1881.

Der Diastasegehalt des Getreides. Staiger. Z.Spiritusind. 50. 173 (1927).

Untersuchungen über die Bildung von Diastase bei Aspergillus niger. Funke, G.L. Recueil Trav.bot.neerl. 23. 200-44 (1926). - Ref.C. 1927. II. 706.

Untersuchungen über diastatischen Stärkeabbau. Hoop, L.de und Laer, J.A. van. Biochem.Z. 155. 235-44 (1925). - Ref.C. 1925. I.1878.

Untersuchungen über Diastase. 1. Mitt. Über die Nichteinheitlichkeit der Gerstenmalzdiastase. Syniewski, W. Biochem.Z. 158. 87-120 (1925). - Ref.C. 1925. II. 1171.

Die optimale Temperatur für das Wachstum und die Diastasebildung des Aspergillus oryzae. Nishiwaki, Y. Zbl.Bakteriol., Parasitenkunde Infektionskrankh. Abt.II. 63. 102-106 (1925). - W.Ref. 3346A

Untersuchungen über Diastase. Windisch, W. Wschr.Brauerei 42. 136-138 (1925). - W.Ref. 432.

Ist die Kuhmilchdiastase (Amylase) zur Erkennung der schonenden Dauerpasteurisierung geeignet? Wedemann, W. Z.Fleisch- u. Milchhyg. 35. 301-304 (1925). - Ref.C. 1925. II. 1569, W.Ref. 3436. 3066 A.

Untersuchungen über Diastase. 2. Mitt. Wirkt α-Diastase auch β-diastatisch, und umgekehrt β-Diastase auch α-diastatisch? Syniewski, W. Biochem.Z. 162. 228-35 (1925). - Ref.C. 1926. I. 691, W.Ref. 2779.

Neue Untersuchungen über die Elektrolyse der Diastasen und ihr Gehalt an Phosphorsäure und Kieselerde. Maignon, F. C.R.hebd. Séances Acad.Sci. 181. 51-54 (1925). - Ref.C.A. 19. 2963 (1925). W.Ref. 2775.

Wirkungsweise der Diastase. Windisch, W. Wschr.Brauerei 42. 148-150, 153-156, 159, 166-167, 171-173 (1925). - W.Ref. 433.

Milchdiastase und ihre Eigenschaften. Chrzaszcz, T. und Goralowna, C. Biochem.Z. 166. 172-189 (1925). - Ref.C.A. 20. 1873 (1926), W.Ref. 2774.

Wirkung der Konzentration von Kaliumsalzen in Mittelböden auf den Kohlenhydrat-Stoffwechsel der Pflanzen. Die diastatische Aktivität des Nasturtiums. Englis, D.T. und Lunt, H.A. SoilSci. 20. 459-463 (1925). - Ref.C.A. 20. 1297 (1926), W.Ref. 3433A.

Diastase. Syniewski, W. Bull.int.Acad.polon.Sci.Lettres 1924. 131-43. - Ref.C.A. 19. 2502 (1925), W.Ref. 2780.

Über einige Tatsachen der biologischen Chininwirkung. Celata, A. Arch.Farmacol.sperim.Sci.affini 40. 81-96 (1925). - Ref.C.1926. I. 720.

Der Einfluß verschiedener Substanzen auf die diastatische Aktivität des Speichels. Walker, H. Biochem.J. 19. 221-225 (1925). - Ref.C. 1925. II. 406, W.Ref. 3023.

Diastatische Aktivität des menschlichen Speichels und der Einfluß von Zahnputzmitteln. Schermerhorn, A.R. Dental Cosmos 67. 238-244 (1925). - W.Ref. 3021.

Weitere Untersuchungen über den Einfluß von Bromkalium und Jodkalium auf die diastatische Wirkung des menschlichen Mundspeichels. Fricker, E. Schweiz.med.Wschr. 55. 864-867 (1925). - W.Ref. 3018A.

Untersuchungen über diastatischen Stärkeabbau. Hoop, L.de und Laer, J.A. van. Biedermanns Zbl.Agrikulturchem.ration.Landwirtschaftsbetrieb 54. 512-15 (1925).

Untersuchungen über diastatischen Stärkeabbau. Eckhard, M. Z.Spiritusind. 48. 249 (1925). - W.Ref. 421.

Zur Kenntnis der Diastasen. Zugleich ein Beitrag zur Frage der Zweienzymtheorie. Hizume, K. Biochem.Z. 146. 52-71 (1924). - Ref.C.A. 19. 85 (1925), C. 1924. II. 477, W.Ref. 2769.

Fermente und Licht. 5. Mitt. Diastase. Pincussen, L. Biochem.Z. 144. 372-378 (1924). - Ref.C.A. 18. 3068 (1924), C. 1924. I. 2158, W.Ref. 3087.

Fermente und Licht. 4. Mitt. Diastase. Pincussen, L. und Renzo, di, F. Biochem.Z. 144. 366-371 (1924). - Ref.C. 1924. I. 2158, W.Ref. 3086.

Einwirkung von Alphadiastase auf das sogenannte Amylopektin. Syniewski, W. Bull.int.Acad.polon.Sci.Lettres 1924. 145-48. - Ref.C.A. 19. 2502 (1925), W.Ref. 624.

Über die Lebensdauer der Diastase. Miehe, H. Ber.dtsch.bot.Ges. 41. 263-268 (1923). - Ref.C. 1923. III. 1171, W.Ref. 2763.

Über die Wirkung von Kristallose, Saccharin und Parasaccharin auf die Speicheldiastase. Schwarz, C. Fermentforschung 7. 282-300 (1923). - W.Ref. 3001.

Diastase, vom technischen Standpunkt gesehen. Mose, W.L. Chem. Engng.Mining Rev. 15. 328-330 (1923). - W.Ref. 3478.

Über die diastaseaktivierende Kraft des Serums. Koga, T. Biochem. Z. 141. 410-429 (1923). - Ref.C.A. 18. 1678 (1924), W.Ref.2995.

Diastase, eine Mischung von zwei Enzymen? Ehrich, E. Allg.Brauer-u.Hopfen-Ztg. 63. 795 (1923). - Ref.C.A. 18. 3387 (1924), C. 1924. I. 1389, W.Ref. 2760.

Zur Frage der Differenzierung tierischer und pflanzlicher Diastasen. Koga, T. Biochem.Z. 142. 159-164 (1923). - Ref.C. 1924. I. 492, W.Ref. 3427.

Über die Wirkung der Halogene auf Diastasen. Berczeller, L. und Freud, J. Biochem.Z. 139. 476-481 (1923). - Ref.C. 1923. III. 1091, W.Ref. 2989.

Über einige Wirkungen des Thorium X auf Diastasen und Mikroben. Aversenq, J.P., Jaloustre, L. und Maurin, E. C.R.hebd.Séances Acad.Sci. 176. 193-195 (1923). - Ref.C.A. 17. 1649 (1923), C. 1923. III. 633, W.Ref. 3083.

Die diastatische Wirkung von Albumosen und Aminosäure. Biedermann, W. Arch.néerl.Physiol.Homme Animaux 7. 151-156 (1922). - Ref.C.A. 17. 564 (1923), C. 1923. I. 364, W.Ref. 2751.

Über die Wirkung von Pepsin und Trypsin auf Diastase. Biedermann, W. Biochem.Z. 127. 38-46 (1922). - W.Ref. 2750.

Der Einfluß der Wasserstoffionenkonzentration auf die Wirkung der Diastase von Aspergillus niger. Funke, G.L. Versl.Akad.Wet. Amsterdam 31. 12-14 (1922). - Ref.C. 1922. I. 1202, W.Ref.2980.

Über den Einfluß neutraler Alkalisalze auf diastatische Fermente. Hahn, A. Z.Biol. 74. 217-228 (1922). - W.Ref. 2981.

Über das verschiedene Verhalten der verschiedenen Rohfruchtmaterialien bei der diastatischen Lösung und Verzuckerung. Windisch, W. Wschr.Brauerei 39. 13-14 (1922). - Ref.C. 1922. II. 708, C.A. 17. 2406 (1924), W.Ref. 397.

Über den Einfluß neutraler Alkalisalze auf diastatische Fermente. Hahn, A. und Meyer, H. Z.Biol. 76. 227-246 (1922). - Ref.C.A. 17. 2121 (1923), C. 1923. I. 782, W.Ref. 2982.

Über künstliche Zymogene. 4. Mitt. Über die Inaktivierung und Reaktivierung der Takadiastase. Jacoby, M. und Shimizu, T. Biochem.Z. 128. 95-99 (1922). - Ref.C. 1922. III. 58, W.Ref. 2983.

Über die Wirkung des Jods auf die Diastase. Berczeller, L. und Freud, J. Biochem.Z. 133. 493-501 (1922). - Ref.C. 1923. III. 315, C.A. 17. 1033 (1923), W.Ref. 2974.

Die diastatische Kraft des Saftes in verschiedenen Kartoffelvarietäten. Joszt, A. und Starczewski, B. Rozpraw bjolog. z zakresu rolnictwa, hodowli i med.wet 1922. - Ref.C. 1924. I. 2784, W.Ref. 3434.

Die Regeneration der Diastase und ihre Abhängigkeit vom Sauerstoff. Biedermann, W. Biochem.Z. 129. 582-593 (1922) - Ref.C.A. 16. 2520 (1922), C. 1922. III. 525, W.Ref. 3053.

Fermente und Licht. 1. Mitt. Diastase. Pincussen, L. Biochem.Z. 134. 459-469 (1922). - W.Ref. 3082.

Natur und Entstehung diastatischer Fermente. Rothlin, E. Münchener med.Wschr. 69. 88-89 (1922). - W.Ref. 1117.

Zum Thema: "Natur und Entstehung diastatischer Fermente." Rothlin, E. Münchener med.Wschr. 68. 1393-1395 (1921). - Ref.C.A. 17. 772 (1923), C.A. 16. 3908 (1922), W.Ref. 1113.

Das Koferment (Komplement) der Diastasen. Biedermann, W. Fermentforschung 4. 258-300 (1921). - Ref.C.A. 15. 2885 (1921), C. 1921. III. 357, W.Ref. 2957.

Die Abbaufähigkeit der Kuhmilchdiastase gegen verschiedene Stärkearten. Welzmüller, F. Biochem.Z. 125. 179-186 (1921). - Ref.C. 1922. I. 830, W.Ref. 395.

Über die Natur diastatischer Fermente. Biedermann, W. Münchener med.Wschr. 68. 692-693 (1921). - W.Ref. 2742.

Über die Wirkung metallischen Kupfers und Silbers auf Diastase. Ein Beitrag zur Kenntnis der sogenannten oligodynamischen Phänomene. Luger, A. Biochem.Z. 117. 153-160 (1921). - W.Ref.2964.

Über den Einfluß von Fluornatrium auf die Wirkung der Pankreasdiastase. Lang, S. und Lang, H. Biochem.Z. 114. 165-193 (1921). - Ref.C.A. 15. 1909, 2886 (1921), C. 1921. I. 915, W.Ref. 2963.

Über den Einfluß neutraler Alkalisalze auf diastatische Fermente. 3. Mitt. Hahn, A. und Michalik, R. Z.Biol. 73. 10-18 (1921). - Ref.C.A. 15. 2447 (1921), C. 1921. I. 1006, W.Ref. 2959.

Beitrag zur Kenntnis der Enzyme. 7. Mitt. Über das Wiederauftreten der diastatischen Kraft des menschlichen Speichels nach der Zerstörung durch Salzsäure. Maestrini, D. Atti Reale Accad.naz. Lincei, Rend. 30. Ser.5; Sem.2; 237-241 (1921). - Ref.C. 1922. III. 841, W.Ref. 2746.

Über die Beziehung von Druck, Temperatur und Fermentwirkung. 1.Mitt. Die Wirkung von Druck auf die Geschwindigkeit der Fermenthydrolysen durch Pepsin, Trypsin und Diastase. Fränkel, S. und Meldolesi, G. Biochem.Z. 115. 85-95 (1921). - Ref.C. 1921. I. 843, C.A. 15. 1910 (1921), W.Ref. 392.

Der Einfluß des Drucks auf die Geschwindigkeit der Reaktion der Fermente Pepsin, Trypsin und Diastase. Meldolesi, G. Policlinico 28. 390-412 (1921). - W.Ref. 394.

Natur und Entstehung diastatischer Fermente. Biedermann, W. Münchener med.Wschr. 67. 1429-1431 (1920). - W.Ref. 1110.

Die Diastase im Magensaft von Potamobius astacus L. Lowartz, C. Fermentforschung 3. 241-310 (1920). - Ref.C. 1920. I. 475-477, W.Ref. 2737.

Das Auftreten von Diastase in der süßen Kartoffel in Beziehung zur Herstellung von Süßkartoffelsirup. Gore, H.C. J.biol.Chemistry 44. 19-20 (1920). - Ref.C. 1921. II. 76, W.Ref. 3419.

Untersuchung über die Neubildung von diastatischem Ferment außerhalb lebender Zellen. Teschendorf, W. Fermentforschung 4. 184-190 (1920). - Ref.C. 1921. I. 131, W.Ref. 1114.

Über den Einfluß neutraler Alkalisalze auf diastatische Fermente. Hahn, A. und Harpuder, K. Z.Biol. 71. 287-310 (1920). - Ref.C.A. 15. 1537 (1921), C. 1921. I. 41, W.Ref. 2736.

Über den Verlauf der Bildung der Diastase durch Aspergillus niger. Went, F.A.F.C. Proc.Akad.Wet. 21. 479-493 (1919). - Ref.C.A. 13. 1483 (1919), W.Ref. 3322.

Zur Kenntnis der Kartoffeldiastase der Knollen. Haehn, H. Z.Spiritusind. 42. 241-42 (1919). - Ref.C. 1919. III. 543, W.Ref.2734.

Studien über Pflanzenkolloide. 7. Mitt. Zur Kenntnis der Diastasewirkung. Samec, M. Kolloidchem.-Beih. 10. 289-304 (1919). - Ref.C. 1919. III. 343, W.Ref. 382.

Über neue Theorien der Diastasebildung und Diastasewirkung. Wohlgemuth, J. Biochem.Z. 94. 213-224 (1919). - Ref.C. 1919. III. 280, W.Ref. 983.

Eine einfache Methode für die Klassifizierung der Bakterien die Diastase-Bildung betreffend. Allen, P.W. J.Bacteriol. 3. 15-17 (1918). - Ref.C.A. 12. 709 (1918), W.Ref. 3310.

Zur Frage des Zusammenhanges von Diastase, Peroxydase und Katalase. Maggi, H. Helv.chim.Acta 1. 433-451 (1918). - Ref.C.A. 13. 326 (1919), C. 1919. I. 553, W.Ref. 977.

Die diastatische Wirkung des Speichels beim Pferd. Seymour, R.J. Amer.J.Physiol. 43. 577-585 (1917). - W.Ref. 2730.

Über die Wirkung von oxydierenden und reduzierenden Substanzen auf die Diastasen. Berczeller, L. und Fodor, E. Biochem.Z. 84. 42-49 (1917). - Ref.C. 1918. I. 328, W.Ref. 2939.

Über die Wirkung verdünnter Metallsalzlösung auf Diastase. Baumgarten, A. und Luger, A. Wiener klin.Wschr. 30. 1224-1226 (1917). - Ref.C. 1917, II. 752, W.Ref. 2938.

Über die Reinigung der Diastase (Auszug). Sherman, H.C. und Schlesinger, M.D. Wschr.Brauerei 33. 48 (1916).

Diastase- und Invertaseaktivität der Bakterien. Koch, G.P. Soil Sci. 1. 179-196 (1916). - Ref.C.A. 10. 1205 (1916), W.Ref.3307.

Über die Prüfung derofficinellen Diastase nach dem Codex. Grimbert, L. J.Pharmac.Chim. 13. Sér.7; 1-16 (1916). - Ref.C.A. 10. 1078 (1916), C. 1916. II. 31, W.Ref. 3197.

Über die diastatische Wirkung des menschlichen Speichels. Hatta, Z. Mitt.med.Fak.kaiserl.Univ.Tokyo 14. 511-551 (1915). - Ref.C.A. 10. 1679 (1916), W.Ref. 2933.

Über Diastasepräparate und deren praktische Anwendung. Pollak, I. Österr.Chemiker-Ztg. 18. 209-211 (1915). - Ref.C. 1916. I. 374, W.Ref. 3463.

Herstellung von diastatischen Präparaten aus Schimmelpilzen. Takamine, J. Oe.P. 82 955 vom 1/6.1915.

Die Diastasen des Blutes. McGuigan, H. und Hess, C.L. v. Amer.J. Physiol. 36. 359-360 (1915-15). - W.Ref. 3134.

Die quantitative Extraktion von Diastasen aus pflanzlichen Geweben. Thatcher, R.W. und Koch, G.P. J.Amer.chem.Soc. 36. 759-770 (1914). - Ref.C. 1914. I. 1961, W.Ref. 3414.

Diastasenpräparate aus verschiedenen Kohlenhydraten. 13. Mitt. Panzer, Th. Hoppe-Seyler's Z.physiol.Chem. 93. 339-54 (1914). - Ref.C. 1915. II. 180, W.Ref. 2714.

Gewinnung einer diastatisch wirksamen Substanz aus Milchzucker. 12. Mitt. Panzer, Th. Hoppe-Seyler's Z.physiol.Chem. 93. 316-36 (1914). - Ref.C. 1915. II. 179, W.Ref. 2713.

Experimentelle Studien über Eigenschaften und Wirkungsweise der Honigdiastase sowie die Beurteilung des Honigs auf Grund seines Diastasegehaltes. Gothe, T.F. Z.Unters.Nahrungs- u.Genußmittel 28. 286-321 (1914). - Ref.C.A. 9. 1077 (1915), C. 1914. II. 1463, W.Ref. 3410.

Eine Untersuchung über Alfalfadiastase und über den Einfluß der schnellen Trocknung auf den Futterwert von Alfalfa. Shuey, R.C. J.ind.Engng.Chem. 6. 910-919 (1914). - Ref.C. 1915. I. 900, W.Ref. 3413.

Einwirkung von Diastase auf Stärkekörner. 1. Mitt. Baker, J.L. und Hulton, H.F.E. J.chem.Soc. (London) 105. 1529-1536 (1914). - Ref.C. 1914. II. 617, W.Ref. 362.

Betrifft die Gegenwart von Diastase in gewissen roten Algen (algae). Bartholomew, E.T. Bot.Gaz. 57. 136-147 (1914). - Ref.C.A. 8. 3067 (1914), W.Ref. 2712.

Die Wirkungsbedingungen der Speicheldiastase. Michaelis, L. und Peckstein, H. Biochem.Z. 59. 77-99 (1914). - Ref.C.A. 8. 1795 (1914), C. 1914. I. 798, W.Ref. 2931.

Die wechselseitige Wirkung gewisser verdauender Enzyme. Long, J.H. undMuhleman, G.W. Arch.internal Med. 13. 314-348 (1914). - Ref.C. 1914. I. 2061, W.Ref. 2929.

Versuch über die amylolytische Diastase des Pankreas. Macquaire,P. C.R.hebd.Séances Acad.Sci. 158. 1289-1291 (1914). - Ref.C. 1914. II. 150, C.A. 8. 3310 (1914), W.Ref. 365.

Studien über Pflanzenkolloide. 4. Mitt. Die Verschiebungen des Phosphorgehaltes bei den Zustandsänderungen und dem diastatischen Abbau der Stärke. Samec, M. Kolloidchem.Beih. 6. 23-54 (1914). - Ref.C. 1914. II. 719, W.Ref. 584.

Über den Einfluß von Säuren und Alkalien auf das im Stadium der Regeneration befindliche diastatische Ferment. Gramenizki, M.J. Biochem.Z. 56. 78-81 (1913). - Ref.C.A. 8. 1130 (1914), C. 1913. II. 1885, W.Ref. 3046.

Einwirkung von Chlorwasserstoff- und Ammoniakgas auf eine durch Erhitzen veränderte Diastase. 11. Mitt. Panzer, Th. Hoppe-Seyler's Z.physiol.Chem. 87. 115-21 (1913). - Ref.C. 1913. II. 1689, W.Ref. 2708.

Einwirkung von Ammoniakgas auf eine durch Erhitzen unwirksam gewordene Diastase. 10. Mitt. Panzer, Th. Hoppe-Seyler's Z. physiol.Chem. 86. 401-06 (1913). - Ref.C. 1913. II. 1312, W.Ref. 2707.

Einwirkung von Chlorwasserstoffgas auf eine durch Erhitzen veränderte Diastase. 9. Mitt. Panzer, Th. Hoppe-Seyler's Z. physiol.Chem. 86. 322-339 (1913). - Ref.C. 1913. II. 1311, W.Ref. 2706.

Einwirkung von Stickoxyd auf Diastase. 7. Mitt. Panzer, Th. Hoppe-Seyler's Z.physiol.Chem. 85. 292-307 (1913). - Ref.C.1913. II. 444, W.Ref. 2705.

Einwirkung von Chlorwasserstoff- und Ammoniakgas auf Diastase. 5. Mitt. Panzer, Th. Hoppe-Seyler's Z.physiol.Chem. 85. 97-111 (1913). - Ref.C. 1913. II. 366, W.Ref. 2704.

Einwirkung von Ammoniakgas auf Diastase. 3. Mitt. Panzer, Th. Hoppe-Seyler's Z.physiol.Chem. 84. 161-88 (1913). - Ref.C.1913. I. 2160, W.Ref. 2703.

Zur Kenntnis des diastatischen Stärkeabbaues. Biltz, W. Ber. dtsch.chem.Ges. 46. 1532-1536 (1913). - Ref.C. 1913. II. 31, C.A. 7. 2702 (1913), W.Ref. 359.

Die Theorie und Praxis der Diastasen. Fränkel, S. Österr.Chemiker-Ztg. 16. 175 (1913). - Ref.C.A. 8. 349 (1914), W.Ref. 2624.

Über Diastase. 2. Mitt. Weitere Versuche zur Herstellung von Reindiastase und deren Eigenschaften. Pribram, E. Biochem.Z. 44. 293-302 (1912). - Ref.C. 1912. II. 1743, W.Ref. 2622.

Bericht des "Council on Pharmacy and Chemistry". - Taka-Diastase und flüssige Taka-Diastase. J.Amer.med.Assoc. 59. 50-51 (1912). - W.Ref. 3455.

Zur Kenntnis der Takadiastase. Wohlgemuth, J. Biochem.Z. 39. 324-338 (1912). - Ref.C. 1912. I. 1847, W.Ref. 3162.

Einige Beobachtungen über die Pankreasdiastase. Löb, W. Biochem.Z. 46. 125-30 (1912). - Ref.C. 1912. II. 2120, W.Ref. 2621.

Mechanismus der Hemmung der Diastasen durch die Filtrierung. Holderer, M. C.R.hebd.Séances Acad.Sci. 155. 318-319 (1912). - Ref.C.A. 7. 615 (1913), W.Ref. 3096.

Kashiwagidiastase. Riemer, K. Arb.pharmaz.Inst.Univ.Berlin 9. 206-207 (1912). - W.Ref. 356.

Einwirkung von Chlorwasserstoffgas auf Diastase. 1. Mitt. Panzer, Th. Hoppe-Seyler's Z.physiol.Chem. 82. 276-325 (1912). - Ref.C. 1913. I. 818, W.Ref. 2696.

Über den Einfluß des Lecithins und der Lipoide auf die Diastase (Amylase). Minami, D. Biochem.Z. 39. 355-80 (1912). - Ref.C. 1912. I. 1918, W.Ref. 2913.

Über den Einfluß der Galle auf die Diastase (Amylase). Minami, D. Biochem.Z. 39. 339-54 (1912). - Ref.C. 1912. I. 1917, W.Ref. 2912.

Diastase und Handelslecithin. Lapidus, H. Biochem.Z. 30. 39-55 (1911). - Ref.C.A. 5. 3079 (1911), C. 1911. I. 670, W.Ref.2894.

Über die Unabhängigkeit der Diastasewirkung von den Lipoiden. Starkenstein, E. Biochem.Z. 33. 422-435 (1911). - Ref.C.1911. II. 703, W.Ref. 2898.

Lecithin und diastatische Wirkungen. Terroine, E.F. Biochem.Z. 35. 506 (1911). - W.Ref. 2899.

Untersuchungen über die Diastasen. 9. Mitt. Über den Einfluß des Serums, der Lymphe und der Organpreßsäfte auf die Wirkung der Diastase. Wohlgemuth, J. Biochem.Z. 33. 303-314 (1911). - W.Ref. 2900.

Wirkung der ultravioletten Strahlen auf die Diastasen. Agulhon,H. C.R.hebd.Séances Acad.Sci. 152. 398-401 (1911). - Ref.C. 1911. I. 1070, W.Ref. 3075.

Untersuchungen über Diastasen. 1. Mitt. Bang, J. Biochem.Z. 32. 417-442 (1911). - Ref.C.A. 5. 2861 (1911), C. 1911. II. 294, W.Ref. 2883.

Über Invertase und Diastase im Honig. Fellenberg, Th.von. Mitt. Gebiete Lebensmittelunters.Hyg. 2. 369-377 (1911). - Ref.C.A.6. 2119 (1912), C. 1912. I. 280, W.Ref. 2619.

Über die Einwirkung der Pankreasdiastase auf Stärkearten verschiedener Herkunft. Lang, S. Z.exp.Pathol.Therap. 8. 279-307 (1911). - Ref.C.A. 5. 105 (1911), C. 1910. II. 1320, W.Ref.2694.

Vergleichende Studien über die Einwirkung von Pankreasdiastase auf Hafer- und Weizenstärke. Nagao, Y. Z.exp.Pathol.Therap. 9. 227-237 (1911). - Ref.C. 1911. II. 1216, W.Ref. 348.

Über Diastase. (Vorläufige Mitteilung). Buraczewski, J., Krause, L. und Krzemecki, A. Acad.Sci.Cracovie, Bull.int., Cl.Sci. math.natur. Sér.A. 1911. 369-370. - Ref.C.A. 6. 1757 (1912), C. 1911. II. 1948, W.Ref. 2692.

Über die Mannigfaltigkeit der Diastasen. Fernbach, A. Ann.Brasserie Distill. 14. 73 (1911).

Neue Untersuchungen über Diastase. Chrzaszcz, T. Z.Spiritusind. 34. 545 (1911). - Ref.C. 1911. II. 1868, W.Ref. 2693.

Neue Untersuchungen über Diastase. Chrzaszcz, T. Wschr.Brauerei 28. 510 (1911).

Biologische Studie über den Honig. Moreau, E. Ann.Falsificat. Fraudes 4. 65-66 (1911). - Ref.C. 1911.I. 1382, W.Ref. 3406.

Einfluß der Borsäure auf die diastatische Wirkung. Agullion, H. Ann.Inst.Pasteur 24. 495-518 (1910). - W.Ref. 2876.

Über den befördernden Einfluß der Lipoide auf die Wirkung der Leberdiastase. Cantanni, E. Biochem.Z. 29. 389-394 (1910). - W.Ref. 2878.

Einfluß der Reaktion des Milieus auf die Filtrierung einiger Malzdiastasen. Holderer, M. C.R.hebd.Séances Acad.Sci. 150. 285-287 (1910). - Ref.C. 1910. I. 1151, W.Ref. 3094.

Eigenschaften und Wirkungsweise des diastatischen Ferments der Warmblüter. Starkenstein, E. Biochem.Z. 24. 191-209 (1910). - Ref.C. 1910. I. 1733.

Enzyme der Diastase. Lyalin, L. J.russ.physik.-chem.Ges. 42. 624-633 (1910). - Ref.C.A. 5. 3833 (1911), C. 1910. II. 1545, W.Ref. 2689.

Über Enzyme. 2. Mitt. Versuche mit Diastase des Aspergillus oryzae. Münter, F. Landwirtsch.Jb. 39. Erg.-Bd. 3, 298-314 (1910). - Ref.C. 1910. II. 398, W.Ref. 3291.

Der Einfluß der Nahrung auf die Diastasebildung durch Schimmelpilze. Saito, K. Wschr. Brauerei 27. 181-83 (1910).

Zur Chemie der höheren Pilze. 3. Mitt. Über Pilzdiastasen. Zellner, J. Mh.Chem. 30. 231-247 (1909). - W.Ref. 3288.

Über die Enzyme des Akaziengummis und einiger anderer Gummiarten. Reinitzer, F. Hoppe-Seyler's Z.physiol.Chem. 61. 352-394 (1909). - W.Ref. 3404.

Einige Beobachtungen über den Einfluß von Bakterien auf Diastase und Ptyalin. Loth, W. Biochem.Zbl. 8. 377 (1909). - W.Ref. 2687.

Die durch Anästhesie zerstörten Körner behalten ihre diastatischen Eigenschaften. Apsit, J. und Gain, E. C.R.hebd.Séances Acad. Sci. 149. 58-60 (1909). - Ref.C.A. 3. 2460 (1909), C. 1909. II. 635, W.Ref. 2869.

Studie über Enzyme. 2. Mitt. Das diastatische Enzym von Paramoecium in Beziehung zu der zerstörenden Konzentration von Kupfervitriol. Peters, A.W. und Burres, O. J.biol.Chemistry 6. 65-73 (1909). - Ref.C.A. 3. 2809 (1909), W.Ref. 2873.

Kritische Hydroxylionkonzentration bei der diastatischen Hydrolyse. Quinan, C. J.biol.Chemistry 6. 53-63 (1909). - W.Ref. 2874.

Untersuchungen über die Diastasen. 6. Mitt. Über den Einfluß der Galle auf die Diastase. Wohlgemuth, J. Biochem.Z. 21. 447-459 (1909). - W.Ref. 2875.

Über die Wirkung von Wechselströmen auf die hydrolysierende Eigenschaft der Diastase und Mineralsäuren. Lebedew, A. Biochem.Z. 9. 392-402 (1908). - Ref.C.A. 3. 188 (1909), C. 1908. I. 1712, W.Ref. 2684.

Behalten die durch Wärme abgetöteten Körner unberührt ihre diastatischen Fähigkeiten? Apsit, J. und Gain, E. C.R.Séances Soc. Biol. Filiales 67. 367-369 (1909). - W.Ref. 3039.

Untersuchungen über die Diastasen. 8. Mitt. Über den Einfluß der Radiumemanation auf die Wirkung des diastatischen Ferments. Löwenthal, S. und Wohlgemuth, J. Biochem.Z. 21. 476-483 (1909). - W.Ref. 3074.

Diastasefermente. Bericht über eine Prüfung der Diastasefermente durch das "Council on Pharmacy and Chemistry". Puckner, W.A. J.Amer.med.Assoc. 51. 140-142 (1908). - Ref.C.A. 3. 577 (1909), W.Ref. 3449.

Die Diastase im Speichel der Katzen. Carlson, A.J. und Ryan, J.G. Amer.J.Physiol. 22. 1-15 (1908). - Ref.C. 1908. II. 718, W.Ref. 3398.

Über die Einwirkung des Mangans und Eisensulfats auf diastatische Fermente. Gigon, A. und Rosenberg, T. Skand.Arch.Physiol. 20. 423-431 (1908). - Ref.C.A. 2. 3239 (1908), C. 1908. II. 84, W.Ref. 2862.

Oberflächeneinflüsse beim Diastaseprozeß. Emslander, F. Kolloid-Z. 2. 308-310 (1907-1908). - Ref.C.A. 3. 222 (1909), C. 1908. I. 1995, W.Ref. 2682.

Über die Mischungen von Diastase und Antidiastase. Briot, A. C.R.Séances Soc.Biol.Filiales 62. 325-326 (1907). - W.Ref.2854.

Über die Wirkung der Salze auf das Gärvermögen der verschiedenen diastatischen Fermente. Preti, L. Biochem.Z. 4. 1-5 (1907). - W.Ref. 2857.

Über die diastatische Kraft des "Bacillus subtilis". Ossendovsky, A.M. 6.Congr.int.Chim.appl., Rom, Atti 4. 125-132 (1907). - W.Ref. 3284.

Anti-Diastase und Anti-Amylokoagulase (Auszug). Fernbach, A. Z.Spiritusind. 30. 97 (1907).

Das diastatische Ferment in den Geweben Zuckerkranker (diabetes mellitus). Bainbridge, F.A. Biochem.J. 2. 89-95 (1907). - W.Ref. 2852.

Über die diastatische Verflüssigung des Stärkemehls. Fernbach, A. und Wolff, J. C.R.hebd.Séances Acad.Sci. 145. 261-263 (1907). - Ref.C.A. 1. 2498 (1907), C. 1907. II. 997, W.Ref. 2855.

Über Diastase. 1. Mitt. Versuche zur Herstellung von Reindiastase und deren Eigenschaften. Fränkel, S. und Hamburg, M. Beitr. chem.Physiol.Pathol. 8. 389-398 (1906). - Ref.C. 1906. II. 804, W.Ref. 2617.

Über diastatische Präparate und deren praktische Anwendung. Pollak, I. Chemiker-Ztg. 30. 219-220 (1906). - Ref.C. 1906. I. 1468, W.Ref. 3442.

Eine Prüfung der handelsüblichen Diastase. Blome, W.H. Pharmac. Rev. 24. 260-266 (1906). - Ref.C. 1906. II. 1450, W.Ref. 3122.

Über eine Eigentümlichkeit der Diastasen. Duclaux, J. C.R.hebd. Séances Acad.Sci. 143. 344-346 (1906). - W.Ref. 2679.

Einfluß der Reaktion des Milieus auf die Aktivität der Diastase. Fernbach, A. C.R.hebd.Séances Acad.Sci. 142. 285-286 (1906). - Ref.C. 1906. I. 861, W.Ref. 2846.

Über den Einfluß einiger Alkaloide und ihrer Salze auf die Wirkung des diastatischen Enzyms. Göbel, H.E. Z.Spiritusind. 29. 85 (1906). - W.Ref. 2848.

Über Stärke und ihre Verzuckerung durch Diastase. Maquenne, L. Bull.Soc.chim.(Paris) 1906. July 6, i-xv. - Ref.C. 1906. II. 1727, W.Ref. 323.

Neue Untersuchungen über die Verzuckerung durch Diastase. Maquenne, L. und Roux, E. C.R.hebd.Séances Acad.Sci. 142. 1059-1065 (1906). - Ref.C. 1906. II. 138, W.Ref. 2850.

Untersuchungen über Stärke und ihre Verzuckerung durch Diastase. Maquenne, L. und Roux, E. Ann.Chim.Phys.Sér.8. 9. 179-220 (1906). - Ref.C. 1906. IV. 1727, C.A. 1. 246 (1907), W.Ref. 324.

Vergleichende Untersuchungen über die Wirkung der Diastase und des Pankreassaftes auf Glykogen und Stärke. Philoche, Ch. C.R. Séances Soc.Biol. Filiales Associées 54. 263-64 (1905).

Bemerkung über die Stärkehydrolyse durch Diastase. Ford, J.S. J.chem.Soc. (London) 85. 980-983 (1904). - Ref.C. 1904. II. 825, W.Ref. 315.

Untersuchungen über die diastatischen Fermente von Eurotium orizae. Pozzi-Escot, E. Bull.Assoc.Chimistes 20. 282-285 (1902-03). - W.Ref. 3274

Die Unterschiede der Wirkung verschiedener Diastasen. Vernon,H.M. J.Physiology 28. 156-174 (1902). - W.Ref. 2671.

Taka-Diastase und umgekehrte Ferment-Wirkung. Hill, A.C. Proc. chem.Soc. (London) 17. 184 (1902). - W.Ref. 305.

Vorläufige Mitteilung über das diastatische Ferment der Nebennieren. Croftan, A.C. Pflügers Arch.ges.Physiol.Menschen Tiere 90. 285-289 (1902). - Ref.C. 1902. I. 1407, W.Ref.2615.

Untersuchung über Taka-Diastase. Guédras, M. Rev.gén.Chim.pure appl. 5. 295 (1902).

Pankreas-Diastase und ihr Zymogen. Vernon, H.M. J.Physiologiy 28. 137-155 (1902). - W.Ref. 3119.

Über die Einwirkung verschiedener chemischer Stoffe auf die Tätigkeit des diastatischen Pankreasfermentes. Grützner, P. und Wachsmann, M. Pflügers Arch.ges.Physiol. Menschen Tiere 91. 195-207 (1902). - Ref.C. 1902. II. 946, W.Ref. 2831.

Einfluß der Kohlensäure auf die Diastase-Wirkung. Mohr, O. Ber. dtsch.chem.Ges. 35. 1024-1029 (1902). - W.Ref. 2833.

Die Wirkungsweise von pankreatischem Rennin und Diastase. Vernon, H.M. J.Physiology 27. 174-199 (1901-02). - W.Ref. 2830.

Die kombinierte Wirkung von Diastase und Hefe auf Stärkekörner. Morris, G.H. J.chem.Soc. (London) 79. 1085-1089 (1901). - Ref.C. 1901. II. 436, W.Ref. 301.

Untersuchung einiger käuflicher Diastasepräparate. Barth, G. Z.angew.Chem. 14. 368-371 (1901). - Ref.C. 1901. I. 1061, W.Ref. 2670.

Über die Verteilung der diastatischen Enzyme in der Kartoffelpflanze. Meyer, A. J.Landwirtsch. 48. 67 (1900).

Über ein diastatisches Ferment in Hühnerei. Müller, J. und Masuyama, M. Z.Biol. 39. 547-559 (1900). - W.Ref. 3384.

Über ein diastatisches Ferment im Hühnerei. Müller, J. Münchener med.Wschr. 46. 1583 (1899).

Bemerkungen über Taka-Diastase. Stone, W.E. und Wright, H.E. J.Amer.chem.Soc. 20. 639-647 (1898). - Ref.C. 1898. II. 895, W.Ref. 3261.

Diastatische Substanzen aus Pilzkulturen. Takamine, J. J.Soc.chem. Ind. 17. 118-120 (1898). - Ref.C. 1898. I. 993, W.Ref. 3262.

Diastatische Körper im Getreide und ihre Verwertung. Takamine, J. J.Soc.chem.Ind. 17. 120-123 (1898). - Ref.C. 1898. I. 994, W.Ref. 3382.

Bemerkungen über die Takadiastase. Stone, W.E. und Wright, H.E. J.Amer.chem.Soc. 20. 637-47 (1898). - Ref.C. 1898. II. 895.

Über den Einfluß der Erwärmung auf diastatische Fermente. Pugliese, A. Pflügers Arch.ges.Physiol. Menschen Tiere 69. 115-131 (1898). - Ref.C. 1898. I. 265, W.Ref. 3034.

Die chemische Natur der Diastase. Osborne, Th.B. Ber.dtsch.chem. Ges. 31. 254-259 (1898). - Ref.C. 1898. I. 898, W.Ref. 2609.

Was ist Osborne'sche Diastase? Wroblewski, A. Ber.dtsch.chem.Ges. 31. 1127-1130 (1898). - Ref.C. 1898. II. 49, W.Ref. 2611.

Diastase: ihre Darstellung, Natur und Bestimmung. Sykes, W.J. und Hussey, H.N. J.federat.Inst.Brewers 4. 527-545 (1898). - W.Ref. 2666.

Einwirkung von Licht auf Diastase und ihre biologische Bedeutung. (Auszug). Green, J.R. Proc.roy.Soc. (London) 61. 25-28 (1897). - W.Ref. 3071.

Über die chemische Beschaffenheit der Diastase und über das Vorkommen eines Arabans in den Diastasepräparaten. Wroblewski,A. Ber.dtsch.chem.Ges. 30. 2289-2295 (1897). - W.Ref. 2663.

Beiträge zur Einwirkung der Diastase auf unverkleisterte Stärke. Sigmond, E.von. Wschr.Brauerei 14. 412 (1897). - Ref.C. 1897. II. 614.

Einwirkung von Diastase auf Stärke. Ling, A.R. und Baker, J.L. J.chem.Soc. (London) 71. 508-522 (1897). - Ref.C. 1897. I.461, W.Ref. 277.

Die Einwirkung von Diastase auf Stärke. Ling, A.R. und Baker, J.L. Proc.chem.Soc. (London) 173. 3-4 (1897). - Ref.C. 1897. I. 461.

Beitrag zum Studium der Einwirkung der Diastase auf Stärke. Mittelmeier, H. Monit.sci.Dr.Quesneville 50. 773-776 (1897). - Ref.C. 1897. II. 1010, W.Ref. 278.

Beiträge zur Einwirkung der Diastase auf unverkleisterte Stärke. Sigmond, E.von. Wschr.Brauerei 14. 412 (1897). - Ref.C. 1897. II. 614, W.Ref. 280.

Wärme-Chemie der Kohlenhydrathydrolyse. Stärkehydrolyse durch pflanzliche und tierische Diastase. Brown, H.T. und Pickering, S.U. J.chem.Soc.(London) 71. 783-795 (1897). - Ref.C. 1897.II. 169, W.Ref. 275.

Zusammenhang des spezifischen Drehvermögens und des Reduktionsvermögens der Produkte der Stärkehydrolyse durch Diastase. Brown, H.T., Morris, G.H. und Millar, J.H. J.chem.Soc.(London) 71. 115-123 (1897). - Ref.C. 1897. I. 367, W.Ref. 274.

Über die Beziehungen zwischen dem spezifischen Drehungsvermögen und dem Kupferreduktionsvermögen der Produkte der Stärkehydrolyse durch Diastase. Brown, H.T., Morris, G.H. und Millar, J.H. Chem.News 75. 43 (1897). - Ref.C. 1897. I. 367.

Über die Thermochemie der Hydrolyse von Kohlenhydraten. 1. Die Hydrolyse von Stärke durch vegetabilische und tierische Diastase. 2. Die Hydrolyse von Rohrzucker durch Invertase. Brown, H.T. und Pickering, S. Proc.chem.Soc.(London) 1896/97. Nr. 181. 130-32. - Ref.C. 1897. II. 169.

Über die Annahme einer saccharogenen Diastase in Zuckerrüben. Arachequenne, G. Bull.Assoc.Chimistes Sucr., Distill.Ind.agric. France Colonies 14. 670-673 (1896-97). - W.Ref. 3379.

Über die Annahme einer saccharogenen Diastase in Zuckerrüben. Barbet, E. Bull.Assoc.Chimistes Sucr., Distill. France Colonies 14. 582-587 (1896-97). - W.Ref. 3380.

Die Einwirkung der Diastase auf Stärke. Petit, P. Bull.Soc.chim. (Paris) Sér. 3. 15. 132 (1896). - Ref.C. 1896. I. 588, W.Ref.269.

Die chemische Natur der Diastase. Osborne, Th.B. und Campbell,G.F. J.Amer.chem.Soc. 18. 536-542 (1896). - Ref.C. 1896. II. 251, W.Ref. 2608.

Die chemische Natur der Diastase. Osborne, Th.B. J.Amer.chem.Soc. 17. 587-603 (1895). - Ref.C. 1895. II. 571, W.Ref. 2606.

Einige neue Ergebnisse der Diastaseforschung. Grüss, J. Ber. pharmaz.Ges. 5. 258-62 (1895). - Ref.C. 1896. I. 47, W.Ref.2824.

Ein diastatisches Ferment in der Zuckerrübe. Gonnermann, M. Chemiker-Ztg. 19. 1806-1807 (1895). - Ref.C. 1895. II. 1048, W.Ref. 3378.

Wirkung der Diastase auf Stärke. 2. Mitt. Ling, A.R. und Baker, J.L. J.chem.Soc. (London) 67. 739-746 (1895). - Ref.C. 1895. II. 438, W.Ref. 261.

Wirkung der Diastase auf Stärke. Vorläufige Mitteilung. Ling, A.R. und Baker, J.L. J.chem.Soc. (London) 67. 702-708 (1895). - Ref.C. 1895. I. 635, W.Ref. 260.

Bemerkung über die Wirkung von Diastase auf Stärke-Kleister bei Kälte. Brown, H.T. und Morris, G.H. J.chem.Soc. (London) 67. 309-313 (1895). - Ref.C. 1895. I. 849, W.Ref. 254.

Die Diastase im Pflanzenkörper. Grüss, J. Ber.dtsch.bot.Ges. 13. 2-13 (1895).

Das diastatische Ferment der Leber. Salkowski, E. Pflügers Arch. ges.Physiol. Menschen Tiere 56. 351-354 (1894). - Ref.C. 1894. I. 1006.

Die Diastase des Getreides (Auszug). Yegorov, I.V. Bull.Soc.chim. Paris 12. Sér.3; 843-844 (1894). - Ref.C. 1893. II. 212, W.Ref. 2605.

Über die künstliche Diastase von Reychler (Auszug). Yegorov, I.V. Bull.Soc.chim.Paris 12. Sér. 3; 842-843 (1894). - Ref.C. 1893. II. 212, W.Ref. 2654.

Über das Verhalten des diastatischen Enzyms in der Keimpflanze. Grüss, J. Jb.wiss.Bot. 26. 379-437 (1894).

Der Einfluß von Licht auf Diastase. Green, J.R. Ann.Botany 8. 370-373 (1894). - Ref.C. 1895. II. 571, W.Ref. 3070.

Der Abbau der Stärke unter dem Einfluß der Diastasewirkung. Lintner, C.J. und Düll, G. Ber.dtsch.chem.Ges. 26. 2533-2547 (1893). - Ref.C. 1894. I. 22, W.Ref. 248.

Über den Abbau der Stärke durch Diastase. Lintner, C.J. Verh.Ges. dtsch.Naturforscher Ärzte 1893. Teil 2. 118-122. - Ref.C. 1894. II. 426, W.Ref. 247.

Über die chemischen Bedingungen der Wirkung der Diastase. Effront, J. Monit.sci.Dr.Quesneville 41. 266-268 (1893). - Ref.C. 1893. I. 945, W.Ref. 2819.

Zur Kenntnis der diastatischen Wirkung der Bakterien. Cavazzani, E. Zbl.Bakteriol., Parasitenkunde Infektionskrankh. Abt.II. 13. 587-589 (1893). - Ref.C. 1893. II. 217.

Zu den Abhandlungen Jegorow's über die Diastase. Ljubawin, N.N. J.russ.phys.-chem.Ges. 25. 86-90 (1893). - Ref.C. 1893. II. 212, W.Ref. 2653.

Zur Kenntnis des diastatischen Ferments der Lymphe. Röhmann, F. Pflügers Arch.ges.Physiol.Menschen Tiere 52. 157-164 (1892). - W.Ref. 3375.

Beitrag zum Studium der Diastase. Vuylsteke, J. Bull.Acad.roy. Belgique 24. Sér. 3. 577-591 (1892). - Ref.C. 1893. I. 657, W.Ref. 241.

Bemerkung über diastatische Einwirkung. Moritz, E.R. und Glendinning, T.A. J.chem.Soc. (London) 61. 689-695 (1892). - Ref.C. 1892. II. 221, W.Ref. 235.

Über die diastatische Wirkung des Blut- und Lymphserums. Bial, M. Pflügers Arch. ges. Physiol. Menschen Tiere 52. 137-156 (1892). - W.Ref. 3373.

Beitrag zum Studium der von den Mikroorganismen abgesonderten diastatischen und Inversionsfermenten. Fermi, C. Zbl.Bakteriol. 12. 713-715 (1892). - Ref.C. 1893. I. 103, W.Ref. 3243.

Das diastatische Ferment des Blutes. Bial, M. Pflügers Arch.ges. Physiol. Menschen Tiere 53. 156-170 (1892). - Ref.C. 1892. II. 1021, W.Ref. 3376.

Über die chemischen Bedingungen der Wirkung der Diastase. Effront, J. C.R.hebd.Séances Acad.Sci. 115. 1324-1326 (1892). - W.Ref. 2817.

Über den schützenden Einfluß der Stärkeumwandlungsprodukte gegenüber der Diastase bei höheren Temperaturen. Lintner, C.J. Z.ges.Brauwes. 15. 300-301 (1892). - Ref.C. 1892. II. 532, W.Ref. 3030.

Über den schützenden Einfluß gewisser Stoffe auf die Diastase bei höheren Temperaturen. Windisch, W. Wschr.Brauerei 9. 537-538 (1892).

Über Diastase. Szilágyi, J. Chemiker-Ztg. 15. 349-351 (1891). - Ref.C. 1891. I. 829, W.Ref. 2604.

Wirkung der löslichen Fluoride auf Diastase. Effront, J. Bull.Soc. chim. (Paris) Sér. 3, 5. Sem. 1, 149-152 (1891). - Ref.C. 1891. I. 670, W.Ref. 218.

Über das Auftreten von Diastase in Pollen. Green, J.R. Ann.Botany 5. 511-512 (1890-1891).

Über das Vorhandensein eines diastatischen Ferments in grünen Blättern. Vines, S.H. Ann.Botany 5. 409-412 (1890-1891).

Die Diastase als eine Mischung von Maltase und Dextrinase. Wijsman, H.P. Recueil Trav.chim.Pays-Bas 9. 1-13 (1890). - W.Ref. 2650.

Zur Einwirkung von Diastase auf unverkleisterte Stärke. Lintner, C.J. Wschr. Brauerei 7. 310 (1890). - Ref.C. 1890. I. 887, W.Ref. 215.

Zur Einwirkung von Diastase auf unverkleisterte Stärke. Lintner, C.J. Wschr.Brauerei 7. 22-23 (1890). - Ref.C. 1890. I. 500, W.Ref. 214.

Untersuchungen über das Diastaseferment. Krabbe, G. Jb.wiss.Bot. 21. 58 (1890).

Studien über Diastase. Petzoldt, H. Wschr.Brauerei 7. 265-269 (1890). - Ref.C. 1890. I. 886, W.Ref. 3029.

Über den Nachweis, das Vorkommen und die Bedeutung des diastatischen Enzyms in den Pflanzen. Wortmann, J. Bot.Ztg. 48. 581-594, 597-607, 617-627, 633-654, 657-669 (1890). - Ref.C. 1890. II. 821-823, W.Ref. 3370.

Die leim- und fibrinlösenden und die diastatischen Fermente der Mikroorganismen. Fermi, C. Arch.Hyg. 10. 1-54 (1890). - Ref.C. 1890. I. 537-539, W.Ref. 3234.

Beobachtungen über die Verzuckerung durch Diastase. Lindet, L. C.R.hebd.Séances Acad.Sci. 108. 453-456 (1889). - Ref.C. 1889. I. 521, W.Ref. 209.

Diastase, betrachtet als Gemisch von Maltase und Dextrinase. Wijsman, H.P. Thesis, Amsterdam 1889.

Studien über Diastase. Lintner, C.J. und Eckhardt, F. J.prakt.Chem. 41. 91-96 (1889). - Ref.C. 1889. II. 845, W.Ref. 2649.

Die diastatische Verzuckerung. Reychler, A. Bull.Soc.chim.Paris 1. Sér.3; 286-295 (1889). - Ref.C. 1889. I. 521, W.Ref. 2645.

Über künstliche Diastase. Reychler, A. Ber.dtsch.chem.Ges. 22. 414-419 (1889). - W.Ref. 2646.

Über das diastatische Ferment des ungekeimten Weizens. Windisch,W. Wschr.Brauerei 5. 1038 (1888). - W.Ref. 3366.

Über Stärke und Diastase. Lintner, C.J. Z.ges.Brauwes. 11. 309-318 (1888). - Ref.C. 1888. 1319, W.Ref. 203.

Einwirkung von Konservierungsmitteln auf die Wirkung der Diastase. Leffmann, H. und Beam, W. Analyst 13. 103-105 (1888). - Ref.C. 1888. 1068, W.Ref. 2807.

Über den Charakter der Schwächung, die die Diastase unter der Einwirkung von Wärme erleidet. Bourquelot, E. C.R.hebd.Séances Acad.Sci. 104. 576-579 (1887). - W.Ref. 3028.

Über die chemische Natur der vegetabilischen Diastase. Lintner, C.J. Pflügers Arch.ges.Physiol. Menschen Tiere 40. 311-314 (1887). - Ref.C. 1888. 120, W.Ref. 2643.

Studien über Diastase. Lintner, C.J. J.prakt.Chem. 36. 481-498 (1887). - Ref.C. 1888. 122, W.Ref. 2642.

Berichtigung über Reindarstellung der Diastase. Löw, O. Ber.dtsch.chem.Ges. 20. 58 (1887). - W.Ref. 2601.

Über die chemische Natur der vegetabilischen Diastase. Hirschfeld, E. Pflügers Arch.ges.Physiol. Menschen Tiere 39. 499-514 (1886). - Ref.C. 1887. 337, W.Ref. 2600.

Studien über Diastase. Lintner, C.J. J.prakt.Chem. 34. 378-394 (1886). - Ref.C. 1886. 923-924, W.Ref. 3172.

Was ist Diastase? (Auszug). Frankhauser. J.chem.Soc. (London) 50. 1061 (1886). - Ref.C. 1888. 552, W.Ref. 59.

Das diastatische Ferment der Pflanzen. Detmer, W. Amer.Bierbrauer 18. 403-407 (1885). - W.Ref. 2641.

Über die Identität der Diastase in lebenden Körpern. Bourquelot,E. J.Pharmac.Chim. 11. Sér.5; 367-374 (1885). - Ref.C. 1885. 681, W.Ref. 2640.

Einfluß der Temperatur auf die relative amylolytische Wirkung von Speichel und Malzdiastase. Chittenden, R.H. und Martin, W.E. Collect.Pap.Lab.physiol.Chem., Sheffield sci. School 1. 117-125 (1884-85). - W.Ref. 3026.

Die diastatische Wirkung von Speichel durch verschiedene Bedingungen abgewandelt. Chittenden, R.H. und Smith, H.E. Trans. Connecticut Acad.Arts Sci. 6. 343-376 (1882-85). - W.Ref. 2794.

Diastase und Invertin (Auszug). Zulkowski, K. Wagner's Jber.chem. Technol. 30. 439-440 (1884). - W.Ref. 2599.

Einfluß der Peptone und gewisser anorganischer Salze auf die diastatische Wirkung des Speichels. Chittenden, R.H. und Ely, J.S. Amer.chem.J. 4. 107-123 (1882-83). - W.Ref. 2793.

Über den Einfluß der Reaction Amylum sowie diastase-enthaltender Flüssigkeiten auf den Verlauf des fermentativen Prozesses. Detmer, W. Hoppe-Seyler's Z.physiol.Chem. 7. 1-6 (1882-83). - Ref.C. 1883. 549, W.Ref. 2795.

Untersuchungen über das diastatische Ferment der Bakterien. Wortmann, J. Hoppe-Seyler's Z.physiol.Chem. 6. 287-329 (1882). - W.Ref. 3228.

Über die diastatische Wirkung von Speichel. Chittenden, R.H. und Griswold, W.L. Amer.chem.J. 3. 305-316 (1881-82). - W.Ref.188.

Über den Einfluß diastatischer Fermente auf Stärke, Dextrin und Maltose. Mering, von. Hoppe-Seyler's Z.physiol.Chem. 5. 185-197 (1881). - Ref.C. 1881. 373, W.Ref. 189.

Über die Umwandlung der Stärke und des Glykogens durch diastatische Fermente. Musculus, F. und Mering, von. Hoppe-Seyler's Z. physiol.Chem. 4. 93-99 (1880). - Ref.C. 1880. 408, W.Ref. 186.

Bemerkung über die Herstellung der Diastase. Wilson, J.A. Chem. News 62. 227 (1880). - Ref.C. 1891. I. 33, W.Ref. 2603.

Über die Einwirkung der Diastase auf Stärkekleister. Herzfeld, A. Ber.dtsch.chem.Ges. 12. 2120-2123 (1879). - W.Ref. 179.

Zur Kenntnis der Diastase. 2. Mitt. Baswitz, M. Ber.dtsch.chem. Ges. 12. 1827-1831 (1879). - W.Ref. 177.

Zur Kenntnis der Diastase. Baswitz, M. Z.Spiritusind. 2. 321-325 (1879). - W.Ref. 2788.

Zur Kenntnis der Diastase. Baswitz, M. Z.Spiritusind. 1. 199-201 (1878). - W.Ref. 2788.

Über die Umwandlung von Stärke und Glycogen durch Diastase, Speichel, Pankreas- und Leberferment. Musculus, F. und Mering, von. Hoppe-Seyler's Z.physiol.Chem. 2. 403-419 (1878/79).

Über die chemische Zusammensetzung der Diastase und der Rübengallerte. Zulkowski, K. S.-B.Akad.Wiss.Wien, math.-naturwiss. Kl.Abt.II. 77. 647-654 (1878). - Ref.C. 1879. 162-164, W.Ref. 2597.

Zur Kenntnis der Diastase. Baswitz, M. Ber.dtsch.chem.Ges. 11. 1443-1447 (1878). - W.Ref. 2787.

Beobachtete Unterschiede zwischen Stärken verschiedenen Ursprungs, die einer diastatischen Reaktion unterworfen wurden. Levberg u. Georgiyesky. Bull.Soc.chim. (Paris) 26. 452 (1876). - W.Ref. 167.

Bemerkung über die Umwandlung der Stärke durch die Wirkung der Diastase und Produktion eines neuen Zuckerstoffs. Petit, A. Bull.Soc.chim. (Paris) 24. Sem. 2; 519-520 (1875). - Ref.C. 1876. 83, W.Ref. 164.

Über das Vorkommen eines diastatischen und peptonbildenden Ferments in den Wickensamen. Gorup-Besanez, von. Ber.dtsch.chem. Ges. 7. 1478-1480 (1874). - Ref.C. 1875. 5, W.Ref. 2595.

Herstellung der Diastase. Perret, E. J.Chim.méd. 48. 109-110 (1874). - Ref.C. 1874. 569, W.Ref. 2596.

Über die zur Gruppe der Diastase gehörigen Fermente. Dumas. C.R.hebd.Séances Acad.Sci. 75. 295-296 (1872). - Ref.C. 1872. 567, W.Ref. 2783.

Gewinnung und Eigenschaften der Diastase. Payen, A. C.R.hebd. Séances Acad.Sci. 66. 460-462 (1868). - Ref.C. 1868. 1028, W.Ref. 2594.

Reaktion der Diastase auf stärkeartige Substanz unter verschiedenen Bedingungen. Payen, A. Ann.Chim.Phys.Sér. 4, 4. 286-292 (1865). - Ref.C. 1865. 845, W.Ref. 154.

925. Maltasen und ihre Wirkung

(Aktivitätsbestimmung vgl. 917. Vgl. auch "Malz und Malzamylasen": 9424)

Amylomaltase. Wiesmeyer, H. Methods in Enzymol. 5. 141-44 (1962). - Ref.C. 1965. 5-1254.

Bildung von Amylomaltase nach genetischer Umwandlung von Pneumococcus. Lacks, S. und Rollin, H. Biochim.biophysica Acta (Amsterdam) 45. 155-63 (1960).

Die Charakterisierung des Verlaufs der Maltoseausnutzung durch Escherichia coli. 2. Mitt. Allgemeine Eigenschaften und Wirkungsmechanismus von Amylomaltase. Wiesmeyer, H. und Cohn, M. Biochim.biophysica Acta (Amsterdam) 39. 427-39 (1960).

Die Charakterisierung des Verlaufs der Maltoseausnutzung durch Escherichia coli. 1. Mitt. Reinigung und physikalisch-chemische Eigenschaften des Enzyms Amylomaltase. Wiesmeyer, H. und Cohn, M. Biochim.biophysica Acta (Amsterdam) 39. 417-26 (1960).

Fraktionierung von Pilz-Maltase und saccharogener Amylase und Kristallisation von Maltase. Sugawara, S., Nakamura, Y. und Shimomura, T. Bull.agric.chem.Soc. Japan 23. 156-59 (1959).

Isolierung und Reinigung von Maltase aus N. cochinellifera. Master, R.W.P. Enzymologia (Den Haag) 20. 153-56 (1958).

Über den Wirkungsmechanismus der Maltase des Pilzes Aspergillus niger. 2. Mitt. Transglucosidierende Reaktion. Burger, M. und Beran, K. Coll.czhecho/slov.chem.Commun. 22. 299-304 (1957). - Ref.C. 1957. 8542.

Über den Wirkungsmechanismus der Maltase aus dem Schimmelpilz Aspergillus niger. 1. Mitt. Die Wirkung der Temperatur auf die Aktivierung der Stärkehydrolyse durch Schimmelpilzpräparate. Burger, M. und Beran, K. Coll.czechoslov.chem.Commun. 22. 291-98 (1957). - Ref.C. 1957. 8542, C.A. 51. 18090f (1957).

Über den Wirkungsmechanismus der Maltase des Pilzes Aspergillus niger. 2. Mitt. Transglucosidierende Reaktion. Burger, M. und Beran, K. Chem.Listy 50. 821 (1956).

Über den Wirkungsmechanismus der Maltase aus dem Schimmelpilz Aspergillus niger. 1. Die Wirkung der Temperatur auf die Aktivierung der Stärkehydrolyse durch Schimmelpilzpräparate. Burger, M. und Beran, K. Chem.Listy 50. 133-39 (1956). - Ref.C. 1956. 12022, C.A. 50. 293c (1956).

Über das Vorkommen zweier Typen Maltase bei Escherichia coli. Pontieri, G. Proc.Kon.nederl.Akad.Wetensch., Ser.C. 58. 51-58 (1955). - Ref.C. 1957. 6476.

Stärkeabbau durch die α-Amylasen. 5. Mitt. Maltasewirkung durch die α-Amylase. Myrbäck, K. und Willstaedt, E. Ark.Kemi 6. 465-69 (1953). - Ref.C.A. 48. 6490d (1954), Stärke 6. 230 (1954), C. 1954. 11457.

Reinigung von Maltase bakteriellen Ursprungs. Roy, D.K. und Underkofler, L.A. Cereal Chem. 28. 72-76 (1951). - Ref.C. 1951. II. 2672.

Die Amylomaltase von Escherichia coli. Monod, J. und Torriani, A.M. Ann.Inst.Pasteur 78. 65-77 (1950). - Ref.C. 1951. I. 1014.

Die Rolle der Maltase bei der Enzymolyse von roher Stärke. Schwimmer, S. J.biol.Chemistry 161 . 219-34 (1945). - Ref.C. 1946. I. 1887.

Die Einwirkung der Amylasen zweier Gerstenvarietäten auf Gerstenstärken. Burkert, G.M. und Dickson, A.D. Cereal Chem. 18. 605-615 (1941).

Die Rolle der Maltase bei der Verzuckerung von Stärke durch verschiedene Malzarten. Lissitzyn, D.I. Biochemie (russ.) 1. 351-58 (1936). - Ref.C. 1937. I. 2694.

Die Verteilung von Maltase in Pflanzen. 1. Mitt. Die Funktion von Maltase beim Stärkeabbau und ihr Einfluß auf die amyloklastische Aktivität von pflanzlichen Materialien. Davis, W.F. Biochem.J. 10. 31-48 (1916).

Studien über die Einwirkung von Maltase auf Stärke. Wierzchowski, Z. Acad.Sci.Cracovie, Bull.int. 1913. A. 522-528. - Ref.C.A. 8. 1028 (1914), C. 1913. II. 2142, W.Ref. 361.

Studien über die Einwirkung von Maltase auf Stärke. Wierzchowski, Z. Biochem.Z. 56. 209-19 (1913). - Ref.C. 1913. II. 2142.

Über Maismaltase. Hürre, R. C.R.hebd.Séances Acad.Sci. 148. 300-302 (1909). - Ref.C.A. 3. 1281 (1909), C. 1909. I. 1024, W.Ref. 340.

Zur Chemie der höheren Pilze. 4. Mitt. Über Maltasen und glucosidspaltende Fermente. Zellner, J. Mh.Chem. 30. 655-662 (1909). - Ref.C. 1909. II. 1668, W.Ref. 3289.

Über die Maltase des durch Sekretin hervorgerufenen Pankreassafts. Bierry, H. und Terroine, E.F. C.R.hebd.Séances Acad.Sci. 141. 146-147 (1905). - W.Ref. 2841.

Einige verflüssigende und verzuckernde Wirkungen auf Stärkekleister. Petit, P. C.R.hebd.Séances Acad.Sci. 141 . 1247-1249 (1905). - Ref.C. 1906. I. 339, W.Ref. 2678.

926. Glucoamylasen und ihre Wirkung

(Vgl. auch "Glucoamylasen, Patente": 9412, "Technische Stärkehydrolyse": 941)

Ein sehr reines Glucoamylase-Präparat von einer Kultur. Dobrolinskaja, G.M. und Rodsewitsch, W.I.Ferment u.Alkohol-Ind.(russ.)30. Nr.7. 6-8 (1964). - Ref.C.A. 62. 4571g (1965).

Kinetische Untersuchungen von Glucoamylase. 1. Mitt. Einfluß der Kettenlänge von linearen Substraten auf die Geschwindigkeitsparameter. Ono, S., Hiromi, K. und Jinbo, M. J.Biochemistry (Tokyo) 55. 315-20 (1964). - Ref.C.A.(B.) 61. 910b (1964).

Kohlenhydratumwandelnde Enzyme. 10. Mitt. ß-Glucosidase aus Gerste. Anderson, F.B., Cunningham, W.L. und Manners, D.J. Biochem.J. 90. 30-35 (1964). - Ref.C. 1966. 11-1298.

Schimmelpilze der Aspergillus niger-Gruppe mit hoher Amyloglucosidasebildung. Smiley, K.L., Cadmus, M.C., Hensley, D.E. und Ladoga, A.A. Appl.Microbiol. 12. 455 (1964). - Ref.Stärke 17. 63 (1965).

Die Reinigung und Fraktionierung von γ-Amylase aus verschiedenen tierischen Organen. Popowa, I.A., Schubina-Winitskaja, A.I. und Rosenfeld, Je.L. Biochemie (russ.) 29. Nr.2. 312-16 (1964). - Ref.C.A.(B.) 61. 2120b (1964).

Gerstenmalz-α-Glucosidase. 3. Mitt. Untersuchungen über die trans-α-Glucosylase-Aktivität. Jørgensen, O.B. Acta chem.scand. 18. 1975-78 (1964). - Ref.Stärke 17. 240 (1965), C.A. 62. 4266g (1965).

Der Wirkungsmechanismus von Amylo-1,6-Glucosidase. Hers, H.G., Verhue, W. und Mathieu, M. Ciba Found.Symp., Control Glycogen Metab. 1964. 151-63, Diskussion 163-75. - Ref.C.A. 63. 4599f (1965).

Substratspezifität der Amyloglucosidase von Aspergillus niger. Abdullah, M., Fleming, I.D., Taylor, P.M. und Whelan, W.J. Biochem.J. 89. 35P-36P (1963). - Ref.C. 1964. 49-1080.

Synthese zweier strukturell unterschiedlicher ß-Glucosidasen durch eine Hefehybride. Duerksen, J.D. und Fleming, L.W. Biochem. biophysic.Res.Commun. 12. 169-74 (1963). - Ref.C. 1966. 1-1256.

Durch Endomycen produzierte Amylasen. 3. Mitt. Hydrolyse von Stärke und Glucosyl-Kohlenhydraten mit Amyloglucosidase. Hattori, Y. und Takeuchi, I. Agric.biol.Chem. (Tokyo) 26. 316-22 (1962). - Ref.C.A. 57. 10208c (1962), C. 1965. 43-1238.

Die Carbohydrasen eines Pansen-Stammes von Lactobacillus bifidus. 2. Mitt. Die intracellulare 1,6-Glucosidase (Isomalto-Dextrinase). Bailey, R.W. und Roberton, A.M. Biochem.J. 82. 272-77 (1962). - Ref.C.A. 56. 12002f (1962), Stärke 14. 263 (1962).

Die α-1,4-Exopolyglucosidase (γ-Amylase) der Leber. Rosenfeld, Je.L., Popowa, I.A. und Schubina, A.I. Biochemie (russ.) 26. 1016-21 (1961). - Ref.C. 1962. 10510.

Fraktionierung der β-Glucosidasen von Aspergillus niger. Murti, C.R.K. und Stone, B.A. Biochem.J. 78, 715-23 (1961). - Ref.C. 1961. 15792.

Die durch Aspergillus oryzae produzierten Substanzen. 3. Mitt. Isolierung der durch Aspergillus oryzae produzierten Amyloglucosidasen. Sawasaki, T. Rep.Inst.physic.chem.Res. (Japan) 36. 584-89 (1960). - Ref.C.A. 56. 696g (1962).

Leber α-1,6-Dextranglucosidase. Lukomskaja, I.S. und Rosenfeld, Je.L. Biochemie (russ.) 23. 261-65 (1958).

β-Glycosidase bei Kartoffeln. Baruah, P. Stärke 9. 162 (1957).

Über Gerstenkleber (gum) abbauende Enzyme. 5. Mitt. Beziehung zwischen Endo-β-polyglucosidase-Aktivität und anderen Gersten- und Malzeigenschaften.Bass, E.J., Bendelow, V.M. und Meredith, W.O.S. Cereal Chem. 34. 219-25 (1957).

Untersuchungen von Aspergillus niger. 9. Mitt. Der Mechanismus der Glucoamylaseeinwirkung. Barker, S.A., Bourne, E.J. und Fleetwood, J.G. J.chem.Soc. (London) 1957. 4865-71. - Ref.C. 1959. 1818.

Untersuchungen von Aspergillus niger. 8. Mitt. Über die Reinigung von Glucoamylase. Barker, S.A. und Fleetwood, J.G. J.chem.Soc. (London) 1957. 4857-64. - Ref.C. 1959. 1818.

Beobachtungen über Gersten-β-Glucosidasen. Manners, D.J. Biochem. J. 61. XIII (1955). - Ref.Stärke 8. 16 (1956).

Der gastrointestinale Stärkeabbau. 1. Mitt. Die Wirkung von Oligo-1,6-Glucosidase auf verzweigte Saccharide. Larner, J. und McNickle, C.M. J.biol.Chemistry 215. 723-736 (1955). - Ref.C. 1956. 11201, C.A. 49. 14065a (1955).

Eine Alpha-Amyloglukosidase, die Beta-Glukose bildet. Weill, C.E., Burch, R.J. und van Dyk, J.W. Cereal Chem. 31. 150-58 (1954). - Ref.Stärke 6. 230 (1954), C.A. 48. 7090f (1954).

Die Amyloglucosidase des Schimmelpilzes Aspergillus oryzae. Drews, B., Specht, H. und Olbrich, H. Branntweinwirtschaft 76. 21-23 (1954). - Ref.C. 1955. 1532.

Die Wirkung der Transglucosidase von Aspergillus oryzae auf Maltose. Pazur, J.H. und French, D. J.biol.Chemistry 196. 265-72 (1952). - Ref.C. 1950/54. 996 S.

Untersuchung über die Wirkung der Glucoamylase, einer von dem Schimmelpilz Rhizopus delemar gebildeten, glucoseliefernden Amylase. Phillips, L. Lang und Caldwell, M.L. J.Amer.chem.Soc. 73. 3563-68 (1951). - Ref.C. 1952. 696, C.A. 46. 2599a (1952).

Untersuchung über Reinigung und Eigenschaften einer glucosebildenden Amylase aus Rhizopus delemar: Glucoamylase. Phillips, L. Lang und Caldwell, M.L. J.Amer.chem.Soc. 73. 3559-63 (1951). - Ref.C. 1952. 696.

Die Wirkung von Amylo-1,6-glucosidase und Phosphorylase auf Glykogen und Amylopektin. Cori, G.T. und Larner, J. J.biol.Chemistry 188. 17-29 (1951).

Die Transglucosidase von Aspergillus oryzae. Pazur, J.H. und French, D. J.Amer.chem.Soc. 73. 3536 (1951). - Ref.C. 1952. 860.

Die Einwirkung von Amylo-Glucosidase auf Amylose und Amylopektin. Kerr, R.W., Cleveland, F.C. und Katzbeck, W.J. J.Amer.chem. Soc. 73. 3916-21 (1951). - Ref.Stärke 4. 13 (1952), C. 1955. 3881.

Amylasen-Glucosidasen. Blom, J. und Braae, Ben. Enzymologia 4. 53-56 (1937). - Ref.C. 1938. 1594.

927. Stärkeumwandlungen im tierischen Organismus

(Vgl. auch "Enzymatische Verdauung der Stärke": 98)

α-1,6-Dextranglucosidase in menschlichen Organen. Ssajenko, A.Ss. Probleme Hämatol.Bluttransfus. 8. Nr.8. 57-59 (1963), (russ.). - Ref.C. 1966. 20-1211.

Einfluß der Futterveränderung auf die Amylase- und die Trypsin-Aktivität im Pankreas der Ratte. Howard, F. und Yudkin, J. Brit.J.Nutrit. 17. 281-94 (1963). - Ref.C.A.(B.) 60. 4539h (1964).

Untersuchungen über die Fermentation der Stärke durch Pansen-Bakterien in vitro. Moore, J.E. Univ.Microfilms (Ann Arbor, Mich.), Order No. 62-796. 144 S. - Ref.C.A. 57. 3906e (1962).

Glykogengehalt der weiblichen Vagina-Schleimhaut und Stärkeabbauaktivität der Schleimhaut. Lundstrom, P. Acta Soc.med. (Upsaliensis) 65. 30-48 (1960).

Bestimmung von Amylase, Lipase, Trypsin im Darminhalt und in den Faeces von Kaninchen bei verschiedener Fütterung und über den Anteil aus Ferment-Stickstoff am Darmverlust-Stickstoff. Gericke, H. Arch.Tierernähr. 7. 1-48 (1957). - Ref.C.A. 51. 13040b (1957).

Abbau von Stärke, Oxyäthylcelluloseäther und Chitosan durch Enzyme in Sprematozoen und Spermaflüssigkeit von Psammechinus und Modiola. Hultin, E. und Lundblad, G. Exp.Cell.Res. 3. 427-32 (1952). - Ref.C. 1953. 6271, C.A. 48. 6032c (1954).

Beobachtung an amylolytischen Bakterien. 3. Mitt. Einfluß der Kulturbedingungen auf den Abbau von Stärke durch stearothermophile Bakterien der Bacillus stearothermophilus-Art. Stark, E. und Tetrault, P.A. Canad.J.Bot. 30. 360-70 (1952).

Über die hydrolytische Spaltung von Kohlenhydraten in Muskeln. Petrowa, A.N. Biochemie (russ.) 12. 209-20 (1947). - Ref.C. 1948. II. 503.

Der Einfluß erhöhter Umgebungstemperatur auf Blutzucker, Leberglykogen und die Resorption verabfolgter Glucose und Stärke bei der Ratte. Rafferty, M.A. und MacLachlan, P.L. J.biol.Chemistry 140. 167-70 (1941).

Einfluß des Adrenalins auf einige Umwandlungsprozesse der Kohlenhydrate in Muskelgeweben. Eidelmann, M.M. Biochemie (russ.). 5. 658-70 (1940). - Ref.C. 1942. I. 1153.

Untersuchungen über den Verlauf der Depolymerisation von Stärke im Organismus: Lösliche Stärke, Amylase, Chlornatrium. Babenko, K. Med.doswiadczalna spoleczna 22. 106-16 (1937).

Über die chemische Umsetzung der glatten Muskulatur. 2. Mitt. Die Glykolyse der glatten Muskulatur. Meeraus, W. und Lorber,G. Biochem.Z. 292. 397-402 (1937). - Ref.C. 1938. I. 1394.

Rolle des Glutathions bei der anaeroben Gewebsglykolyse. Geiger,A. Biochem.J. 29. 811-23 (1935). - Ref.C. 1936. I. 2584.

Die Wirkungen der peroralen Verabreichung und der Injektion verschiedener Nahrungsmittel auf die Enzymwirkungen der Körperflüssigkeit der Seidenraupe, Bombyx mori. Matsumura, Suemi und Takuro Oka. Bull.Sericult.Silk-Ind. 8. 403-04 (1935). - Ref.C. 1936. I. 2759.

Die chemischen Vorgänge beim biologischen Kohlenhydratabbau. 2. Mitt. Wetzel, K. Ergebn.Biol. 10. 323 (1934).

Die chemischen Vorgänge beim biologischen Kohlenhydratabbau. 1. Mitt. Wetzel, K. Ergebn.Biol. 7. 404 (1931).

Über die Bildung und Aufspaltung von Phosphorsäureestern in der Muskulatur in Gegenwart von Fluorid, Oxalat, Citrat und Arseniat. 1. Mitt. Lohmann, K. Biochem.Z. 222. 324-88 (1930). - Ref.C. 1930. II. 1246.

Zur Frage nach dem Einfluß der Arsen- und Antimonverbindungen auf die fermentativen Funktionen des Organismus. 5. Mitt. Die Ursache des hemmenden Einflusses von Arseniten und Arseniaten auf die Speichelamylase. Smorodinzew, I.A. und Iljin, Fr. Biochem.Z. 201. 34-47 (1928). - Ref.C. 1929. I. 253.

Zur Frage des hämatogenen Kohlenhydratabbaues. Abraham, A. und Friedberg, S. Arch.Verdauungs-Krankh. 42. 513-19 (1928). - Ref.C. 1929. II. 2061.

Einfluß von Stärkeinjektionen auf die Blutamylase. (Zur Frage nach der Existenz sogenannter "Abwehrfermente" gegen Kohlenhydrate.) Magaram, M. und Engelhardt, W. Biochem.Z. 182. 215-19 (1927). - Ref.C. 1927. I. 2557.

Über die enzymatische Milchsäurebildung im Muskelextrakt. 2.Mitt. Die Spaltung der Polysaccharide und der Hexosediphosphorsäure. Meyerhof, O. Biochem.Z. 178. 462-90 (1926). - Ref.C. 1927. I. 1036.

Die Fermente der Haut. 4. Mitt. Yasuo Nakamura, Über den Zuckerabbau in der Haut. Wohlgemuth, J. Biochem.Z. 173. 358-68 (1926). - Ref.C. 1926. II. 1430.

Einfluß des Morphins und seiner Derivate auf die experimentelle Stärkespaltung des Pankreas. 1. Mitt. Morphin, Kodein, Heroin, Dionin und Peroin vermehren die Wirksamkeit des Amylopsins. Piccinini, G.M. Biochim.Terap.sperim. 11. 439-60 (1924). - Ref.C. 1925. II. 1066, W.Ref. 3020.

Der Einfluß einiger Arsen- und Antimonpräparate auf die Speichelamylase. Smorodinzew, I.A. und Iliin, Fr.E.A. Biochem.Z. 141. 297-303 (1923). - Ref.C. 1924. I. 354, W.Ref. 3004.

Der Einfluß verschiedener Präparate der Chiningruppe auf die fermentativen Funktionen des Organismus. 2. Mitt. Der Einfluß einiger Chinin- und Harnstoffverbindungen auf die Speichelamylase. Smorodinzew, I.A. und Novikow, A.S. Biochem.Z. 140. 12-16 (1923). - Ref.C. 1923. III. 1371, W.Ref. 3003.

Beiträge zur Kenntnis der Einwirkung von Bacterium Coli und von Darmbakterien auf Kohlenhydrate. Schmidt, Ch.E. Schweiz.Wschr. Chem.Pharmaz. 49. 577-82, 596-603, 609-15, 626-31, 645-48. - Ref.C. 1912. I. 43, C.A. 6. 500 (1912), W.Ref. 3297.

Über das Wachstum und die Lebenstätigkeit von Bakterien sowie den Ablauf fermentativer Prozesse bei niederer Temperatur unter spezieller Berücksichtigung des Fleisches als Nahrungsmittel. Müller, M. Arch.Hyg. 47. 127-193 (1903). - W.Ref. 3035.

Der physiologische Abbau von Amylum und Glykogen. Ein Überblick über die neueren, den Kohlenhydratstoffwechsel betreffenden Arbeiten. Heine, L. Fortschr.Med. 13. 789-800 (1895). - Ref.C. 1896. I. 118-119, W.Ref. 257.

Zu W. Ebstein's und C. Schulze's: "Über die Einwirkung der Kohlensäure auf die diastatischen Fermente des Tierkörpers." Schierbeck, N.P. Zbl.Physiol. 8. 210-211 (1894). - Ref.C. 1894. II. 248, W.Ref. 2821.

Über die Einwirkung der Kohlensäure auf die diastatischen Fermente des Tierkörpers. Ebstein, W. und Schulze, C. Virchow's Arch. pathol.Anatom.Physiol.klin.Med. 134. 475-500 (1893). - Ref.C. 1894. I. 177, W.Ref. 2818.

Der Einfluß der Kohlensäure auf die diastatischen und peptonbildenden Fermente im tierischen Organismus. Schierbeck, N.P. Skand. Arch.Physiol. 3. 344-380 (1891-92). - Ref.C. 1893. I. 745, W.Ref. 2815.

Über die Magen-"Microzymas" und ihr Verdauungsvermögen. Béchamp, A. C.R.hebd.Séances Acad.Sci. 94. 582-585 (1882). - W.Ref. 3362.

Über die hydrolytischen Wirkungen des Pankreas und des Dünndarms. Brown, H.T. und Heron, J. Liebigs Ann.Chem. 204. 228-251 (1880). - W.Ref. 183.

928. Stärkeumwandlungen im pflanzlichen Organismus

Die enzymatische Umwandlung von einigen Kohlenhydraten in den Blättern von Getreidekulturen in Beziehung zu ihrer Adaptation gegenüber der Bodenversalzung. Boiko, L.A. und Matuchin, G.R. Wiss.Ber.Höhere Schulen, Biol.Wiss. (russ.) 1964. 154-57. - Ref.C.A. 63. 1180g (1965).

Enzymatische Umbildung der Stärke und ihrer Abbauprodukte in Kartoffelknollen. Petrowa, A.N. und Bolotina, T.T. Fortschr.biol. Chem.(russ.) 4. 233-47 (1962). - Ref.C.A. 57. 14195d (1962).

Biochemische Untersuchungen von Reisstärke. 14. Mitt. Über den Maltoseabbau der Amylasefraktion in Sämlingen von Reis im Stadium der Milchreife. Igaue, I., Higashi, S. und Kurasawa, F. J.agric.chem.Soc. Japan 34. 258-62 (1960). - Ref.C. 1961. 10602, C.A. 62. 10735d (1965).

Biochemische Untersuchungen von Reisstärke. 13. Mitt. Der Stärkeabbau der Amylasefraktion in Sämlingen von Reis im Stadium der Milchreife. Igaue, I., Mazima, S. und Kurasawa, F. J.agric. chem.Soc. Japan 34. 253-58 (1960). - Ref.C. 1961. 10602, C.A. 62. 10735c (1965).

Biochemische Untersuchungen von Reisstärke. 12. Mitt. Über die sogenannte Isoamylasefraktion in Sämlingen von Reis im Stadium der Milchreife. Kurasawa, H., Hayakawa, T. und Igaue, I. J.agric.chem.Soc. Japan 34. 183-87 (1960). - Ref.C. 1961.10602.

Der Einfluß von Wärme auf die Konvertierung der Kohlenhydrate in Süßkartoffeln. Jenkins, W.F. und Gieger, M. Food Res. 22. 420-22 (1957). - Ref.C. 1958. 9084, C.A. 54. 20001b (1960).

Enzyme - Indicatoren der Pflanzenernährung. Záyorka, M. Sbornik Vysoké Školy Zemědělské Praze 1957. 211-19 (1958). - Ref.C. 1963. 8984.

Vergleichende chemische Untersuchungen über die Auswuchsschädigung der Roggenernten 1957 und 1958. Rohrlich, M. und Nernst, Ch. Jber.Bundesforsch.-Anst.Getreideverarb. Berlin und Detmold 1957-1958. 18-20. - Ref.C. 1961. 3848.

Einige Beobachtungen über den Mechanismus der Synthese und des Abbaues von Polysacchariden. 1. Mitt. Veränderungen der Amylase- und Phosphorylaseaktivität und anderer Komponenten in Süßkartoffeln während des Wachstums. Shinjo, S., Uezumi, N. und Suzuki, T. J.Jap.Soc.Food Nutrit. 10. 68-71 (1957). - Ref.C.A. 55. 21274h (1961).

Abbau von Stärke in den Endospermen von Reissamen während der Reife. Fukui, T. und Nikuni, J. J.Biochem. Japan 43. 33-40 (1956). - Ref.C.A. 50. 10192h (1956), C. 1963. 9762.

Mechanismen des Kohlenhydratabbaues in Pflanzen. Axelrod, B. und Beevers, H. Annu.Rev.Plant Physiol. 7. 267-98 (1956). - Ref.C. 1957. 1701.

Veränderungen der Aktivität bestimmter Enzyme und des Gehaltes an Ketosäure, Protein-Stickstoff, Glucose, Stärke und Citronensäure während des vegetativen Kreislaufes von Nicotiana tabacum. Tombesi, L. Ann.Staz.chim.-agrar.sperim Roma, Ser.III. Publ. Nr.116. 1-9, Nr.117. 1-8, Nr. 118, 1-6, Nr. 119. 1-10 (1955). - Ref.C.A. 50. 14062a (1956), C. 1962. 3514.

Einfluß von Pflanzenhormonen auf die enzymatische Hydrolyse der Stärke. Baba, A., Kojima, H. und Okubo, S. Sci.Rep.Shiga agric. Coll. (Japan) Ser.I. Nr.7. 22-23 (1955). - Ref.C.A. 51. 13016b (1957).

Der Einfluß von Stickstoff und Phosphor auf die Stärkehydrolyse im keimenden Weizensamen. Mossolow, I.W. und Alexandrowskaja, W. Ber.Akad.Wiss.UdSSR (russ.) 95. 1333-35 (1954). - Ref.C. 1955. 10782.

Über den Einfluß des Kaliums auf den Kohlenhydratstoffwechsel und auf die Carbohydrasen bei Kulturpflanzen. Scheck, H. Z.Pflanzenernähr., Düng., Bodenkunde 60. (105). 209-20 (1953). - Ref.C. 1955. 11408.

Die Verflüssigung der Stärke im Endosperm beim Keimen der Samen einiger Heilpflanzen. Wieliczko, L. Acta polon.pharmac. 10. 105-17 (1953). - Ref.C. 1954. 11486.

Chlorogensäure, ein mögliches Stoffwechselprodukt in dem Endoxydasesystem der weißen Kartoffel. Johnson, G. Science (Washington) 115. 675 (1952). - Ref.C. 1953. 1349.

Der Zusammenhang zwischen Keimfähigkeit und enzymatischer Wirkung bei der Keimung von Weizenkörnern. Popoff, I. Annu.Univ.Sofia, Fac.Agronom.Sylvicult. (russ.) 18. Nr.1. 279-322 (1940). - Ref.C. 1942. I. 2022.

Synthetisierende Wirkung der Amylase in der lebenden pflanzlichen Zelle. Rubin, B.A., Arzichowskaja, Je.W., Spiridonowa, N.S. und Lutikowa, O.T. Biochemie (russ.) 5. 687-96 (1940). - Ref.C. 1941. II. 1868.

Veränderungen der enzymatischen Hydrolyse von Stärke im Reis während der Lagerung. Sreenivasan, A. Biochem.Z. 301. 210-18 (1939). - Ref.C. 1940. I. 880.

Der Abbau der Stärke und die Wirkung der Amylase in den Blättern. Spoehr, H.A. und Milner, H.W. Proc.Amer.philos.Soc. 81. 37-78 (1939).

Stärkefreie Kartoffel, erhalten durch Einführen eines fremden Enzyms. Suit, R.F. und Hibbert, H. Science (New York) 79. 78-79 (1934). - Ref.C. 1934. I. 2769.

Untersuchungen über die physiologische Bedeutung der Mineralsubstanzen in der Pflanze. 6. Mitt. Der Einfluß des Kaliumchlorids auf die Größe der diastatischen Stärkehydrolyse. James, W.O. und Cattle, M. Biochem.J. 27. 1805-09 (1933). - Ref.C. 1934. I. 2771.

Studien über Pflanzenamylasen. 1. Mitt. Die Wirkung der Stärkekonzentration auf die Geschwindigkeit der Hydrolyse durch Amylase der gekeimten Gerste. Hanes, Ch.S. Biochem.J. 26. 1406-21 (1932). - Ref.C. 1933. I. 241.

Hydrolysen im Organismus. Waldschmidt-Leitz, E. Z.angew.Chem. 44. 573-78 (1931). - Ref.C. 1931. II. 1012.

Biochemische Untersuchungen über Reisstärke. 2. Mitt. Temperatureinflüsse auf die Keimung von Reis im Dunkeln. Tao, Wei Sun. Bull.chem.Soc. Japan 5. 69-73 (1930). - Ref.C. 1930. II. 255.

Biochemische Untersuchungen über Reisstärke. 1. Mitt. Chemische Veränderungen der Stärke während der Keimung von Reis im Dunkeln. Tao, Wei Sun; Bull.chem.Soc. Japan 5. 64-69 (1930). - Ref.C. 1930. II. 255.

Amylogenese und Amylolyse in Pflanzenzellen. Maige, A. Bull.Soc. Chim.biol. 10. 422-29 (1928). - Ref.C. 1928. II. 1223.

Beobachtungen über die verschiedenen Methoden der Digestion von Stärkekörnern in lebenden Zellen. Maige, A. C.R.hebd.Séances Acad.Sci. 184. 391-93 (1927). - Ref.C. 1927. I. 2083.

Beobachtungen über die Stärkeverdauung in den Cotyledonenzellen verschiedener Gemüse. Maige, A. C.R.Séances Soc.Biol.Filiales 94. 697-99 (1926). - Ref.C. 1926. II. 450.

Über die Ernährung von Pflanzen mit Aldehyden. 5. Mitt. Einfluß des Formaldehyds auf die Funktion pflanzlicher Enzyme. Sabalitschka, Th. Biochem.Z. 148. 370-82 (1924).

Beiträge zur Kenntnis der Amylase in Pflanzen. 2. Mitt. Die Temperaturempfindlichkeit der Amylase von Phaseolus vulgaris. Sjöberg, K. Biochem.Z. 133. 294-330 (1922). - Ref.C.A. 17. 795 (1923), C. 1923. III. 161-162, W.Ref. 3058.

Das Problem der Enzymsynthese. 3. Mitt. Diastase und Stärke pflanzlicher Gewebe. Bradley, H.C. und Kellersberger, E. J.biol.Chemistry 13. 425-29 (1913). - Ref.C. 1913. I. 944, W.Ref. 3130.

Zur Frage über die Umwandlung der Stärke in den Pflanzen und über den Nachweis der amylolytischen Enzyme. Butkewitsch, W. Biochem.Z. 10. 314-344 (1908). - Ref.C.A. 3. 792 (1909), C. 1908. II. 334, W.Ref. 2618.

Über die Umwandlung der pflanzlichen Stärke in Zucker durch den Rußbrandbazillus. Maumus. C.R.Séances Soc.Biol.Filiales 5. 107-109 (1893). - W.Ref. 3248.

Untersuchungen über das Diastaseferment unter spezieller Berücksichtigung seiner Wirkung auf Stärkekörner innerhalb der Pflanze. Krabbe, G. Zbl.Physiol. 4. 192-194 (1891). - Ref.C. 1890. II. 395, W.Ref. 2651.

Zu der Abhandlung von G. Krabbe: Untersuchungen über das Diastaseferment unter spezieller Berücksichtigung seiner Wirkung auf Stärkekörner innerhalb der Pflanze. Meyer, A. Ber.dtsch.bot. Ges. 9. 238-243 (1891). - Ref.C. 1891. II. 707, W.Ref. 223.

Zur Kenntnis der Wirkung von Diastase und Invertin, besonders in pflanzenphysiologischer Hinsicht. Müller,Thurgau, H. Landwirtsch.Jb. 14. 795-822 (1885). - W.Ref. 3027.

Vergleichende Untersuchungen über den Einfluß verschiedener Substanzen auf Pflanzenzellen und auf Fermente der Pflanzen. Detmer, W. Landwirtsch.Jb. 10. 731-764 (1881). - Ref.C. 1882. 46, W.Ref. 2791.

93. Fermentative Abbauprodukte der Stärke

930. Allgemeines
931. Dextrine
932. Schardinger-Dextrine
933. Maltose und Glucose
934. Stärkesirupe
935. Sonstiges

930. Allgemeines

(Vgl. auch "Enzymatische Hydrolyse": 923)

β-Amylase-Wirkung auf hochmolekulare Malto-Saccharide. Youngquist, R.W. Univ.Microfilms (Ann Arbor, Mich.) Order No. 62-3039. 56 S. - Ref.C.A. 57. 17067f (1962).

Wirkung der Amylasen auf einige Stärkeabbauprodukte. Myrbäck, K. und Ortenblad, B. Skand.Arch.Physiol. 80. 334-40 (1938). - Ref.C. 1939. I. 1577.

Isolierung von Oligosacchariden mit verbesserter Ausbeute durch enzymatischen Abbau von Polysacchariden. Painter, T.J. Canad. J.Chem. 37. 497-99 (1959).

Stärke und ihre Produkte beim Abbau durch Amylasen. Preece, I.A. Progr.org.Chem. 1. 248-79 (1952). - Ref.C. 1950/54. 8518 S, C.A. 46. 8605c (1952).

Gewinnen der bei der enzymatischen Hydrolyse von Stärke entstehenden Produkte. Baker, J.L. und Hulton, H.F.E. J.Inst.Brewing 41. 375-77 (1935). - Ref.C. 1936. I. 1980.

Stärke und ihre Abbauprodukte. Hamburg, M. J.Soc.Dyers Colourists 29. 151-156 (1913). - W.Ref. 360.

Über die Produkte der Stärkeumwandlung. I. Teil. O'Sullivan, C. Bull.Soc.chim.France 32. 493-499 (1879).

931. Dextrine

(Auch Grenzdextrine, Dextrinasen. Vgl. auch "Technologie, Dextrine": 36, "Bestimmung von Stärkeabbauprodukten, Dextrine": 572, "Konstitution von Dextrinen": 781, "Eigenschaften modifizierter Stärken, Dextrine": 834)

Die Trennung von Grenzdextrinase vom R-Enzym und Betrachtungen über die Aktivität isolierter Enzyme. MacWilliam, I.C. und Harris, G. Arch.Biochem.Biophysics 84. 442-54 (1959). - Ref.C. 1961. 9455, Stärke 14. 31 (1962).

Isolierung und einige Eigenschaften von einigen Maltodextrin-Sacchariden. Thoma, J.A. Diss.Abstr. 19. 434-35 (1958).

Der diastatische Abbau von Dextrinen im Vergleich zum Stärkeabbau. Ulmann, M. Stärke 10. 161-69 (1958). - Ref.C. 1959. 15207.

Die Herstellung konzentrierter Dextrinlösungen durch enzymatische Hydrolyse von Stärke. Krebs, J. Brauwissenschaft 14. 73-76 (1961). - Ref.J.Chem.(russ.) 1961. 17 N319.

Zur Charakterisierung verschieden aktiver "Diastase"-Präparate durch ihre Abbauwirkung bei Dextrinen. Ulmann, M. Nahrung 2. 95-107 (1958). - Ref.Stärke 10. 266 (1958).

Stärkeabbau durch α-Amylasen. 5. Mitt. Grenzdextrine der Speichel-Amylase. Ahnström, G. Ark.Kemi 13. 167-78 (1958). - Ref.C. 1963. 6266.

Der diastatische Abbau von Dextrinen im Vergleich zum Stärkeabbau. Ulmann, M. Ernährungsforschung 2. 705-22 (1957). - Ref.C. 1958. 13919, C.A. 52. 10620a (1958).

Über ein Glykogengrenzdextrin und ein weiteres Polysaccharid: Endopenicillan A, aus Penicilliummycel. Eckart, E. Hoppe-Seyler's Z.physiol.Chem. 308. 225-240 (1957). - Ref.Stärke 10. 89 (1958), C. 1958. 14354.

Zunahme der Dextrinaseaktivität bei alkoholischen Hefen. Tjutenkowa, N.L. Arb.Inst.Mikrobiol.Virusforsch., Akad.Wiss.Kasach. SSR. (russ.) 1. 112-17 (1956). - Ref.C.A. 54. 9200b (1960).

Die Wirkungsweise der Amylase aus Bacillus macerans. Cramer, F. und Steinle, D. Liebigs Ann.Chem. 595. 81-100 (1955). - Ref.C. 1957. 158, C.A. 50. 7918i (1956).

Stärkeabbau durch Speichelamylase. 3. Mitt. Restdextrine und Glucosebildung. Myrbäck, K. und Willstaedt, E. Ark.Kemi 7. Nr.45. 403-15 (1954). - Ref.C. 1950/54. 5418 S.

Über den Verlauf der Hydrolyse von Dextrin durch Schimmelpilzpräparate. Burger, M. und Beran, K. Chem.Listy 48. 1394-1402 (1954). - Ref.C.A. 49. 1139c (1955), C. 1950/54. 5417 S.

Produkte der β-Amylolyse von Maltodextrinen. Whelan, W.J. und Roberts, J.G. Biochem.J. 58. 569-70 (1954). - Ref.C. 1955. 11598, Stärke 7. 68 (1955), C.A. 49. 4759c (1955), Stärke 7. 12 (1955).

Stärkeabbau durch Speichelamylase. 3. Mitt. Restdextrine und Glukosebildung. Myrbäck, K. und Willstaedt, E. Ark.Kemi 7. 403-15 (1954). - Ref.Stärke 7. 128 (1955), C.A. 49. 7017b (1955), C. 1950/54. 5418 S.

Studien über den enzymatischen Abbau von Grenzdextrin. 2. Mitt. α-Grenzdextrin. Seiji, M. J.Biochem. (Japan) 40. 515-18 (1953). - Ref.C. 1950/54. 3259 S.

Der enzymatische Abbau von Röstdextrinen. Frey, A. und Lottner, E. Stärke 5. 56-61 (1953). - Ref.C. 1953. 6988.

Grenzdextrinaseaktivität von Schimmelpilzen. Untersuchungen über enzymatische Bildung und Abbau von Stärke. 18. Mitt. Kobayashi, T. und Yamanouchi, K. J.agric.chem.Soc.Japan 27. 180-85 (1953). - Ref.C. 1955. 1068.

Untersuchungen über die Amylaseerzeugung durch submerse Kulturen. 5. Mitt. Über Grenzdextrin hydrolysierende Enzyme. Minoda, Y., Kikuchi, T. und Asai, T. J.agric.chem.Soc., Japan 27. 91-96 (1953). - Ref.C. 1950/54. 315 S.

Enzymatischer Abbau von Grenzdextrin. 1. Mitt. Der enzymatische Abbau von β-Grenz-Dextrin durch α-Amylase. Seiji, M. J.Biochemistry (Tokyo) 40. 509-14 (1953). - Ref.C.A. 48. 2129h (1954), C. 1950/54. 3258 S.

Über die Natur der Stärkegrenzdextrine. 2. Mitt. Die Grenzdextrine einer Pilzamylase. Myrbäck, K. und Willstaedt, E. Ark.Kemi 4. 523-29 (1952). - Ref.C. 1950/54. 5417 S.

Über die Natur der Stärkegrenzdextrine. 1. Mitt. Die theoretisch möglichen Grenzdextrine. Myrbäck, K. Ark.Kemi 4. 433-441 (1952). - Ref.C. 1950/54. 5417 S.

Verhalten von Dextrinen gegen Takadiastase. Weinmann, H. J.biol. Chemistry 164. 7-10 (1946). - Ref.C. 1946. II. 242.

Über Grenzdextrine und Stärke. 23. Mitt. Die Spaltung der Gerstenstärke durch die Dextrinogenamylase. Myrbäck, K., Stenlid, G. und Nycander, G. Biochem.Z. 316. 433-43 (1944). - Ref.C. 1944. II. 649.

Über Grenzdextrine und Stärke. 22. Mitt. Die Spaltung der Maisstärke durch die Dextrinogenamylase. Myrbäck, K. und Örtenblad, B. Biochem.Z. 316. 429-32 (1944). - Ref.C. 1944. II. 649.

Über Grenzdextrine und Stärke. 21. Mitt. Grenzdextrine aus Arrowrootstärke. Myrbäck, K., Örtenblad, E. und Thorsell, W. Biochem.Z. 316. 424-28 (1944). - Ref.C. 1944. II. 649.

Über Grenzdextrine und Stärke. 20. Mitt. Spaltung von Arrowrootstärke durch die Dextrinogenamylase. Myrbäck, K. und Martellius, B. Biochem.Z. 316. 414-23 (1944). - Ref.C. 1944. II. 649.

Zum Mechanismus der Stärkedextrinierung. Myrbäck, K. und Thorsell, W. Svensk.kem.Tidskr. 55. 178-88 (1943). - Ref.C. 1943. II. 1808.

Über Grenzdextrine und Stärke. 17. Mitt. Über den Mechanismus der Spaltung durch Dextrinogenamylase. Örtenblad, B. und Myrbäck,K. Biochem.Z. 315. 233-39 (1943). - Ref.C. 1944. I. 285.

Über die enzymatische Dextrinierung der Stärke. Myrbäck, K. und Lundberg, B. Svensk.kem.Tidskr. 55. 36-41 (1943). - Ref.C. 1943. II. 127.

Über Grenzdextrine und Stärke. 18. Mitt. Über Grenzdextrine aus Kartoffel-, Reis- und Weizenstärke. Myrbäck, K., Örtenblad, B. und Ahlborg, K. Biochem.Z. 315. 240-49 (1943). - Ref.C. 1944. I. 285.

Über Grenzdextrine und Stärke. 16. Mitt. Über die Natur der α-Dextrine. Myrbäck, K. Biochem.Z. 311. 242-46 (1942). - Ref.C. 1942. II. 1466.

Über Grenzdextrine und Stärke. 15. Mitt. Dextrinsäure und ihre Spaltung durch die Amylasen. Myrbäck, K. und Nycander, G. Biochem.Z. 311. 234-41 (1942). - Ref.C. 1942. II. 1466.

Über Grenzdextrine und Stärke. 14. Mitt. Über die Wirkung der Dextrinogenamylase. Myrbäck, K. Biochem.Z. 311. 227-33 (1942). - Ref.C. 1942. II. 1466.

Über Grenzdextrine und Stärke. 13. Mitt. Spezifität der Amylasen und Produkte ihrer Wirkung. Myrbäck, K. und Ahlborg, K. Biochem.Z. 311. 213-26 (1942). - Ref.C. 1942. II. 1466.

Über die Spaltung der Gerstenstärke und den Mechanismus der Dextrinierung. Myrbäck, K. und Stenlid, G. Svensk.kem.Tidskr. 54. 103-15 (1942). - Ref.C. 1943. I. 521.

Einige Vergleiche zwischen einer Bakterienamylase und α-Malzamylase. 2. Mitt. Die Dextrine, welche bei der Wirkung von α-Malzamylase auf Kartoffelstärke gebildet werden. Hopkins, R.H., Dolby, D.E. und Stopher, E.G. J.Inst.Brewing 48. 174-77 (1942). - Ref.C. 1944. I. 1387.

Über Grenzdextrine und Stärke. 11. Mitt. Spaltung der Stärke durch die Dextrinogenamylase des Malzes. Myrbäck, K. Biochem.Z. 307. 140-58 (1941). - Ref.C. 1941. I. 3086.

Über Grenzdextrine und Stärke. 10. Mitt. Primärprodukte der Stärkespaltung durch Dextrinogenamylase. Myrbäck, K. Biochem.Z. 307. 132-39 (1941). - Ref.C. 1941. I. 3086.

Über Grenzdextrine und Stärke. 9. Mitt. Primäre Spaltung der Stärke durch die Dextrinogenamylase des Malzes. Örtenblad, B. und Myrbäck, K. Biochem.Z. 307. 123-28 (1941). - Ref.C. 1941. I. 3086.

Hydrolyse von Kartoffel- und Malzstärken durch Malzamylase. 2. Mitt. Das stabile Dextrin. Baker, J. J.Inst.Brewing 47. 344-48 (1941). - Ref.C. 1945. I. 109.

Über Grenzdextrine und Stärke. 6. Mitt. Grenzdextrine aus Kartoffelstärke mittels Pankreasamylase. Myrbäck, K., Ortenblad, B. und Ahlborg, K. Biochem.Z. 307. 49-52 (1940). - Ref.C. 1941. I. 2528.

Über Grenzdextrine und Stärke. 4. Mitt. Über Grenzdextrine aus Maisstärke. Örtenblad, B. und Myrbäck, K. Biochem.Z. 303. 335-41 (1940). - Ref.C. 1940. II. 1141.

Die Natur der Teilchen von Amylose und von den höheren α-diastatischen Dextrinen. 9. Mitt. über enzymatische Amylose. Samec, M. Hoppe-Seyler's Z.physiol.Chem. 263. 17-24 (1940).

Die wahrscheinlichen Dextrinkomponenten der Malzwürze. Baker, J.L. J.Inst.Brewing 45. 299-307 (1939). - Ref.C. 1939. II. 2288.

Trisaccharide durch enzymatischen Abbau der Stärke. Zur Konstitution der Grenzdextrine und der Stärke. Myrbäck, K. Svensk kem. Tidskr. 50. 27-31 (1938). - Ref. C. 1938. II. 1243.

Über den sogenannten Grenzabbau der Stärke. Myrbäck, K., Örtenblad, B. und Ahlborg, K. C.R.Trav.Lab.Carlsberg Ser.chim. 22. 357-65 (1938). - Ref.C. 1938. II. 3248.

Über Grenzdextrine und Stärke. 3. Mitt. Trisaccharide unter den Abbauprodukten der Stärke. Myrbäck, K. Biochem.Z. 297. 179-83 (1938). - Ref.C. 1939. I. 4961.

Über Grenzdextrine und Stärke. 2. Mitt. Takadiastase und Maisstärke. Ahlborg, K. und Myrbäck, K. Biochem.Z. 297. 172-78 (1938). - Ref.C. 1939. I. 4961.

Über Grenzdextrine und Stärke. 1. Mitt. Myrbäck, K. Biochem.Z. 297. 160-71 (1938). - Ref.C. 1939. I. 4961.

Über Stärkedextrine, besonders in Würze. Myrbäck, K. und Ahlborg, K. Svenska Bryggarefören.Manadsbl. 53. 45-52 (1938). - Ref.C. 1938. II. 201.

Hydrolyse von Kartoffel- und Malzstärken mittels Malzamylase. 2. Mitt. Maltodextrin. Baker, J.L. und Hulton, H.F.E. J.Inst. Brewing 44. 514-19 (1938). - Ref.C. 1939. I. 1877.

Untersuchungen über Stärke. Ein Polyhexosan (das sogenannte "stabile Dextrin von H.T. Brown"). Ling, A.R. und Carter, W.A. J.Inst.Brewing 44. 424 (1938). - Ref.C. 1939. I. 1987.

Untersuchungen über die Stärke. Grenzabbau von Stärken verschiedener Herkunft bei Einwirkung verschiedener Getreideamylasen und Untersuchung der Hydrolyseprodukte. Tychowski, A. Biochem.Z. 291. 138-58 (1937). - Ref.C. 1938. I. 2723.

Studien über Dextrine. Teil II. Amylase aus Ragi (Eleusine coracana). Patwardhan, V.N. und Narayana, N. J.Indian Inst.Sci. Ser.A. 13. 38-41 (1930). - Ref.C. 1930. II. 252.

Über nichtreduzierendes Grenzdextrin. 1. Mitt. Syniewski, W. Liebig's Ann.Chem. 441. 285-297 (1925). - Ref.C. 1925. I. 1486, C.A. 19. 1250 (1925), W.Ref. 430.

Studien an Stärke. 3. Mitt. Die Natur und die Genesis des stabilen Dextrins und der Malto-Dextrine. Ling, A.R. und Nanji, D.R. J.chem.Soc. (London) 127. 636-651 (1925). - Ref.C.A. 19. 1698 (1925), C. 1925. II. 647-649, W.Ref. 425.

Zur Kenntnis des beim diastatischen Abbau der Stärke auftretenden Grenzdextrins. Lintner, C.J. und Kirschner, M. Z.angew.Chem. 36. 119-122 (1923). - Ref.C. 1923. I. 1017, W.Ref. 404.

Wirkung einiger Diastasen auf Dextrine. Gatin-Gruzewska, Z. C.R.hebd.Séances Acad.Sci. 159. 343-345 (1914). - Ref.C. 1915. I. 1057, W.Ref. 364.

Eine Umkehr der Stärke-Dextrin-Reaktion. Reichert, E.T. Univ. Pennsylvania, med.Bull. 23. 57-74 (1910-11). - Ref.C.A. 5. 712 (1911), W.Ref. 342.

Das Maltodextrin γ, ein Zwischenprodukt der diastatischen Stärkehydrolyse. Rheinfels, C. Wschr.Brauerei 23. 510-511 (1906). - W.Ref. 325.

Über die fast vollständige Umbildung der bei der Verzuckerung der Stärke entstehenden Dextrine in Maltose. Fernbach, A. und Wolff, J. C.R.hebd.Séances Acad.Sci. 142. 1216-1218 (1906). - Ref.C. 1906. II. 229, W.Ref. 322.

Darstellung und Eigenschaften des Diastaseachroodextrins. 3.Mitt. Prior, E. und Wiegman, D. Z.angew.Chem. 1900. 464-469. - Ref.C. 1900. I. 1270-1272, W.Ref. 298.

Über die Verzuckerungsdextrine. Petit, P. C.R.hebd.Séances Acad. Sci. 131. 453-455 (1900). - Ref.C. 1900. II. 666, W.Ref. 296.

Über Maltodextrin. Pottevin, H. Ann.Inst.Pasteur 13. 728-734 (1899). - Ref.C. 1899. II. 864, W.Ref. 292.

Über die Verzuckerungsdextrine. Petit, P. C.R.hebd.Séances Acad. Sci. 128. 1176-1178 (1899). - Ref.C. 1899. I. 1272, W.Ref.290.

Das beständige Dextrin der Stärkeumwandlungen und seine Beziehungen zu den Maltodextrinen und der löslichen Stärke. Brown, H.T. und Millar, J.H. J.chem.Soc. (London) 75. 315-337 (1899). - Ref.C. 1899. I. 674, W.Ref. 288.

Über die nichtkristallisierbaren Produkte der Einwirkung von Diastase auf Stärke. Brown, H.T. und Morris, G.H. J.chem.Soc. (London) 47. 527-570 (1885). - Ref.C. 1886. 150-151, W.Ref.196.

Beiträge zur Kenntnis der Dextrine (Auszug). Henderson, J. J.Soc. chem.Ind. 17. 591 (1898). - W.Ref. 283.

Über ein drittes Diastase-Achroodextrin und die Isomaltose. Prior, E. Zbl.Bakteriol.Parasitenkunde, Infektionskrankh., Abt.II. 2. 271-273 (1896). - Ref.C. 1896. II. 86, W.Ref. 270.

Über ein zweites bei der Einwirkung von Diastase auf Stärke entstehendes Achroodextrin. Lintner, C.J. und Düll, G. Z.ges. Brauwes. 17. 339-340 (1894). - Ref.C. 1894. II. 864, W.Ref. 252.

Über die Verflüchtigung des Dextrinbegriffes. Griessmayer, V. J.prakt.Chem. 48. 225-230 (1893). - W.Ref. 245.

Über die nichtkristallisierbaren Produkte der Einwirkung der Diastase auf Stärke. Schiffer, A. Neue Z.Rübenzucker-Ind. 29. 167-170 (1892). - Ref.C. 1892. II. 825, W.Ref. 239.

Fraktionierte Fermentierung; ein Beitrag zum Studium des Amyloins (Maltodextrins). Morris, G.H. und Wells, J.G. Trans.Inst.Brewing 5. 133-172 (1891-92). - W.Ref. 224.

Über die Umwandlung der Stärke in Dextrin durch das butyrische Ferment. Villiers, A. C.R.hebd.Séances Acad.Sci. 112. 435-437 (1891). - Ref.C. 1891. I. 658, W.Ref. 3238.

Über die nicht kristallisierbaren Produkte der Einwirkung von Diastase auf Stärke. Brown, H.T. und Morris, Ph.D. Liebigs Ann. Chem. 231. 72-136 (1885).

Gärung der Stärke. Anwesenheit eines Vibrions in keimenden Maiskörnern und im Stamm dieser Pflanze. Marcano, V. C.R.hebd. Séances Acad.Sci. 95. 345-347 (1882). - W.Ref. 3226.

Über Maltodextrin. Herzfeld, A. Biedermanns Zbl.Agrikulturchem. ration.Landwirtschaftsbetrieb 9. 347-350 (1880). - W.Ref. 185.

Über Maltodextrin. Ein Beitrag zur Kenntnis der chemischen Veränderung der Stärke durch Diastase. Herzfeld. Dissertation, Halle 1879.

Reine Malzdextrine. Bondonneau, L. Bull.Soc.chim. (Paris) 23. Sem.1. 98-100 (1875). - W.Ref. 2387.

Über Dextrin. Musculus, F. Ann.Chim.Phys. Ser.4, 6. 177-184 (1865). - W.Ref. 153.

932. Schardinger-Dextrine

(Auch Schardinger-Enzyme, Cyclodextrine. Vgl. auch "Konstitution, Schardinger-Dextrine": 783)

Modifiziertes und vereinfachtes Verfahren zur Herstellung von Schardinger-Dextrin. Kono, K. und Nikuni, J. J.technol.Soc. Starch (Japan) 9. 23-26 (1961). - Ref.C.A. 57. 8787e (1962), Stärke 14. 440 (1962), Ref.J.Chem.(russ.) 1963. 10 R289.

Über Einschlußverbindungen. 13. Mitt. Die Trennung und Isolierung der Cyclodextrine. Cramer, F. und Henglein, F.M. Chem.Ber. 91. 308-10 (1958). - Ref.C. 1958. 11251.

Untersuchungen über den enzymatischen Abbau von Schardinger-Dextrinen. Ben-Gershom, E. und Leibowitz, J. Enzymologia (Den Haag) 20. 133-47 (1958). - Ref.C. 1960. 1889, Stärke 12. 254 (1960).

Die Herstellung von Schardinger-Dextrinen. French, D. Methods Enzymol. 3. 17-20 (1957). - Ref.C. 1959. 5842.

Untersuchungen über den Stärkeabbau durch das Enzym des Bacillus macerans. Steinle, H.-D. Dissertation, Heidelberg 1955. 103 S.

Untersuchungen an Schardinger Dextrinen. 7. Mitt. Co-Substrat-Spezifität in Kupplungsreaktionen mit Macerans-Amylase. French, D., Melvin, L., Norberg, E., Nordin, P., Pazur, H.J. und Wild, G.M. J.Amer.chem.Soc. 76. 2387-90 (1954). - Ref.Stärke 6. 260 (1954), C. 1955. 1756.

Gewinnung von Amylase. Staley Mfg., A.E., übert.von: R.W.Liggett, W.C. Mussulman. Can.P. 495 277 vom 5/12.1949, ausg. 11/8.1953. - Ref.C. 1954. 6121.

Reinheitsbeweis für Schardingers Dextrinogenase. Schwimmer, S. Arch.Biochem.Biophysics 43. 108-17 (1953). - Ref.C. 1950/54. 8559 S.

Weitere Untersuchungen über Gewinnung und Eigenschaften der Schardinger Dextrinogenase von Bac. macerans. Schwimmer, S. und Garibaldi, J.A. Cereal Chem. 29. 108-22 (1952). - Ref.Stärke 5. 225 (1953), C. 1950/54. S. 3999.

Bestimmung von Schardinger-Enzym durch Reduktion von Nitraten. 1. Mitt. Enzymgehalt der Frauenmilch. Buruiana, L.M. und Geraniou, E. Lait 31. 134-50 (1951). - Ref.C. 1956. 13157.

Amylase aus Bacillus Macerans. Hale, W.S. und Rawlins, L.C. Cereal Chem. 28. 49-58 (1951). - Ref.C. 1951. II. 2813.

Ein kristallisiertes Abbauprodukt aus Stärke durch ein Bakterium. Akiya, S. und Watanabe, T. J.pharmac.Soc. Japan 70. 672 (1950). - Ref.Stärke 3. 267 (1951).

Untersuchungen über die Schardinger-Dextrine. 4. Mitt. Die Einwirkung von Sojabohnen-ß-Amylase auf Amyloheptaose. French, D., Levina, M.L., Pazur, J.H. und Norberg, E. J.Amer.chem.Soc. 72. 1746-48 (1950). - Ref.C. 1951. I. 1466.

Über die Wirkung der Amylase von Bacillus macerans. Myrbäck, K. und Willstaedt, E. Acta chem.scand. 3. 91-92 (1949). - Ref.C. 1950. I. 1616.

Untersuchungen über die Schardinger-Dextrine. Darstellung und Löslichkeitscharakteristica von Alpha-, Beta- und Gamma-Dextrinen. French, D., Levine, M.L., Pazur, J.H. und Norberg, E. J.Amer. chem.Soc. 71. 353-56 (1949). - Ref.C. 1950. I. 2364, Stärke 2. 123 (1950).

Reversible Wirkung der Macerans-Amylase. French, D., Pazur, J., Levine, M.L. und Norberg, E. J.Amer.chem.Soc. 70. 3145 (1948). - Ref.C. 1948. E. 2102.

Der Einfluß der äußeren Faktoren auf die Wirkung des Enzyms aus Bacillus macerans. Samec, M. Ausgb.der Akad.der Wiss.u.Kunst: Ljubljana:Kemicne Studije (1947). 3-18.

Über die stärkespaltende und ringschließende Wirkung des Enzyms von Bacillus macerans. Blinc, M. und Samec, M. Hoppe-Seyler's Z.physiol.Chem. 282. 149-52 (1947). - Ref.C. 1948. II. 1200.

Amylaseerzeugung mittels Bacillus macerans. Staley, A.E. Manufacturing Co., übert.von: Robert Winston und Mussulman, W.C. A.P. 2 494 514 vom 10/5.1946, ausg. 10/1.1950. - Ref.C. 1950. II. 1638.

Über die Stärkespaltung durch Bacillus macerans. Myrbäck, K. und Gjörling, L.-G. Ark.Kem., Mineralog.Geol. 20 A. Nr.5. 1-13 (1945).

Die Lichtinaktivierung des Schardingerenzyms. Knobloch, E. Naturwissenschaften 32. 43-44 (1944). - Ref.C. 1945. I. 912.

Die Wirkung der Macerans-Amylase auf die Fraktionen der Stärke. Wilson, E.J. jr., Schoch, T.J. und Hudson, C. J.Amer.chem.Soc. 65. 1380-83 (1943). - Ref.C. 1944. II. 1284.

Über die Hydrolyse von Abbauprodukten der Stärke durch den Bacillus macerans und sein Enzym. Samec, M. Ber.dtsch.chem.Ges. 75. 1758-60 (1942). - Ref.C. 1943. I. 1894.

Über die Bedeutung des Abbaues von Stärke durch Bacillus macerans. Kerr, R.W. J.Amer.chem.Soc. 65. 188-93 (1943). - Ref.C. 1945. II. 664.

Eine Studie über die durch die Einwirkung der Amylase von Bacillus macerans gewonnenen Stärkeprodukte. McClenahan, W.S., Tilden, E.B. und Hudson, C.S. J.Amer.chem.Soc. 64. 2139-2144 (1942). - Ref.C. 1946. II. 3063.

Über den Einfluß des Maceran-Enzyms auf die Komponenten von Maisstärke. Kerr, R.W. J.Amer.chem.Soc. 64. 3044 (1942). - Ref.C.A. 37. 12933 (1943), C. 1946. 3085.

Versuche zur Anreicherung des Maceranenzyms. Blinc, M. Kolloid-Z. 101. 126-28 (1942).

Gewinnung des Enzyms von Bacillus macerans und seine Wirkungsweise. Blinc, M. Arch.Mikrobiol. 12. 183-91 (1941). - Ref.C. 1942. I. 624.

Umwandlung der Stärke in kristallisierte Dextrine durch einen neuen Amylasetyp. Tilden, E.B. und Hudson, C.S. J.Amer.chem.Soc. 61. 2900-02 (1939). - Ref.C. 1940. I. 725.

Über kristallisiertes Erythrodextrin. Köhler-Hollander, L. Hoppe-Seyler's Z.physiol.Chem. 228. 249-55 (1934). - Ref.C. 1935. I. 570.

Einige Versuche über die Aciditätsbedingungen des Zuwachses von Bacillus macerans und über den Verlauf der Stärkespaltung. Euler, H.v. und Svanberg, O. Biochem.Z. 128. 323-325 (1922). - Ref.C. 1922. III. 66, W.Ref. 3339.

Bildung kristallisierter Polysaccharide (Dextrine) aus Stärkekleister durch Mikrobien. Schardinger, F. Zbl.Bakteriol., Parasitenkunde Infektionskrankh. Abt. II. 29. 188-197 (1911). - Ref.C.A. 5. 2575 (1911), C. 1911. I. 874, W.Ref. 628.

Über die Bildung kristallisierter, Fehlingsche Lösung nicht reduzierender Körper (Polysaccharide) aus Stärke durch mikrobielle Tätigkeit. Schardinger, F. Zbl.Bakteriol., Parasitenkunde Infektionskrankh., Abt. II 22. 98-103 (1908). - Ref.C.A. 3. 910 (1909), C. 1909. I. 68, W.Ref. 627.

933. Maltose und Glucose

(Auch weitere Zucker. Vgl. auch "Enzymatische Hydrolyse": 923, "Amylasen in der Industrie, Technische Stärkehydrolyse, Patente": 9411, 9412, 9413, "Stärke-Säurehydrolyse, Dextrose": 39)

Ist es notwendig, Stärke herzustellen, um Stärkesirup, Dextrose und Total Sugar zu erhalten? Extraktion von Stärke aus den stärkehaltigen Rohstoffen mittels Enzymen und die Weiterverarbeitung des Extraktionsproduktes. Krøyer, K. Stärke 18. 311-16 (1966).

Umwandlung von Stärke in Dextrose durch Enzyme. Sinclair, P.M. Chem.Engng. 72. 90-92 (1965). - Ref.C.A. 63. 15084c (1965).

Quantitative Bestimmung der anomeren Formen der durch Amylase gebildeten Zucker. 2. Mitt. System: Gluc-Amylase - Isomaltose. Hamauzu, Z., Hiromi, K. und Ono, S. J.Biochemistry (Tokyo) 57. 39-41 (1965). - Ref.Stärke 18. 255 (1966).

Ein wirksamer Prozeß der fermentativen Hydrolyse von Stärke zu Glucose, wobei Produkte von guten Eigenschaften erhalten werden. Chem.Processing (USA) 27. Nr.16. 43 (1964). - Ref.J.Chem. (russ.) 1965. 15 R283.

Gewinnung von Glucose durch Verzuckerung der Stärke unter der Wirkung von Fermenten. "Sekure" 1963. Nr.6. 8-20. - Ref.J.Chem. (russ.) 1965. 20 R337.

Quantitative Bestimmung von Glucose und Maltose in reaktionsfähigen Enzymmischungen. Evans, W.A.L. und Payne, D.W. Analyst 88. 204-08 (1963). - Ref.C. 1963. 20064.

Die Herstellung von Glucose aus Stärke nach der Methode der fermentativen Verzuckerung. Nakamura, M. Monthly J.Inst.industrial Sci.Univ.Tokyo 14. 579-82 (1962). - Ref.J.Chem.(russ.) 1963. 23 R304.

Die Reversion der Glucose in Oligosaccharide unter der Einwirkung von Fermenten, die im Handel zu haben sind. Kuroiwa, S. und Nakamura, M. J.chem.Soc.Japan, ind.Chem.Sect. 64. 942-43 (1961). - Ref.J.Chem.(russ.) 1962. 7 N320.

Enzymprodukt für die Herstellung von Dextrose. Chemie-Markt, Sonderdienst Chem.Ind. 1961. Nr.1. 2. - Ref.Stärke 16. 370 (1964).

Verfahren zur Gewinnung von fermentativer Glucose aus der süßen Batate. Yamamura, E. Bull.nat.Inst.agric.Sci.(Japan) 16. 28-30 (1961). - Ref.J.Chem.(russ.) 1961. 17 N317.

Die Verwendung von Hydrolasen bei der Glukoseherstellung. Hølter-mand, A. Stärke 13. 337-42 (1961). - Ref.J.Chem.(russ.) 1962. 10 N357.

I. Graft-Polymerisation und Transglycosidierung von Polysacchariden. II. Die gebundenen Kohlenhydratkonstituenten von Sojabohnen-Lecithin. III. Die Isolierung von Isomaltose aus enzymatisch abgebauter Stärke. Fischer, M.H. Univ.Microfilms (Ann Arbor, Mich.), L.C.Card No. Mic 61-607. 116 S. - Ref.C.A. 55. 15623d (1961).

Genetische Untersuchungen über die Vergärung von Maltotriose. Windisch, S. und Emeis, C.C. Mschr.Brauerei 13. 2-5 (1960). - Ref.C. 1961. 18160.

Enzymatische Stärkehydrolyse. 4. Mitt. Gewinnung von Glucose durch Anwendung amylolytischer Enzyme, dargestellt aus Schimmelpilzen. Komaki, T., Matsuba, Y., Okamoto, N. und Sato, T. J.technol.Soc.Starch (Japan) 6. 98-105 (1958/59). - Ref.C.A. 54. 23387a (1960).

Enzymteste zur Erfassung von Glucose. Hunt, J.A., Gray, C.H. und Thorogood, D.E. Brit.med.J. 1956. 586-88.

Vergärung von Maltotriose bei der Differenzierung von Saccharomycesspecies. Gilliland, R.B. C.R.Trav.Lab.Carlsberg, Sér. physiol. 26. 139-46 (1956). - Ref.C. 1958. 13531.

Enzymatische Hydrolyse von Isomaltose. Wetter, L.R. Biochim. biophysica Acta (Amsterdam) 18. 321-22 (1955). - Ref.C. 1957. 3294.

Brauereizucker. Wild, J.L. Brewers' Guild J. 39. 525-55 (1953). - Ref.C. 1956. 12417.

Isolierung von kristallinem Trisaccharid aus unfermentierbaren Kohlenhydraten. Auf enzymatischem Wege aus Maltose hergestellt. Pan, S.C., Nicholson, L.W. und Kolachov, P. J.Amer.chem.Soc. 73. 2547 (1951).

Enzymatische Umwandlung von Maltose in vergärbare Kohlenhydrate. Pan, S.C., Andreasen, A.A. und Kolachov, P. Science (New York) 112. 115 (1950).

Isolierung von 6-(α-D-Glucopyranosyl)-D-glucose (Isomaltose) von enzymatischen Hydrolysaten von Stärke. Montgomery, E.M., Weakley, F.B. und Hilbert, G.E. J.Amer.chem.Soc. 71. 1682-87 (1949). - Ref.C. 1949. E 4625.

Über Vergärung der Maltose. Myrbäck, K. und Renvall, S. Ark.Kem. Mineralog.Geol.Ser.A. 23. Nr.6. 1-12 (1946).

Die enzymatische Bildung von Glucosen aus Kohlenhydraten. Bond, Cecil, Robertson, Knight, Edwin Coulthard und Walker, Thomas Kennedy. Biochem.J. 31. 1033-40 (1937). - Ref.C. 1938.I. 2561.

Zucker für mikrobiologische Zwecke. Darstellung reiner Maltose. Stepanow, A. und Kusin, A. Chem.-pharmaz.Ind. (russ.) 1932. 57-64. - Ref.C. 1932. II. 3127.

Über die Drehung der bei der Stärkespaltung durch Malz-Extrakt auftretenden Maltose. Euler, H.von und Helleberg, K. Hoppe-Seyler's Z.physiol.Chem. 139. 24-29 (1924). - Ref.C. 1924. II. 2055, W.Ref. 411.

Über die Hydrolyse der Maltose durch Malzextrakt. Maquenne, L. C.R.hebd.Séances Acad.Sci. 176. 804-806 (1923). - W.Ref. 405.

Über den Einfluß von Dextrinen auf die Kristallisation von Maltose. Hoop, L. de und von Tussenbroek, M.J. Biochem.Z. 135. 217-223 (1923). - Ref.C. 1923. III. 662, W.Ref. 403.

Über die Darstellung von Maltose. Falch, M. Z.ges.Brauwes. 43. 281-283, 289-291, 297-299, 306-309 (1920). - Ref.C. 1920. III. 880, C.A. 15. 2209 (1921), W.Ref. 385.

Über die Produkte, die bei der Einwirkung gewisser Amylasen auf lösliche Stärke gebildet werden, unter besonderer Berücksichtigung der Bildung von Glucose. Sherman, H.C. und Punnet, P.W. J.Amer.chem.Soc. 38. 1877-85 (1916). - Ref.C. 1916. II. 1124, W.Ref. 373.

Industrielle Maltose. Duryea, C.B. J.ind.Engng.Chem. 6. 419-423 (1914). - W.Ref. 124.

Das Maltoseanilid und die Anwendung des Anilids zur Isolierung der Maltose aus Dextringemischen. Fleischhacker, D. Dissertation, München 1912.

Herstellung reiner Maltose. Baker, J.L. und Day, F. Analyst 33. 393 (1908). - W.Ref. 333.

Die Isomaltose. Jalowetz, E. Z.angew.Chem. 18. 171 (1905). - Ref.C. 1905. I. 1091, W.Ref. 320.

Die Isomaltose. Ost, H. Z.angew.Chem. 17. 1663-1670 (1904). - Ref.C. 1904. II. 1712, W.Ref. 316.

Methode zur Gewinnung von Glucose mit Hilfe von Mucedinae (Auszug). Calmette, J.Soc.chem.Ind. 20. 140 (1901). - W.Ref. 3271.

Über Isomaltose. Pottevin, H. Ann.Inst.Pasteur 13. 796-800 (1899). - Ref.C. 1899. II. 1023, W.Ref. 293.

Über die Isomaltose. Ulrich, C. Chemiker-Ztg. 19. 1523-1524 (1895). - W.Ref. 266.

Entgegnung auf die Mitteilung von Brown und Morris über die Nichtexistenz der Isomaltose. Lintner, C.J. Z.ges.Brauwes. 18. 233-235 (1895). - Ref.C. 1895. II. 439, W.Ref. 264.

Über Isomaltose. Lintner, C.J. Z.ges.Brauwes. 18. 173-174 (1895). - Ref.C. 1895. II. 85, W.Ref. 263.

Isomaltose und Dextrin. Lintner, C.J. Z.ges.Brauwes. 18. 70-71 (1895). - Ref.C. 1895. I. 742, W.Ref. 262.

Isomaltose. Jalowetz, E. Chemiker-Ztg. 19. 2003 (1895). - Ref.C. 1895. II. 1120, W.Ref. 258.

Die Hydrolyse der Maltose durch Hefe. Morris, G.H. Proc.chem.Soc. (London) 11. 46-47 (1895). - W.Ref. 3250.

Über bei der Verzuckerung der Stärke entstehende "Metamaltose" sowie über "primäre" und "sekundäre" Dextrine. Mittelmeier, H. Wschr.Brauerei 12. 480-482 (1895). - Ref.C. 1895. II. 163, W.Ref. 265.

Ist Maltose direkt vergärbar? Fernbach, M. Bull.Assoc.belgique Chimistes 8. 248-249 (1894/95).

Über den Einfluß von verschiedenen Maischtemperaturen auf die Bildung von Isomaltose und deren Bestimmung unter Anwendung der physiologischen Methode mittels Hefen Saaz und Frohberg. Munsche, A. Wschr.Brauerei 11. 1372-1377 (1894). - Ref.C. 1894. II. 1069, W.Ref. 253.

Welche Zuckerarten entstehen bei dem durch tierische Fermente bewirkten Abbau der Stärke und des Glykogens? Külz, E. und Vogel, J. Z.Biol. 31. 108-24 (1894). - Ref.C. 1894. I. 1004.

Über die Einwirkung von Diastase auf Isomaltose. Lintner, C.J. Z.ges.Brauwes. 17. 378 (1894). - W.Ref. 67.

Zur Kenntnis der Isomaltose. Röhmann, F. Zbl.med.Wiss. 31. 849-850 (1893). - Ref.C. 1894. I. 321, W.Ref. 249.

Zur Gewinnung der Isomaltose aus den Produkten der Stärkeumwandlung durch Diastase. Lintner, C.J. Z.ges.Brauwes. 15. 145-146 (1892). - Ref.C. 1892. I. 886, W.Ref. 232-233.

Die Vergärung von Maltosen und Maltodextrinen. Reinke, O. Wschr. Brauerei 9. 620-621 (1892). - W.Ref. 3246.

Über die Entstehung von Dextrose aus der Stärke durch fermentative Prozesse. Lintner, C.J. Z.ges.Brauwes. 15. 123-124 (1892). - Ref.C. 1892. I. 740, W.Ref. 230.

Versuche zur Gewinnung der Isomaltose aus den Produkten der Stärkeumwandlung durch Diastase. Lintner, C.J. und Düll, G. Z.angew.Chem. 5. 263-268 (1892). - W.Ref. 231.

Über Isomaltose und deren Bedeutung für die Bierbrauerei. Lintner, C.J. Z.ges.Brauwes. 15. 6-8 (1892). - Ref.C. 1892. I. 285, W.Ref. 229.

Über das Vorkommen von Isomaltose im Bier und in der Würze. Lintner, C.J. Z.ges.Brauwes. 14. 281-283 (1891). - W.Ref. 222.

Die industrielle Herstellung von Bier-Zucker oder Maltose. Cuisinier, L. Sucrerie indigène coloniale 20. 362-366 (1882). - Ref.C. 1884. 413-414, W.Ref. 191.

Über Maltose. O'Sullivan, C. J.chem.Soc. (London) 29. 478-482 (1876). - W.Ref. 170.

Über Maltose. Schulze, E. Ber.dtsch.chem.Ges. 7. 1047-1049 (1874). - W.Ref. 163.

934. Stärkesirupe

(Glucosesirup, Maltosesirup. Vgl. auch "Enzymatische Hydrolyse": 923, "Technische Stärkehydrolyse": 941, "Stärke-Säurehydrolyse, Sirup": 38)

Die Erarbeitung einer Technologie für Dextrin-Maltosesirup. Ladur, T.A. und Galkina, G.W. Arb.Allunions wiss.Forsch.-Inst.Stärkeprodukte (russ.) 7. 74-86 (1964). - Ref.J.Chem.(russ.) 1965. 14 R304.

Der Einfluß verschiedener Faktoren im Prozeß der fermentativen Hydrolyse bei der Herstellung von hochverzuckerten Sirupen. Galkina, G.W. Arb.Allunions wiss.Forsch.-Inst.Stärkeprodukte (russ.) 7. 87-101 (1964). - Ref.J.Chem.(russ.) 1965. 13 R368.

Durch Enzymeinwirkung gewonnene Sirupe ersparen Dollars. Ziemba, J.V., Land, C.E. jr. und Denault, L.J. Food Engng. 36. Nr.5. 93-95 (1964). - Ref.J.Chem.(russ.) 1966. 1 R334.

Entfärbter Maltosesirup. Ladur, T.A. Arb.zentr.wiss.Forsch.-Inst. Stärke- u.Stärkesirup-Ind. (russ.) 6. 39-47 (1963). - Ref.J.Chem.(russ.) 1964. 1 R325, Stärke 16. 100 (1964).

Der Abbau der Stärke durch mikrobielle Enzyme zur Herstellung von Sirup und Zucker. Denault, L.J. und Underkofler, L.A. Cereal Chem. 40. 618-29 (1963). - Ref.Stärke 16. 404 (1964), C. 1965. 4-2870, Ref.J.Chem. (russ.) 1965. 1 R233.

Untersuchung der Hydrolyse stärkehaltiger Rohstoffe mittels Fermenten bei der Herstellung von Glucosesirupen. Galkina, G.W. Arb.zentr.wiss.Forsch.-Inst.Stärke- u.Stärkesirup-Ind.(russ.) 6. 48-62 (1963). - Ref.J.Chem.(russ.) 1964. 3 R311, Stärke 16. 101 (1964).

Malzenzyme zur Maisstärkesirup-Herstellung. Leighton, A.E. Confect.Product. 28. Nr.2. 131-33 (1962). - Ref.J.Chem.(russ.) 1962. 16 N297.

Technologie der fermentativen Hydrolyse bei der Stärkesirupherstellung. Obuchowskij, E.A. Zucker-Ind. (russ.) 35. Nr.9. 67-73 (1961). - Ref.Stärke 14. 263 (1962), C. 1962. 17244.

Enzymatische Umwandlung der Kohlenhydrate der Gerste in Sirup. Houle, M.J. und Goering, K.J. Food Technol. 15. 25-28 (1961). - Ref.C. 1962. 13977.

Enzymatische Stärkehydrolyse. 3. Mitt. Der Grad der Hydrolyse und die Viscosität von Stärkesirup. Komaki, T., Matsuba, Y. und Okamoto, N. J.technol.Soc.Starch (Japan) 6. 94-98 (1958/59). - Ref.C.A. 54. 23386 (1960).

Enzymatische Stärkehydrolyse. 1. Mitt. Durch Enzyme hervorgerufene Bildung von trüben Substanzen in Stärkesirup. Komaki, T. J.technol.Soc.Starch (Japan) 4. 9-12 (1956/57). - Ref.C.A. 54. 23386e (1960).

Untersuchung über die Transglucosidierung von Schizosaccharomyces Pombe. 4. Mitt. Zuckeranalyse des als Substrat dienenden Stärkesirups. (Untersuchung über unvergärbare Zucker. 18. Mitt.) Shibasaki, K. J.agric.chem.Soc.Japan 30. 560-63 (1956). - Ref.C. 1958. 5111.

Eine neue Art von Lebensmittelsirup (Maltosesirup, Herstellung und Verwendung). Nossberger, V. Průmysl Potravin 6. 490-96 (1955). - Ref.C. 1961. 8144.

Anwendung von Fermenten bei der Maissiruperzeugung. Langlois, D.P. Food Technol. 7. 303-07 (1953).

Durch Enzyme konvertierter Getreidesirup zeigt wünschenswerte Eigenschaften. Tracy, P.H. und Edman, G. Food Ind. 12. Nr.12. 43-46 (1940). - Ref.C. 1941. I. 2053.

Herstellung von beständigem, hochkonzentriertem Malzsirup. Standard Brands Inc., übertr.von: H.C. Gore und Ch.N. Frey. A.P. 2 000 169 vom 11/1.1930, ausg. 7/5.1935. - Ref.C. 1935. II. 3312.

Verzuckerung der Stärke durch Malz in der Stärkesirupfabrikation. Lebedew, S. und Tichomirow, W. Lebensmittel-Ind. (russ.) 1927. 281-285.

Herstellung von Sirup aus Süß-Kartoffeln. Gore, H.C., Reese, H.C. und Reed, J.O. U.S.Dep.Agric., Bull. Nr. 1158. 33 S. (1923). - W.Ref. 401.

Herstellung und Gebrauch von Malzsirup. Dale, J.K. Sugar 22. 331-332 (1920). - Ref.C.A. 14. 3334 (1920), W.Ref. 384.

935. Sonstiges

Isolierung von Maltulose aus α-Amylase-Hydrolysaten von Wachs-Maisstärke. Radomski, M.W. und Smith, M.D. Cereal Chem. 39. 30-34 (1962). - Ref.J.Chem.(russ.) 1962. 16 N294, C.A. 57. 2479f (1962), C. 1963. 10290, Stärke 15. 271 (1963).

Die Hydrolyse von Amylotriose und Amylotetraose durch Speichelamylase. Pazur, J.H. J.biol.Chemistry 205. 75-80 (1953). - Ref.C. 1954. 9062.

Endprodukte der Einwirkung von Speichel-α-Amylase auf Amylose. Roberts, P.J.P. und Whelan, W.J. Biochem.J. 49. LVI-LVII (1951).

Stärkeabbau durch die α-Amylasen. 3. Mitt. Endprodukte der Einwirkung der Speichelamylase. Myrbäck, K. und Willstaedt, E. Ark.Kemi 6. 443-454 (1953). - Ref.C.A. 48. 6490d (1954), Stärke 6. 230 (1954), C. 1956. 7826.

Enzymatische Hydrolyse von Amylopektin. Isolierung eines kristallinen Trisaccharid-Hendeca-Acetates. Wolfrom, M.L., Georges, L.W., Thompson, A. und Miller, I.L. J.Amer.chem.Soc. 71. 2873 (1949). - Ref.C. 1949. E. 5514.

Weitere Untersuchungen der Wirkung der Pankreasamylase: Eine Differenzierung der Erzeugnisse der Hydrolyse von Kartoffelstärke und einer linearen Fraktion aus Maisstärke. Alfin, R.B. und Caldwell, M.L. J.Amer.chem.Soc. 71. 128-31 (1949). - Ref.Stärke 2. 209 (1950), C. 1950. I. 1617.

Die Bildung von Trisacchariden beim Abbau der Kartoffelstärke durch Pankreasamylase. Blom, J. und Rosted, C.O. Acta chem. scand. 1. 233-35 (1947).

Die Isolierung von Lävoglucosen aus den enzymatischen Hydrolysaten der gelben Getreidestärke. Montgomery, E.M. und Hilbert, G.E. J.Amer.chem.Soc. 68. 916 (1946). - Ref.C. 1946. II. 2484.

Analyse der diastatischen Spaltprodukte der Stärke. Somogyi, M. J.biol.Chemistry 124. 179-87 (1938). - Ref.C. 1938. II. 3700.

Zuckerbestimmung durch Vergärung im Warburg-Apparat. Der diastatische Abbau nativer Kartoffelstärken. Weichsel, G. Dissertation, Leipzig 1936.

Zur Kenntnis der Stärkeabbauprodukte einer α-Amylase. Blom, J., Braae, B. und Bak, A. Hoppe-Seyler's Z.physiol.Chem. 252. 261-70 (1938). - Ref.C. 1938. I. 3786.

Kristallisierte Hexaose aus Stärke. 3. Mitt. über enzymatische Amylolyse in der von M. Samec und E. Waldschmidt-Leitz begonnenen Untersuchungsreihe. Waldschmidt-Leitz, E. und Reichel, M. Hoppe-Seyler's Z.physiol.Chem. 223. 76-80 (1934). - Ref.C. 1934. II. 1141.

Darstellung löslicher Stärke auf fermentativem Wege. Stepanow, A. und Kusin, A. Chem.-pharmaz.Ind. (russ.) 1932. 321-25. - Ref.C. 1933. II. 3724.

Über den aus Stärke und Cellulose durch gewisse Bakterien gebildeten reduzierenden Zucker. Peterson, W.H., Scott, S.W. und Thompson, W.S. Biochem.Z. 219. 1-6 (1930). - Ref.C. 1930. I. 3201.

Über einige neue Produkte der enzymatischen Spaltung der Stärke. Sjöberg, K. Ber.dtsch.chem.Ges. 57. 1251-1256 (1924). - Ref.C. 1924. II. 2394, W.Ref. 614.

Über die Identität der Hydrolysenprodukte von Stärke verschiedener Herkunft. Ford, J.S. und Guthrie, J.M. J.Soc.chem.Ind. 24. 605-606 (1905). - Ref.C. 1905. II. 544, W.Ref. 319.

Ein Vergleich der Hydrolysenprodukte von Kartoffel- und Getreidestärke. O'Sullivan, J. J.chem.Soc.(London) 85. 616-623 (1904). - Ref.C. 1904. I. 1254, W.Ref. 317.

Produkte der Verzuckerung der Stärke durch Diastase. Petit, P. C.R.hebd.Séances Acad.Sci. 125. 355-357 (1897). - Ref.C. 1897. II. 574, W.Ref. 279.

Experimentelle Methoden bei der Prüfung von Produkten der Stärkehydrolyse durch Diastase. Brown, H.T., Morris, G.H. und Millar, J.H. J.chem.Soc. (London) 71. 72-108 (1897). - Ref.C. 1897. I. 366, 584, W.Ref. 273.

Über einige Produkte der Stärkeumwandlung. Hiepe, W.L. Country Brewer's Gaz. 17. 732-734 (1893); 18. 12-13, 37-40 (1894). - Ref.C. 1894. I. 417, W.Ref. 244.

Über die Fermentierungsprodukte durch eine anaerobe Mikrobe im Wasser. Perdrix, L. Ann.Inst.Pasteur 5. 286 (1891).

Produkte der Stärkeverzuckerung. Effront, J. Monit.sci.Dr.Quesneville 29. 513-541 (1887). - W.Ref. 202.

Über die Umwandlungsprodukte der Stärke. O'Sullivan, C. J.chem. Soc.(London) 35. 770-785 (1879). - W.Ref. 181.

Über die Stärke. Musculus, F. und Gruber, D. C.R.hebd.Séances Acad.Sci. 86. 1459-1460 (1878). - Ref.C. 1878.563, W.Ref. 176.

Über die Umwandlungsprodukte der Stärke. O'Sullivan, C. J.chem. Soc. (London) 25. 579-588 (1872). - Ref.C. 1872. 628, W.Ref.161.

94. Amylasen in der Industrie

940. Allgemeines

(Vgl. auch "Enzymatischer Stärkeabbau": 92)

Enzyme in der Stärkeindustrie. Underkofler, L.A., Denault, L.J. und Hou, E.F. Stärke 17. 179-84 (1965). - Ref.J.Chem.(russ.) 1966. 3 R360.

Einige Anwendungsmöglichkeiten von Enzymen. Boidin, C. Teintex 26. 33-45 (1961). - Ref.C. 1961. 14877.

Die Verwendung von Fermenten bei der Herstellung von Stärkeprodukten. Galkina, G.W. Zucker-Ind. (russ.) 34. Nr.12. 61-63 (1960).

Für die Industrie angewandte Enzyme. Nomoto, M. Nucleic Acid, Enzyme (Japan) 5. 593-605 (1960). - Ref.C.A. 56. 7802i (1962).

Die amylolytischen Fermente und ihre Rolle in der Lebensmittelindustrie. Pronin, Ss.I. Moskau: Pischtschepromisdat 1957. - Ref.C. 1957. 12331.

Vielseitige Verwendungsmöglichkeiten von Enzymen. Underkofler, L.A. und Ferracone, W.J. Food Engng. 29. 123, 125, 126, 130, 132 (1957). - Ref.Stärke 10. 89 (1958).

Industrielle Anwendung von Amylase. Komaki, T. J.technol.Soc. Starch (Japan) 4. 1-8 (1956).

Amylasen und deren industrielle Anwendung. Lulla, B.S. Sci. and Cult. 18. 561-63 (1953). - Ref.C. 1954. 5872.

Mikrobiologische Gewinnung von Enzymen und ihre industrielle Anwendung. Smythe, C.V. Econ.Bot. 5. 126 (1951).

Über den Einsatz von Amylasepräparaten in der Technik. Voß, J. Stärke 3. 155-59 (1951). - Ref.C. 1952. 611.

"Über den Einsatz von Amylasepräparaten in der Technik". Entgegnung auf die Erwiderung von Dr. J. Voß, Wiesbaden. Deckenbrock, W. Stärke 3. 302 (1951). - Ref.C. 1952. 611.

Erwiderung. Voß, J. Stärke 3. 258 (1951). - Ref.C. 1952. 611.

Über den Einsatz von Amylasepräparaten in der Technik. Bemerkung zu einem Vortrag von J. Voß, Wiesbaden. Deckenbrock, W. Stärke 3. 257 (1951).

Industrielle Schimmelenzyme. Oshima, K. und Church, M.B. Ind.Engng. Chem. 15. 67-70 (1923). - Ref.C. 1923. IV. 434, W.Ref. 3345.

Biologisches Verfahren. Takamine, J. A.P. 975 656. 1910.

Biologisches Verfahren. Calmette, L. A.P. 687 122. 1901.

Biologisches Verfahren - Verfahren zur Gewinnung von Glukose mittels Mucedineen oder Schimmelpilze. Calmette, L. D.R.P. 120 835 Kl. 89i vom 6/7.1900, ausg. 14/6.1901.

941. Technische Stärkehydrolyse

9411. Herstellung von Dextrose und Maltose, Patente
9412. Glucoamylasen, Patente
9413. Diastasen, Patente

9411. Herstellung von Dextrose und Maltose, Patente

(Vgl. auch "Diastasen, Maltasen und Glucoamylasen und ihre Wirkung": 924, 925, 926, "Fermentative Abbauprodukte der Stärke, Maltose und Glucose": 933, "Stärkesirupe": 934)

Enzymatische Umwandlung von Stärke zu Glucose. Dorr-Oliver, Inc. Holl.P. 6 401 495 ausg. 19/8.1964. A.Prior. 18/2.1963. - Ref.C.A. 62. 15390f (1965).

Behandlung und Anwendung von Enzymen für die Hydrolyse von Stärke. Grain Processing Corp. (Erfinder: Kathrein, H.R.). A.P.3 108 928 ausg. 29/10.1963. - Ref.C.A.(B.) 60. 5834g (1964).

Die enzymatische Herstellung von Glucose aus Stärke. Hayashibara, I. Japan.P. 10 836 ('63) ausg. 1/7.1963. - Ref.C.A.(M.) 59. 15470a (1963), Ref.J.Chem. (russ.) 1965. 21 R329.

Eine Methode zur Herstellung eines Glucoseproduktes mit Hilfe von Fermenten. Harold Eli Bode. F.P. 1 359 382 vom 28/3.1963., ausg. 16/3.1964. - Ref.J.Chem.(russ.) 1965. 17 R287.

Stärkehydrolyse mit Pilzfermenten. Corn Products Co. (Erfinder: Armbruster, F.C.). E.P. 904 423 vom 25/5.1960., ausg. 29/8. 1962. A.Prior. 25/5.1959. - Ref.C. 1964. Nr.1. 2749.

Behandlung und Anwendung von Enzymen für die Stärkehydrolyse. Corn Products Co. (Erfinder: Kooi, E.R., Harjes, C.F. und Gilkison, J.S.). A.P. 3 042 584 ausg. 3/7.1962. - Ref.J.Chem. (russ.) 1964. 4 R356, C. 1965. 16-2933.

Dextrose aus Stärke. Union Starch & Refining Co., Inc. (Erfinder: Lenney, J.F. und Shively, L.R.). A.P. 3 039 936 vom 7/6.1960, ausg. 19/6.1962. - Ref.C.A. 57. 7748c (1962), Ref.J.Chem. (russ.) 1963. 24 R312, C. 1964. 43-2764, Stärke 16. 170 (1964).

Kristallines Glucose-Präparat durch enzymatische Hydrolyse von Stärke. Rentshler, D.F., Langlois, D.P., Larson, R.F., Alverson, L.H. und Liggett, R.W. A.P. 3 039 935 vom 25/2.1960., ausg. 19/6.1962. - Ref.C.A. 57. 10085h (1962), Ref.J.Chem. (russ.) (1963). 24 R313, C. 1965. 16-2934.

Stärkehydrolysierende Enzyme. Yamada, K. A.P. 2 976 219 ausg. 21/3.1961. - Ref.C.A. 55. 14818d (1961), C. 1962. 15063, Stärke 14. 434 (1962).

Verzuckerung von Stärke mit Pilzenzymen. Fenikssowa, R.W. und Schilowa, A.A. UdSSR.P. 127 632 ausg. 12/4.1960. - Ref.C.A. 54. 21808e (1960), Ref.J.Chem.(russ.) 1961. 11 N338.

Herstellung von Glucoselösungen. Union Starch & Refining Co.,Inc. (Erfinder: Lenney, J.F. und Shively, L.R.). D.A.S. 1 135 389 Kl. 89i vom 18/12.1959., ausg. 23/8.1962. - Ref.C. 1964. Nr.1. 2748, Stärke 15. 383 (1963).

Reinigen von Amylasepräparaten und Herstellung von Dextrose. Corn Products Co. E.P. 887 410 vom 11/6.1958., ausg. 17/1.1962. A.Prior. 18/6.1957., id.mit Belg.P. 567 859. - Ref.C. 1963. 22932.

Maltose aus Stärke. Kusuhara, E. Japan.P. 3 027 ('57) ausg.21/5. 1957. - Ref.C.A. 52. 15826b (1958), Ref.J.Chem.(russ.) 1961. Nr.5 N328.

Enzymatische Erzeugung von Dextrose aus Stärke. Corn Products Co. (Erfinder: Kerr, R.W.). A.P. 2 967 804 vom 30/12.1957, ausg. 10/1.1961., id.mit D.A.S. 1 085 124. - Ref.C. 1962. 9550, Ref.J.Chem. (russ.) 1962. 3 N320.

Für die Herstellung von Maltose geeignete verflüssigte Stärke. Kusuhara, E. Japan.P. 7 174 ('54) 30/10.1954. - Ref.C.A. 50. 37081 (1956).

Stärkesirup mit hohem Dextringehalt durch fermentative Verzuckerung. Union Starch & Refining Co., übert.von: Cleland, J. und le Roy Meyer, A. E.P. 692 284 vom 5/3.1951, ausg. 3/6.1953. - Ref.Stärke 6. 11 (1954).

Enzymatische Stärkekonvertierung. Clinton Foods, Inc., übert.von: W.R. Fetzer und R.M. Hamilton. A.P. 2 720 465 vom 11/2.1950, ausg. 11/10.1955. - Ref.C. 1956. 9318, C.A. 50. 2196d (1956).

Herstellung von Stärkezucker mittels Pilzamylase. Staley, A.E., Mfg. Co. Can.P. 462 709, ausg. 24/1.1950. - Ref.Stärke 2. 236 (1950), C. 1950. II. 714.

Enzymatische Hydrolyse von Stärke und Stärkeprodukten unter Verwendung von Aspergilluskulturen. Le Mense, H.H. und van Lanen, J.M. A.P. 2 451 567 vom 10/9.1946., ausg. 19/10.1948. - Ref.C. 1949. II. 1031.

Verzuckerungsprozeß. United States of America, as represented by the Secretary of Agriculture (Erfinder: Dworschak, R.G. und Burdick, E.M.). A.P. 2 415 734 vom 27/10.1944, ausg. 11/2.1947.

Gewinnung von Maltose aus Kartoffeln. Janser, A.M.J. und Clark, P.C.T. E.P. 569 597, ausg. 31/5.1945. - Ref.C. 1948. I. 1059.

Eßbares festes Stärke-Verzuckerungsprodukt. Staley Mfg.Co. (Erfinder: Langlois, D.P.). A.P. 2 276 621, ausg. 17/3.1942.

Enzymatischer Abbau von Stärke. Corn Products Refining Co. F.P. 863 043 vom 24/1.1940, ausg. 21/3.1941. A.Prior. 15/6.1939. - Ref.C. 1942. I. 146.

Stärkeverzuckerung mittels Enzymen. Soc.an.Les Usines de Melle. Belg.P. 434 668 vom 2/6.1939, Auszug veröff. 1/2.1940. - Ref.C. 1940. I. 3590.

Malzartiger Syrup für Brau-, Back- und andere Zwecke. American-Maize-Products Co., Me. übert.von: L. Stein, J.F. Walsh und H. C. Needle. A.P. 2 179 203 vom 17/3.1937, ausg. 7/11.1939. - Ref.C. 1940. I. 1433.

Herstellung von Maltose oder Maltoseprodukten. Hollandsche Pelmolen te Vlaardingen, N.V. De. F.P. 794 683 vom 10/9.1935, ausg. 22/2.1936. - Ref.C. 1936. II. 387.

Herstellung von Stärkeabbauprodukten. Allgäuer Alpenmilch AG. F.P. 769 800 vom 7/3.1934, ausg. 1/9.1934. D.Prior. 7/3. und 25/7.1933. - Ref.C. 1935. I. 2274.

Maltose und Glucose aus Stärke. S.M.A. Corp., übert.von: Vermon Jersey. A.P. 2 096 549 vom 14/6.1933, ausg. 19/10.1937. - Ref.C. 1938. I. 1482.

Herstellung eines aus Stärke fermentativ abgebauten Zuckers. Alete Pharmazeutische Produkte GmbH. (Erfinder: G. Malyoth). D.R.P. 671 196 Kl. 89i vom 26/7.1933, ausg. 2/2.1939. - Ref.C. 1939. I. 3276.

Stärkeverflüssigung. Effront, I.A. und Boidin, A.R. F.PP. 779 000 vom 15/12.1933, ausg. 27/3.1935 und 779 001 v. 15/12.1933, ausg. 28/3.1935. - Ref.C. 1935. II. 1100.

Herstellung von Maltose. Fleischmann Co., übert.von: F.C. Weber und W.H. Randall. A.P. 1 722 775 vom 20/2.1926, ausg.30/7. 1929. - Ref.C. 1929. II. 1863.

Herstellung von Maltose aus stärkehaltigen Stoffen. Gore, H.Ch. und The Fleischmann Co. E.P. 249 428 vom 22/12.1924.

Herstellung von Maltose. Fleischmann Co., übert.von: H.C. Gore. E.P. 226 812 vom 22/12.1924, Auszug veröff. 18/2.1925. Prior. 20/12.1923. - Ref.C. 1925. I. 2417.

Verfahren zur Herstellung von Stärkeabbauprodukten. Stern, E. D.R.P. 523 349 Kl. 89k vom 17/10.1924, ausg. 22/4.1931. - Ref.C. 1931. II. 148.

Behandlung von Stärke und solche enthaltenden Stoffen. Ling, A.R. und Nanji, D.R. A.P. 1 548 721 vom 13/10.1924, ausg. 4/8.1925. - Ref.C. 1926. I: 254.

Umwandlung von Stärke. Ling, A.R. und Nanji, D.R. E.P. 224 269 vom 11/7.1923.

Nutzbarmachung stärkehaltiger Stärkerückstände der Stärkefabriken. Boidin, A. und Effront, J. F.P. 554 104 vom 18/11.1921, ausg. 5/6.1923. - Ref.C. 1924. II. 2619.

Verfahren zur Verzuckerung von stärkemehlhaltigen Materialien mittels Schimmelpilzen. Société d'Exploitation des Procédés H.Boulard. Oe.P. 82 167 vom 8/11.1913, ausg. 27/12.1920. - Ref.C. 1921. II. 566.

Verfahren zur Verzuckerung stärkehaltiger Stoffe unter Überführung der Stärke in Dextrose mittels eines Pilzes. Hoff, B., Zschiesche, G.H. und Schürer, K.P. D.R.P. 197 468 Kl. 6b vom 28/12.1906, ausg. 15/4.1908.

Verfahren zur Herstellung von Maltose und Dextrose. Wiesenbrock, F. A.P. 641 910 vom 24/2.1899, ausg. 23/1.1900.

Zucker und Stärke. Verfahren zur Verzuckerung von Stärke durch Malz zu Maltose bzw. Maltodextrin. Degener, P. D.R.P. 46 110 Kl. 6b vom 1/6.1887, ausg. 2/2.1889.

Verfahren zur Herstellung von Maltose-Syrup aus Stärke und stärkehaltigen Rohstoffen. Société Anonym Général de Maltose. D.R.P. 34 085 Kl. 6b vom 22/8.1883, ausg. 2/1.1886.

9412. Glucoamylasen, Patente

(Vgl. auch "Glucoamylasen und ihre Wirkung": 926)

Amyloglucosidase. A.E.Staley Mfg. Co. (Erfinder: Hurst, T.L. und Turner, A.W.). Belg. P. 612 470 ausg. 9/7.1962., A.Prior.15/2. 1961. - Ref.C.A. 57. 16949a (1962).

Verfahren zur Herstellung von Dextrose unter Verwendung von gereinigter Amyloglucosidase. Corn Products Co. (Erfinder: Kerr, R.W.). A.P. 2 970 086 ausg. 31/1.1961. - Ref.J.Chem. (russ.) 1962. 9 N344.

Glucamylaseerzeuger. Corn Products Co. (Erfinder: Armbruster, F.C.). F.P. 1 271 512 vom 24/5.1960., ausg. 17/1.1962. A.Prior. 25/5. 1959., id.mit E.P. 904 423. - Ref.C. 1966. 22-3065.

Reinigung von Amyloglucosidase und die Herstellung von Dextrose. Corn Products Co. E.P. 849 508 ausg. 28/9.1960. - Ref.C. 55. 5863h (1961), C. 1962. 5132.

Glucamylase. Corn Products Co. (Erfinder: Armbruster, F.C.). A.P. 3 012 944 vom 8/4.1960., ausg. 12/12.1961. - Ref.C.A. 56. 5224g (1962), C. 1963. 20633.

Reinigung von Amyloglucosidase. Hurst, T.L. und Turner, A.W. A.P. 3 047 471 vom 26/9.1960., ausg. 31/7.1962. - Ref.C.A. 57. 12898h (1962), C. 1965. 16-2935.

Gewinnung von Amyloglucosidase. Corn Products Co. (Erfinder: Armbruster, F.C.). D.A.S. 1 186 015 Kl. 6a vom 13/6.1959., ausg. 28/1.1965. A.Prior. 25/5.1959; id.mit E.P. 904 423. - Ref.C. 1965. 32-2934.

Herstellung von Dextrose mittels gereinigter Amyloglucosidase. Corn Products Co. (Erfinder: Kerr, R.W.). A.P. 3 017 330 vom 28/11.1958, ausg. 16/1.1962. - Ref.C.A. 56. 13150e (1962), Ref.J.Chem.(russ.) 1963. 5 R291, C. 1964. 16-2709, Stärke 16. 236 (1964).

Gewinnung von Amyloglucosidase. Corn Products Refining Co. (Erfinder: Kerr, R.W.). F.P. 1 205 248 vom 20/3.1958., ausg.1/2. 1960. A.Prior. 30/12.1957; id.mit D.A.S. 1 085 124. - Ref.C. 1964. 24-2754.

Herstellung von Dextrose mittels gereinigter Amyloglucosidase. Corn Products Refining Co. Belg.P. 565 883 vom 20/3.1958., ausg. 20/9.1958. A.Prior. 30/12.1957., id.mit Belg.P. 565 883. - Ref.C. 1962. 1059.

Herstellung von Dextrose mittels gereinigter Amyloglucosidase. Corn Products Refining Co. Belg.P. 565 882 vom 20/3.1958., ausg. 20/9.1958. A.Prior. 30/12.1957. - Ref.C. 1962. 682.

Verfahren zur Herstellung von Amyloglucosidase enthaltenden Enzymzubereitungen. Corn Products Co. D.A.S. 1 085 124 Kl. 6a vom 15/3.1958, veröff. 14/7.1960. A.Prior. 30/12.1957; id.mit A.P. 2 967 804, E.P. 887 410, Belg.P. 567 859 und F.P. 1 205248. - Ref.Stärke 14. 101 (1962).

Verfahren zum Reinigen einer Amyloglucosidaseenzym enthaltenden Zubereitung. Corn Products Co. D.A.S. 1 087 550 Kl. 6a vom 15/3.1958, veröff. 25/8.1960. A.Prior. 30/12.1957. - Ref.Stärke 14. 101 (1962).

Ausschaltung der Transglucosidase-Wirkung in Pilzamylasepräparaten. Corn Products Refining Co. Belg.P. 567 859 vom 20/5.1958., ausg. 12/8.1960. A.Prior. 18/6.1957., id.mit E.P. 887 410 und D.A.S. 1 085 124. - Ref.C. 1962. 15063.

Verfahren zum Entfernen der Transglucosidase aus Pilzamylase-Zubereitungen. Corn Products Co. D.A.S. 1 106 275 Kl. 6a vom 27/7. 1957., ausg. 10/5.1961. A.Prior. 18/6.1957. - Ref.Stärke 14. 296 (1962).

Gewinnung von Amyloglucosidase. A.E. Staley Mfg. Co. F.P.1 187 900 vom 30/10.1957., ausg. 17/9.1959. - Ref.C. 1963. 20632.

Herstellung von Amyloglucosidase. A.E. Staley Mfg. Co. E.P. 834 334 vom 6/8.1957, ausg. 4/5.1960. - Ref.C. 1961.15594.

Herstellung von Amyloglucosidase. A.E. Staley Mfg. Co. Belg.P. 562 081 vom 31/10.1957, ausg. 30/4.1958. - Ref.C. 1961. 15594.

9413. Diastasen, Patente

(Vgl. auch "Diastasen und ihre Wirkung": 924)

Stabilisiertes, diastatisches Enzympräparat. Röhm and Haas Co. (Erfinder: Smythe, C.V.). A.P. 2 979 440 ausg. 11/4.1961. - Ref.C.A. 55. 14835i (1961), C. 1963. 11469.

Bakterielle Diastase. Council of Scientific and Industrial Research (Erfinder: Babbar, I., Behki, R.M. und Srinivasan, M.C.). Ind.P. 66 096 ausg. 3/8.1960. - Ref.C.A. 55. 2012f (1961).

Herstellung eines hochwirksamen Diastasepräparates auf der Grundlage von Malz. Thywissen, C., Malzfabrik (Erfinder: Hartig, F.). D.A.S. 1 012 886 Kl. 6a vom 14/6.1954, veröff. 1/8.1957. - Ref.C. 1958. 5825.

Pektinasefreie Diastase. Röhm & Haas Co., übert.von: C.V. Smithe und C.E. Neubeck. A.P. 2 599 523 vom 14/11.1949, ausg. 10/6. 1952. - Ref.C. 1953. 4955.

Gewinnung von Diastase. Fränkel, S. D.R.P. 311 339 Kl. 6a vom 22/8.1912, ausg. 10/3.1919.

Verfahren zur technischen Herstellung von Reindiastase. Fränkel,S. D.R.P. 173 232 Kl. 6a vom 2/8.1904, ausg. 24/7.1906.

942. Gärungsindustrie

9421. Gerste und Enzyme
9422. Mälzen
9423. Würze
9424. Malz und Malzamylasen
9425. Brauerei
9426. Brennerei
9427. Sake - Koji
9428. Sonstiges

9421. Gerste und Enzyme

(Auch Malzgerste, Gerstendiastase. Vgl. auch "Mehl und Enzyme": 944)

Ausschlußchromatographie von Gerste-β-Amylase an Sephadex G-75. Nummi, M., Vilhunen, R. und Enari, T. Acta chem.scand. 19. 1793-94 (1965). - Ref.Stärke 18. 301 (1966).

Einfluß von Gibberellin-Säure und Coumarin auf das Wachstum von Gerste und die Synthese von α-Amylase. Dumitru, I.F., Verbeek, R. und Massart, L. Naturwissenschaften 51. 490-91 (1964). - Ref.C.A. 62. 9703b (1965).

Vererbung von freier β-Amylase bei Gerste. Bendelow, V.M. Canad. J.Plant Sci. 44. 550-54 (1964). - Ref.C.A. 62. 8133b (1965).

Untersuchung von Gerste und Malzamylasen durch immunochemische Methoden. Grabar, P. und Daussant, J. Cereal Chem. 41. 523-32 (1964). - Ref.C.A. 62. 10818c (1965).

Amylolytische und proteolytische Aktivität von Enzymen in ungemälzter und gemälzter Brauerei-Gerste. Smirnowa-Ikonnikowa, M.I. und Petrowa, T.M. Nachr.Landwirtsch.Wiss. (russ.) 9. Nr.6. 64-69 (1964). - Ref.C.A. 63. 3585f (1965), C. 1966. 23-3219.

Grenzdextrinaseaktivität in vermälzter Gerste. Greig, C.G. J.Inst.Brewing 69. 412-17 (1963). - Ref.C. 1966. 2-2866.

Kristallisierte β-Amylase aus Gerste. Reindel, F. und Belchlawek,L. Brauwissenschaft 14. 89-95 (1961). - Ref.C.A. 55. 16702b (1961), C. 1962. 16874.

Untersuchungen über die ß-Amylase im Keimling und im Endosperm der Gerste. Verbeek-Wyndaele, R. und Coulier, V. European Brewery Convent., Proc.Congr., Vienna 1961. 72-79. - Ref.C. 1964. 37-2697.

Malzamylase. 5. Mitt. Veränderungen der Gerstenamylase während der Reife, der Ruheperiode und des Mälzens. Nishitai, Y., Mugibayashi, N., Fujimoto, K. und Shinke, R. Hyôgo Nôka Diagaku Kenkyû Hôkoku, Nôgeikagaku-hen 4. 110-12 (1960). - Ref.C.A. 55. 27557g (1961).

Die physiologischen Wirkungen der Gibberellsäure. 2. Mitt. Stärkehydrolysierende Enzyme des Gerstenendosperms. Paleg, L.G. Plant Physiol. 35. 902-06 (1960). - Ref.C. 1962. 6089.

Über die ß-Amylase der Gerste. Montagu, M. van und Massart, L. Arch.int.Physiol.Biochem. 64. 138-39 (1956). - Ref.C. 1957. 7390.

Untersuchungen über Malzamylase. 6. Mitt. Amylaseveränderungen während der Autolyse von Gerste. Ikemiya, M. J.agric.chem.Soc. Japan 30. 138-40 (1956). - Ref.C. 1958. 3921.

Kohlenhydrate beim Mälzen und Brauen. 2. Mitt. Veränderungen der Kohlenhydrate von Gerste beim Reifen, Trocknen und Lagern. Harris, G. und MacWilliam, I.C. J.Inst.Brewing 60. 387-92 (1954). - Ref.C. 1956. 2328.

Chemische Gesichtspunkte beim Mälzen. 4. Mitt. Veränderungen der Kohlenhydrate von Gerste beim Mälzen. Harris, G. und MacWilliam, I.C. J.Inst.Brewing 60. 149-57 (1954). - Ref.C.A. 49. 9875d (1955).

Die Beziehung zwischen p_H und Aktivität der α- und ß-Amylasen von Gerste und Ragi (Eleusine coracana) im ruhenden und gekeimten Zustand. Saroja, K. und Giri, K.V. J.Indian Inst.Sci. 35. 99-105 (1953). - Ref.C. 1954. 8597.

Schnellmethode zur Bestimmung des Einflusses von ß-Amylase auf Gerstenextrakte. Kirsop, B.H. J.Inst.Brewing 59. 378-81 (1953).

Schwankungen des Stärkelösungsvermögens von Gerste während des Keimens in Beziehung zur Gegenwart von Biokatalysatoren im Einweichwasser. Covello, M. und Boisio, M.L. Boll.Soc.ital.Biol. sperim. 29. 466-69 (1953). - Ref.C. 1950/54. 9129 S.

Veränderungen der Kohlenhydrate der Gerste während der Mälzung. Devreux, A. Rev.Fermentat.Ind.aliment 6. 203-07 (1951). - Ref.C. 1954. 7533.

Über den Gehalt der Malzgerste an Amylase, Aneurin und Mineralstoffen. Lundegårdh, H., Sandegren, E. und Lundin, H. Lantbrukshögskolans Ann. 12. 172-85 (1944/45). - Ref.C. 1946. II. 1646.

Über Gerstenamylase und -proteinase. Sandegren, E. und Klang, N. J.Inst.Brewing 56. 313-18 (1950). - Ref.C. 1951. I. 1815.

Isolierung und Eigenschaften von kristalliner α-Amylase aus angekeimter Gerste. Schwimmer, S. und Balls, A.K. J.biol.Chemistry 179. 1063-74 (1949). - Ref.Stärke 2. 284 (1950), C. 1949. E. 6690.

Die β-Amylase der Gerste. Hopkins, R.H., Murray, R.H. und Lockwood, A.R. Biochem.J. 40. 507-12 (1946). - Ref.C. 1946. II. 2251.

Über das Stärkeverflüssigungsvermögen während der Keimung der Gerste. Mayer, K. und Klinga-Mayer, M. Hoppe-Seyler's Z. physiol.Chem. 267. 115-27 (1940). - Ref.C. 1941. I. 1301.

Amylasen in ruhenden und keimenden Samen. 5. Mitt. Die Entwicklung der α-Amylase der keimenden Gerste. Ohlsson, E. und Thörn, N. C.R.Trav.Lab. Carlsberg Ser.chim. 22. 398-404 (1938). - Ref.C. 1938. I. 3786.

Durch Sortenwahl bedingte Unterschiede bei Gersten und Malzen. 3. Mitt. Beziehungen zwischen Stickstoff und Verzuckerungsvermögen. Anderson, J.A., Sallans, H.R. und Ayre, C.A. Canad.J. Res., Sect.C. 16. 456-66 (1938). - Ref.C. 1939. I. 3089.

Durch Sortenwahl bedingte Unterschiede bei Gersten und Malzen. 2. Mitt. Verzuckerungsvermögen bei Gersten und Malzen und die Beziehungen zwischen ihnen. Sallans, H.R. und Anderson, J.A. Canad.J.Res., Sect.C. 16. 405-16 (1938). - Ref.C. 1939. I.3089.

Die Amylasen verschiedener Gerstearten. Hills, C.H. und Bailey, C.H. Cereal Chem. 15. 351-62 (1938).

Die Wirkung der beiden Gerstenamylasen. Hanes, Ch.S. Canad.J.Res. 13.B, 185-208 (1935).

Die Entwicklung der Amylasen während der Keimung der Gerste. Lüers, H. und Rümmler, W. Wschr.Brauerei 52. 9-12 (1935).

Veränderlichkeit des Temperaturoptimums der Wirkung der amylolytischen Fermente aus gekeimter Gerste auf gekochte und rohe Stärken. Lecoq, R. Bull.Soc.Chim.biol. 7. 26-30 (1925). - Ref.C. 1925. I. 1877.

Ähnlichkeit zwischen Ptyalin und der Amylase von gekeimter Gerste. Weitz, R. und Lecoq, R. C.R.Séances Soc.Biol.Filiales 91. 926-927 (1924). - W.Ref. 3067.

Untersuchungen über die Beschaffenheit und die Wirkungsweise der biochemischen oder diastatischen Katalysatoren. - Die Einwirkungen der Elektrolyse auf die Diastasen des Pankreassaftes und die Amylase der gekeimten Gerste. Maignon, F. C.R.hebd. Séances Acad.Sci. 178. 420-423 (1924). - Ref.C.A. 18. 1304 (1924), C. 1924. I. 2787, W.Ref. 2772.

Unähnlichkeit zwischen den amylolytischen Fermenten von verschieden behandelter gekeimter Gerste. Lecoq, R. C.R.Séances Soc. Biol.Filiales 91. 924-926 (1924). - W.Ref. 2771.

Beitrag zur Kenntnis der Enzyme. 9. Mitt. Über den Widerstand gegen das Altern verschiedener Enzyme der gekeimten Gerste. Maestrini, D. Atti Reale Accad.naz.Lincei, Rend. 32. Ser.5; Sem.1; 397-398 (1923). - W.Ref. 2762.

Amylasen der Getreidekörner - die "unlösliche" Amylase der Gerste. Baker, J.L. und Hulton, H.F.E. J.chem.Soc. (London) 121. 1929-1934 (1922). - Ref.C.A. 17. 1485 (1923), C. 1923. I. 1092, W.Ref. 2749.

Beitrag zur Kenntnis der Enzyme. 1. Mitt. Amylase der gekeimten Gerste. Maestrini, D. Atti Reale Accad.naz.Lincei, Rend. 38. Sem.2; 393-394 (1919). - Ref.C.A. 14. 2003 (1920), C. 1922. I. 415, W.Ref. 3051.

Morphologie des Gerstenkorns mit einem Hinweis auf seine enzymabsondernden Bereiche. Mann, A. und Harlan, H.V. U.S.Dep. Agric., Off.Exp.Stat., Bull.Nr. 183. 32 S. (1915). - W.Ref. 3416.

Die Bewertung der Gerste im Hinblick auf die zu erwartende Extraktausbeute aus dem Malze. Lintner, C.J. Z.ges.Brauwes. 34. 301-308 (1911). - W.Ref. 1542.

Die Produktion von Diastase während der Keimung der Gerste auf dem Mälzboden. Ling, A.R., Rendle, Th. und McLaren, G. 7.Int. Congr.appl.Chem., London, Trans., Sect. 6b. 141-142 (1909). - W.Ref. 3403.

Zur Kenntnis der Enzyme der ungekeimten Gerste. Z.Spiritusind. 32. 36, 46 (1909).

Über das Verhältnis der Diastase zur Zuckermenge bei der Keimung der Gerste (Auszug). Heinzelmann, G. Wschr.Brauerei 26. 9-10 (1909).

Biochemie der Gerste. 1. Mitt. Amylase lagernder Gerste. Ford, J.S. und Guthrie, J.M. J.Inst.Brewing 14. 61-85 (1908). - Ref.C.A. 2. 1593 (1908), C. 1908. I. 1470, W.Ref. 2860.

Zur Kenntnis der Enzyme der ungekeimten Gerste. Jalowetz, E. Wschr.Brauerei 25. 557-559 (1908). - Ref.C.A. 2. 1851 (1908), W.Ref. 3401.

Verhältnis der Diastase zur Zuckermenge bei der Keimung der Gerste. Glimm, E. Z.ges.Brauwes. 31. 439-442 (1908). - Ref.C. 1908. II. 1389, W.Ref. 3400.

Wirkung der Malzenzyme auf ungekeimtes Getreide. Baker, J.L. und Hulton, H.F.E. Brit.Assoc.Advancement Sci., Rep.annu.Meeting 1908. 670-671. - W.Ref. 2858.

Stärke und Extraktgehalt der Gerste in ihren Beziehungen zum Malzextrakt. Reichard, A. Z.ges.Brauwes. 31. 345-348, 357-360 (1908). - W.Ref. 2075, C. 1908. II. 1067.

Die Einwirkung des Lichtes auf keimende Gerste und Grünmalz. Bode, G. Wschr.Brauerei 22. 785-786 (1905). - Ref.C. 1906. I. 509, W.Ref. 3073.

Die Kohlenhydrate der Gerste und ihre Umwandlungen im Verlaufe der industriellen Keimung. Lindet, L. C.R.hebd.Séances Acad.Sci. 137. 73-75 (1903). - Ref.C. 1903. II. 582.

Einfluß der Diastase von ungekeimter Gerste auf Stärke. Baker, J.L. Proc.chem.Soc. (London) 18. 134-36 (1902).

Die Wirkung von Diastase ungekeimter Gerste auf Stärke. Teil 1. Baker, J.L. J.chem.Soc. (London) 81. 1177-1185 (1902). - Ref.C. 1902. II. 191, W.Ref. 302.

Über die verzuckernde Wirkung der Weizenkeime und über die Verwendung dieser Keime in der Brennerei. Lindet, L. C.R.hebd. Séances Acad.Sci. 132. 261-263 (1901). - W.Ref. 3385.

Betrachtungen über die Prüfung der Gerstendiastase. Terrat, P. J.Pharmac.Chim. 6. Sér.6; 494-498 (1897). - Ref.C. 1898. I. 267, W.Ref. 3116.

Über die Diastase der Gerste (Auszug). Yegorov, I.V. Bull.Soc. chim.Paris 16. Sér.3; 202-203 (1896). - W.Ref. 2607.

9421, 9422

Beitrag zu den Beziehungen zwischen der Beschaffenheit der Gerste und der diastatischen Kraft des Malzes. Saare, O. Z.Spiritus-ind. 15. 192 (1892).

Über das diastatische Vermögen der Gerste. Bungener, H. und Fries, L. Z.ges.Brauwes. 9. 261-263 (1886). - W.Ref. 3112.

9422. Mälzen

Kohlenhydrat-Stoffwechsel beim Mälzen. MacLeod, A.M. Brewers Digest 37. Nr.3. 40-42, 47, 49 (1962). - Ref.C.A. 56. 15964i (1962).

Mälz- und Braustudien an Kaffernhirse. 13. Mitt. Veränderung der diastatischen Kraft in Beziehung zu Sorte, Jahreszeit, Reife und Alter des Kornes. Novellie, L. J.Sci.Food Agric. 13. 124-26 (1962). - Ref.C.A. 56. 15962c (1962).

Mälz- und Braustudien an Kaffernhirse. 12. Mitt. Einfluß der Mälzbedingungen auf den Mälzverlust und die Gesamt-Amylase-Aktivität. Novellie, L. J.Sci.Food Agric. 13. 121-23 (1962). - Ref.C.A. 56. 15962b (1962).

Mälz- und Braustudien an Kaffernhirse. 11. Mitt. Einfluß der Mälzbedingungen auf die diastatische Kraft von Kaffernhirsemalz. Novellie, L. J.Sci.Food Agric. 13. 115-20 (1962). - Ref.C.A. 56. 15962a (1962).

Die Einwirkungen von Kaliumgibberellat auf die Erzeugung der Enzymaktivität von α- und β-Amylase und von Protease während des Mälzens von Weizen. Fleming, J.R. und Johnson, J.A. J.agric. Food Chem. 9. 152-53 (1961). - Ref.C. 1962. 9929.

Mälz- und Braustudien an Kaffernhirse. 10. Mitt. Die Suszeptibilität von Sorghum-Stärke zur Amylolyse. Novellie, L. und Schütte, R.J. J.Sci.Food Agric. 12. 552-59 (1961). - Ref.C.A. 56. 5220e (1962), C. 1962. 14711.

Die Kohlenhydrate beim Mälzen und Brauen. 12. Mitt. Ausbeute und Eigenschaften von Würzen, die mit Rohfrucht hergestellt wurden. Harris, G. und MacWilliam, I.C. J.Inst.Brewing 67. ([N.S.] 58) 154-58 (1961). - Ref.C. 1963. 6051.

Der Kohlenhydratstoffwechsel der Gerste in Beziehung zum Mälzen. MacLeod, A.M. Wallerstein Lab.Commun. 23. 87-89 (1960). - Ref.C. 1962. 10675.

Die Anwendung der Enzymsysteme beim Mälzen und Brauen. Bowker, J.W. Brewers' Guild J. 46. 317-29 (1960). - Ref.C. 1961. 11555.

Mälz- und Braustudien über die Kaffernhirse. 7. Mitt. Veränderungen in den Kohlenhydraten der Kaffernhirse während des Mälzens. Holdt, M.M. und Brand, J.C. J.Sci.Food Agric. 11. 467-71 (1960). - Ref.C. 1962. 7734.

Studien zur Technologie der Mälzerei. Weith, L. Brauwissenschaft 13. 214-18 (1960).

Einfluß des Mälzens und der Lagerungsbedingungen bei Weizen auf die α-Amylase- und Protease-Aktivität. Fleming, J.R., Johnson, J.A. und Miller, B.S. Cereal Chem. 37. 363-70 (1960).

Einfluß der Umgebung der Sorte und der Weizenklasse auf die α-Amylase- und Proteaseaktivität von gemälztem Weizen. Fleming, J.R., Johnson, J.A. und Miller, B.S. Cereal Chem. 37. 371-79 (1960). - Ref.C. 1961. 11555.

Papierchromatographische Trennung der α- und β-Amylase während der Mälzung. Stefancová-Bolfová, E. Kvasný Prumysl 4. 25-29 (1958). - Ref.C. 1958. 13652, Stärke 12. 92 (1960).

Verhalten von Polysacchariden der Gerste beim Mälzen. Preece, I.A. Wallerstein Lab.Commun. 20. 147-63 (1957).

Das Verhalten der Kohlenhydrate beim Mälzen. MacLeod, A.M. Brewers' Guild J. 41. 430-36 (1955). - Ref.C. 1956. 9318.

Reduzierung der Stärkeverluste beim Mälzen. 15. Mitt. Die Rolle von Phosphaten beim Oxidationsprozeß. Malkow, A.M., Dejewa, W.Je. und Drisina, Z.Schtsch. Arb.Leningrader technol.Inst. Lebensmittel-Ind. (russ.) 12. 100-12 (1955). - Ref.C.A. 51. 14198f (1957).

Umwandlung der Kohlenhydrate im Verlauf des Mälzens, des Brauens und der alkoholischen Gärung. Hopkins, R.H. Rev.Fermentat.Ind. aliment 10. 199-202 (1955). - Ref.C. 1958. 577.

Enzymwirkungen während des Mälzens. 3. Mitt. Stärke- und Phosphatspaltung. Massart, L. Fermentatio (Gand) 1946. 88-98. - Ref.C. 1946. II. 2486.

Enzyme beim Mälzen und Brauen. Hopkins, R.H. Amer.Brewer 76. Nr.1. 34 (1943).

Die Amylaseverhältnisse und Stoffumwandlungen beim Vermälzen von Roggen, verglichen mit Gerste. Wellhoener, H. Dissertation, Berlin 1941.

Über die Verwendung von Enzymen in der Industrie. I. Teil. Abbau von Stärke und Eiweiß beim Mälzen und Maischen. Hesse, A. Ergebn.Enzymforsch. 3. 95-134 (1934). - Ref.C. 1934. II. 856.

Cholam (Andropogon sorghum) als Ersatz für Gerste in Mälz-Verfahren. 3. Mitt. Stärkehydrolyse durch Cholam-Malzextrakt. Viswanath, B. und Suryanarayaba, M. J.Inst.Brewing 31. 425-429 (1925). - Ref.C.A. 20. 2045 (1926), W.Ref. 3435A.

Das Malzmehl und die Praxis des Mälzens von Stärkemehl und stärkemehlhaltigen Gewächsen. Lecoq, R. und Wary, S. J.Pharmac.Chim. 30. Sér.7; 231-236 (1924). - Ref.C. 1924. II. 2560, W.Ref.3063.

Veränderungen der Stärke und der stickstoffhaltigen Substanzen während des Mälzens. Tombeur, F. J.Soc.chem.Ind. 39. 461A (1920). - Ref.C.A. 14. 3496 (1920), W.Ref. 2142.

"Cholam" als Ersatz für Gerste beim Mälzen. Viswanath, B., Row, T.L. und Ayyangar, P.A.R. Mem.Dep.Agric.India, chem.Ser. 5. 117-29 (1919). - W.Ref. 2137.

Vergleichende Ausbeuteversuche mit besonderer Berücksichtigung der angeblichen "Hemicellutasetemperatur". Heintz, L. Wschr.Brauerei 32. 270-71 (1915). - Ref.C. 1915. II. 929, W.Ref. 2721.

Über die angebliche "Hemicellutase" und ihre Nutzbarmachung beim Maischen zwecks Steigerung der Extraktausbeute. Windisch, W. und Foerster, H. Wschr.Brauerei 32. 253-56 (1915). - Ref.C. 1915. II. 928, W.Ref. 2728.

Das Mälzen. 2. Mitt. Die Produktion von Diastase während des Mälzens. Ling, A.R. J.Inst.Brewing 18. 436-458 (1912). - W.Ref. 3193.

Läßt sich der Mälzungsschwund ohne Nachteile für die Qualität des Malzes verringern? Windisch, W. Wschr.Brauerei 17. 265-267 (1900). - W.Ref. 300.

9423. Würze

Verfahren zur Herstellung von Würze. Ajinomoto Co., Inc. (Erfinder: Kawamura, Y.). Schwz.P. 370 630 vom 14/12.1960., ausg. 15/7.1963.

Kohlenhydrate beim Mälzen und Brauen. 7. Mitt. Komplexe Kohlenhydrate von Würzen und ihr enzymatischer Abbau. Harris, G. J.Inst.Brewing 64. 395-404 (1958).

Die nicht mit der Stärke verwandten Polysaccharide der Gerste und ihr Einfluß auf die Zusammensetzung der Würze. Preece, I.A. Brauwissenschaft 1952. 201-07. Beilage zu: Brauwelt, Ausg.B. - Ref.C. 1956. 3441.

Die mikroskopischen Grundlagen der Bierbrauerei. 2. Mitt. Würzegewinnung und Gärung. Frey, H. Mikrokosmos 40. 205-08 (1951).

Kohlenhydratzusammensetzung der Würze und einige Ausblicke auf die Biochemie der Gärung. Harris, G., Barton-Wright, E.C. und Curtis, N.S. J.Inst.Brewing 57. 264-80 (1951). - Ref.C. 1952. 781.

Über die Kohlenhydratzusammensetzung der Bierwürze und die Vergärung der Dextrine durch Hefen. Kudrjawzew, W.I., Agatow, P.A. und Klopowskaja, K.I. Mikrobiologie (russ.) 16. 155-65 (1947). - Ref.C. 1947. E. 920.

Malzextraktrückfluß, nebst einigen Bemerkungen über das spezifische Drehvermögen von Umwandlungsprodukten der Weizenstärke und von Brauereiwürzen. Ling, A.R. J.Inst.Brewing 17. 570-586 (1911). - Ref.C.A. 6. 912 (1912), W.Ref. 347.

Die Zusammensetzung der Würze in Bezug auf Kohlenhydrate und deren Bestimmung. Bergsten, C. Wschr.Brauerei 28. 204-206 (1911).

Einfluß der Maischtemperatur auf die Zusammensetzung der Würze. Matthews, Ch.G. und Auty, R.A. J.Inst.Brewing 13. 685-703 (1907). - W.Ref. 329.

Einfluß der Mineralbestandteile des Brauwassers auf Bierwürzen. (Auszug). Smet, de. J.Soc.chem.Ind. 17. 1065 (1898). - W.Ref. 2825.

Die Kohlenhydrate der Bierwürze und deren Bedeutung für den Vergärungsgrad des Bieres. Lintner, C.J. Forschungsber.Lebensmittel Beziehungen Hyg., forense Chem.Pharmakog. 1. 426-29 (1894).

Die Kohlenhydrate der Bierwürze und deren Bedeutung für den Vergärungsgrad der Biere. Lintner, C.J. Pharmaz.Zentralhalle Deutschland 35. 509 (1894). - Ref.C. 1894. II. 655, W.Ref. 250.

Studien über Würze und Bier. Amthor, C. Z.ges.Brauwes. 15. 57-59, 69-70 (1892). - W.Ref. 226.

Über die diastatische Kraft der Vorderwürzen. Moritz, E.R. Wschr. Brauerei 7. 32-33 (1891). - W.Ref. 3371.

Die Einflüsse, die den Typ und den Prozentgehalt von Maltodextrinen (Amyloinen) in Malzwürze bestimmen. Moritz, E.R. Trans. Inst.Brewing 4. 141-158 (1890-91). - Ref.C. 1891. II. 324-325, W.Ref. 216.

Über die scheinbare Zunahme des Dextringehaltes in Bierwürzen während der Gärung. Bau, A. Wschr.Brauerei 7. 710-711, 1069-1074 (1890). - W.Ref. 1883.

Verfahren zur Darstellung haltbarer Malzwürze und fester Diastase sowie zur Verzuckerung mittels derselben. Société générale de maltose de Bruxelles. Z.Spiritusind. 12. 291-292 (1889). - Ref.C. 1889. II. 951, W.Ref. 210.

Über die Wirkung von Chlorcalcium und Kochsalz auf das Verhältnis von Maltose und Dextrin in Malzwürzen. Moritz, E.R. Amer.Bierbrauer 20. 299-303 (1887). - W.Ref. 2806.

Über die Wirkung der Mineralbestandteile des Wassers auf das Verhältnis von Maltose und Dextrin in Malzwürzen. Moritz, E.R. Amer.Bierbrauer 20. 73-76, 132-136 (1887). - W.Ref. 2805.

Wirkung der Salze des Brauwassers auf das Verhältnis von Maltose zu Dextrin in den Malzwürzen. Moritz, E.R. Amer.Bierbrauer 20. 11-13 (1887). - W.Ref. 2804.

Über das Verhältnis zwischen Zucker und Dextrin in der Bierwürze und die Vergärbarkeit. Gschwändler. Bayerische Bierbrauer 3. 97-111 (1868). - Ref.C. 1868. 1031-1032, W.Ref. 155.

9424. Malz und Malzamylasen

(Auch Malzdiastase, Grünmalz, Darrmalze, Malzextrakt, Malzersatz, Maischen)

Malz. Kurth Malting Co. (Erfinder: Wesley, W. und Fleckenstein, J. G.). D.A.S. 1 197 420 ausg. 29/7.1965. A.Prior. 27/6.1960. - Ref.C.A. 63. 15510e (1965).

Analyse von Gerste und Malz. Scriban, R. Fermentatio (Gand) 1965. 111-33. - Ref.C.A. 63. 18993f (1965).

Herkunft und Verteilung von α-Amylase in Malz. Briggs, D.E. J.Inst. Brewing 70. 14-24 (1964). - Ref.C. 1965. 3-2814, C.A. 60. 12370c (1964).

Der Einfluß von Metallionen auf die diastatische Kraft und die α-Amylase-Bestimmungen in Malz. Dawson, G.V. und Olson, W.J. Amer.Soc.Brewing Chemists Proc. 1962. 54-47. - Ref.C.A. 60. 13844e (1964).

Der teilweise Ersatz von Malz durch die Oberflächenkultur eines Schimmelpilzes. Brigadenko, M.K. Spiritus-Ind. (russ.) 27. Nr.1. 19-22 (1961). - Ref.Stärke 13. 421 (1961).

Eine Schnellmethode zur Bestimmung der Amylaseaktivität im Malz- und Gerstenextrakt für die Züchtung. Lau, D. Brauwelt 101. Brauwissenschaft 14. 183-87 (1961). - Ref.C.A. 55. 25149d (1961), C. 1962. 12130.

Amylolytische Enzyme in Weizenmalz. Rodsewitsch, W.I. und Kaller, I.B. Arb.zentr.wiss.Forsch.-Inst.Spiritus- u.Likör-Brannwein-Ind. (russ.) 1961. Nr.11. 172-85. - Ref.C.A. 56. 9230d (1962).

Werden die Malzamylasen bei der Vergärung von gemischten Getreide-Zuckermelasse-Maischen inaktiviert? Witkowskaja, W.A. und Sabrodski, A.G. Hochschulnachr., Nahrungsmittel-Technol. (russ.) 1961. Nr.3. 40-47. - Ref.Stärke 14. 145 (1962), C. 1962. 19042.

Eine Methode zur Bestimmung der relativen Anteile an Weizenmalz-, Pilz-(Aspergillus oryzae) und Bakterien-α-Amylase(Bacillus subtilis) im Gemisch und ihre Anwendung auf Weizenmalz. Fleming, J.R., Miller, B.S. und Johnson, J.A. Cereal Chem. 38. 479-86 (1961). - Ref.C. 1962. 13985.

Bestimmung der amylolytischen Fähigkeit von aktivem hellem Malz. Saglodina, F.I., Prosskurjakow, N.I. und Schajkliss, T.O. Brot- u.Konditorei-Ind. (russ.) 4. Nr.1. 9-11 (1961). - Ref.C. 1961. 14860, Stärke 14. 67 (1962).

Einfluß der Trockentemperatur auf die diastatische Kraft und die Dextrinisierungsfähigkeit von Malz. Gawron, T.K. Przemysł Fermentacyjny 5. 160-62, 201-03 (1961). - Ref.C.A. 57. 7744b (1962).

Amylaseaktivierende Substanz. 5. Mitt. Reinigung der amylaseaktivierenden Substanz von Gersten-Grünmalz. 2. Yomo, J. J.Fermentat.Assoc. (Japan) 18. 603-06 (1960). - Ref.C.A. 55. 26145g (1961).

Amylaseaktivierende Substanz. 3. Mitt. Reinigung der amylaseaktivierenden Substanz von Gersten-Grünmalz. 1. Yomo, J. J.Fermentat.Assoc. (Japan) 18. 500-02 (1960). - Ref.C.A. 55. 26145f (1961).

Amylaseaktivierende Substanz. 2. Mitt. Amylaseaktivierende Substanz in der Kulturflüssigkeit des Gerstenembryo und dem Extrakt von Gersten-Grünmalz. Yomo, J. J.Fermentat.Assoc.(Japan) 18. 494-99 (1960). - Ref.C.A. 55. 26145d (1961).

Inaktivierung von Malz-Amylasen durch Formalin. Witkowskaja, W.A. und Sabrodski, A.G. Arb.Ukrain.wiss.Forsch.-Inst.Spiritus- u. Likör-Branntwein-Ind. (russ.) 1960. Nr.6. 111-15. - Ref.C.A.56. 15962d (1962).

Optimale Bedingungen für die Wirkung eines amylolytischen Komplexes von Malz beim Maischen. Witkowskaja, W.A. und Sabrodski, A.G. Arb.Ukrain.wiss.Forsch.-Inst.Spiritus- u.Likör-Brannwein-Ind. (russ.) 1960. Nr.6. 92-102. - Ref.C.A. 57. 3875g (1962).

Amylolytischer Abbau von Gersten- und Malzstärke während des experimentellen Maischens. Shih, E. Ke-Yin und Banasik, O.J. Brewers Digest 35. Nr.12. 48-60 (1960). - Ref.C.A. 55. 7756i (1961), C. 1963. 727.

Einfluß einer Glucosebehandlung auf die cytologische Struktur von Malz. Vasart, B. C.R.hebd.Séances Acad.Sci. 250. 3211-13 (1960). - Ref.C.A. 54. 21342 (1960).

Mälz- und Braustudien über die Kaffernhirse. 5. Mitt. Auftreten von β-Amylase in Kaffernhirsemalz. Novellie, L. J.Sci.Food Agric. 11. 457-63 (1960). - Ref.C. 1962. 7734.

Mälz- und Braustudien über die Kaffernhirse. 4. Mitt. Extraktion und Natur der unlöslichen Amylasen von Kaffernhirsemalz. Novellie, L. J.Sci.Food Agric. 11. 408-21 (1960). - Ref.C. 1962. 6241.

Mälz- und Braustudien an der Kaffernhirse. 3. Mitt. Bestimmung der Amylasen im Kaffernhirsemalz. Novellie, L. J.Sci.Food Agric. 10. 441-49 (1959).

Über unvergärbare Zucker in der Maische beim Amylo-Prozeß von Gerste. 3. Mitt. Isolierung und Struktur einer neuen Glucotriose. Ono, H. und Dazai, M. J.agric.chem.Soc.Japan 33. 645-48 (1959). - Ref.C. 1961. 17418.

Über unvergärbare Zucker in der Maische beim Amylo-Prozeß von Gerste. 2. Mitt. Isolierung von Laminaribiose. Ono, H. und Dazei, M. J.agric.chem.Soc.Japan 33. 644-45 (1959). -Ref.C. 1961. 17418.

Über unvergärbare Zucker in der Maische beim Amylo-Prozeß von Gerste. 1. Mitt. Feststellung und Isolierung einiger Oligosaccharide. Ono, H. und Dazai, M. J.agric.chem.Soc.Japan 33. 639-43 (1959). - Ref.C. 1961. 17418.

pH Optimum für die Malzdiastase-Aktivität. Eyster, C. Ohio J.Sci. 59. 257-62 (1959). - Ref.C.A. 54. 1630i (1960).

Die Aktivitätsänderung des Amylasekomplexes des Malzes unter dem Einfluß von Temperatur und Konzentration des Mediums. Witkowskaja, W.A. und Sabrodski, A.G. Hochschulnachr., Nahrungsmittel-Technol. (russ.) 1959. Nr.6. 45-51. - Ref.Stärke 13. 187 (1961).

Die Kohlenhydrate beim Mälzen und Brauen. 8. Mitt. Weitere quantitative Gesichtspunkte über die Löslichkeit von Malz während der Maische. Harris, G., MacWilliam, I.C. und Hall, R.D. J.Inst.Brewing 65. 489-93 (1959). - Ref.C.A. 54. 20068a (1960), C. 1962. 17597.

Aufklärung der Ursachen der Aktivitätsabnahme von Malzamylase bei der alkoholischen Gärung. Sabrodski, A.G., Poloshischnik, A.F. und Witkowskaja, W.A. Hochschulnachr., Nahrungsmittel-Technol. (russ.) 1959. Nr.3. 57-64. - Ref.Stärke 13. 187 (1961).

Die verzuckernde Kraft von Malz. Schmal, A. Mschr.Brauerei 12. wissenschaftl.Beil. 1959. 103-06.

Methode zur Aktivitätsbestimmung von Malzextrakt. Muntoni, F. und Cesari, A. Boll.Lab.chim.prov. (Bologna) 10. 3-11 (1959).

Über die Anwesenheit einer "Glucoseisomerase" in Gerstenmalz. Bártfay, J. Branntweinwirtschaft 81. 517-22 (1959).

Die stärkespaltenden Enzyme des Malzes. Hopkins, R.H. Amer. Brewer 92. Nr.4. 38-44 (1959). - Ref.C. 1960. 4699.

Die biochemischen Eigenschaften wasserlöslicher und wasserunlöslicher Malzamylase. Sabrodski, A.G., Poloshischnik, A.F. und Witkowskaja, W.A. Hochschulnachr. Nahrungsmittel-Technol. (russ.) 1959. Nr.4. 55-61. - Ref.Stärke 13. 187 (1961).

Bestimmung des diastatischen Vermögens von Malzextrakten. Muntoni, F. Boll.Lab.chim.prov. (Bologna) 9. 405-13 (1958).

Bestimmung der diastatischen Kraft von Malz und Malzextrakt. Gerardis, S. Birra Malto 1958. 24-28.

Die wissenschaftlichen Grundlagen der Malzbereitung und der Maischarbeit. Hopkins, R.H. Brauwelt, Ausg.B 98. 541-43 (1958). - Ref.C. 1959. 6655.

Nachtrag: Zur Messung der enzymatischen Amylolyse. Bestimmung der Amylasen im Malz. Wildner, H. und Wildner, G. Brauwissenschaft 11. 89 (1958). - Ref.C. 1962. 15434.

Bestimmung der Verflüssigungskraft der Malzamylasen. Mareček, V. Kvasný Průmysl 3. 196-99 (1957). - Ref.C. 1958. 11680.

Die Enzyme von Gerste und Malz. 2. Mitt. Schnelle Vortrennung durch selektive Elution aus Tonerde. MacWilliam, I.C. und Harris, G. J.Inst.Brewing 63. (N.S. 54). 29-33 (1957). - Ref.C. 1960. 14894.

Die Enzyme von Gerste und Malz. 1. Mitt. Die elektrophoretische Trennung der ß-Amylase von Malzsirup. Cooper, A.H. und Pollock, J.R.A. J.Inst.Brewing 63. (N.S.54) 24-28 (1957). - Ref.C.1960. 14894.

Untersuchungen zur Abtrennung von α-Amylase aus Malzextrakt. Ikemiya, M. Bull.Inst.chem.Res., Kyoto Univ. 35. 89-103 (1957). - Ref.C. 1959. 9618.

Die Schwierigkeiten bei der Verzuckerung. Hlavácek, F. Kvasný Průmysl 3. 25-26 (1957). - Ref.C. 1958. 7909.

Unvergärbare Zucker in durch den Amyloprozeß vergorener Gerstenmaische. Ono, H. und Dazai, M. Rep.Fermentat.Res.Inst.(Japan) 14. 51-57 (1957). - Ref.C.A. 52. 13294c (1958).

Möglichkeiten zur Senkung der Verluste von Malzstärke. Lossjakowa, L.Ss. Spiritus-Ind. (russ.) 23. Nr.4. 14-15 (1957). - Ref.C. 1958. 14190.

Malzamylase. 2. Mitt. Die Veränderung des Extinktionskoeffizienten. Imai, T. J.Fermentat.Technol. (Japan) 34. 291-96 (1956). - Ref.C.A. 51. 3693a (1957).

Malzamylase. 1. Mitt. Die Veränderung des Reduktionswertes. Imai, T. J.Fermentat.Technol. (Japan) 34. 259-62 (1956). - Ref.C.A. 51. 3692h (1957).

Stärkeumwandlungen beim Maischen und Gären. Hopkins, R.H. Brewers' Guild J. 42. 292-301 (1956). - Ref.C. 1958. 11680.

Ein Beitrag zur Beurteilung der Kohlenhydrate von Malz und Würze. Harris, G. und McWilliam, I.C. Brewers Digest 31. Nr.4. 45-59 (1956). - Ref.C. 1957. 8668.

Die Bedeutung der Kohlenhydrate von Malz und Würze. Harris, G., Hall, R.D. und MacWilliam, I.C. 5.European Brewery Convent., Proc., Baden-Baden 1955. 26-36. - Ref.C.A. 51. 18463g (1957).

Die Löslichkeit des Malzes. Kohlenhydratuntersuchungen an keimender Gerste. Zelenyanszki, E. Elelmezési Ipar (Lebensmittel-Ind.) 9. 215-19 (1955). - Ref.C. 1957. 6010.

Die mikroskopische Überprüfung der Verzuckerung. Macher, L. Brauwelt, Ausg.B. 95. 273-77 (1955). - Ref.C. 1956. 5705.

Die Beziehungen der α-Amylase und der Grenzdextrinase des Gerstenmalzes zur Alkoholbildung aus den Körnern. Whitehouse, K. und Adams, S.L. J.agric.Food Chem. 2. 1040-43 (1954). - Ref.C. 1950/54. 5045 S.

Untersuchung der Mikroflora von Malz. Smyk, B. Roczniki Nauk rolniczych, Ser.A. 69. 409-70 (1954). - Ref.C. 1950/54. 5044 S.

Der Einfluß einiger Antiseptica auf die Amylaseaktivität von Malz. Konowalow, Ss.A. Mikrobiologie (russ.) 22. 689-94 (1953). - Ref.C. 1956. 7954.

Produkte des Kartoffelstärkeabbaues durch Malz-α-Amylase. Myrbäck, K. und Persson, B. Ark.Kemi 5. 365-78 (1953). - Ref.C. 1955. 1297.

Über die Inaktivierung der α-Malzamylase. 2. Mitt. Inaktivierung durch Heparin. Myrbäck, K. und Persson, B. Ark.Kemi 5. Nr.15. 177-85 (1953). - Ref.C. 1950/54. 9782 S.

Eigenschaften der β-Amylase des Malzes. 21. Mitt. über amylolytische Enzyme. Piguet, A. und Fischer, E.H. Helv.chim.Acta 35. 257-62 (1952). - Ref.C. 1952. 6071.

Über die Stärkehydrolyse durch Gersten- und Malzenzyme. Corvaisier, H. le und Salaün, A. Ind.agric.aliment. 69. 887 (1952). - Ref.C. 1955. 10644.

Abbau von Kartoffelstärke durch α-Amylasen aus Malz aus Bacillus subtilis. Blohm, J., Schmith, T. und Schwarz, B. Acta.chem. scand. 6. 591-98 (1952). - Ref.C. 1953. 1827.

Beitrag zum Studium der α-Amylase des Malzes. 17. Mitt. über amylolytische Enzyme. Fischer, E.H. und Haselbach, C.H. Helv. chim.Acta 34. 325-34 (1951). - Ref.C. 1951. II. 69, Stärke 4. 60 (1952).

Reinigung und Kristallisation der β-Amylase des Malzes. 16. Mitt. über amylolytische Enzyme. Meyer, K.H., Fischer, E.H. und Piguet, A. Helv.chim.Acta 34. 316-24 (1951). - Ref.C. 1951. II. 69.

Die Malzamylasen. Ein Überblick der neueren Literatur. Schwimmer, S. Brewers Digest 17. 45-50, 47-49 (1951). - Ref.C. 1952. I. 145.

Die Bildung von α- und β-Amylase bei der Grünmalzbereitung. Frey, A. und Lottner, E. Branntweinwirtschaft 73. 305, 339, 357 (1951). - Ref.Stärke 4. 15 (1952).

Kontinuierliches Maischen. Gregory, S.A. Brewers' Guild J. 37. 267-79 (1951). - Ref.C. 1951. II. 2958.

Chromatographische Versuche zum Abbau der Kartoffelstärke durch Malzamylase. Ulmann, M. Biochem.Z. 321. 377-87 (1951). - Ref.C. 1953. 9195.

Über die Amylasen und Phosphatasen der Gerste und des Malzes. Corvaisier, H. le. Bull.Soc.Chim.France, Mém. (5) 17. 265-67 (1950). - Ref.C. 1951. I. 3198.

Die Reinigung und Kristallisation von Malz-β-amylase. Fischer, E. H., Meyer, K.H., Noelting, G. und Piguet, A. Arch.Biochemistry 27. 235-37 (1950). - Ref.C. 1950/54. 5418 S.

Einige Beobachtungen bei der Reinigung von "Malzamylase". Holmbergh, O. Ark.Kemi 2. 125-28 (1950). - Ref.C. 1951. II. 2330.

Über die Fällung von Malz-α-amylase mit Gerbsäure. Holmbergh, O. und Hultin, E. Svensk kem.Tidskr. 62. 1-4 (1950). - Ref.C. 1955. 7466.

Herstellung von diastatischem Malzextrakt. Ruckdeschel, W. F.P. 60 740 vom 22/5.1950, ausg. 25/1.1955. Zusatz zu F.P. 1 012 071. - Ref.C. 1957. 2613.

Über die Wirkung der Malzamylasen. Bericht über neuere Arbeiten. Specht, H. Branntweinwirtschaft 4. 214-16 (1950). - Ref.C. 1950. 8473.

Die Funktionen von Malz-α-Amylase. Hopkins, R.H. J.Inst.Brewing 56. 202-07 (1950). - Ref.C. 1950. II. 2498.

Bestimmung des Fermentationsvermögens von Malz. Wisthoff, R.T. und Allgeier, R.J. Analytic.Chem. 22. 681-84 (1950). - Ref.C. 1951. I. 1815.

Wirkung der Malzamylasen auf niedrigmolekulare Hydrolyseprodukte der Stärke. Myrbäck, K. und Sihbom, E. Arkiv.Kemi 1. 1-16 (1949/50). - Ref.Stärke 4. 13 (1952), C. 1950. I. 1616.

Untersuchungen an Malzamylase. 3. Mitt. Über die colorimetrische Bestimmung von α-Amylase. Hultin, E. Acta chem.scand. 3. 886-93 (1949). - Ref.C. 1949. E 4136.

Untersuchungen an Malzamylase. 4. Mitt. Eine enzymatische Bestimmung der Viscositätsmolekulargewichtskonstanten. Hultin, E. Acta chem.scand. 3. 895-97 (1949). - Ref.C. 1949. E. 4136.

Untersuchung über Malzamylase. 2. Mitt. Über die viscosimetrische Bestimmung der α-Amylase. Hultin, E. Acta chem.scand. 3. 697-707 (1949). - Ref.C. 1949. E. 4942.

Herstellung diastatischer Malzprodukte. Ruckdeschel, W. F.P. 1 012 071 vom 30/5.1949, ausg. 3/7.1952. - Ref.C. 1953. 7961.

Elektrolyten in der Stärkestruktur und ihr Verhalten bei der Stärkehydrolyse mit Gersten- und Malzamylase. Corvaisier, H. le. J.Inst.Brewing 55. 237-40 (1949). - Ref.C. 1950. II. 1294.

Über die absolute Reinheit von Malzamylase. Akabori, S. und Matsushima, Y. Collect.Pap.Fac.Sci., Osaka Univ., Ser.C 11. Nr.7. 1-6 (1943/49, herausgeg.1950). - Ref.C. 1950/54. 6877 S.

Kristallisierte α-Amylase aus Gerstenmalz. Schwimmer, S. und Balls, A.K. J.biol.Chemistry 176. 465-66 (1948). - Ref.C. 1948. E. 68.

Grenz-Dextrinase-Aktivität von Gerstenmalz. Kneen, E. und Sporel, J.M. Proc.Amer.Soc.Brewing Chemists 1948. 20.

Molekulargewicht der Malzamylase. Danielsson, Carl-Erik. Nature (London) 162. 525 (1948). - Ref.C. 1948. E. 1624.

Konvertieren von Maisamylopektin durch Gerstenmalzenzyme. Back,T.M., Stark, W.H. und Vernon, C.C. Ind.Engng.Chem. 40. 80-84 (1948). - Ref.C. 1949. II. 814.

Untersuchungen über Malzamylase. 1. Mitt. Über die viskosimetrische Bestimmung von α-Amylase. Hultin, E. Acta chem.scand. 1. 269-82 (1947). - Ref.C. 1947. E. 731.

Eine kritische Untersuchung über die amylolytische Aktivität von Pankreatin und Malzextrakt. Bauer, Ch.W. und Raskauskas, A.J. J.Amer.pharmac.Assoc., sci.Edit. 36. 113-18 (1947).

Untersuchungen über Gersten- und Malzamylase. Danielsson, C.-E. und Sandegren, E. Acta chem.scand. 1. 917-28 (1947). - Ref.C. 1947. E. 548.

Wirkung der Malzamylasen auf Stärke und Glykogen. Myrbäck, K. Brauwelt 1947. 486-89.

Pilze als Zusatz zu Malz bei der Getreidevergärung. Erb, N.M. und Hildebrandt, F.M. Ind.Engng.Chem. 38. 792-94 (1946).

Eine Modifikation der Methoden von Kneen und Sandstedt zur Bestimmung von α- und β-Amylasen in Gerstenmalz. Olsen, W.J., Evans, R. und Dickson, A.D. Cereal Chem. 21. 533-39 (1944).

Biochemische Zuckerbestimmungen. 16. Mitt. Veränderungen im Malzextrakt bei Aufbewahrung. Maltha, P.R.A. und Voorst, F.Th.von. Chem.Weekbl. 1943. 127-30.

Die unterschiedliche Stabilität der Malzamylasen - Trennung der Alpha- und Beta-Komponenten. Kneen, E., Sandstedt, R.M. und Hollenbeck, C.M. Cereal Chem. 20. 399-423 (1943).

Verfahren zur Herstellung eines haltbaren Amylasetrockenpräparats aus Kornmalz. Röhm & Haas GmbH. (Erfinder: Wasmund, W.) Schwed.P. 110 798 Kl. 89k vom 25/3.1943, ausg. 30/5.1944.

Die diastatische Kraft und die Verflüssigungsfähigkeit verschiedener Malze. Juha, A. Gambrinus 2. (67) 356-58 (1941). - Ref.C. 1941. II. 2628.

Die Bestimmung der gesamten β-Amylase in Gerste und Gerstenmalz. Snider, S.R. Cereal Chem. 18. 186-200 (1941).

Die stärkeabbauenden Eigenschaften von Gerstenmalz. Kneen, E., Beckord, O.C. und Sandstedt, R.M. Cereal Chem. 18. 741-54 (1941).

Die Resistenz der Malzamylase verschieden alten Gerstenmalzes bei verschiedenen Verzuckerungsversuchen. Malcher und Kozelka. Gambrinus 2. 354-56 (1941). - Ref.C. 1941. II. 2628.

Einige Beobachtungen über den Einfluß gewisser Stoffe auf die Wirkung der Malzamylase auf Stärke. Potter, R.S. J.Soc.chem.Ind. 59. 45-47 (1940). - Ref.C. 1940. II. 1594.

Eine Untersuchung des Einflusses von schwerem Wasser auf die Aktivität und Stabilität der Amylasen von Gerste und Gerstenmalz. Caldwell, M.L., Doebbeling, S.E. und Wicklen, F.C.v. J.Amer. chem.Soc. 61. 125-27 (1939). - Ref.C. 1939. I. 2611.

Über den Stärkeabbau in gekochter Maische. Kolbach, P. und Haase, G.W. Wschr.Brauerei 56. 105-09, 113-18, 124-28, 140-43 (1939). - Ref.C. 1939. II. 544.

Über die diastatische Verzuckerung von Stärke und einige Eigenschaften von Malzauszügen. Deux, Yves. Petit J. Brasseur 47. 9-10 (1939). - Ref.C. 1939. I. 2887.

Der Einfluß der Malz- und Gerstenamylase auf die natürliche, nicht verkleisterte Stärke. Nowotny, F. Roczniki Nauk rolniczych Leśnych 45. 1-38 (1938). - Ref.C. 1939. I. 3643.

Herstellung eines haltbaren, trockenen, diastatischen Malzextraktes. Ruckdeschel, J. & Söhne KG. D.R.P. (Zweigstelle Österreich) 158 869 Kl. 6a vom 14/5.1938, ausg. 10/6.1940. - Ref.C. 1940. II. 967.

Reinigung von Malzamylase. Holmbergh, O. Svensk.kem.Tidskr. 50. 258-64 (1938). - Ref.C. 1939. I. 2999.

Schnellmethode zur Bestimmung der Verzuckerungsfähigkeit des Malzes. Dorfman, W. Branntwein-Ind. (russ.) 15. Nr.2. 17 (1938). - Ref.C. 1938. II. 973.

Die Empfindlichkeit gelatinisierter Stärke gegen Malzamylase. Swanson, R.G. Brewers Digest 13. Nr.10. 33-36 (1938). - Ref.C. 1939. I. 1087.

Der Temperaturfaktor bei der Maischesäuerung. Becker, K. Brewers Digest 13. Nr.5. 29-30 (1938). - Ref.C. 1938. II. 201.

Über die Wirkung von α-Malzamylase auf einige Stärkesubstanzen. Samec, M. Hoppe-Seyler's Z.physiol.Chem. 248. 117-28 (1937). - Ref.C. 1937. II. 2195.

Die Hydrolyse von Kartoffelstärkebrei durch Malzamylase bei verschiedenen Temperaturen. Baker, J.L. und Hulton, H.F.E. J.Inst.Brewing 43. 301-07 (1937). - Ref.C. 1937. II. 2442.

Über den Einfluß der Mälzungsbedingungen auf die Zusammensetzung des Malzes. I. Kolbach, P. und Antelmann, H. Wschr.Brauerei 54. 113-15, 121-26, 131-34, 142-44, 148-51 (1937). - Ref.C. 1937. II. 1097.

Stärkezerlegung im Korn der Ernte des Jahres 1936 und im daraus gewonnenen Malz. Myrbäck, K. und Ahlborg, K. Svenska Bryggareförem, Manadsbl. 52. 465-71 (1937). - Ref.C. 1938. I. 2264.

Stärkezerlegung im Korn der Ernte des Jahres 1936 und in dem daraus hergestellten Malz. 1. Mitt. Myrbäck, K., Ahlborg, K. und Örtenblad, B. Svenska Bryggarefören Manadsbl. 52. 373-85 (1937). - Ref.C. 1938. I. 1017.

Bestimmung der Verzuckerungsfähigkeit von Malz ohne Anwendung von Fehlingscher Lösung. Andrejew, W. Gärungs-Ind. (russ.) 13. Nr.1. 45-46 (1936). - Ref.C. 1937. I. 1044.

Chemische und polarimetrische Bestimmung der diastatischen Kraft von Malz. Jerschow, W. Spiritus-Ind. (russ.) 13. Nr.8. 38-40 (1936). - Ref.C. 1937. II. 3828.

Über das Maischen. Kolbach, P. Wschr.Brauerei 53. 369-73 (1936). - Ref.C. 1937. I. 2283.

Über eine neue Abänderung der Methode nach Windisch-Kolbach zur Bestimmung der diastatischen Kraft in Grünmalzen. Lampe, B. und Deplanque, R. Z.Spiritusind. 58. 195-96 (1935).

Über die Einwirkung elektrischer Wellen auf die heterogene Katalyse in Lösungen. Wilke, E. und Ganser, H. Kolloid-Z. 70. 132-35 (1935). - Ref.C. 1935. II. 1824.

Verfahren zum Herstellen von Extrakten aus frischem Grünmalz. Winckel, M. D.R.P. 660 814 Kl. 6a vom 17/12.1935, ausg. 3/6. 1938.

Über Gersten- und Malzamylase. Myrbäck, K. und Myrbäck, S. Biochem.Z. 258. 158-71 (1933). - Ref.C. 1933. II. 2543.

Über den Einfluß des Wassergehaltes und der Temperatur des Malzes auf die Stoffumwandlungen beim Darren. Kolbach, P. und Schild, E. Wschr.Brauerei 52. 129-34, 137-41, 147-50 (1935). - Ref.C. 1935. II. 772.

Dilatometrische Studien über die enzymatische Hydrolyse von Polysacchariden. Teil II. Hydrolyse von Stärke durch Malzdiastase. Sreerangachar, H.B. und Sreenivasaya, M. Proc. Indian Acad. Sci. 1. Sect.B. 101-05 (1934). - Ref.C. 1935. II. 235.

Verflüssigung und Verzuckerung der Stärke durch Malzamylase. Orestano, G. Boll.Soc.ital.Biol.sperim. 7. 259-62 (1934). - Ref.C. 1934. I. 2605.

Studien über die Hydrolyse von Stärke durch die Enzyme von Cholammalz, Sorghum vulgare. Acharya, N.C. Indian J.agric. Sci. 4. 476-536 (1934). - Ref.C. 1935. I. 2194.

Das Grünmalz dieser Kampagne. Dehnicke, J. Z.Spiritusind. 56. 39-40 (1933).

Sistoamylase in Malzen verschiedener Getreidearten und ihr wirklicher Amylasegehalt. Chrzaszcz, T. und Janicki, J. Biochem. Z. 264. 192-208 (1933). - Ref.C. 1933. II. 2836.

Amylase in Gerste und Malz. 2. Mitt. Myrbäck, K. und Myrbäck, S. Svenska Bryggareフören Manadsbl.svensk.Bryggmästare-Tidn. 47. 161-75, 202-219 (1932). - Ref.C. 1933. I. 3323.

Amylase in Gerste und Malz. 1. Mitt. Myrbäck, K. und Myrbäck, S. Svenska Bryggareフören, Manadsbl.svensk. Bryggmästare-Tidn. 47. 90-112 (1932). - Ref.C. 1933. I. 3323.

Zur Frage des Grenzabbaues der Stärke durch Malzamylase. Pronin,S. Biochem.Z. 249. 7-10 (1932). - Ref.C. 1932. II. 1311.

Über die Wirkung von Hafermalz gegenüber Gerstenmalz beim Maischprozeß. Kilp, W. Z.Spiritusind. 55. 75-77 (1932).

Der Stärkeabbau beim Maischen. Windisch, W., Kolbach, P. und Schild, E. Wschr.Brauerei 49. 289-95, 298-303 (1932). - Ref.C. 1933. I. 146.

Über Malzamylase und Kartoffelamylase. Borchardt, H. und Pringsheim, H. Biochem.Z. 239. 193-200 (1931). - Ref.C. 1931. II. 2746.

Vergleichende Untersuchungen der diastatischen Kraft von Gersten- und Hafermalz. Kilp, W. Z.Spiritusind. 54. 149-51 (1931).

Einfluß von Proteinen und Proteinderivaten auf die enzymatische Hydrolyse der Stärke durch Malzdiastase. Filipowicz, B. Biochem.J. 25. 1874-84 (1931). - Ref.C. 1932. II. 1460.

Herstellung von Malzextrakt. Standard Brands Inc., übert.von: H.C. Gore und Ch.N. Frye und St. Jozsa. Can.P. 335 984 vom 9/12.1931, ausg. 26/9.1933. - Ref.C. 1935. I. 2104.

Über die beiden Komponenten der Malzdiastase, besonders mit Rücksicht auf die Mutarotation der bei der Hydrolyse der Stärke gebildeten Produkte. Ohlsson, E. Z.physiol.Chem. 189. 17-63 (1930). - Ref.C. 1930. II. 931.

Der schwarze Schimmelbefall des Grünmalzes, sein Einfluß auf die Diastasebildung und seine Bekämpfung. Dehnicke, J. Z.Spiritusind. 53. 1-2 (1930).

Der Grenzabbau der Stärke unter der Einwirkung von Brennereimalz verschiedener Herkunft. Joszt, A. und Kleindienst, A. Przemysl chem. 14. 537-41 (1930). - Ref.C. 1931. I. 2040.

Untersuchungen über amylolytische Gärung. II. Einfluß aliphatischer Amine und ihrer Chlorhydrate auf die Verzuckerung der Stärke durch den Speichel. III. Einfluß aliphatischer Amine und ihrer Chlorhydrate auf die Verzuckerung der Stärke durch Malzextrakt. Caujolle, F. und Molinier, J. Bull.Sci. pharmacol. 37. 351-57 (1930). - Ref.C. 1931. I. 1303.

Über den Einfluß von Formaldehyd auf verdünnte Malzextraktlösungen. Müllner, O. Biochem.Z. 208. 354-56 (1929). - Ref.C. 1930. I. 83.

Über den Einfluß von Formaldehyd auf verdünnte Malzextraktlösungen. Drews. Biochem.Z. 208. 354 (1929).

Einheit des Dextrinierungs- und Verzuckerungsenzyms. (Sabalitschka, Th. Über die Malzamylase. 8. Mitt.). Sabalitschka, Th. und Weidlich, R. Biochem.Z. 215. 267-78 (1929). - Ref.C. 1930. I. 2905.

Über einen Aktivator der Malzamylase. Nishimura, S. Biochem.Z. 200. 81-89 (1928). - Ref.C. 1929. I. 1573.

Über die zwei Komponenten der Malzdiastase. Ohlsson, E. C.R.Trav. Lab.Carlsberg 16. Nr.7. 1-68 (1926). - Ref.C. 1927. I. 1685.

Beiträge zur Reinigung der Malzamylase. Lüers, H. und Sellner, E. Wschr.Brauerei 42. 97-99, 103-105, 110-112 (1925). - Ref.C. 1925. II. 402, C.A. 19. 2997 (1925), W.Ref. 3107.

Über die Trennung der Fermente des Gerstenmalzes. Pringsheim, H., Genin, A. und Perewosky, R. Biochem.Z. 164 . 117-125 (1925). - W.Ref. 3108.

Malzamylase. Windisch, W. Wschr.Brauerei 42. 276-278, 283-286, 290-293 (1925). - Ref.C.A. 20. 2386 (1926), W.Ref. 3023A.

Über die Bestimmung der diastatischen Kraft im Malz und in Malzextrakten. Windisch, W. und Kolbach, P. Wschr.Brauerei 42. 139-141 (1925). - Ref.C. 1925. II. 1396, W.Ref. 3153.

Temperaturkoeffizienten der enzymischen Wirkung und die Hitze-Zerstörung der Pankreas- und Malzamylase. Cook, D.H. J.biol. Chemistry 65. 135-146 (1925). - Ref.C.A. 19. 3276 (1925), C. 1926. I. 1212, W.Ref. 3068.

Zur Bestimmung von Diastase in Malzextrakt. Seeligmann. Chemiker-Ztg. 49. 943 (1925). - Ref.C.A. 20. 644 (1926), W.Ref. 3151.

Über die Malzamylase. 1. - 4. Mitt. I. Bestimmung der dextrinierenden und verzuckernden Wirkung der Amylase. II. Einfluß verschiedener Versuchsbedingungen auf die Amylasewirkung. Sabalitschka, Th. und Schulze, C. Fermentforschung 8. 428-48, 449, 464-73 (1925). - Ref.C. 1926. I. 414.

Über den Einfluß der Wasserstoffionenkonzentration auf die Dextrinierung der Stärke durch gereinigte Malzamylase. Chrzaszcz, T., Bidzinski, Z. und Krause, A. Biochem.Z. 160. 155-71 (1925). - Ref.C. 1925. II. 1447, W.Ref. 3017.

Einfluß der Temperatur auf die günstigste Wasserstoffionenkonzentration für die diastatische Wirksamkeit von Malz. Olsen, A.G. und Fine, M.S. Cereal Chem. 1. 215-221 (1924). - W.Ref. 3066.

Die dextrinierende Kraft der Malzamylase verschiedener Getreidearten und einige Beobachtungen über die Reaktivierung der durch hohe Temperatur inaktivierten Amylase. Chrzaszcz, T. Biochem. Z. 150. 60-92 (1924). - Ref.C.A. 19. 557 (1925), C. 1924. II. 1803, W.Ref. 3009.

Über die Reinigung von Malz-Diastase durch Elektrodialyse und Elektroosmose. 2. Mitt. Fricke, R. Ber.dtsch.chem.Ges. 57. 765-768 (1924). - Ref.C. 1924. II. 53, W.Ref. 2631.

Über Ferment-Reinigung durch Elektro-Dialyse und Elektro-Osmose. 1. Mitt. Malzdiastase. Fricke, R. und Kaja, P. Ber.dtsch. chem.Ges. 57. 310-313 (1924). - Ref.C.A. 18. 1303 (1924), C. 1924. I. 1210, W.Ref. 2630.

Über Hitze- und Strahlungsinaktivierung der Malzamylase. Lüers,H. und Lorinser, P. Biochem.Z. 144. 212-218 (1924). - Ref.C.1924. I. 2157, W.Ref. 3064.

Der isoelektrische Punkt der Malz-Amylase. Sherman, H.C., Thomas, A.W. und Caldwell, M.L. J.Amer.chem.Soc. 46. 1711-1717 (1924). - Ref.C.A. 18. 2724 (1924), C. 1924. II. 2168, W.Ref. 2773.

Über Inhomogenität und sonstige Eigenschaften von Malz-Diastase. Fricke, R. und Kaja, P. Ber.dtsch.chem.Ges. 57. 313-316 (1924). - Ref.C.A. 18. 1303 (1924), C. 1924. I. 1210, W.Ref. 2768.

Bestimmung der diastatischen Kraft von Malz und Malzextrakt. Munsterman, C.A. Chemist-Analyst 39. 3-5 (1923). - Ref.C.1924. I. 971, W.Ref. 3144.

Die diastatische Kraft. Untersuchungen über die Bestimmung der diastatischen Kraft des Malzes. Lär, H. van. Petit J.Brasseur 27. 1071 (1923). - Ref.C.A. 19. 2102 (1925), W.Ref. 3145.

Diastatische Kraft des Malzes (Auszug). Duchácek, F. Chim.et Ind. 9. 781 (1923). - W.Ref. 3137.

Vergiftungserscheinungen an Malzamylase und Beiträge zur Kenntnis der Stärkeverflüssigung. 3. Mitt. Olsson, U. Hoppe-Seyler's Z. physiol.Chem. 126. 29-99 (1923). - Ref.C. 1923. III. 79, W.Ref. 2997.

Über die Abhängigkeit der Temperaturempfindlichkeit der Malzamylase von der Acidität. Ernström, E. Biochem.Z. 141. 40-41 (1923). - W.Ref. 3060.

Erforschung der chemischen Natur zweier typischer Enzyme: pankreatische und Malz-Amylase. Sherman, H.C. Proc.nat.Acad.Sci. USA 9. 81-86 (1923). - W.Ref. 2764.

Untersuchungen über die stärkeverflüssigende Funktion der Malzdiastase. Windisch, W. und Beyer, A. Wschr.Brauerei 40. 49-50, 55-56, 61-63, 67-70 (1923). - Ref.C. 1923. IV. 252, W.Ref.2767.

Cholam (Andropogon sorghum) als Ersatz für Gerste in Mälzverfahren. Norris, R.V. und Viswanath, B. India agric.J. 18. 362-373 (1923). - Ref.C.A. 17. 3399 (1923), W.Ref. 3429.

Über die Existenz zweier amylolytischer Fermente in der Malzdiastase. Ohlsson, E. C.R.Séances Soc.Biol.Filiales 87. 1183-1184 (1922). - Ref.C.A. 17. 1648 (1923), C. 1923. III. 451, W.Ref. 2756.

<u>Standardmethoden der Malzanalyse. Bericht des Standing Committee on Analysis</u>. J.Inst.Brewing <u>28</u>. 775-786 (1922). - W.Ref. 3211.

<u>Tschechoslowakische Malze und ihre diastatische Kraft</u>. Ducháček,F. Wschr.Brauerei <u>39</u>. 25-27 (1922). - Ref.C. <u>1922</u>. II. 818, W.Ref. 3423.

<u>Einige Beobachtungen über den Einfluß der löslichen Stärken verschiedener Herkunft bei der Bestimmung der diastatischen Kraft im Malz nach Windisch und Kolbach</u>. Lampe, B. Wschr.Brauerei <u>39</u>. 31 (1922). - Ref.C. <u>1922</u>. II. 819, W.Ref. 3140.

<u>Über die diastatische Wirkung von Malzmehl und anderen Malzderivaten (flüssige, teigige und trockene Extrakte)</u>. Lecoq, R. J.Pharmac.Chim. <u>25</u>. Sér. 7; 18-25 (1922). - W.Ref. 3055.

<u>Zeanin, ein hochwertiges Maispräparat als Malzersatz</u>. Cluss, A. Allg.Z. Bierbrauerei u. Malzfabrikat. <u>50</u>. 121-124 (1922). - W.Ref. 2148, C. <u>1922</u>. IV. 1177.

<u>Die Diastase des Malzes und ihre besondere Berücksichtigung in der nächsten Mälzereikampagne</u>. Windisch, W. Wschr.Brauerei <u>38</u>. 167-169 (1921). - Ref.C. <u>1921</u>. IV. 965, W.Ref. 3472.

<u>Das Verzuckerungsvermögen des Malzes im Laboratorium und in der Praxis</u>. Moucka, F. Allg.Brauer- u.Hopfen-Ztg. <u>61</u>. 1229-1230 (1921). - Ref.C. <u>1922</u>. II. 276, W.Ref. 3470.

<u>Die Malze aus Gersten heuriger Ernte, insbesondere deren diastatische Kraft</u>. Windisch, W. Wschr.Brauerei <u>38</u>. 221-223 (1921). - Ref.C. <u>1922</u>. II. 40, W.Ref. 2748.

<u>Jodometrische Bestimmung der diastatischen Kraft des Malzes</u>. Baker, J.L. und Hulton, H.F.E. Analyst <u>46</u>. 90-93 (1921). - Ref.C.A.<u>15</u>. 1778 (1921), C. <u>1921</u>. II. 1024, W.Ref. 3207.

<u>Die Bestimmung der diastatischen Kraft des Malzes</u>. Windisch, W. und Kolbach, P. Wschr.Brauerei <u>38</u>. 149-151 (1921). - Ref.C.A. <u>16</u>. 2659 (1922), C. <u>1921</u>. IV. 966, W.Ref. 3209.

<u>Über die diastatische Kraft der derzeitigen Malze und deren Bedeutung für die Rohfruchtverarbeitung</u>. Windisch, W. Wschr.Brauerei <u>38</u>. 143-147 (1921). - Ref.C. <u>1921</u>. IV. 964, W.Ref. 3421.

<u>Vereinfachungen bei der Anwendung der Methoden zur Bestimmung der diastatischen Kraft des Malzes nach Lintner-Wirth in der Praxis</u>. Röder, G. Wschr.Brauerei <u>38</u>. 5-7 (1921). - Ref.C.A. <u>15</u>. 2689 (1921), C. <u>1921</u>. II. 454, W.Ref. 3208.

<u>Konzentrierte Malzextrakte</u>. Hall, A.-J. Rev.mens.Blanch. <u>15</u>. 13-14 (1921). - Ref.C. <u>1921</u>. IV. 277, W.Ref. 3135.

<u>Die Eigenschaften eines besonders präparierten enzymatischen Extrakts, dem Polyzim, im Vergleich mit der stärkeverflüssigenden Kraft der Malzdiastase</u>. Takamine, J. jr. und Oshima, K. J.Amer. chem.Soc. <u>42</u>. 1261-1265 (1920). - Ref.C. <u>1920</u>. III. 388, W.Ref. 3331.

<u>Über den Einfluß von Temperatur, Konzentration, Dauer des Maischens und Beschaffenheit des Malzes auf die Stärkeumwandlungsprodukte des Malzextraktes</u>. O'Sullivan, J. J.Soc.chem.Ind. <u>39</u>. 22-27T (1920). - Ref.C. <u>1920</u>. II. 731, C.A. <u>16</u>. 1829 (1922), W.Ref.388.

<u>Einfluß gewisser Elektrolyte auf den Verlauf der Hydrolyse von Stärke durch Malzamylase</u>. Sherman, H.C. und Walker, J.A. J.Amer. chem.Soc. <u>39</u>. 1476-93 (1917). - Ref.C. <u>1918</u>. I. 12, W.Ref.2945.

Über die Verschiebung einzelner amylolytischer Kräfte der Malzamylase und deren Verhalten beim Aufbewahren in Gegenwart verschiedener Reagenzien. Chrzaszcz, T. und Joscht, A. Biochem.Z. 80. 211-241 (1917). - Ref.C.A. 11. 2682 (1917), C. 1917. I. 1009, W.Ref. 2941.

Eine bemerkenswerte Wirkung der Bromide auf die Wirkung von Malzamylase. Thomas, A.W. J.Amer.chem.Soc. 39. 1501-1503 (1917). - Ref.C. 1918. I. 29, W.Ref. 2946.

Verzuckerung roher Getreidemaischen. Thevenot, G. Brewers J. 53. 250-253 (1917). - W.Ref. 378.

Mitteilung über einige Beobachtungen bei der Verzuckerung von verkleisterter Malzstärke. Ehrich, E. Allg.Brauer- u.Hopfen-Ztg. 56. 527-528 (1916). - W.Ref. 372.

Über den Einfluß der Wasserstoffionen auf die Wirksamkeit der Malzdiastase. Adler, L. Biochem.Z. 77. 146-167 (1916). - Ref.C.A. 11. 611 (1917), C. 1917. I. 93, W.Ref. 2935.

Über die Nichtexistenz eines stärkebildenden Enzyms "Hemicellutase" im Malz. Lintner, C.J. Wschr.Brauerei 32. 269-70 (1915). - Ref.C. 1915. II. 929, W.Ref. 2722.

Bemerkung über das stärkebildende Enzym aus Malz. Born, S. J.ind. Engng.Chem. 7. 722 (1915). - W.Ref. 2717.

Studien über Amylasen. IX. Teil. Weitere Untersuchungen über die Reinigung von Malzamylase. Sherman, H.C. und Schlesinger, M.D. J.Amer.chem.Soc. 37. 643-48 (1915). - Ref.C. 1915. II. 31, W.Ref. 2626.

Einige Beobachtungen über die Amylase des Malzes. Petit, P. C.R.hebd.Séances Acad.Sci. 161. 39-40 (1915). - Ref.C. 1915. II. 902, W.Ref. 2725.

Studien über Amylase. 8. Mitt. Der Einfluß gewisser Säuren und Salze auf die Aktivität von Malzamylase. Sherman, H.C. und Thomas, A.W. J.Amer.chem.Soc. 37. 623-643 (1915). - Ref.C. 1915. II. 30, W.Ref. 2934.

Untersuchungsergebnisse und Prüfungsvorschriften für Malzextrakte. Riedel, J.D. Riedel's Ber. 1914. 33-40. - Ref.C. 1914. I. 1899, W.Ref. 3195.

Bestimmung der diastatischen Wirksamkeit der Malzextrakte. Monnier, M.A. Ann.Chim.analyt. 19. 51-54 (1914). - Ref.C. 1914. I. 1306, W.Ref. 3194.

Bestimmung des Diastasegehaltes der vergorenen Maische. Ellrodt, G. Z.Spiritusind. 37. 239, 245 (1914). - Ref.C.A. 8. 2218 (1914), C. 1914. II. 1409, W.Ref. 3133.

Laboratoriumsversuche über Malzextrakt. Graber, H.T. J.Ind.Engng. Chem. 6. 403-04 (1914). - Ref.C. 1914. II. 149, W.Ref. 2928.

Einfluß der Phenole auf die amylolytische Wirkung der Malzextrakte. Heusch, E. Arch.Farmacol.sperim.Sci.affini 16. 308-16 (1913). - Ref.C. 1914. I. 155, W.Ref. 2922.

Studien über Amylase. V. Teil. Experimente über die Reinigung der Malzamylase. Sherman, H.C. und Schlesinger, M.D. J.Amer.chem. Soc. 35. 1617-23 (1913). - Ref.C. 1913. II. 1883, W.Ref. 2625.

9424

Über die Malzamylase aus verschiedenen Getreidearten. Chrzaszcz, T. Wschr.Brauerei 30. 538-41 (1913). - Ref.C. 1913. II. 1993, W.Ref. 2699.

Die Wirkung bestimmter einzelner und zu Paaren zusammengesetzter Chloride auf die Aktivität der Malzdiastase. Hawkins, L.A. Bot.Gaz. 55. 265-285 (1913). - Ref.C.A. 7. 2957 (1913), W.Ref. 2921.

Einfluß der Salicylsäure auf die amylolytische Wirkung des wässerigen Malzextrakts. Heusch, E. Arch.Farmacol.sperim. Sci. affini 13. 307-23 (1912). - Ref.C. 1912. II. 495, W.Ref. 2910.

Diastasebestimmung in vergorener Maische. Magerstein, Th. Wiener landwirtsch.Ztg. 62. 430-31. - Ref.C.A. 6. 2482 (1912), W.Ref. 3132.

Die verzuckernde Malzdiastase und die Reaktion des Milieus. Laer, H. van. 8.Int.Congr.appl.Chem., Washington and New York, Orig.Commun. 14. 203-213 (1912). - Ref.C.A. 6. 3156 (1912), W.Ref. 2919.

Über den Zustand der verzuckernden Malzdiastase nach ihrer Einwirkung. Laer, H. van. Bull.Soc.chim.Belgique 26. 223-226 (1912). - Ref.C.A. 7. 205 (1913), C. 1912. II. 1034, W.Ref.357.

Über die Wirkung verschiedener Säuren beim Maischen. Moufang, E. Z.ges.Brauwes. 35. 591-93 (1912). - Ref.C. 1913. I. 969, W.Ref. 2914.

Inaktivierung von Malzamylase durch elektrische Dialyse, Aktivierung durch Elektrolyte. Lisbonne, M. und Vulquin, E. C.R. Séances Soc.Biol.Filiales 72. 936-938 (1912). - Ref.C.A. 8. 138 (1914), W.Ref. 2911.

Über eine besondere durch die Temperatur auf die verzuckernde Malzdiastase ausgeübte Wirkung. Laer, H. van. 2.Int.Brewers Congr., Chicago, Proc. 1912. 119-129. - W.Ref. 3044.

Über eine besondere Wirkung, die die Temperatur auf die verzuckernde Malzdiastase ausübt. Laer, H. van. Bull.Soc.chim.Belgique 26. 18-28 (1912). - Ref.C.A. 6. 665, 1807 (1912), C. 1912. I. 930, W.Ref. 358.

Über Malzdiastase und die Einwirkung von Kaliumphosphaten auf dieselbe. Heyl, R.C. J.prakt.Chem. 86. 433-457 (1912). - Ref.C. 1912. II. 2115, C.A. 7. 2228 (1913), W.Ref. 355.

Zur Bestimmung der enzymatischen Kraft eines Malzes. Moufang, E. und Scheer, A. Wschr.Brauerei 28. 525-529 (1911).

Die beschleunigende Wirkung von Salzsäure auf die stärkeumwandelnden Eigenschaften von Pankreatin und Malz. Zimmermann, A. J.ind.Engng.Chem. 3. 823-826 (1911). - W.Ref. 2901.

Über den Einfluß der Reaktion auf gewisse Eigenschaften des Malzauszuges. Fernbach, A. und Schoen, M. Ann.Brass.Dist. 13. 505 (1910).

Über den Einfluß der Reaktion auf bestimmte Eigenschaften von Malz-Mazeraten. Fernbach, A. und Schoen, M. C.R.hebd.Séances Acad.Sci. 151. 894-897 (1910). - Ref.C.A. 5. 511 (1911), C. 1911. I. 497, W.Ref. 2879.

Richtigstellung zu dem Artikel: Über die Zusammensetzung der Mehrausbeute beim Druckmaischverfahren in Nr. 1 der Wochenschrift. Windisch, W. Wschr.Brauerei 27. 30-32 (1910).

Über die Zusammensetzung der Mehrausbeute beim Druckmaischverfahren. Windisch, W. Wschr.Brauerei 27. 3-7 (1910).

Bestimmung der diastatischen Kraft von Malz und Malzextrakt. Ling, A.R. Pharmac.J.Pharmacist 85. 267, 312 (1910). - Ref.C.A. 5. 562 (1911), W.Ref. 3189.

Die Bestimmung der diastatischen Kraft von Malzextrakt. Harrison, E.F. Pharmac.J.Pharmacist 85. 121-123 (1910). - W.Ref. 3190.

Untersuchungen über die Amylase des ungekeimten Getreides und Malzes. 1. Mitt. Chrzaszcz, T. Wschr.Brauerei 27. 69-73, 89-91, 98-99, 120, 126-29, 134-36 (1910).

Enthalten die Malzaufgüsse Antiamylase? Vandevelde, A.J.J. Bull. Soc.chim.Belgique 24. 198-200 (1910). - W.Ref. 2882.

Diastatischer Wert des Malzextrakts. Harrison, E.F. Pharmac.J. Pharmacist 82. 388-390 (1909). - Ref.C.A. 3. 1323 (1909), W.Ref. 3188.

Untersuchungen über die Amylase des ungekeimten Getreides und des Malzes. Chrzaszcz, T. Z.Spiritusind. 32. 520, 535-539, 544, 556-557, 569-571, 578-579 (1909). - Ref.C.A. 4. 2540 (1910), C. 1910. I. 288, W.Ref. 3040.

Überführungsversuche mit Fermenten. 3. Mitt. Malzdiastase. Michaelis, L. Biochem.Z. 17. 231-234 (1909). - Ref.C.A. 3. 1773 (1909), C. 1909. I. 1895, W.Ref. 2688.

Verwendung von Kupfer- oder Messingbechern bei der Bestimmung von "Extrakten" im Malz. Ling, A.R. und McLaren, G. J.Inst.Brewing 14. 160-166 (1908). - Ref.C.A. 3. 1902 (1909), C. 1908. II. 546, W.Ref. 2863.

Über die Bestimmung der diastatischen Kraft des Malzes und von Malzextrakten. Wirth, Chr. und Lintner, C.J. Z.ges.Brauwes. 31. 421-425 (1908). - Ref.C.A. 2. 3257 (1908), C. 1908. II. 1383, W.Ref. 3186.

Der Einfluß fremder Einwirkungen auf das diastatische Vermögen des Malzes (Auszug). Simon, D. Z.ges.Brauwes. 31. 277 (1908). - W.Ref. 2867.

Verfahren zur Verzuckerung von Malz unter Druck. Schwensen, Ch. und Lazarus, W. D.R.P. 223 139 Kl. 6b vom 12/5.1907, ausg. 17/6. 1910.

Wirkung des Gerstenextrakts im Vergleich mit der Wirkung des Malzextrakts auf die widerstandsfähigeren Dextrine. Wolff, J. C.R.hebd.Séances Acad.Sci. 144. 1368-1370 (1907). - Ref.C.A. 1. 2313 (1907), C. 1907. II. 416, W.Ref. 331.

Über die Verzuckerung der löslichen Stärke durch Gerstenextrakt. Fernbach, A. und Wolff, J. C.R.hebd.Séances Acad.Sci. 145. 80-82 (1907). - Ref.C. 1907. II. 614, C.A. 1. 2419 (1907), W.Ref. 326.

Über einige neue Eigenschaften des Malzauszuges (Auszug). Maquenne, L. und Roux, E. Z.Spiritusind. 29. 452-53 (1906).

9424

Bericht des Malzanalyse-Kommittees beim Rat des Institute of Brewing. J.Inst.Brewing 12. 1-10 (1906). - W.Ref. 3181.

Die Prüfung einiger handelsüblicher Malzextrakte. Harrison, E.F. und Gair, D. Pharmac.J. 77. 94-95 (1906). - W.Ref. 3180.

Untersuchungen über Malzdiastase. Kleemann, A. Landwirtsch.Versuchsstat. 63. 93-134 (1906). - Ref.C. 1906. I. 62, W.Ref.3182.

Über einige neue Eigenschaften des Malzextrakts. Maquenne, L. und Roux, E. C.R.hebd.Séances Acad.Sci. 142. 1387-1392 (1906). - Ref.C. 1906. II. 261, W.Ref. 558.

Unterschied des Diastasegehaltes von Malzen aus großkörnigen und kleinkörnigen Gersten. Ellrodt, G. Wschr.Brauerei 23. 243-244 (1906). - Ref.C. 1906. II. 177, W.Ref. 3391.

Über die Verzuckerung künstlicher Stärke durch Malz. Roux, E. C.R.hebd.Séances Acad.Sci. 140. 1259-1261 (1905). - Ref.C. 1905. II. 35, W.Ref. 321.

Wirkung der Malzdiastase auf Kartoffelstärkekleister. Davis, B.F. und Ling, A.R. J.chem.Soc. (London) 85. 16-29 (1904). - Ref.C. 1904. I. 736, W.Ref. 314.

Einwirkung des Formaldehyds auf die diastatische Kraft des Malzes. Somló, K.J. und Lászlóffy, A. von. Österr.Chemiker-Ztg. 7. 126-128 (1904). - Ref.C. 1904. I. 1365, W.Ref. 2839.

Die stärkeabbauenden Enzyme im Grünmalz. Pollak, A. Wschr.Brauerei 21. 317-319 (1904). - Ref.C. 1904. II. 376, W.Ref. 3386.

Studien über die Verteilung der diastatischen Enzyme des Grünmalzes. Teichek, R.F. von. Chem.Industrie 27. 270-275 (1904). - Ref.C. 1904. II. 375, W.Ref. 3387.

Über den Einfluß des Gipses auf den Stärke- und Eiweißabbau beim Maischprozeß. Windisch, W. und Boden, H. Wschr.Brauerei 21. 775-776, 787-789, 799-801, 823-827, 835-838 (1904). - Ref.C. 1905. I. 305, W.Ref. 2840.

Über neuere Maischverfahren. Prior, E. Allg.Z.Bierbrauerei u.Malzfabrikat. 32. 285-290 (1904). - Ref.C. 1904. II. 923, W.Ref. 2677.

Die Bestimmung des Verflüssigungsvermögens des Malzes und anderer diastatischer Produkte. Pollak, A. Wschr.Brauerei 20. 595-596 (1903).

Zur Bestimmung des Stärkeverflüssigungsvermögens des Malzes. Lintner, C.J. und Sollied, P. Z.ges.Brauwes. 26. 329-330 (1903). - Ref.C. 1903. II.152, W.Ref. 3156.

Einige Bemerkungen über Malz und die Aktivität der Diastase. Duncan, W. J.federat.Inst.Brewers 9. 383-404 (1903). - W.Ref. 3120.

Einige Experimente über Malzdiastase. Ling, A.R. und Davis, B.F. J.federat.Inst.Brewers 8. 475-500 (1902). - Ref.C. 1902. II. 1223, W.Ref. 307.

Einwirkung der Malzdiastase auf Kartoffelstärkekleister. Ling,A.R. Brit.Assoc.Advancement Sci., Rep.annu.Meeting 1903. 604. - Ref.C. 1904. I. 901, W.Ref. 311.

<u>Einwirkung von Diastase auf Stärkekörner roher und gemälzter Gerste</u>. Ling, A.R. Brit.Assoc.Advancement Sci., Rep.annu. Meeting <u>1903</u>. 603-604. - Ref.C. <u>1903</u>. II. 1222, W.Ref. 310.

<u>Wirkung von Malzdiastase auf Kartoffelstärkekleister</u>. Ling, A.R. Chem. News <u>88</u>. 179 (1903). - Ref.C. <u>1904</u>. I. 901.

<u>Einwirkung der Diastase auf die Stärkekörner von roher und gemalzter Gerste</u>. Ling, A.R. Chem.News <u>88</u>. 168-69 (1903). - Ref.C. <u>1903</u>. II. 1222.

<u>Stärkeumwandlung im Maischbottich</u>. Ling, A.R. J.federat.Inst. Brewers <u>9</u>. 446-461 (1903). - W.Ref. 312.

<u>Ein Verfahren zur Herstellung eines diastasereichen Malzextraktes</u>. Sobotka, G. D.R.P. 148 844 Kl. 6a vom 1/3.1902, ausg. 24/2. 1904.

<u>Zur Isolierung der Malzenzyme und über das proteolytische Enzym des Malzes</u>. Lintner, C.J. Z.ges.Brauwes. <u>25</u>. 365-368 (1902). - Ref.C. <u>1902</u>. II. 288, W.Ref. 2616.

<u>Zur Analyse und Beurteilung der Darrmalze</u>. Prior, E. Z.angew. Chem. <u>15</u>. 455-462 (1902). - Ref.C. <u>1902</u>. I. 1379.

<u>Über den Verlauf des Stärke- und Eiweißabbaues während des Maischprozesses</u>. Windisch, W. und Hasse, R. Wschr.Brauerei <u>19</u>. 192-194 (1902). - W.Ref. 309.

<u>Malzanalyse</u>. Ling, A.R. J.federat.Inst.Brewers <u>8</u>. 441-456 (1902). - Ref.C. <u>1902</u>. II. 1020, W.Ref. 306.

<u>Einige Erfahrungen bei der Herstellung von Malz</u>. Gordon-Salomon, M.A. Ann.Brass.Distill. <u>5</u>. 145-53 (1902).

<u>Verzuckerung der Stärke durch Malzdiastase</u>. Fernbach, A. Wschr. Brauerei <u>17</u>. 34-37 (1900). - W.Ref. 295.

<u>Diastase des Gerstenmalzes</u>. Seyffert, H. Wschr.Brauerei <u>16</u>. 96-97 (1899). - W.Ref. 2668.

<u>Woran erkennt man ein diastasekräftiges Malz?</u> Lange, H. Z.Spiritusind. <u>22</u>. 403-404 (1899). - W.Ref. 3383.

<u>Über Malzdiastase</u>. Petit, P. Monit.sci.Dr.Quesneville <u>53</u>. 14-18 (1899). - W.Ref. 2667.

<u>Das Mahlen von Malz und einige damit verbundene Betrachtungen</u>. Matthews, Ch.G. und F.E. Lott. J.federat.Inst.Brewers <u>5</u>. 514-531 (1899). - W.Ref. 2053.

<u>Zur Kenntnis des Stärkeabbaues beim Maischprozeß</u>. Jalowetz, E. und Hubert, L. 3.Int.Congr.angew.Chem., Wien, Ber. <u>1</u>. 63-66 (1898). - W.Ref. 284.

<u>Untersuchungen über Gerstenmalzdiastase (Auszug)</u>. Seyffert, H. J.Soc.chem.Ind. <u>17</u>. 681 (1898). - W.Ref. 2610.

<u>Untersuchungen über Gerstenmalz-Diastase</u>. Seyffert, H. Z.ges. Brauwes. <u>21</u>. 195-197, 207-209, 221-223, 611-617, 633-636 (1898). - Ref.C. <u>1898</u>. II. 73-74, 1224-1225, 1291, W.Ref. 2665.

<u>Herstellung eines an Maltose und an ungeschwächter, maltosebildender Diastase reichen und haltbaren Malzextraktes</u>. Sauer, F. D.R.P. 113 602 Kl. 6a vom 25/11.1898, ausg. 18/9.1900.

Über die Kohlenhydrate von Gerste und Malz, mit besonderer Berücksichtigung des Pentosans. Das Verhalten des Pentosans während der Herstellung des Malzes und während des Maischens und der Gärung. Tollens, B. J.federat.Inst.Brewers 4. 438-454 (1898). - W.Ref. 285.

Malz. 1. Mitt. Der fertiggeformte Malzzucker und die Wirkung der Diastase auf Gerstenstärke. Ling, A.R. J.federat.Inst.Brewers 4. 187-202 (1898). - Ref.C. 1898. II. 72, W.Ref. 2826.

Über die Verzuckerung der Stärke durch Malzamylase. Pottevin, H. C.R.hebd.Séances Acad.Sci. 126. 1218-1221 (1898). - Ref.C. 1898. I. 1228, W.Ref. 286.

Richtige Maischtemperaturen. Krieger, J. Allg.Anz.Brauereien, Mälzereien Hopfenbau 14. 401-404 (1898). - W.Ref. 3033.

Zur Prüfung auf Verzuckerung der Maischen. Fuchs, J. Z.ges.Brauwes. 20. 203-204 (1897). - W.Ref. 276.

Eine Methode für die Bestimmung des diastatischen Gehalts von Malz. Ling, A.R. J.federat.Inst.Brewers 2. 335-346 (1896). - Ref.C. 1896. II. 642, W.Ref. 3175.

Bestimmung der diastatischen Kraft im Malz. Sykes, W.G. und Mitchell, C.A. Analyst 21. 122-128 (1896). - Ref.C. 1896. II. 108, W.Ref. 3176.

Untersuchungen über die diastatische Kraft des Malzes. Lott, F.E. und Hudson, P. J.federat.Inst.Brewers 1. 403-421 (1895). - Ref.C. 1895. II. 1100, W.Ref. 2658.

Über die präexistierenden Kohlenhydrate des Malzes. Jalowetz, E. Chemiker-Ztg., Rep. 18. 39 (1894). - Ref.C. 1894. I. 675, W.Ref. 1886.

Zur Chemie des Darrens. Lintner, C.J. Z.ges.Brauwes. 16. 14-15 (1893). - W.Ref. 246.

Über den Verlauf des Maischprozesses mit Bezug auf die Umwandlung der Stärke. Schifferer, A. Wschr.Brauerei 9. 1114 (1892).

Malzextrakt und seine Bestandteile. Helbing, H. und Passmore, F.W. Pharmaz.Ztg. 37. 809 (1892). - Ref.C. 1893. I. 399, W.Ref.3114.

Den Einfluß der verschiedenen Temperaturen auf die Beschaffenheit des Malzes und die Zusammensetzung der daraus erhaltenen Würzen. Prior, E. Z.angew.Chem. 5. 312-318 (1892). - W.Ref. 237.

Beobachtungen über Temperaturen und Wassergehalte des Malzes beim Trocken- und Darrprozeß. Senff, T. Z.ges.Brauwes. 15. 197-200, 225-227 (1892). - W.Ref. 240.

Zur Untersuchung von Malz und Würze. Heron, J. Jber.chem.Technol. 36. 1030-1036 (1891). - W.Ref. 221.

Wirkung der Mineralsäuren bei der Verzuckerung durch Malz und die Fermentierung stärkemehlartiger Stoffe. Effront, J. Monit.sci. Dr.Quesneville 35. 449-462 (1890). - Ref.C. 1891. I. 33, W.Ref. 212.

Die Bestimmung des diastatischen Vermögens des Malzextrakts. Cripps, R.A. Pharmac.J.Trans. 49. 481 (1889-90). - W.Ref.3113.

Über Diastasebestimmungen in Diastase-Malzextrakten. Söldner, F. Pharmaz.Ztg. 34. 493-494, 501 (1889). - Ref.C. 1889. II. 712, W.Ref. 3174.

Wieviel Grünmalz ist zur Verzuckerung eines Kilogramms Stärkemehl erforderlich? Brauer, J.E. Z.Spiritusind. 12. 131 (1889). - W.Ref. 205.

Die Wirksamkeit verschiedener Malzarten. Morawski, Th. und Gläser, M. Wagner's Jber.chem.Technol. 33. 1010-1014 (1887). - W.Ref. 3173.

Die amylolytische Wirkung der Malz-Diastase durch verschiedene Bedingungen abgewandelt und quantitativ untersucht. Chittenden, R.H. und Cummins, G.W. Trans.Connecticut Acad.Arts Sci. 7. 44-59 (1885-88). - W.Ref. 2799.

Wirkung der Malzdiastase auf rohe Stärke. Brasse, L. C.R.hebd. Séances Acad.Sci. 100. 454-456 (1885). - Ref.C. 1885. 201, W.Ref. 195.

Über Maismalz (Auszug). Bauml, A. Dingler's polytechn.J. 252. 303 (1884). - W.Ref. 192.

Methode zur Bestimmung der Diastase im Malzextrakt (Auszug). Dymond. Pharmaz.Ztg. 29. 671 (1884). - Ref.C. 1884. 903, W.Ref. 3154.

Eine Studie über die wertbestimmenden Eigenschaften der stickstoffhaltigen Bestandteile der Gerste und des Malzes. Lintner, C.J. Z.Spiritusind. 6. 997-1000 (1883). - W.Ref. 3363.

Über die schnelle Bestimmung des Wertes von Malzextrakt. Jungk, J.F. Amer.J.Pharmacy 55. 289-298 (1883). - W.Ref. 3111.

Der aktive Malzstoff oder Maltine und Diastase. Dubrunfaut, A.P. Monit.sci.Dr.Quesneville 9. Sér. 3; 1194-1200 (1879). - W.Ref. 2598.

Verbesserungen in der Herstellung von Malzextrakt. Boomer, O.F. und Randall, H.R. D.R.P. 2 459 Kl. 6a vom 24/2.1878.

Die Gewinnung von Dextrinmaltose (Malzzucker) und ihr Gebrauch beim Brauen. Valentin, G. Analyst 1. 28-33 (1877). - Ref.C. 1877. 621, W.Ref. 174.

Über die Einwirkung von Malzextrakt auf Stärke. Griessmayer, V. Dingler's polytechn.J. 225. 175-178 (1877). - W.Ref. 171.

Über die "Microzymas" der gekeimten Gerste und der süßen Mandeln als Produzenten der Diastase und der Synaptase auf Grund einer Bemerkung der Herren Pasteur und Joubert. Béchamp, A. C.R.hebd. Séances Acad.Sci. 83. 358-361 (1876). - W.Ref. 3219.

Über die Wirkung von Malzextrakt auf Stärke. O'Sullivan, C. J.chem.Soc. (London) 30. 125-144 (1876). - Ref.C. 1876. 564, W.Ref. 169.

Wirkung der Gerstenmalz-Diastase auf Maisstärke. Neuffer, W. Bayerische Bierbrauer 7. 121-124 (1872). - W.Ref. 160.

Über die Verteilung der Diastase im Malz. Urban, A. Bayerische Bierbrauer 6. 162-170 (1871). - Ref.C. 1872. 332-333, W.Ref. 3356.

Über die Umwandlung der Stärke durch Malzdiastase. Schwarzer, A. J.prakt.Chem. 109. 212-230 (1870). - Ref.C. 1870. 295, W.Ref. 157.

Arbeit über einen stickstoffhaltigen Malzstoff, aktiver als Diastase, und über seine sparsame, in der Industrie anwendbare Herstellung (Auszug). Dubrunfaut, A.P. C.R.hebd.Séances Acad. Sci. 66. 274-275 (1868). - Ref.C. 1868. 1025-1028, W.Ref.2593.

9425. Brauerei

(Vgl. auch "Gärungsindustrie, Bierbrauerei": 4155)

Erfahrungen mit der Anwendung amylolytischer Präparate aus Schimmelpilzen bei der Bierherstellung. Piller, K. Przmysł spozywczy 18. 473-79 (1964). - Ref.C. 1966. 17-3196.

Enzymatische Verkleisterung von Rohstärke bei der Herstellung von Malzgetränken. Nugey, A.L. A.P. 2 951 762 ausg. 6/9.1960. - Ref.C.A. 55. 899b (1961).

Herstellung von amylolytischen und proteolytischen Enzymen und ihre Anwendung in der Brauerei-Industrie. Kolaschnikow, E.Ja. Staatl.wiss.-techn.Komitee beim Ministerrat der RSFSR, Moskau 1959. 52 S. - Ref.C.A. 54. 11273a (1960).

Über die Zusammensetzung des Bieres, insbesondere über dessen Dextringehalt. Schild, E. und Weyh, H. Z.Lebensmittel-Unters.u. -Forsch. 110. 115-20 (1959). - Ref.C. 1965. 24-2876.

Bildung und Veränderung der Zucker während der Biererzeugung. Dyr, J. und Móstek, J. Kvasný Prumysl 4. 169-74(1958). - Ref.C. 1959. 11754.

Amylasesysteme in Kulturhefen und wilden Hefen. Hopkins, R.H. Wallerstein Lab.Commun. 21. 75 (1958).

Neue Studien über Hefe. Amylase-Systeme bei Brauereihefen. Hopkins, R.H. Soc.chem.Ind. 1958. Monogr.Nr.3. 31-36.

Ursprung, Erzeugung, Eigenschaften und Verwendung von Bakterien-α-Amylase in der Bierbrauerei. Vaillant, J.M. Bull.Assoc. anciens Etudiants brasserie Univ. Louvain 53. 221-51 (1957). - Ref.C. 1958. 6986.

Ursprung, Erzeugung, Eigenschaften und Verwendung von Bakterien-α-Amylase in der Bierbrauerei. Vaillant, J.-M. Petit J.Brasseur 65. 321 (1957). - Ref.C. 1958. 1163.

Verwendung einer thermophilen Heferasse bei der Vergärung von Stärkemaischen. Fenikssowa, R.W., Loginowa, L.G. und Schilowa, A.A. Mikrobiologie (russ.) 25. 310-17 (1956). - Ref.C. 1957. 5721.

Grenzdextrinase. 2. Mitt. Tätigkeit der Grenzdextrinase bei der Bierbereitung. Hopkins, R.H. und Wiener, St. J.Inst.Brewing 61. 492-500 (1955). - Ref.C. 1957. 8668.

Amylasesysteme in Brauereihefen. Hopkins, R.H. European Brewery Convent., Proc.Congr. 1955. 52-64. - Ref.C. 1960. 2034.

Die mikroskopischen Grundlagen der Bierbrauerei. 1. Mitt. Die Gerste und ihre Verarbeitung zu Malz. Frey, H. Mikrokosmos 40. 109-13 (1951).

Herstellung von bierähnlichen Getränken. Hildebrandt, P. F.P. 880 625 vom 30/3.1942, ausg. 31/3.1943. Schwz.Prior.21/11. 1941. - Ref.C. 1944. I. 966.

Untersuchungen über Stärke. 21. Mitt. Über die amylolytischen Enzyme der Hefe. Meyer, K.H. und Bernfeld, P. Helv.chim.Acta 25. 399-403 (1942). - Ref.C. 1942. II. 178.

Die viscosimetrische Verfolgung von Enzymreaktionen. Lüers, H. und Löther, A. Wschr.Brauerei 52. 49-51 (1935). - Ref.C. 1935. I. 3860.

Verfahren zum Verflüssigen und Verzuckern von stärkehaltigem Material für Brauereizwecke. Effront, I.A. und Boidin, A.R. F.P. 727 044 vom 29/1.1931, ausg. 11/6.1932. - Ref.C. 1932. II. 3638.

Verfahren zur Herstellung alkoholarmer obergäriger Biere. "Euros" AG. D.R.P. 571 831 Kl. 6b vom 17/1.1930, ausg. 6/3.1933. - Ref.C. 1933. I. 3510.

Über Hefeamylase und die Vergärung von Polysacchariden. Ein Beitrag zur Kenntnis der Selbstgärung. Gottschalk, A. Hoppe-Seyler's Z.physiol.Chem. 153. 215-24 (1926).

Dekfa-Grieß. Parow. Z.Spiritusind. 46. 94 (1923). - Ref.C. 1923. IV. 213, W.Ref. 2574.

Dekfa-Grieß. Windisch, W. Wschr.Brauerei 40. 64, 107 (1923). - W.Ref. 2577, C. 1923. IV. 212.

Notizen über Hefe und Aldehyd sowie anderes. Bokorny, Th. Allg. Brauer- u.Hopfen-Ztg. 62. 1057-1060, 1149-1150 (1922). - Ref.C.A. 17. 3347 (1923), W.Ref. 2752.

Emulsin und Myrosin in der Münchener Brauereipreßhefe (zum Teil auch in der Getreidepreßhefe). Bokorny, T. Biochem.Z. 75. 376-416 (1916). - Ref.C. 1916. II. 586, W.Ref. 2936.

Die Verwendung von Kartoffelstärke oder Kartoffelstärkemehl als teilweises Malzersatzmittel. Koudelka, V. Allg.Z.Bierbrauerei u.Malzfabrikat. 44. 71-74 (1916). - W.Ref. 2514.

Kartoffelstärke als Malzersatz in der Bierbrauerei und ihre Arbeit in der Praxis. Jalowetz, E. Brau- u.Malzind. 17. 2-5 (1916). - W.Ref. 2513, C.A. 10. 798 (1916).

Die Verwendung von Enzymen und besonderen Heferassen bei der Untersuchung der Zuckerarten. Davis, W.A. J.Soc.chem.Ind. 35. 207-210 (1916). - Ref.C. 1916. I. 119, W.Ref. 1503.

Über die Benutzung von Enzymen und besonderen Hefen bei der Analyse von Kohlenhydraten. Davis, W.A. Wschr.Brauerei 33. 293-95, 299-300, 308-10 (1916).

Bákhar, das indische Reisbierferment (Auszug). Hutchinson, C.M. und Ramayyar, C.S. J.Soc.chem.Ind. 35. 751 (1916). - Ref.C.A. 10. 623 (1916), W.Ref. 3306.

Über ein stärkebildendes Enzym aus Malz. Seine Wirkung auf Hemicellulosen und seine technische Verwendung in der Bierbrauerei. Davis, C.B. J.ind.Engng.Chem. 7. 115-18 (1915). - Ref.C.1915. I. 1068, W.Ref. 2719.

Über ein stärkebildendes Enzym aus Malz: Seine Wirkung auf Hemicellulosen und seine Nutzbarmachung in der Brauerei. Davis, Ch.B. Wschr.Brauerei 32. 226-28 (1915). - Ref.C. 1915. II.728.

Die schädliche Wirkung der Enzyme; Versuche mit Hefe. Bokorny, Th. Allg.Brauer- u.Hopfen-Ztg. 53. 2571-2572 (1913). - Ref.C.A. 13. 1326 (1919), W.Ref. 2698.

Einfluß der Mineralbestandteile des Wassers beim Bierbrauen. Gemmell, G.H. J.Inst.Brewing 18. 34-45 (1912). - W.Ref. 2905.

Assimilierbarkeit verschiedener Kohlenhydrate durch verschiedene Hefen. Lindner, P. und Saito. Wschr.Brauerei 27. 509-13 (1910).

Der Kohlendioxydwert der reinen Preßhefe und Preßhefe- und Stärkemischungen. Bryan, T.J. U.S.Bur.Chem. Bull., 116. 25-28 (1907). - W.Ref. 1893, C.A. 3. 555 (1909).

Trennung der Kohlenhydrate durch Reinhefen. König, F.J. und Hörmann, P. Z.Unters.Nahrungs- u.Genußmittel 13. 113-132 (1907). - Ref.C.A. 1. 1185 (1907), C. 1907. I. 843, W.Ref. 1492.

Über Kleistertrübungen. Ehrlich, C. Allg.Z.Bierbrauerei u.Malzfabrikat. 17. 806-808 (1899). - W.Ref. 289.

Beitrag zum Studium der Verzuckerung im Brauprozeß. Petit, M. Bull.Assoc.Chimistes Sucr., Distill.France Colonies 14. 188-201 (1896/97).

Über den Einfluß der Diastase auf vergorenes Bier. Windisch, W. Wschr.Brauerei 9. 621-623 (1892). - W.Ref. 242.

Über die Analyse eines Bieres des letzten Jahrhunderts mit einigen Bemerkungen über die Bestimmung von Amyloin (Malto-Dextrinen) in Bier (Auszug). Brown, H.T. und Morris, G.H. J.Soc.chem.Ind. 9. 533 (1890). - Ref.C. 1890. I. 844, W.Ref. 211.

Über gewisse Funktionen des Hopfens beim Trocken-Hopfen des Bieres. Brown, H.T. und Morris, G.H. Trans.Inst.Brewing 6. 94-106 (1892-93). - W.Ref. 3374.

Über das Verhalten verschiedener Hefearten gegenüber den Dextrinen des Honigs und des Kartoffelzuckers. Raumer, E. von. Z.angew. Chem. 3. 421-423 (1890). - Ref.C. 1890. II. 395, W.Ref. 3235.

Mitteilungen aus der Versuchs- und Staatsbrauerei Weihenstephan. Lintner, C.J. Biedermann's Zbl.Agrikulturchem.ration.Landwirtschaftsbetrieb 14. 407-08 (1885). - W.Ref. 2028.

Das Brauen in Japan. Atkinson, R.W. Chem.News 44. 230-233 (1881). - W.Ref. 3224.

9426. Brennerei

(Auch Kartoffelmaische, Gerstenmaische, Pilzenzyme. Vgl. auch "Gärungsindustrie, Brennerei": 4153)

Einfluß der Verzuckerungstemperatur auf die amylolytische Aktivität von Kartoffelmaischen. Brudziński, A. Przemysł Ferment. 7. 179-82 (1964). - Ref.C. 1966. 22-3036.

Gewinnung einer Amylase aus Pilzen für die Getreidebrennerei. Blaisten, R. Ind. y Quim. 22. 96-100 (1962). - Ref.C. 1964. 48-1045.

Bedingungen für die rationelle Anwendung von in Submers-Kulturen hergestellten Schimmelpilzmycel als ein Stärkeverzuckerungsmittel in der Alkoholindustrie. Wjatkin, W.W. Arb.zentr.wiss. Forsch.-Inst.Spiritus- u.Likör-Branntwein-Ind. (russ.) 1961. Nr.11. 153-61. - Ref.C.A. 56. 7802b (1962).

Nichtvergärbare Zucker und Dextrin in Brennereitrebermelassewürze. Witkowskaja, W.A. und Sabrodski, A.G. Hochschulnachr., Nahrungsmittel-Technol. (russ.) 1961. Nr.6. 37-43. - Ref.C.A. 56. 13355h (1962), C. 1962. 18671.

Verbesserung von Alkoholmaischen. 26. Mitt. Reinigung und Kristallisierung von durch Aspergillus usamii produzierter verzuckernder Amylase. Otani, Y. und Takahashi, S. J.Fermentat.Technol. (Japan) 39. 191-95 (1961). - Ref.C.A.(B.) 59. 1891c (1963).

Die Verzuckerung von Kartoffelmaischen in landwirtschaftlichen Brennereien mit einem Präparat aus dem Abfallmycel nach der Erzeugung von Zitronensäure. Beran, K., Burger, M. und Fencl,Z. Nahrung 4. 719-37 (1960). - Ref.C.A. 55. 9774i (1961), C. 1962. 13979.

Gleichzeitiges Vergären von stärkehaltigem Rohmaterial, Zuckerrüben und Melasse. Maltschenko, A.L., Tereschtschenko, N.F. Turenko, M.M. und Polujanowa, M.T. UdSSR.P. 140 018 vom 2/9. 1960. - Ref.C.A. 56. 12092f (1962).

Über Methoden der kontinuierlichen Vergärung. Jarowenko, W.L. Spiritus-Ind. (russ.) 26. Nr.5. 3-10 (1960). - Ref.Stärke 14. 146 (1962).

Brennerei-Pilzmalze. Drews, B., Specht, H. und Hoffmann, W. Branntweinwirtschaft 100. 210-11 (1960). - Ref.C. 1962. 8823.

Einfluß von Nichtzucker-Substanzen und Salzen von Melasse auf die amylolytischen Fermente des Malzes. Polujanowa, M.T. Spiritus-Ind. (russ.) 26. Nr.1. 9-13 (1960). - Ref.C. 1961. 5637.

Maßnahmen zur biologisch einwandfreien Vergärung von Kartoffelmaischen. Kreipe, H. Branntweinwirtschaft 100. 546-48 (1960). - Ref.C. 1963. 1489.

Vergärung stärkehaltiger Rohprodukte unter Zusatz von Melasse. Konowalow, Ss.A., Tschestnow, P.G., Golubenkowa, N.I. und Borodkina, W.W. Spiritus-Ind. (russ.) 26. Nr.7. 43-46 (1960). - Ref.C.A. 55. 2993f (1961), Stärke 14. 146 (1962), C. 1961. 12298.

Kontinuierliche zweigeteilte Vergärung bei der Herstellung von Alkohol aus Stärkerohmaterialien. Polewoi, L.A. Spiritus-Ind. (russ.) 26. Nr.5. 11-15 (1960). - Ref.C.A. 54. 21628g (1960), Stärke 14. 193 (1962).

Verbesserung von Alkoholmaische. 24. Mitt. Verzuckerung von Grenzdextrinen durch Amylasen. 2. Mitt. Otani, Y. und Takahashi, S. J.Fermentat.Technol. (Japan) 38. 123-25 (1960). - Ref.C.A. 55. 8750e (1961).

Verbesserung von Alkoholmaische. 23. Mitt. Verzuckerung von Grenz-Dextrinen durch Amylasen. Otani, Y. und Takahashi, S. J.Fermentat.Technol. (Japan) 38. 20-25 (1960). - Ref.C.A. 55. 3917h (1961).

Einfluß der Schimmelpilzamylasen auf die Vergärbarkeit von Dextrose-Abläufen. Chmelař, Miča, Medal und Malcher. Stärke 11. 59-63 (1959). - Ref.C. 1960. 2719.

Untersuchungen der Extraktstoffe des ungekeimten und gekeimten Milokorns mit Hilfe der Papierchromatographie und einiger seiner Enzyme. Reindel, F. und Scheublein, M. Branntweinwirtschaft 81. 217-19 (1959). - Ref.C. 1960. 10088, C.A. 60. 4462f (1964).

Verbesserung von Alkoholmaische. 22. Mitt. Verzuckerung von Amylose und Amylopektin durch Pilz-β-Amylase. Otani, Y. und Takahashi, S. J.Fermentat.Technol. (Japan) 37. 4-6 (1959). - Ref.C.A. 54. 11140f (1960).

Chemie der Verzuckerung der Kartoffelstärke. Bártfay, J. Erjedésipari Kutatóintézet Közleményei (Mitt.Inst.Gär.-Ind.) 1959. 19-24. - Ref.C. 1963. 9520.

Technologische Kennzeichen der Vergärung von stärkehaltigem Rohmaterial, verzuckert mit Enzymen von Submers-Kulturen von Aspergillus niger. Makuchina, A.M. Arb.zentr.wiss.Forsch.-Inst. Spiritus- u.Likör-Branntwein-Ind. (russ.) 1959. Nr.8. 6-10. - Ref.C.A. 55. 2996i (1961).

Der Einfluß der Fermentkonzentration einer Submerskultur des Pilzes Aspergillus niger auf die Gärung. Makuchina, A.M. Spirituosen-Ind. (russ.) 25. Nr.3. 14-16 (1959). - Ref.C. 1961.6710.

Beseitigung von Gärungshemmstoffen. 1. Mitt. Elektrolytische Beseitigung von Furfural oder 5-Hydroxymethyl-2-Furaldehyd aus Rohglucose oder Stärkezuckerlösung und der Gärungstest. Kobayashi, T. J.chem.Soc. Japan, Ind.Chem.Sect. 62. 1887-91 (1959). - Ref.C.A. 57. 11675d (1962).

Der Einfluß der Temperatur auf die Verzuckerung durch submerse Pilzkulturen. Makuchina, A.M. Spiritus-Ind. (russ.) 25. Nr.7. 11-13 (1959). - Ref.C.A. 54. 7973e (1960).

Kontinuierliche Vergärung von Stärkerohmaterial und Zuckerrübenmelasse. Maltschenko, A.L. UdSSR.P. 138 567 vom 5/5.1959. - Ref.C.A. 56. 5008f (1962).

Enzyme des Gersten- und Pilzmalzes und ihre Wirkung auf die Verzuckerung der Kartoffelstärke. Bártfay, J. Alkohol-Ind. 72. 567-68, 577-86 (1959). - Ref.C. 1960. 11141, Stärke 13. 57 (1961).

Kontinuierliche Verzuckerung mit Vakuumkühlung in Brennereien. Dedkow, D.L. Techn.-ökonom.Bull.Volkswirtschaftsrat Tscheljabinskaer ökonom.Bezirksverwaltung (russ.) 1958. Nr.8. 23-27. - Ref.C.A. 55. 25152b (1961).

Kreislaufverfahren für die Vergärung von stärkehaltigem Rohmaterial in der Romadanowsker Alkoholfabrik. Naumenko, I.I., Bascharin, I.I. und Polgin, I.W. Technisch-ökonom.Bull.sowj. volkswirtschaftl.Mordwinischen Wirtschaftsverwaltungsbez. (russ.) 1958. Nr.1. 39-44. - Ref.C.A. 55. 4875e (1961).

Ein halbkontinuierliches Verfahren zur Vergärung von stärkehaltigen Maischen. Polewoi, L.A. Spirituosen-Ind. (russ.) 24. Nr.8. 11-14 (1958). - Ref.C. 1959. 15208, C.A. 53. 6525b (1959).

9426

Untersuchung über Kopfschimmelpilze und ihre Anwendung für die Alkoholgärung von Stärkematerialien. Giacomo, D. de. Rev. brasil.Quim. 46. 144-66 (1958). - Ref.C. 1962. 11402.

Verbesserung von Alkoholmaische. 19. Mitt. Die Abbauprodukte von ß-Grenzdextrin und Maltose durch ß-Amylase von Submers-Pilzkulturen. Otani, Y., Takahashi, S. und Yamamoto, E. J.Fermentat.Technol. (Japan) 36. 276-81 (1958). - Ref.C.A. 53. 6525c (1959).

Verbesserung von Alkoholmaische. 18. Mitt. Der Abbau von Kartoffelstärkeprodukten durch die ß-Amylase von submersen Pilzkulturen. Otani, Y., Takahashi, S. und Yamamoto, E. J.Fermentat. Technol. (Japan) 36. 241-45 (1958). - Ref.C.A. 52. 17608a (1958).

Verbesserung von Alkoholmaische. 17. Mitt. Der Abbau von Kartoffelstärkeprodukten durch die Amylase von submersen Pilzkulturen. Otani, Y., Takahashi, S. und Inage, M. J.Fermentat. Technol. (Japan) 36. 235-41 (1958). - Ref.C.A. 52. 17607h (1958).

Verbesserung von Alkoholmaische. 14. Mitt. Zusammensetzung der bei der Herstellung von Pilzamylase verwendeten Kulturmedien. Otani, Y., Takahashi, S. und Kaneko, N. J.Fermentat.Technol. (Japan) 36. 59-63 (1958). - Ref.C.A. 52. 17607b (1958).

Verbesserung von Alkoholmaische. 13. Mitt. Zusammensetzung der bei der Herstellung von Pilzamylase verwendeten Kulturmedien.2. Otani, Y., Takahashi, S. und Kaneko, N. J.Fermentat.Technol. (Japan) 35. 434-38 (1957). - Ref.C.A. 52. 12312f (1958).

Verbesserung von Alkoholmaische. 12. Mitt. Zusammensetzung der bei der Herstellung von Pilzamylase verwendeten Kulturmedien.1. Otani, Y., Takahashi, S. und Kaneko, N. J.Fermentat.Technol. (Japan) 35. 397-403 (1957). - Ref.C.A. 52. 12312d (1958).

Verbesserung von Alkoholmaische. 11. Mitt. Die Verflüssigung und Verzuckerung von Stärke durch getrennte bzw. kombinierte Einwirkung von Bakterien- und Pilzamylase. 3. Otani, Y. und Takahashi, S. J.Fermentat.Technol. (Japan) 35. 260-65 (1957). - Ref.C.A. 52. 12311h (1958).

Verbesserung von Alkoholmaische. 10. Mitt. Die Verflüssigung und Verzuckerung von Stärke durch getrennte bzw. kombinierte Einwirkung von Bakterien- und Pilzamylase. 2. Otani, Y. und Takahashi, S. J.Fermentat.Technol. (Japan) 35. 214-18 (1957). - Ref.C.A. 51. 18457f (1957).

Verbesserung von Alkoholmaische. 9. Mitt. Die Verflüssigung und Verzuckerung von Stärke durch getrennte bzw. kombinierte Einwirkung von Bakterien- und Pilzamylase. 1. Otani, Y. und Takahashi, S. J.Fermentat.Technol. (Japan) 35. 188-90 (1957). - Ref.C.A. 51. 18457d (1957).

Neue Methoden zur Untersuchung von Brennereimaischen auf lösliche Kohlenhydrate. Deckenbrock, W. Branntweinwirtschaft 79. 193-96 (1957).

Der Einfluß der Gärtemperatur und der Gärdauer auf die Vergärung von Kartoffelmaischen. Frey, A. Branntweinwirtschaft 79. 512-15 (1957). Alkohol-Ind. 70. 451-55 (1957). - Ref.C. 1959. 647.

Die Proteolyse bei der Konversion stärkehaltiger Rohstoffe und deren Einfluß auf die alkoholische Gärung. Specht, H. Stärke 9. 8-10 (1957).

Schimmelpilzamylase in deutschen Brennereien. Drews, B. und Specht, H. Branntweinwirtschaft 79. 369-72 (1957). - Ref.C. 1958. 9081.

Zum Problem des fermentativen Stärkeabbaues im Brennereiprozeß. Deckenbrock, W. Stärke 9. 34-39 (1957). - Ref.C. 1958. 3760.

Zum Problem des Stärkeabbaues während des Brennereiprozesses. Deckenbrock, W. Branntweinwirtschaft 79. 213-16 (1957). - Ref.C. 1958. 3760.

Die Ausnutzung der Stärke des Malzes bei den Prozessen der Alkoholgewinnung. Lossjakowa, L.Ss. Spiritus-Ind. (russ.) 23. Nr.1. 6-9 (1957). - Ref.C. 1957. 10897.

Auswertung der Verzuckerungsmethode bei der alkoholischen Gärung von Stärke-Substraten. Lee, A. Iowa State Coll.J.Sci. 30. 403-04 (1956).

Die löslichen Stickstoffverbindungen der Kartoffel und ihre Veränderungen während des Brennereiprozesses. Frey, A. und Streit, A. Branntweinwirtschaft 78. 424-36 (1956). - Ref.C. 1957. 7806.

Eine Untersuchung der optimalen Bedingungen zur Verzuckerung von Kartoffelmaische durch Pilzenzym-Präparate. Beran, K. und Burger, M. Ceskoslov.Mikrobiol. 1. 97-104 (1956).

Untersuchungen über Kopfschimmelpilze und ihre Anwendung für die Alkoholgärung von Stärkematerialien. Giacomo, D. de. Minist. Trahalbo, Ind.Comérc, Inst.nac.Tecnol. 1956. 5-101. - Ref.C. 1961. 9236.

Über die Verarbeitung von Manioka mit Pilzmalz. Drews, B. und Specht, H. Branntweinwirtschaft 78. 21-22 (1956). - Ref.C. 1956. 13881.

Studien über die optimalen Bedingungen bei der Verzuckerung von Kartoffelmaischen durch Pilzenzym-Präparate. Beran, K. und Burger, M. Folia biol. (Prag) 2. 327-29 (1956).

Verbesserung von Alkoholmaische. 8. Mitt. Die Verzuckerung von Süßkartoffelstärke durch die Mischung von α- und β-Amylasen verschiedener Pilze. 2. Otani, Y. und Takahashi, S. J.Fermentat.Technol. (Japan) 34. 470-72 (1956). - Ref.C.A. 51. 4644h (1957).

Verbesserung von Alkoholmaische. 7. Mitt. Die Verzuckerung von Süßkartoffelstärke durch die Mischung von α- und β-Amylasen verschiedener Pilze. 1. Otani, Y. und Takahashi, S. J.Fermentat.Technol.(Japan) 34. 435-40 (1956). - Ref.C.A. 51. 4644d (1957).

Verbesserung von Alkoholmaische. 6. Mitt. Verzuckerung der Gemische von Stärke, löslicher Stärke, Dextrin und Maltose durch Amylase. 3. Otani, Y. und Takahashi, S. J.Fermentat.Technol. (Japan) 33. 467-70 (1955). - Ref.C.A. 50. 7386d (1956).

Verbesserung von Alkoholmaische. 5. Mitt. Verzuckerung der Gemische von Stärke, löslicher Stärke, Dextrin und Maltose durch Amylase. 2. Otani, Y. und Takahashi, S. J.Fermentat.Technol. (Japan) 33. 465-67 (1955). - Ref.C.A. 50. 7385g (1956).

Verbesserung von Alkoholmaische. 4. Mitt. Verzuckerung der Gemische von Stärke, löslicher Stärke, Dextrin und Maltose durch Amylase. 1. Otani, Y. und Takahashi, S. J.Fermentat.Technol. (Japan) 33. 413-18 (1955). - Ref.C.A. 50. 7385d (1956).

Verbesserung von Alkoholmaische. 3. Mitt. Verzuckerung von gedämpfter Stärke durch Amylase von submersen Koji-Kulturen. Otani, Y. und Takahashi, S. J.Fermentat.Technol. (Japan) 33. 189-94 (1955). - Ref.C.A. 49. 15164h (1955).

Spiritusherstellung aus kolloidal-dispergierten stärkehaltigen Materialien. Lipatow, Ss.M., Schulman, M.S. und Swetnik, R.Ju. Arb.wiss.Allunions Forsch.-Inst.Spiritus-Ind. (russ.) 1955. Nr.5. 16-32. - Ref.C.A. 51. 6077i (1957).

Grenzdextrinase. 1. Mitt. Tätigkeit der Grenzdextrinase bei der Alkoholherstellung. Hopkins, R.H. und Wiener, St. J.Inst. Brewing 61. 488-92 (1955). - Ref.C. 1957. 8668.

Zur Frage der Verzuckerung stärkehaltiger Brennereirohstoffe durch Getreidemalz- und Pilzenzyme. Deckenbrock, W. Stärke 6. 41-44 (1954). - Ref.C. 1954. 11070.

Verbesserung von Alkoholmaische. 2. Mitt. Verzuckerung von gedämpften Süßkartoffeln durch verschiedene Pilze. Otani, Y. und Takahashi, S. J.Fermentat.Technol. (Japan) 32. 430-33 (1954). - Ref.C.A. 49. 8558e (1955).

Verbesserung von Maische. 1. Mitt. Verzuckerung von mit Dampf unter verschiedenem Druck gekochter Stärke. Otani, Y. und Takahashi, S. J.Fermentation Technol. (Japan) 32. 392-95 (1954). - Ref.C.A. 49. 2017i (1955).

Enzymgehalt und Malzwert der in der landwirtschaftlichen Brennerei benutzten Verzuckerungsmittel. Schwarz, G. und Malsch, L. Branntweinwirtschaft 76. 264-66 (1954). - Ref.C. 1955. 5200.

Pilzmalzverzuckerung von Frischkartoffeln. Kilp, Grübler, Stemmer und Lindenstromberg. Alkohol-Ind. 66. 35-39 (1953). - Ref.C. 1953. 2689.

Über den Einfluß von Grenz-Dextrinase auf die Ausbeute von Alkohol aus Stärke. Roy, D.K. Ann.Biochem.exp.Med. 12. 115-18 (1953). - Ref.C.A. 48. 3628d (1954).

Zur Frage der Verarbeitung von Frischkartoffeln auf Spiritus unter Verwendung von Pilzmalz. Deckenbrock, W. und Sprick, M. Alkohol-Ind. 66. 307-11 (1953). - Ref.C. 1955. 5674.

Zur Frage der Wertbestimmung von Diastasepräparaten für brennereitechnische Zwecke. Deckenbrock, W. und Sprick, M. Stärke 4. 233-37 (1952). - Ref.C. 1956. 8774.

Zur Frage der Wertbestimmung von Diastasepräparaten für brennereitechnische Zwecke. Deckenbrock, W. Stärke 4. 47-50 (1952). - Ref.C. 1953. 2043.

Äthylalkohol aus Cassavastärke. Anwendung von Pilzen bei der Hydrolyse von Stärke. Teixeira, C.G. Bragantia 10. 277-86 (1950). - Ref.C.A. 46. 8808g (1952).

Zur Ermittlung der amylolytischen Kraft von Verzuckerungsstoffen, insbesondere von Pilzdiastasepräparaten. Drews, B., Lampe, B. und Specht, H. Branntweinwirtschaft 4. 293-97 (1950). - Ref.C.A. 46. 1213h (1952), C. 1953. 8474.

Die Verwendung von Pilzdiastasepräparaten in der Brennerei. Reindel, F., Frey, A. und Lottner, E. Branntweinwirtschaft 4. 195-99 (1950). - Ref.C. 1953. 7959.

Die Herstellung von Pilzamylasen in Submers-Kulturen und ihre Anwendung bei der Herstellung von industriellem Alkohol. Lanen, J.M. van und Le Mense, E.H. J.Bacteriol. 51. 595 (1946).

Verzuckerung von Getreidemaischen für die alkoholische Gärung. Underkofler, L.A., Severson, G.M. und Goering, K.J. Ind.Engng. Chem., ind.Edit. 38. 980-85 (1946). - Ref.C. 1947. 408.

Verzuckerung von Weizen durch Pilzamylasen für die Alkoholherstellung. Roberts, M., Laufer, S., Stewart, E.D. und Saletan, L.T. Ind.Engng.Chem. 36. 811-12 (1944).

Vergärung von Mais. Anwendung von Pilzamylase statt Malz. Chem.Age 49. 261-64 (1943). - Ref.C. 1944. 822.

Die Ausbeute bei der Gewinnung von Äthanol aus Stärkesubstraten. Christensen, L.M. Cereal Chem. 20. 478-82 (1943).

Pilzamylasen als zuckerbildende Stoffe bei der alkoholischen Maisgärung. Hao, Lu Cheng, Fulmer, E.I. und Underkofler, L.A. Ind. Engng.Chem., ind.Edit. 35. 814-18 (1943). - Ref.C. 1946. II. 2485.

Extraktion von Diastase aus Weizenkornprodukten bzw. Gewinnung von Alkohol unter Zuhilfenahme derartiger Diastasepräparate. United States of America, Secretary of Agriculture, übert.von: I.W. Tucker und A.K. Balls. A.P. 2 457 754 vom 22/4.1943, ausg. 28/12.1948. - Ref.C. 1949. E. 3637.

Verzuckern von Kartoffel- oder Getreidemaische. Lipkin, G.M. Russ.P. 58 851 vom 25/1.1940, ausg. 31/1.1941. - Ref.C. 1941. II. 1085.

Verzuckerung von Getreidestärkemaischen für die Gärungsindustrien. Anwendung von Schimmelpilzamylasen. Underkofler, L.A., Fulmer, E.I. und Schoene, L. Ind.Engng.Chem. 31. 734-38 (1939). - Ref.C. 1939. II. 1793.

Schnellbestimmung der Diastasewirksamkeit in der Maische. Dorfman, W. Branntwein-Ind. (russ.) 15. Nr.2. 19 (1938). - Ref.C. 1938. II. 973.

Kontinuierliche Verzuckerung in Maischebottichen. Fremel, W. und Lebedew, W. Branntwein-Ind. (russ.) 15. Nr.10. 10-14 (1938). - Ref.C. 1940. I. 2402.

Eine Studie über die Möglichkeit der Anwendung tierischer Amylase zur Verzuckerung von Getreide- und Kartoffelmaischen. Goldstein, B., Goldenberg, M. und Sklowskaja, O. Biochem.J. (russ.) 12. 573-86 (1938).

Über die Spritgewinnung aus dem sowjetrussischen Kautschukträger Koks-Ssagys. Tschishikow, N. Spiritusind. (russ.) 13. Nr.10. 25-27 (1936). - Ref.C. 1937. I. 3884.

Verwendung von Zichorie in der Spiritusindustrie. Bobkow, P. Gär.-Ind. (russ.) 12. Nr.2. 23-28 (1935). - Ref.C. 1936. I. 2460.

Diastatisch wirksame Hefen. Düll, A. Z.Spiritusind. 58. 31 (1935).

Erzeugung von technischem Alkohol aus Getreide nach dem Amyloverfahren. Owen, W.L. Ind.Engng.Chem. 25. 87-89 (1933). - Ref.C. 1933. I. 2619.

Abnahme der diastatischen Kraft bei der Lagerung von Brennerei-Darrmalzen. Staiger. Z.Spiritusind. 52. 141 (1929).

Der Diastasegehalt der Körnerfrüchte und seine praktische Ausnutzung in der Kornbrennerei. Staiger. Z.Spiritusind. 51. 166-67 (1928).

Über die Selbstverzuckerung stärkehaltiger Rohfrüchte ohne Malz. Mayr, E. Z.Spiritusind. 51. 318-19 (1928).

Verfahren zur Verzuckerung von stärkehaltigen Substanzen und zur Herstellung von Äthylalkohol und Glucose in antiseptischem Medium mittels orientalischer Bioenzyme. Mezzadroli, G. Zymol.Chim.Colloidi 3. 37-39 (1928). - Ref.C. 1929. II. 3192.

Die Bedeutung der Diastase und ihre Bestimmung in der Maische. Wendel, F. Z.Spiritusind. 50. 9 (1927).

Das Amyloverfahren und seine Anwendungsmöglichkeiten. Galle, E. Z.angew.Chem. 36. 17-19 (1923). - Ref.C. 1923. II. 583, W.Ref. 3343.

Die neuen Anwendungsarten der Mucedineen in den landwirtschaftlichen Gewerben. Delemar, A. Chim. et Ind. 2. 892-898 (1919). - W.Ref. 3315, C. 1920. II. 87, C.A. 14. 447 (1920).

Enzyme in den Gärungsgewerben. Wallerstein, L. J.Franklin Inst. 183. 531-556, 715-734 (1917). - W.Ref. 3465.

Neues Verfahren zur Vergärung von stärkehaltigen Substanzen, entweder für sich allein oder im Gemisch mit zuckerhaltigen Stoffen. Martinand, V. F.P. 22 255 vom 17/11.1916, ausg. 25/5.1921. - Ref.C. 1921. IV. 525.

Verfahren zur Verzuckerung und Vergärung von stärkehaltigen Substanzen. Molhant, A.C. E.P. 170 009 vom 17/7.1914, ausg. 8/9. 1921. - Ref.C. 1922. IV. 258.

Verfahren zur Verarbeitung von stärkehaltigen Rohstoffen unter Verwendung von stärkeverflüssigende Enzyme enthaltenden Bakterien. Boidin, A. und Effront, J. D.R.P. 320 572 vom 29/10.1913, ausg. 20/4.1920. - Ref.C. 1920. IV. 20.

Über Alkoholerzeugung durch Schimmelpilze während des Krieges. Bettinger, P. Bull.Assoc.Chimistes 37. 427-433 (1919-20). - W.Ref. 3314.

Der Amylo-Verzuckerungsprozeß. Horn, J.S. Chem.Engr. 26. 204-207, 236 (1917-18). - Ref.C.A. 12. 1811 (1918), W.Ref. 3309.

Enzyme von Aspergillus oryzae und die Verwendung dieser stärkeverflüssigenden Enzyme im Gärungsgewerbe. Takamine, J. J.ind.Engng. Chem. 6. 824-828 (1914). - W.Ref. 3461, C. 1915. I. 848.

Amylo-Verfahren der Vergärung. Grove, O. J.Inst.Brewing 20. 248-261 (1914). - W.Ref. 3302.

Über das Amyloverfahren und die dabei verwendeten Organismen. Heinrich, F. Z.Spiritusind. 36. 317-318 (1913). - Ref.C.A. 7. 3388 (1913), W.Ref. 3299.

Über Versuche zur Trennung der stärkeverzuckernden von der stärkeverflüssigenden Kraft sowie zur Feststellung der stärkedextrinierenden und der stärkeausfällenden Kraft der Getreideamylase. Chrzaszcz, T. und Terlikowski, K. Z.Spiritusind. 35. 635-36, 647-48, 661-67, 671-72 (1912). - Ref.C. 1913. I. 713, W.Ref. 2695.

Über Versuche zur Trennung der stärkeverzuckernden von der stärkeverflüssigenden Kraft sowie zur Feststellung der stärkedextrinierenden und der stärkeausfällenden Kraft der Getreideamylase. Chrzaszcz, T. und Terlikowski, K. Wschr.Brauerei 29. 590-93, 607-10, 623-26, 636-39 (1912). - Ref.C. 1913. I. 713, W.Ref. 2695.

Über eine kleine Stärkebrennerei (Auszug). Scherer. Bull.Assoc. Chimistes Sucr., Distill.Ind.agric. France Colonies 29. 547 (1911-12). - W.Ref. 3293.

Untersuchungen über die Amylase des ungekeimten Getreides und des Malzes. 2. Mitt. Vergleichsstudium der Bestimmungsmethoden der Stärkeverflüssigungskraft der Amylase sowie Untersuchungen ihres Verhaltens in verschiedenen Temperaturen. Chrzaszcz, T. und Pierozek, S. Wschr.Brauerei 27. 151-53, 163-66, 175, 186-88, 199-200 (1910).

Untersuchung über Amylase. 2. Mitt. Vergleichsstudium der Bestimmungsmethoden der Stärkeverflüssigungskraft der Amylase sowie Untersuchungen ihres Verhaltens in verschiedenen Temperaturen. Chrzaszcz, T. und Pierozek, S. Z.Spiritusind. 33. 66-67, 98-99, 132-133, 136, 145-146 (1910). - Ref.C.A. 5. 755 (1911), C. 1910. I. 1535, W.Ref. 3126.

Anwendung von Diastasen in ungemälztem Getreide für die Herstellung von Alkohol und "Amé". Tanaka, Y. J.Coll.Engng., Tokyo Imp. Univ. 4. 205-217 (1906-09). - Ref.C. 1909. I. 1949, C.A. 4. 640 (1910), W.Ref. 3393.

Einige Gärungsversuche mit durch Gluten anstatt durch Diastase verzuckerten Getreidemaischen. Heinzelmann, G. Z.Spiritusind. 31. 12 (1908). - W.Ref. 334.

Über die Verbreitung der Diastase in den stärkemehlhaltigen Rohstoffen der Branntweinbrennerei. (Herstellung von Branntwein aus stärkemehlhaltigen Rohstoffen ohne Verwendung von Malz.). Windisch, W. und Jetter, W. Z.Spiritusind. 30. 541-542, 552-555 (1907). - Ref.C.A. 2. 686 (1908), C. 1908. I. 535, W.Ref. 3395.

Ein praktisch erprobter Beitrag zur Erhöhung der Spiritusertränge bei stärkearmen Kartoffeln durch Zusatz von Darrmalz. Schneider, A.E. Z.Spiritusind. 28. 101 (1905).

Über das Verhalten von Amylomyces -ß in Kartoffelmaische und anderen stärkeenthaltenden Flüssigkeiten. Henneberg, W. Z.Spiritusind. 25. 205, 217-18, 261-62, 271, 290-91, 303-04, 313, 315-16 (1902).

Verfahren zur Gewinnung von Spiritus und Preßhefe aus stärkehaltigem Material mittels Mucedineen oder anderer verzuckernder oder zuckervergärender Schimmelpilze und Hefe. Barbet, E.A. D.R.P. 128 173 Kl. 6a vom 2/12.1899, ausg. 30/1.1902.

Der Colette-Boidin-Prozeß. Engineering 70. 523-526 (1900). W.Ref. 3267.

Die Vergärung durch Schimmelpilze (Mucédinées). (Auszug). Folth. Bull.Assoc.Chimistes Sucr., Distill.Ind.agric. France Colonies 17. 951 (1899-1900). - W.Ref. 3264.

Über Amylomyces rouxii und die industrielle Bedeutung des Amylo-Gärverfahrens. Marbach, A. Österr.Chemiker-Ztg. 2. 178-181 (1899). - W.Ref. 3265.

Über die Schimmelpilze (mucédinées) in der Brennerei. Verfahren von Collete und Boidin. Boidin, A. Bull.Assoc.Chimistes 16. 862-869 (1898-99). - W.Ref. 3258.

Die Zerstörung der Diastase während der Gärung. Heinzelmann, G. Z.Spiritusind. 21. 357 (1898). - W.Ref. 2664.

Beiträge zur Anwendung der Antiseptika in der Brennerei. Cluss, H. und Feber, H. Z.Spiritusind. 21. 2-3 (1898). - W.Ref. 281.

Anwendung der Schimmelpilze in Brennereien. Jean, F. Rev.Chim.ind. 9. 329-334 (1898). - W.Ref. 3260.

Über die Rolle der Schimmelpilze in der Brennerei. Lévy, M.L. Bull.Assoc.Chimistes 15. 998-1007 (1897-98). - W.Ref. 3256.

Besuch der Zentral-Brennerei von M. Auguste Colette in Séclin. Bull.Assoc.Chimistes Sucr., Distill.Ind.agric. France Colonies 15. 1085-1090 (1897-98). - W.Ref. 3254.

Verfahren zur Herstellung von Fermenten für die Umwandlung von Stärke in Zucker und die alkoholische Gärung. Takamine, J. D.R.P. 79 763 Kl. 6a vom 22/10.1891, ausg. 27/2.1895. - Ref.C. 1895. I. 1128.

Mikrobiologisches über die Arakfabrikation in Batavia. Eijkman, C. Zbl.Bakteriol., Parasitenkunde Infektionskrankh. 16. 97-103 (1894). - Ref.C. 1894. II. 614.

Wie ist eine geringe Mehrausbeute an Alkohol im Brennereiverfahren festzustellen? Findet eine Nachaufschließung der Stärke während der Gärung statt? Delbrück, M. Z.Spiritusind. 15. 95 (1892).

Wirkung der Flußsäure und der Fluoride bei der Fermentierung stärkeartiger Stoffe. Effront, J. Bull.Soc.chim. (Paris) 5. Sér.3; Sem.1; 734-740 (1891). - W.Ref. 219.

Über den Gebrauch der Flußsäure und der Fluoride in Brennereien. Effront, J. Bull.Soc.Encouragement Ind.nat. 90. 642-645 (1891). - W.Ref. 225.

Zur Vorausberechnung der Alkoholausbeute aus stärkehaltigen Rohstoffen. Donath, E. Chemiker-Ztg. 15. 597-599 (1891). - W.Ref. 217.

Über die Wichtigkeit der Jodprobe in der Spiritus- und Preßhefefabrikation. Keller, W. Dtsch.Chemiker-Ztg. 4. 177-178 (1889). - W.Ref. 207.

Über die Ausführung der Jodprobe. Heinzelmann, G. Z.Spiritusind. 12. 99-100 (1889). - Ref.C. 1889. II. 713, W.Ref. 206.

Über die Jodprobe. Windisch, W. Wschr.Brauerei 5. 62-63 (1888). - Ref.C. 1888. 308, W.Ref. 204.

Verfahren der Behandlung von Pülpe aus der Kartoffelstärkefabrikation zur Erzeugung von Dextrin, Traubenzucker, Syrup usw. Fliessbach, K. D.R.P. 29 025 Kl. 89i vom 22/1.1884, ausg. 26/9.1884.

Studien über den Brennereiprozeß. Maercker, M. und Schulze, E. J.Landwirtsch. 20. 52 (1872).

Schrift über die alkoholische Gärung der Stärke. Clément. Ann. Chimie 5. Sér.2; 422-423 (1817). - W.Ref. 3217.

9427. Sake - Koji

(Vgl. auch "Gärungsindustrie, Sake": 4154)

Amylolytisches System der Black-Koji Schimmelpilze. 7. Mitt. Glucose-6-Phosphataseaktivität in der verzuckernden Amylasefraktion von Aspergillus awamori var. kawachi. Ueda, S. J. agric.chem.Soc. Japan 38. 281-84 (1964). - Ref.C.A. 63. 7268f (1965).

Protein-Trübung von Sake. 9. Mitt. Eine Methode zur Klärung von Sake durch α-Amylase. Akiyama, H. J.Soc.Brewing, Japan 58. 557-61 (1963). - Ref.C.A. 63. 14006e (1965).

Fluktuation von Amylase in Sake-Maische. 2. Mitt. Tonoike, R., Nakano, J. und Takeuchi, K. J.Soc.Brewing, Japan 57. 1208-14 (1962). - Ref.C.A. (B.) 61. 7658h (1964).

Über die Empfindlichkeit kristallisierter und retrogradierter Amyloseformen gegenüber dem Blackkoji-Amylasesystem. Yamasaki, I., Ueda, S. und Toda, C. Bull.agric.chem.Soc. Japan 22. 157-62 (1958). - Ref.Stärke 12. 62 (1960), C.A. 52. 18594b (1958).

Amylolytisches System der Black-Koji Schimmelpilze. 6. Mitt. Wirkung des Black-Koji Amylase-Systems auf Rohstärken, insbesondere der glutinousen- und nichtglutinousen Stärken. Ueda, S. J.agric.chem.Soc. Japan 32. 648-50 (1958). - Ref.C.A. 53. 6314e (1959).

Amylolytisches System der Black-Koji-Schimmelpilze. 4. Mitt. Vergleichende Untersuchung verschiedener Black-Koji-Schimmelpilze auf ihre Fähigkeit zum Abbau von Rohstärke. Ueda, S. J.agric. chem.Soc. Japan 31. 902-04 (1957). - Ref.C.A. 52. 13863g (1958).

Amylolytisches System der Black-Koji-Schimmelpilze. 3. Mitt. Beziehungen zwischen der Susceptibilität gegenüber dem fermentativen Abbau und der Wirksamkeit der Adsorption von Black-Koji-Amylase durch Rohstärke. Ueda, S. J.agric.chem.Soc. Japan 31. 898-902 (1957). - Ref.C.A. 52. 13863f (1958).

Amylolytisches System der Black-Koji-Schimmelpilze. 2. Mitt. Die Abbaufähigkeit gegenüber roher Stärke von saccharogenen Amylasefraktionen und ihre Wechselwirkung mit dextrinogenen Amylasefraktionen. Ueda, S. Bull.agric.chem.Soc. Japan 21. 284-90 (1957). - Ref.C.A. 52. 5863e (1958).

Die Aktivität der Dextrinase in "Moto" (Sake-Ferment). Adachi, T. J.Fermentat.Technol. (Japan) 35. 94-98 (1957). - Ref.C.A. 51. 16687f (1957).

Einfluß der Temperatur und der Inkubationszeit auf die Enzymaktivität von Koji-Schimmelpilzen. 1. Mitt. Suzuki, M., Nunokawa, Y., Imajuku, I., Teruuchi, Y. und Uruma, M. J.Soc.Brewing, Japan 51. 318-22 (1956). - Ref.C.A. 51. 17080g (1957).

Amylolytisches System von Black-Koji-Schimmelpilzen. 1. Mitt. Spezifität der saccharogenen Amylasewirkung. Ueda, S. Bull. agr.chem.Soc. Japan 20. 148-54 (1956). - Ref.C.A. 51. 3743i (1957).

Über Kojiamylase. 12. Mitt. Studien über einige Schutzsubstanzen gegen Hitzeinaktivierung von α- und β-Amylasen oder Maltase sowie über die Regenerierung dieser Enzyme nach etwaiger Hitzeinaktivierung. Tokuoka, Y. Bull.agric.chem.Soc.Japan 15. 7-8 (1939). - Ref.C. 1939. II. 2244.

Über Kojiamylase. Teil X. Über das Verhalten von α- und β-Amylase und von Maltase gegen verschiedene äußere Bedingungen. Tokuoka, Y. Bull.agric.chem.Soc. Japan 14. 71-72 (1938). - Ref.C. 1938. II. 3098.

Über Kojiamylase. 11. Mitt. Einfluß von Kojimaterialien auf die Bildung von Amylasen und Maltase. Tokuoka, Y. Bull.agric.chem. Soc. Japan 14. 72 (1938). - Ref.C. 1938. II. 3099.

Untersuchungen über die Hyochibazillen im Sake. Otani, Y. J.Fac. Agric., Hokkaido Imp.Univ. 39. 51-142 (1936). - Ref.C. 1937. I. 2486.

Spaltung der Stärke mit Saccharomyces Sake. Sjöberg, K. Hoppe-Seyler's Z.physiol.Chem. 162. 223-37 (1927). - Ref.C. 1927. I. 2083.

Über die tödliche Temperatur der reinen Koji-Diastase in wässerigen Lösungen und Wiedergewinnung ihrer Wirkung nach dem Erhitzen. Miyake, K. und Ito, M. J.Biochemistry (Tokyo) 3. 177-194 (1924). - Ref.C.A. 18. 1676 (1924), W.Ref. 3065.

Über die tödliche Temperatur der Koji-Diastase in wässeriger Lösung und die Wiedergewinnung ihrer Wirkung nach dem Erhitzen. Miyake, K. und Ito, M. J.Biochemistry (Tokyo) 2. 255-270 (1923). - Ref.C.A. 17. 1806 (1923), W.Ref. 3062.

Durch Wasserstoffionenkonzentration beeinflußte Enzymaktivität mit besonderem Hinweis auf die Koji-Enzyme. Tokyo Igakukai Zasshi 32. Nr.23. 1-30 (1919). - Ref.C.A. 18. 868 (1921), W.Ref. 3332.

Einige Eigenschaften der Koji-Diastase. Kita, G. J.ind.Engng. Chem. 5. 220-222 (1913). - Ref.C.A. 7. 3978 (1913), C. 1913. I. 1711, W.Ref. 3301.

Über die Verzuckerung der Stärke durch Koji-Diastase in Gegenwart von Säuren und Salzen. Ando, F. 8. Int.Congr.appl.Chem., Washington and New York, Orig.Commun. 14. 13-24 (1912). - Ref.C.A. 6. 3097 (1913), W.Ref. 2902.

Notizen über einige koreanische Gärungsorganismen. Saito, K. Zbl.Bakteriol., Parasitenkunde, Infektionskrankh.Hyg. II. Abt. 26. 369-374 (1910). - Ref.C. 1910. I. 1373.

Mikrobiologische Studien über die Soyabereitung. Saito, K. Zbl.Bakteriol., Parasitenkunde Infektionskrankh. Abt.II. 17. 101-109 (1907). - W.Ref. 3286.

Eine neue Art der "Chinesischen Hefe". Saito, K. Zbl.Bakteriol., Parasitenkunde Infektionskrankh. Abt.II. 13. 153-161 (1904). - Ref.C. 1905. I. 40, W.Ref. 3279.

Über die Art des Wachstums und von der Wiedererzeugung von Amylomyces rouxii, dem Pilz der "Chinesischen Hefe". Turquet, J. C.R.hebd.Séances Acad.Sci. 135. 912-915 (1902). - W.Ref. 3275.

Die "Chinesische Hefe". Mucor cambodia, eine neue technische Pilzart; nebst einigen Beobachtungen über Mucor rouxii. Chrzaszcz, T. Zbl.Bakteriol., Parasitenkunde Infektionskrankh. Abt.II. 7. 326-338 (1901). - W.Ref. 3272.

Studien über technische Pilze. 7. Mitt. Die "Chinesische Hefe" und der sogenannte Amylomyces (Mucor rouxii). Wehmer, C. Zbl.Bakteriol., Parasitenkunde Infektionskrankh. Abt.II. 6. 353-365 (1900). - Ref.C. 1900. II. 55, W.Ref. 3270.

Beitrag zur Kenntnis der Amylomyces rouxii, der chinesischen Hefe und den Schimmelpilzenzymen für Stärke. Sanguinetti, J. Ann.Inst.Pasteur 11. 264-276 (1897). - Ref.C. 1897. I. 998, W.Ref. 3257.

Beitrag zum Studium der Nutzbarmachung der Amylomyces rouxii, der chinesischen Hefe in den Vergärungsindustrien in Europa. Boidin, A. und Rolants, E. Bull.Assoc.Chimistes 14. 908-914 (1896-97). - W.Ref. 3252.

Beitrag zum Studium der Stärkefermente. Die chinesische Hefe. Calmette. Ann.Inst.Pasteur 6. 604-20 (1893). - Ref.C. 1893. I. 43.

Beitrag zum Studium der Fermente der Stärke. Die chinesische Hefe. Calmette, Ann.Inst.Pasteur 6. 604-620 (1892). - Ref.C. 1893. I. 43, W.Ref. 3242.

Über die Koji-Diastase. Atkinson, R.W. Proc.roy.Soc. (London) 32. 299-322 (1881). - W.Ref. 3225.

Beiträge zur Kenntnis der invertierenden Fermente. Kellner, O., Mori, Y. und Nagaoka, M. Hoppe-Seyler's Z.physiol.Chem. 14. 297-317 (1890). - Ref.C. 1890. I. 909, W.Ref. 2812.

9428. Sonstiges

Der Zusatz von Roggenhydrolysaten bei der Obstweinbereitung. Masior, S. und Czyzycki, A. Roczniki Technol.Chem. Żywności 4. 29-46 (1959).

Studien über Mucoraceae und ihre Anwendung bei der Stärkefermentation. Giacomo, D. de. Inst.nac.Technol. (Rio de Janeiro) 1956. (1958) 101.

Desinfektion vergärbarer Säfte, besonders der Zucker-, Stärke- und Glucosefabrikation. Soc.An.Manufactures de Produits Chimiques du Nord, Etablissements Kuhlmann, Syndicat Nat.des Fabricants de Sucre de France u. R.-J. Buttiaux. F.P. 1 019 389 vom 1/6. 1950, ausg. 21/1.1953. - Ref.C. 1954. 4283.

Untersuchungen über aerobe bakterielle Stärkegärung im Boden. Pochon, J. und Chalvignac, M.A. Ann.Inst.nat.Rech.agronom., Sér. A 2. 429-33 (1951). - Ref.C. 1952. 7722.

Mikrobengärung von sauer hydrolysierten Kohlenhydratmaischen. Seagram, J.E. & Sons, Inc., übert.von: S.S. Block. A.P. 2 474 139 vom 3/6.1944, ausg. 21/6.1949. - Ref.C. 1949. E. 1645.

Die Vergärung der Kohlenhydrate durch die Erreger der anaeroben Cellulosezersetzung. Rotmisstrow, M.N. und Schtscherbakowa, I.A. Mikrobiologie (russ.) 10. 49-60 (1941). - Ref.C. 1941. II. 1864.

Untersuchungen über die Gärfähigkeit von Pneumokokken. Jürgens, A. Acta Pathol.Microbiol.scand. 14. 511-29 (1937). - Ref.C. 1939. I. 3005.

Biochemie der Sontigärung. Reddi, K.R. und Subrahmanyan, V. Trans. nat.Inst.Sci.India 1. 293-31 (1937). - Ref.C. 1937. II. 792.

Die Umesterungsreaktion der Phosphobrenztraubensäure bei der alkoholischen Zuckergärung. Meyerhof, O. und W. Kiessling. Biochem.Z. 281. 249-70 (1935). - Ref.C. 1936. I. 1895.

Eine chemische Untersuchung über die Gärungsvorgänge beim Verfahren der Poiherstellung. Bilger, Leonora Neuffer und Young, Hong Yip. J.agric.Res. 51. 45-50 (1935). - Ref.C. 1935. II. 3851.

Gärung und Gasbildung von B. coli in einfachen und gemischten Zuckern. Valentine, E. und Falk, G. J.Lab.clin.med. 21. 257-63 (1935). - Ref.C. 1936. I. 3703.

Über die Vergärung der Stärke durch verschiedene Stämme des Bacillus diphteriae. Wlastelitza, L.S. Arb.Leningrader Inst. Epidemiol. Bakteriol. Pasteur (russ.) 1. 190-95 (1935).

Herstellung von Lösungsmitteln aus Maisstärke, Gärverfahren in den Werken der Commercial Solvents Corporation. Chem.Age 27. 310-12 (1932). - Ref.C. 1932. II. 3491.

Bemerkung über die Vergärung von Stärke durch gewisse hämolytische Streptokokken. Andrewes, F.W. J.Pathol.Bacteriol. 33. 145-52 (1930). - Ref.C. 1931. I. 3579.

Variationen der relativen Anteile an Saccharose, Glucose und Fructose in Apfelsäften während der alkoholischen Gärung. Anwendung auf die Untersuchung von Apfelmosten und mit Saccharose gezukkerten Apfelweinen. Warcollier, C. und Le Moal, A. Ann.Falsificat.Fraudes 28. 517-34 (1935). - Ref.C. 1936. I. 1530.

Über den Nachweis von Obstwein in Traubenwein nach dem Sorbitverfahren. Reif, G. Z.Unters.Lebensmittel 59. 99-104 (1930). - Ref.C. 1930. I. 3367.

Die Analyse von Stärkezucker-Zersetzungserzeugnissen durch auswählende Gärung. McLachlan, T. Analyst 53. 583-89 (1928). - Ref.C. 1929. I. 1400.

Vergleichende Versuche über die Vergärbarkeit der Zymohexosen, des Glykogens und der Stärke. Leibowitz, J. Hoppe-Seyler's Z. physiol.Chem. 173. 84-88 (1928). - Ref.C. 1928. I. 1784.

Gärungsversuche mit Milzbrandbazillen. Kristensen, M. Zbl.Bakteriol.Parasitenkunde Infektionskrankh. Abt.I. 101. 220-24 (1927). - Ref.C. 1927. I. 1330.

Thermophile Gärungsvorgänge. Coolhaas, C. Ber.ges.Physiol. 40. 440 (1927). - Ref.C. 1927. II. 1159.

Die Wirkung der molekularen Komplexität auf die durch Clostridium thermocellum gebildeten Endprodukte. Peterson, W.H., Fred, E.B. und Marten, E.A. J.biol.Chemistry 70. 309-17 (1926). - Ref.C. 1927. I. 469.

Mikroorganismen und einige ihrer industriellen Verwendungen. Chapman, A.Ch. Brewers J. 57. 30-39 (1921). - Ref.C. 1921. II. 877, W.Ref. 3326.

Neues Vergärungsverfahren stärkehaltiger Stoffe. Pozzi-Escot, E. Bull.Assoc.Chimistes Sucr., Distill.Ind.agric. France Colonies 22. 765-777 (1904-05). - Ref.C. 1905. I. 1442, W.Ref. 3278.

Alkoholische Gärung ohne Hefezellen. Buchner, E. und Rapp, R. Ber.dtsch.chem.Ges. 32. 2086-2094 (1899). - W.Ref. 3263.

Verhalten verschieden ernährter Hefen in ihrer Gärwirkung. Diastase als Hefenahrungsmittel. Heinzelmann, G. Z.Spiritusind. 20. 296, 311-312 (1897). - Ref.C. 1898. II. 146, W.Ref. 2660.

Leicht und schwer vergärbare Kohlenhydrate. Prior, E. Forschungsber. Lebensmittel 3. 322-324 (1896). - Ref.C. 1896. II. 907, W.Ref. 271.

Über die intracellulare Ernährung. Duclaux, E. Ann.Inst.Pasteur 9. 811-839 (1895). - Ref.C. 1896. I. 122, W.Ref. 3249.

Bemerkung über eine sehr erhöhte Grenz-Verdünnungshefe. Laer,H.von und Denamur. Monit.sci.Dr. Quesneville 46. 499-503 (1895). - W.Ref. 3251.

Über Zucker- und Alkoholbildung durch Organismen bei der Verarbeitung der Nebenprodukte in der Rohrzuckerfabrikation (Auszug). Went, C. und Prinsen, G.C. Koch's Jber. 5. 152-154 (1894).

Über den Zustand, den die gärfähigen Lösungen aufweisen müssen, damit die Fluoride ein Maximum an Wirkung hervorbringen. Effront, J. Monit.sci.Dr. Quesneville 39. 81-85 (1892). - W.Ref. 227.

Über die Gärfähigkeit der nicht kristallisierbaren Produkte der Einwirkung der Diastase auf Stärke. Schifferer, A. Dissertation, Kiel 1892.

Die direkte Vergärung von Stärkekleister und Rohrzucker. Béchamp, A. Bull.Soc.chim.Paris 7. Sér. 3; 753-754 (1892). - Ref.C. 1893. I. 220, W.Ref. 3241.

Über eine neue Stärkegärung. Sclavo, A. und Gosio, B. Arch. italiennes Biol. 14. 154-156 (1891). - Ref.C. 1891. II. 253, W.Ref. 3237.

Beiträge zum Studium der reinen Gärungen. Frankland, P.F., Frankland, G.C. und Fox, J. Chem. News 60. 187 (1889). - W.Ref. 3233.

Notizen über Weinanalyse; Stärkezucker und Schwefelsäure im künstlichen Weine. Hager, H. Pharmaz.Zentralhalle Deutschland 26. 114-15 (1885).

Über Schizomyceten-Gärungen. 3. Mitt. Fitz, A. Ber.dtsch.chem.Ges. 11. 42-55 (1878). - W.Ref. 3222.

Über Schizomyceten-Gärungen. 2. Mitt. Glycerin, Mannit, Stärke, Dextrin. Fitz, A. Ber.dtsch.chem.Ges. 10. 276-283 (1877). - W.Ref. 3221.

943. Pektinindustrie

(Pektinreinigung, Apfelpektin)

Untersuchung über amylolytische Präparate für die Beseitigung von Stärke aus Pektinlösungen. Rzedowski, W. und Ostazewicz, D. Prace Inst.Lab.Badawczych Przemysu spozyczego 13. 23-29 (1963). - Ref.C.A. 61. 1182d (1964).

Selektiver Stärkeabbau in Rohpektin-Lösungen durch Schimmelpilz-Enzyme unter Verwendung von Myceldecken. Müller-Stoll, W.R. und Schröder, H. Zbl.Bakteriol., Parasitenkunde Infektionskrankh. Hyg., II. Abt. 115. 297-313 (1962). - Ref.C.A. 57. 7745g (1962), Stärke 14. 441 (1962), C. 1963. 10899.

Zur Gewinnung von stärkefreien Pektinpräparaten. Bock, W., Baum, F., Döring, D. und Wardsack, C. Ernährungsforschung 5. 539-50 (1960). - Ref.C.A. 55. 10731g (1961), C. 1961. 10009, Stärke 14. 261 (1962).

Gewinnung von Amylase aus submers gezüchteten Schimmelpilzen und ihre Anwendung in der Pektin-Industrie. Baum, F. Ernährungsforschung 5. 159-63 (1960). - Ref.C.A. 54. 17783g (1960), C. 1961. 2468, Stärke 13. 58 (1961).

Pektin aus Ausschußäpfeln. Baker, G.L. und Goodwin, M.W. Fruit Products J.Amer.Vinegar Ind. 18. 36-37 (1938). - Ref.C. 1939. I. 1468.

Fruchtgelees. 9. Mitt. Die Rolle des Pektins. 5. Die enzymatische Hydrolyse von Stärke in Gegenwart von Pektin, in Pektinauszügen und in Apfeltrestern. Baker, G.L. Univ.Delaware, agric. Exp.Stat., Bull.Nr. 204. 5-89 (1936). - Ref.C. 1937. II. 2611.

Pektinhaltiges Erzeugnis aus Apfeltrestern. Baker, G.L. A.P. 2 088 458 vom 29/7.1936, ausg. 27/7.1937. - Ref.C. 1938. I. 209.

Wirkung von diastatischen Enzymen des Handels auf die Viscosität von Apfelpektin bei 40°. Baker, G.L. und Kneeland, R. Ind. Engng.Chem. 27. 92-94 (1935). - Ref.C. 1935. II. 2894.

Stärkespaltendes Enzym in Apfelgeweben. Harley, C.P., Fischer, D.F. und Masure, M.P. Proc.Amer.Soc.horticult.Sci. 28. 561 (1931).

Frucht-Pektin. Rocker, W.A. Avi Publishing Co., Inc., New York 1928.

Von Protein und Stärke befreites Pektin. Crawford, S.L. A.P. 1 507 338 ausg. 2/9.1924.

Diastatische Entfernung der Stärke aus Pektinsäften. Douglas, R. A.P. 1 235 666 ausg. 7/8.1917.

944. Mehl und Enzyme

(Auch Getreideauswuchsmehle. Vgl. auch "Müllerei und Bäckerei, Mehl": 4142, "Bäckerei": 945)

Enzymatische Modifizierung von Weizenmehl. Jackson, R.W. Rep. 2. nat.Conf.Wheat Utilisat.Res., Preoria, III. 1963. 52-58. - Ref.C.A. 63. 18453h (1965).

Die Amylaseaktivität, korrodierte Stärke und die Wasserabsorption. Halton, P. Milling 136. 146 (1961). - Ref.C.A. 57. 12964g (1962).

Verbesserte Methode zum Nachweis und zur annähernden Bestimmung von Pilzamylase-Zusätzen zu Weizenmehl. Hayden, K.J. J.Sci. Food Agric. 12. 123-27 (1961). - Ref.C.A. 55. 19055d (1961), C. 1962. 7368.

Amylolytischer Vorgang in der Back-Technologie. 2. Mitt. Praktische Bestimmung der α-Amylaseaktivität von Weizenmehl. Bourdet, A. Ann.Technol.agricole 10. 301-18 (1961). - Ref.C.A. 57. 1333i (1962).

Die Anreicherung von Brotmehl mit diastatischen Enzymen und ihre Erfassung im Laboratorium. Hayden, K.J. Getreide u. Mehl 11. 102-07 (1961). - Ref.C. 1962. 8458.

Der Einfluß der Temperatur auf die Verzuckerungsaktivität von Getreideamylasen in Mehlsuspensionen und -extrakten. Pronin, S.I. Biochem.des Getreides (russ.) 5. 170-83 (1960). - Ref.C.A. 55. 3864b (1961).

Methoden zur Bestimmung der diastatischen Effekte an Weizen- und Roggenmehl. Hagberg, S. Bull.anciens Elèves Ecole franç. Meunerie Nr. 175. 23-26 (1960). - Ref.Stärke 13. 351 (1961).

Eine polarimetrische Untersuchung über die diastatische Kraft von Mehl. Woodhead, A.H. und Wyatt, C.A. Cereal Chem. 37. 543-47 (1960).

Nachweis und Bestimmung von Schimmelpilzamylasen im Mehl. Knight, R.A. J.Sci.Food Agric. 11. 54-60 (1960).

Diastasenmethoden für Weizen- und Roggenmehl. Hagberg, S. Brot u. Gebäck 14. 41-47 (1960).

Methoden zur Bestimmung der diastatischen Effekte an Weizen- und Roggenmehl. Hagberg, S. Bull.anciens Elèves Ecole franç. Meunerie Nr. 172. 185-89 (1959). - Ref.Stärke 13. 351 (1961).

Amylasen und die Backfähigkeit der Weizenmehle. Ludewigs, W. Müllerei 12. 268-72 (1959).

Amylasen und die Backfähigkeit der Weizenmehle. Ludewigs, W. Mühle 96. 234-36 (1959). - Ref.C. 1960. 678.

Untersuchung durch Keimung geschädigten Getreides. Couperot, G. und Bergault, J.-P. Bull.anciens Elèves Ecole franç. Meunerie 1959. 277-88.

Eine kinetische Methode zur Bestimmung der Alpha-Amylaseaktivität in Brotgetreide. Olerod, R. Getreide u. Mehl 9. 49-52 (1959). - Ref.C. 1960. 7373.

Kontinuierliche diastatische (partielle) Konvertierung von Stärke in Getreidemehlen. C-L Process, Ins. (Erfinder: Carcassonne-Leduc, R.P.C.). A.P. 2 841 497 ausg. 1/7.1958. - Ref.C.A. 52. 20769a (1958).

Das Weizenvollkorn. 2. Mitt. Die Verteilung der Enzyme im Weizenvollkorn. Schweigart, H.A. und Kullen, B. Vitalstoffe-Zivilisationskrankh. 3. 185-88 (1958).

Zur Messung der enzymatischen Amylolyse. Nachtrag zur Gruppe A: Viscosimetrische Amylasenbestimmung. Eine viscosimetrische Mikromethode zur Bestimmung des α-Amylasegehaltes in Getreide und Mahlprodukten. Wildner, H., Wildner, G. und Belderok, B. Brauwissenschaft 11. 86-89 (1958). - Ref.C. 1962. 15434.

Untersuchung der Amylolyse des Weizenmehls durch Papierchromatographie. Jewnitzkaja, I.A., Jelkina, T.N. und Osstrowski, A.I. Hochschulnachr., Nahrungsmittel-Technol. (russ.) 1958. Nr.6. 123-27. - Ref.C. 1961. 2124.

Zur Frage der Haltbarkeit von mit α-Amylase versetztem Mehl. Deckenbrock, W. Mühle 95. 58-59 (1958). - Ref.C. 1961. 13032.

Zur Frage der Haltbarkeit von mit α-Amylase versetztem Mehl. Deckenbrock, W. Mühle 94. 368 (1957). - Ref.C. 1961. 13032.

Eine viscosimetrische Methode zur Bestimmung der α-Amylaseaktivität im einzelnen Getreidekorn und deren Anwendung bei Untersuchungen über den versteckten Auswuchs. Belderok, B. Getreide u. Mehl 7. 77-80 (1957).

Amylolyse von Weizenmehl. Vorläufige Mitteilung. Watanabe, T., Watanabe, O., Yasunaga, T., Uemura, M. und Horiguchi, T. J.technol.Soc.Starch (Japan) 4. 116-20 (1957). - Ref.C.A. 56. 13146i (1962).

Ein viscosimetrisches Mikroverfahren zur Bestimmung des Gehaltes an α-Amylase in Korn und Mühlenprodukten. Belderok, B. Chem. Weekbl. 52. 649-54 (1956). - Ref.C. 1957. 10356.

Über den α-Amylasegehalt in Roggenmehl und die Gärfähigkeit des Mehles. Glausen, W. Brot u.Gebäck 8. 120-23 (1954). - Ref.C. 1955. 5924.

Zur biologischen Wertigkeit der Kohlenhydrate. 2. Mitt. Vergleichender enzymatischer Abbau verschiedener Mehle durch menschliche Fermente. Seige, K. Dtsch.Z.Verdauungs- u.Stoffwechselkrankh. 14. 224-33 (1954).

Zur biologischen Wertigkeit der Kohlenhydrate. 1. Mitt. Über enzymatischen Abbau von Weizenmehl durch menschliche Fermente. Seige, K. Dtsch.Z.Verdauungs- u.Stoffwechselkrankh. 14. 180-87 (1954). - Ref.C. 1955. 3403.

Einfluß des Auswuchses und der Auswuchsresistenz auf den α-Amylasegehalt und die Backqualität von holländischem Weizen und Roggen. Miranda, H. de. Centraal Instituut voor Voedingsonderzoek T.N.O. Utrecht 1954. Mededel Nr. 65.

Empfindliche Methode zur Bestimmung der α-Amylase-Aktivität von Mehl. Stone, I. Cereal Chem. 29. 228-34 (1952). - Ref.C. 1954. 8695.

Autolyse von Mehl als Index für die α-Amylaseaktivität. Hollenbeck, C.M. und Reeder, W. Cereal Chem. 28. 67-71 (1951). - Ref.C. 1952. 308.

Autolyse von Mehl als Index der α-Amylaseaktivität. Hollenbeck, C.M. und Reeder, W. Bakers Digest 25. 38-39 (1951). - Ref.C. 1950/54. 2164 S.

Einige Methoden zur Bestimmung der Amylase-Aktivität von Cerealien und ihren Mahlprodukten. Hagberg, S. Trans.Amer.Assoc.Cereal Chemists 2. 53-64 (1951). - Ref.C. 1952. 3421.

Eine abgeänderte amylographische Methode zur Schnellbestimmung der Amylaseaktivität bei Mehl. Marnett, L.F., Selman, R.W. und Sumner, R.J. Cereal Chem. 25. 127-32 (1948).

Photometrische Bestimmung der α- und β-Amylase in Mehl. Hoskam, E.G. Biochim. biophysica Acta (Amsterdam) 1. 419-27 (1947). - Ref.C. 1947. E. 1387.

Neues biologisches Verfahren zur Verbesserung der brotbildenden Eigenschaften von Mehl. Fabriani, G. und Flick, G. Quaderni Nutriz. 8. 35-79 (1941). - Ref.C. 1942. II. 1069.

β-Amylaseaktivität und ihre Bestimmung in gekeimtem und ungekeimtem Getreide. Kneen, E. und Sandstedt, R.M. Cereal Chem. 18. 237-52 (1941).

Enzyme und Konditionierung. Ritter, K. Mühle 75. Mühlenlab. 8. 74-87 (1938).

Neuere Untersuchungen über die Stärkebestandteile des Weizenmehles. Food 7. 140-42 (1938). - Ref.C. 1939. I. 553.

Getreideamylasen mit Berücksichtigung ihres Verhaltens in Mehl und Malz. Blish, M.J., Sandstedt, R.M. und Kneen, E. Cereal Chem. 15. 629-57 (1938). - Ref.C. 1939. I. 548.

Refraktometrische Methoden zur Bestimmung der diastatischen Aktivität des Mehles. Munz, E. und Bailey, C.H. Cereal Chem. 14. 85-96 (1937).

Der diastatische Abbau der Weizen- und Roggenstärke im Mehl. Kühl, H. Mühle 70. Nr.15. Mühlenlaboratorium 3. 65-70 (1933). - Ref.C. 1933. I. 4059.

Eine verbesserte Methode zur Bestimmung der diastatischen Kraft der Mehle. Blish, M.J. und Sandstedt, R.M. Cereal Chem. 10. 189-202 (1933). - Ref.C. 1933. II. 1446.

Zuckerbildung durch diastatische Mehlenzyme. Gore, H.C. und Jozsa, S. Ind.Engng.Chem. 24. 99-102 (1932). - Ref.C. 1932. II. 2472.

Zur Methodik der Jodprobe bei Bestimmung der diastatischen Enzyme im Mehl. Mühlhaus, A. Z.ges.Getreidewes. 17. 224-32 (1930). - Ref.C. 1931. I. 704.

Über ein zu 40 % ausgemahlenes Gerstenmehl. Lintner, C.J. und Baur, A. Z.angew.Chem. 36. 469-471 (1923). - Ref.C. 1923. IV. 804, C.A. 18. 134 (1924), W.Ref. 2761.

Die diastatischen Enzyme des Weizenmehls und ihre Beziehung zur Ergiebigkeit des Mehles. Rumsey, L.A. Amer.Inst.Baking, Bull. 8. 84 S. (1922). - Ref.C. 1924. I. 2216, W.Ref. 3477.

Durch die Beifügung diastatischer Fermente beeinflußte Ergiebigkeit des Mehles. Collatz, F.A. Amer.Inst.Baking, Bull. 9. 72 S. (1922). - Ref.C.A. 17. 835 (1923), W.Ref. 3473.

Eine schnelle und exakte Methode für die Bestimmung der diastatischen Aktivität des gekeimten Getreides. Nowak, C.A. Pure Products 13. 128-131 (1917). - Ref.C.A. 11. 1718 (1917), W.Ref. 3198.

Eine vorläufige Studie über die Bedingungen, welche die Aktivität der amylolytischen Enzyme des Weizenmehls beeinflussen. Swanson, C.O. und Calvin, J.W. J.Amer.chem.Soc. 35. 1635-43 (1913). - Ref.C. 1913. II. 1884.

Über den Zuckergehalt der feinen Weizenmehle, der Weizenmehlteige und der vergorenen Mehlteige sowie über die diastatische Kraft der Weizenmehle. Liebig, H.J. von. Landwirtsch.Jb. 38. 251-271 (1909). - Ref.C.A. 3. 2327 (1909), C. 1909. I. 1256, W.Ref. 3402.

Verhalten von Weizen- und Roggenmehl zu Methylenblau und zu Stärkekleister nebst einem Anhang über die Bildung höherer Alkohole durch hitzebeständige Mikroorganismen aus Weizenmehl. Schardinger, F. Zbl.Bakteriol., Parasitenkunde Infektionskrankh. Abt. II. 18. 748-767 (1907). - Ref.C. 1907. II. 271, W.Ref. 3287.

Zur mikroskopischen Untersuchung des Mehles. Eine Methode, wodurch die Gewebselemente leicht isoliert werden können. Steenbuch, Ch. Ber.dtsch.chem.Ges. 14. 2449-2451 (1881). - W.Ref. 190.

945. Bäckerei

(Vgl. auch "Müllerei und Bäckerei": 414, "Mehl und Enzyme": 944)

Anwendung von Enzymen bei der Brotherstellung. Sato, T. J.Fermentat.Assoc. (Japan) 23. 195-201 (1965). - Ref.C.A. 63. 7568f (1965).

Hitzebeständige bakterielle α-Amylase in der Bäckerei. Anwendung bei Weißbrot. Silberstein, O. Bakers Digest 38. Nr.4. 66-70, 72 (1964). - Ref.C. 1966. 6-3021.

Anwendung von Amyloglucosidase beim Brotbacken. Pomeranz, Y., Rubenthaler, G.L. und Finney, K.F. Food Technol. 18. 138-40 (1964). - Ref.C.A. 62. 3321a (1965).

Dextrose oder Maissirupe für die Teiggärung. Cohee, R.F. Baker's Digest 37. Nr.4. 45-46 (1963). - Ref.C. 1965. 14-2934.

Biochemische Veränderungen des Kohlenhydrat-Amylase-Komplexes in Weizenteig. Bersina, N.I., Kowalenko, A.Ja. und Roiter, I.M. Nahrungsmittel-Technol. (russ.) 1962. Nr.1. 36-40. - Ref.C. 1963. 1111.

Gegenwärtiger Stand unserer Kenntnisse über die Wirkung der Amylasen bei der Brot-, Zwieback- und Keksherstellung. Drapron, R. Brot u. Gebäck 16. 108-16 (1962). - Ref.C. 1963. 3820.

Der gegenwärtige Stand unserer Kenntnisse über die Wirkung der Amylase bei der Brot-, Zwieback- und Biskuitbäckerei. Drapon,R. Ind.aliment.agric. 78. 273-83 (1961). - Ref.C. 1962. 11039.

Der gegenwärtige Stand unserer Kenntnisse über die Wirkung der Amylasen bei der Brot-, Zwieback- und Keksherstellung. Drapron, R. Bull.anciens Élèves École franc. Meunerie 1961. 69-80. - Ref.C. 1961. 17782, C.A. 55. 23862h (1961).

Amylolytisches Phänomen beim Backen. 1. Mitt. Natur und Wirkung von Amylasen. Methoden zur Bestimmung ihrer Aktivität. Bourdet, A. Meunerie Franc. 169. 31-48 (1961). - Ref.C.A. 62. 9690c (1965).

945

Gegenwärtige und zukünftige Bedeutung von Enzymen in der Backwarenindustrie. Silberstein, O. Baker's Digest 35. Nr.12, 44-48, 86 (1961). - Ref.C. 1962. 11039.

Pilzamylasen und die Backindustrie. Knight, R.A. In Recent Advances Proc.Cereals Symp.London 1961. 161-70.

Einfluß von Amylasen auf den Backprozeß. Ocker, H.D. Ber.Bäckerei-Tag. Detmold 6. Nr.8. 9-23 (1960).

Mit Amylase angereicherte Bisquits. Kawazu, S., Ishibashi, F. und Takaoka, K. J.Home Economics (Japan) 11. 231-33 (1960). - Ref.C.A. 55. 7690c (1961).

Einfluß der Temperatur auf die Aktivität von Amylasen bei der Gärung von Roggensauerteig und Weizenteig. Plotnikow, P.M. Hochschulnachr., Nahrungsmittel-Technol. (russ.) 1960. Nr.3. 53-55. - Ref.C. 1963. 14134.

Der Einfluß von Sojamehl auf die Beschaffenheit von Brotteig. 4. Mitt. Die Alpha-Amylase der Sojabohne. Learmonth, E.M. und Wood, J.C. Cereal Chem. 37. 158-69 (1960). - Ref.C.A. 54. 14490d (1960).

Backtechnische Wirkung von Amylasen. Ocker, H.-D. Brot u.Gebäck 14. 245-50 (1960). - Ref.C.A. 55. 11690i (1961), C. 1964. 8-2724.

Amylase und Protease in der Brotherstellung. Prouty, W. Baker's Digest 34. Nr.1. 54-56. 58 (1960). - Ref.C. 1961. 3178.

Malz als Zusatz beim Backen von Crackern. Wolfmeyer, H.J. und Hellman, N.N. Cereal Sci.today 5. 208-14 (1960).

Über die Enzymaktivität von Bäckerhefe. 5. Mitt. Beziehungen zwischen Maltosebildungsvermögen und Backfähigkeit von Brot. 2. Maltoseabbau und Teiggärung. Sato, T. und Tanaka, Y. J.agric. chem.Soc. Japan 33. 65-68 (1959).

Über die Enzymaktivität von Bäckerhefe. 4. Mitt. Beziehungen zwischen Maltosebildungsvermögen und Backfähigkeit von Brot. 1. Die beschleunigende Wirkung für die Maltosebildung bei Weizenmehl. Sato, T. und Tanaka, Y. J.agric.chem.Soc. Japan 33. 59-65 (1959).

Die Rolle der Amylase-Tätigkeit beim schnellen Ansteigen des Maltosegehaltes in Weizenmehlteigen während der Bereitung. Lee, J.W. und Geddes, W.F. Cereal Chem. 36. 554-557 (1959). - Ref.C.A. 54. 4943g (1960).

Die Wirkung der Amylase im Mehl während des Backvorganges. Walden, C.C. Bakers Digest 33. Nr.1. 24-25, 30, 31, 64 (1959). - Ref.C.A. 53. 15392i (1959).

Die Anwendung von Pilzenzym-Präparaten in der Bäckerei. Tokarewa, R.R. Natur (russ.) 1959, Nr.8. 95-98.

Studien über die lösliche Dextrin-Fraktion und den Zuckergehalt von mit α-Amylase verschiedener Herkunft gebackenem Brot. Beck, H., Johnson, J.A. und Miller, B.S. Cereal Chem. 34. 211-17 (1957). - Ref.C.A. 51. 10781b (1957), C. 1958. 8210.

Über die fermentative Bewertung der Brotqualität. Woronin, P.F. Fragen d.Ernähr. (russ.) 16. Nr.2. 66-73 (1957). - Ref.C. 1958. 1723.

Pilzamylase in der Bäckerei. Hirchberg, L.M. Food 26. 130-32, 176-78 (1957). - Ref.C. 1958. 287.

Das A B C der Pilzenzyme. Reed, G. Bakers Digest 29. Nr.1. 27-29 (1955). - Ref.C. 1956. 9320.

Untersuchung der Amylolyse im Brot. Geoggroy, M.R. C.R.hebd. Séances Acad.Agric.France 41. 270-71 (1955). - Ref.C.A. 49. 11908g (1955).

Pilzenzyme in der Bäckerei. Miller, B.S. und Johnson, J.A. Bakers Digest 29. Nr.5. 40-45 u. 111-12 (1955). - Ref.C. 1957. 12916.

Die Wirkung von Weizenamylase auf Stärke unter den Bedingungen von Zeit und Temperatur, wie sie während des Backens bestehen. Walden, C.C. Cereal Chem. 32. 421-31 (1955). - Ref.C. 1959. 12079.

Der Einfluß des Wassergehaltes auf Enzymreaktionen in wasserarmen Lebensmitteln. 3. Mitt. Über Enzymreaktionen in Mehl, Teig und Brot. Kiermeier, F. und Coduro, E. Z.Lebensmittel-Unters. u. -Forschung 102. 7-12 (1955). - Ref.C.A. 49. 14213f (1955).

Das Backen mit Hefe unter Zusatz von enzymatischen Substanzen. Schmidt, C. D.B.P. 1 119 794 Kl. 2c vom 19/10.1954, ausg. 21/12.1961. - Ref.C.A. 57. 1339d (1962).

Vergleich zwischen Getreide-, Pilz- und Bakterien-α-Amylase als Zusatz bei der Brotbereitung. Miller, B.S., Johnson, J.A. und Palmer, D.L. Food Technol. 7. 38-42 (1953).

Über die Veränderungen im Gehalt an löslichen Stoffen und Kohlenhydraten in der Brotkrume während der Lagerung von gewöhnlichem und unter Zusatz bakterieller Alpha-Amylase hergestelltem Weißbrot. Jackel, S.S., Schaeder, W.E. und Schultz, A.S. Cereal Chem. 30. 522-31 (1953). - Ref.Stärke 6. 30 (1954), C. 1955. 3509.

Amylasewirkung und Brotbeschaffenheit. Greup, D.H. T.N.O.-Nieuws 8. 495-500 (1953). - Ref.C. 1954. 5874.

Die Verwendung von Pilzenzymen bei der Brotherstellung. Greup, D.H. und Hintzer, H.M.R. Brot u. Gebäck 1. 4-7 (1953). - Ref.Stärke 5. 255 (1953).

Stärkespaltende Enzyme verschiedener Herkunft und ihr Einfluß auf die Broteigenschaften. Greup, D.H. Bakkerswereld 14. 1-8 (1953). - Ref.C. 1954. 5646.

Für die Brotbereitung wichtige Enzymsysteme. Johnson, J.A. und Miller, B.S. Wallerstein Lab.Commun. 16. 105-15 (1953). - Ref.C. 1956. 9320.

Hydrolysierbarkeit von den löslichen und unlöslichen Fraktionen der Brotkrume durch β-Amylase bei gewöhnlichem und unter Zusatz von α-Amylase hergestelltem Weißbrot. Jackel, S.S., Schaeder, W.E. und Schultz, A.S. Cereal Chem. 3. 190-201 (1953). - Ref.Stärke 5. 278 (1953), C. 1955. 4955.

Über die Thermostabilität der Amylasen im Teig beim Ausbacken. Pronin, Ss.I. und Petrowa, I.Ss. Ber.Akad.Wiss.UdSSR (russ.) 85. 855-58 (1952). - Ref.C. 1954. 2074.

945

Einfluß von Getreide- und Pilz-Amylasen auf die Verkleisterungseigenschaften von Weizenstärke. Brabender, C.W. und Pagenstedt, B. Getreide u. Mehl 2. 73-78 (1952). - Ref.Stärke 5. 74 (1953), C.A. 49. 6493b (1955), C. 1955. 8987.

Amylasen und Proteasen bei der Gebäckbereitung. Johnson, J.A. und Miller, B.S. Bakers Digest 26. 45 (1952). - Ref.C. 1954. 6849.

Die Thermostabilität der Amylasen im erhitzten Weizenteig. Falunina, S.F. und Popaditsch, I.A. Ber.Akad.Wiss.UdSSR N.S. 78. 103-106 (1951). - Ref.C. 1951. II. 3104.

Gereinigte Enzympräparate von Aspergillus oryzae bei der Brotbereitung. Harrel, C.G., Lincoln, H.W. und Gunderson, F.W. Bakers Digest 24. 97 (1950).

Eine Untersuchung über die Handelspräparate der Pilz- und Bakterien-α-Amylase beim Backen. Conn, J.F., Johnson, J.A. und Miller, B.S. Cereal Chem. 27. 191-205 (1950). - Ref.C. 1951. I. 2374.

Der Einfluß verschiedener Zuckerarten auf die Triebkraft von Hefen im Mehlteig. Weber, J. Zucker 3. 255-59 (1950). - Ref.C. 1952. 781.

Spezifische Wirkungen von Malzprodukten in der Bäckerei. Koeber, H.J. Getreide, Mehl, Brot 4. 266-67 (1950). - Ref.C. 1951. I. 1954.

Hohe Gehalte an α-Amylase beim Backen. 1. Mitt. Einfluß von α-Amylase verschiedener Herkunft. Johnson, J.A. und Miller, B. Cereal Chem. 25. 168-78 (1948).

Die Amylasen des Weizens und ihre Bedeutung für die Bäckerei- und Müllereitechnologie. Geddes, W.F. Advances in Enzymol. 6. 415-68 (1946). - Ref.C. 1946. II. 2490.

Die Stärkehydrolyse im Brot durch Mehl- und Malzamylase. Schultz, A.S. und Landis, Q. Cereal Chem. 9. 305-10 (1932). - Ref.C. 1932. II. 306.

Wirkungen von Diastase und Malzextrakt in Teigen. Collatz, F.A. und Racke, O.C. Cereal Chem. 2. 213-227 (1925). - Ref.C. 1926. I. 258, W.Ref. 3483.

Beim American Institute of Baking eingetragene Malzextrakte und Mürbemachmittel. Amer.Inst.Baking, Bull. 6. 7 S. (1921). - W.Ref. 3468.

Über die Verdaulichkeit von Brot. 2. Mitt. Speichelverdauung von Erythrodextrin in vitro. Blake, J.C. J.Amer.chem.Soc. 39. 315-320 (1917). - Ref.C.A. 11. 624 (1917), C. 1918. I. 120, W.Ref. 374.

Die Diastasen bei der Brotherstellung. Galli, E. und Ceradini, A. Reale Ist.lombardo Sci.Lettere, Rend. 45. Ser. 2; 546-555 (1912). - Ref.C.A. 7. 2805 (1913), W.Ref. 3457.

Zum Hefemischverbot. Kopper, A. Chemiker-Ztg. 33. 110 (1909). - W.Ref. 733.

Über den Einfluß diastasereicher Malzpräparate auf die Backresultate. Neumann, M.P. und Salecker, P. Landwirtsch.Jb. 37. 857-872 (1908). - Ref.C.A. 3. 1042 (1909), C. 1908. II. 722, W.Ref. 3447.

Die amylolytischen und proteolytischen Fermente der Weizenmehle und ihre Beziehung zum "Backwert". Ford, J.S. und Guthrie, M.J. J.Soc.chem.Ind. 27. 389-393 (1908). - Ref.C.A. 2. 2266 (1908), C. 1908. II. 341, W.Ref. 3446.

Über die Gärung im Brot. Chicandard, G. C.R.hebd.Séances Acad. Sci. 97. 616-617 (1883). - W.Ref. 2467.

Über die Gärung im Brot. Chicandard, G. C.R.hebd.Séances Acad. Sci. 96. 1585-1588 (1883). - W.Ref. 2466, C. 1883. 439-440.

Über die Brotbäckerei. Marcano, V. C.R.hebd.Séances Acad.Sci. 96. 1733-1734 (1883). - Ref.C. 1883. 548, W.Ref. 689.

946. Textilindustrie

(Vgl. auch "Schlichten und Entschlichten": 423)

Enzymatische Entschlichtung. Ramaszeder, K. Spinner Weber Textilveredl. 83. 135-42 (1965). - Ref.C.A. 62. 16433d (1965).

Neuzeitliche Entschlichtungsverfahren mit Enzymen. Jalke, H. Textil-Rdsch. (St.Gallen) 20. 155-59 (1965). - Ref.C. 1966. 14-2834, Stärke 18. 201 (1966).

Der Einfluß von Natrium- und Calcium-Chlorid und andere Netzmittel auf die Amylasewirkung in Entschlichtungsmitteln. Svoboda, F. Z.ges.Textilind. 66. 756-59 (1964). - Ref.C.A. 62. 1782b (1965), C. 1966. 4-2840.

Bewertung der enzymatischen Entschlichtungsmittel. 4. Mitt. Feststellung der Wirksamkeit enzymatischer Entschlichtungsmittel. Svoboda, F. Textil (Praha) 18. 339-41 (1963). - Ref.C. 1964. 44-2562.

Theorie und Praxis bei der enzymatischen Entschlichtung. Ramaszeder, K. Koloristikai Ertesitö (Kolorist.Rdsch.) Nr.6. 311-31 (1962). - Ref.C.A.(M.) 58. 11512f (1963).

Enzymatische Entschlichtungsmittel und ihre Anwendung. Michel,H.H. Spinner u.Weber 80. Nr.8. 751-54 (1962). - Ref.C.A. 57. 15382a (1962).

Enzyme und ihre Verwendungen in der textilen Fertigung, besonders beim Entschlichten. Regan, I. J.Soc.Dyers Colourists 78. 533-42 (1962). - Ref.C. 1964. 36-2668, C.A. 59. 2982c (1963).

Entschlichtung mit den Bakterien-Amylase-Präparaten "Termozym" und "Aquazym". Nielsen, M.H. Prakt.Chem. (Wien) 11. 310-12 (1960). - Ref.C. 1961. 8879.

Bakterien-Amylasen bei der Entschlichtung. Slezák, J. Textil (Praha) 15. 382-85 (1960). - Ref.C. 1962. 699.

Bakterielle amylolytische Präparate als Ersatz der Malzextrakte für die Textilindustrie. Bendová, O. Kvasný Průmysl 6. 53-55 (1960). - Ref.C.A. 54. 11491i (1960), C. 1961. 6349.

Untersuchungen über Textil-Schlichten. 3. Mitt. Anwendung von α-Amylase bei der Herstellung von Stärkeschlichten. Azuma, N. und Bekku, F. J.Soc.Textile Cellulose Ind. (Japan) 13. 472-76 (1957). - Ref.C. 1961. 15611.

Moderne enzymatische Entschlichtungsverfahren. Windbichler, V. Melliand Textilber. 37. 297-300 (1956). - Ref.C. 1957. 3693.

Bewertung von Enzymen beim Entschlichtungsverfahren. Röhm & Haas Co. Amer. Dyestuff Reporter 44. Proc.Amer.Assoc.Textile Chemists Colorists 256-61 (1955). - Ref.C.A. 49. 10632f (1955).

Hitzebeständige Amylase bei der Bearbeitung von Textilien. Sato,T. Japan.P. 13 471 ('55) vom 26/2.1955. - Ref.C.A. 50. 17467c (1956).

Theorie und Praxis der enzymatischen Entschlichtung. Voss, J. Melliand Textilber. 35. 762-64 (1954). Amer.Dyestuff Reporter 45. 58-63 (1956). - Ref.C. 1957. 9804.

Entschlichten unter Anwendung von Pankreatin. Wlassowa, N.W. Textil-Ind. (russ.) 14. Nr.10. 50 (1954). - Ref.C. 1955. 3765.

Freifließendes Pulverpräparat zur enzymatischen Behandlung tierischer oder pflanzlicher Wirkstoffe. Goldschmidt, Th. AG. D.A.S. 1 041 468 Kl. 80, angem. 22/4.1953, veröff. 23/10.1958. - Ref.Stärke 11. 20 (1959).

Bestimmungsmethode von handelsüblichen enzymatischen Entschlichtungsagentien. Miyaoka, U. und Masunaga, M. J.Soc.Textile Cellulose Ind. Japan 9. 605-08 (1953). - Ref.C.A. 49. 15246h (1955).

Enzymreaktion beim Entschlichten. Appleyard, H. Textile J.Australia 28. 682-85 (1953). - Ref.C. 1954. 4060.

Die Einwirkung der Enzyme beim Entschlichten. Appleyard, H. Dyer, Textile Printer, Bleacher, Finisher, 109. 685-87 (1953). - Ref.C. 1954. 4060.

Über richtige Temperaturen beim enzymatischen Entschlichten. Voss, J. Melliand Textilber. 32. 621-22 (1951). - Ref.C.A. 46. 2303a (1952).

Über enzymatische Entschlichtung. Voss, J. Melliand Textilber. 31. 560-64 (1950). - Ref.C. 1950. II. 2869.

Die Anwendung der Enzyme in der Textilindustrie. Pfannmüller, J. und Noe, A. Amer.Dyestuff.Reporter 39. 490-96 (1950). - Ref.C. 1950. II. 2504.

Verhinderung der schädlichen Wirkung von Kupferverbindungen auf Enzyme bei der enzymatischen Zerlegung der Stärke in der Textilindustrie. Röhm & Haas AG. It.P. 348 698 vom 30/1.1937. D.Prior. 5/3.1936. - Ref.C. 1938. I. 1269.

Entschlichten mit Enzymen. Molnar, A. Melliand Textilber. 17. 234 (1936). Mschr.Textil-Ind. 1936. Fachh. I 11-12. - Ref.C. 1936. I. 3770.

Die Verwendung von Enzymen in der Textilindustrie. Porzky, J. Z.ges.Textilind. 39. 198-99 (1936). - Ref.C. 1936. II. 560.

Enzyme. Powers, D.H. Amer.Dyestuff Reporter 21. 332-37 (1932). - Ref.C. 1932. II. 943.

Enzymwirkungen auf Stärkelösungen. Russina, H. Z.ges.Textilind. 35. 281-83 (1932). - Ref.C. 1932. II. 943.

Stärkeumwandelnde Enzyme in der Textilindustrie. Gore, H.C., Turley, H.G., Wallerstein, L. und Takamine, J. In R.P. Walton: A Comprehensive Survey of Starch Chemistry Part 1, S.223-34. Chemical Catalog Company, New York 1928.

In der Textilindustrie verwendete stärkeumwandelnde Enzyme. Walton, R.P. Amer.Dyestuff Reporter 17. 461-462 (1928).

Bemerkung zu der Abhandlung "Studien über Schlichten und Entschlichten" von M. Nopitsch. Feibelmann, R. Melliand Textilber. 8. 714-15 (1927). - Ref.C. 1927. II. 1902.

Studien über Schlichten und Entschlichten. 2. Mitt. Wirken die modernen enzymatischen Entschlichtungsmittel faserschädigend? Nopitsch, M. Melliand Textilber. 8. 169-71, 281-83, 365-67, 461-62, 546-47, 627-28, 716-19 (1927). - Ref.C. 1927. II. 1902.

Studien über Schlichten und Entschlichten. 1. Mitt. Neuere Forschungsergebnisse auf dem Gebiet des Stärkeabbaues durch diastatische Enzyme. Nopitsch, M. Melliand Textilber. 7. 528-31, 858-61, 944 (1926). - Ref.C. 1927. I. 202.

Schimmel in Baumwollwaren. 2. Mitt. Das Wachstum von Schimmelpilzen auf Schlichte- und Appreturmaterialien. Morris, L.E. Brit. Cotton Ind.Res.Assoc., Shirley Inst.Mem. 4. Nr.12. 129-150 (1925). - W.Ref. 823.

Celanese (Glanzstoff) und Baumwollbeimischungen. Grimshaw, A.H. Textile Wld. 67. 579-581 (1925). - W.Ref. 3485.

Gebrauch von Rapidase. Color Trade J. 16. 22-23 (1925). - W.Ref. 3484.

Novo Fermasol, ein neues Produkt für das Entschlichten und Entstärken. Appleyard, J.R. Color Trade J. 16. 116-118 (1925). - W.Ref. 3481.

Aufschließen der Stärke für Schlichtzwecke. Melliand Textilber. 5. 487 (1924). - W.Ref. 3480.

Aufschließen der Stärke mit Diastafor. Melliand Textilber. 4. 396 (1923). - W.Ref. 3479.

In der Textilbearbeitung gebrauchte Stärkeprodukte und Malzextrakte. Hall, A.J. Textile Colorist 45. 29-30 (1923). - W.Ref. 3476.

In der Textilbearbeitung gebrauchte Stärkeprodukte und Malzextrakte. Hall, A.J. Textile Colorist 44. 776-777, 781-782 (1922). - W.Ref. 3476.

Fermasol. Textile Wld.J. 62. 1801 (1922). - W.Ref. 3475.

Das Entfernen der Schlichte-Mischungen von Textilerzeugnissen mit Diastase-Präparaten. Color Trade J. 11. 257-258 (1922). - W.Ref. 3474.

Neue Diastasepräparate und ihre Bedeutung für die Textilindustrie. Tagliani, G. Z.angew.Chem. 34. 69-73 (1921). - Ref.C.A. 16. 2227 (1922), C. 1921. II. 755, W.Ref. 3471.

Schlichten der Garne und Ausrüsten von Stuhlwaren. Hünlich. Z.ges.Textilind. 24. 278 (1921). - W.Ref. 3469.

Verfahren zum Entfernen der Stärke und dergleichen aus Geweben, Garnen usw. Takamine, J. und Takamine J. jr. A.P. 1 421 613 vom 8/10.1920, ausg. 4/7.1922. - Ref.C. 1922. IV. 1087.

Methode für die Bewertung der Diastaseprodukte in Textilfabriken. Adams, E.W. Color Trade J. 7. 170 (1920). - W.Ref. 3202.

Vergleich zwischen Malzextrakt und den Enzymen von Aspergillus oryzae (polyzime), die besonders in der Textilindustrie angewendet werden. Textile Recorder 38. 64-66 (1920). - W.Ref.3467.

Die gewerbliche Anwendung der Enzyme von Aspergillus oryzae. Textile Recorder 37. 445 (1919-20). - W.Ref. 3466.

Diastase in der Wäscherei. Van Deusen, W. Sci.American Suppl. 84. 35 (1917). - W.Ref. 3464.

Malzextrakt in der Wäscherei. Eine nützliche, lösliche Stärke liefernde Verbindung. Musgrave, A.F. Sci.American Suppl. 82. 107 (1916). - W.Ref. 3462.

Anwendung von Malzextrakt bei der Appretur der Stoffe. Berger, C. Rev.gén.Chim.pure appl. 17. 174-179 (1914). - Ref.C.A. 8. 2951 (1914), W.Ref. 3460.

Diastafor und Diastase: Katalysatoren und Katalyse. Peters, A. Leipziger Färber-Ztg. 62. 411-413 (1913). - W.Ref. 3458.

"Diastase"-Produkte in der Textil-Industrie. Rev.gén.Matières colorantes, Blanchiment, Teinture, Impress.Apprets 16. 172-174 (1912). - W.Ref. 3454.

Malzenzyme und ihre Anwendung in den Textilindustrien. Hamburg, M. J.Soc.Dyers Colourists 28. 7-14 (1912). - Ref.C.A. 6. 1530 (1912), W.Ref. 3453.

Diastase als Stärkelösungsmittel. Battegay, M. Färber-Ztg. 23. 133-34 (1912). - Ref.C. 1912. I. 1934, W.Ref. 3456.

Malzenzyme und ihre Anwendung in den Textilindustrien. May, R.J. J.Soc.Dyers Colourists 27. 88-92 (1911). - W.Ref. 3452.

Versuche mit Diastafor. Krais, P. Chemiker-Ztg. 31. 1160-1161 (1907). - Ref.C.A. 2. 464 (1908), W.Ref. 3445.

Diastafor als Mittel zur raschen und vollständigen Entschlichtung und zur Herstellung von Appreturmassen, Schlichten und Druckverdickungen. Diamalt AG. Textil- u.Färberei-Ztg. 5. 796-801, 811-822 (1907). - W.Ref. 3444.

Diastafor. Schmidt, A. Färber-Ztg. 1906. 208-211. - W.Ref. 3443.

Diastafor, ein praktisches Hilfsmittel im Dienste der Färberei, Druckerei und Appretur. Lohmann, A. Färber-Ztg. 1906. 158-159. - W.Ref. 3441.

Das Entfernen der Stärke aus Baumwolle. J.Soc.chem.Ind. 8. 539 (1889). - W.Ref. 3440.

947. Papierindustrie

(Vgl. auch "Papierindustrie": 43)

Eine Spezialstärke für die verbesserte enzymatische Konversion. Paper Trade J. 145. Nr.8. 44 und Nr. 18. 7 (1961). - Ref.Stärke 14. 154 (1962).

Enzyme bei der Bereitung von Büttenleim. Gale, R.A. Paper Trade J. 129. Nr.20. 82-83 (1949). - Ref.Stärke 1950. II. 90.

Die auf Stärke einwirkenden Enzyme in der Papierleimung. Thomas, J.J. Paper Mill Wood Pulp News 61. Nr.17. 15-20 (1938). - Ref.C. 1938. II. 798.

Die Verwendung von Enzymen bei der Herstellung von Streichpapieren. Diehm, R.A. Techn.Assoc.Pap. 20. 279-80 (1937). - Ref.C. 1938. I. 2282.

Der Gebrauch von Malzextrakten bei der Papiererzeugung. Pulp Paper Mag.Canada 11. 96-97 (1913). - W.Ref. 3459.

948. Sonstiges

Untersuchungen über die Gärungsprozesse bei der Silage. Malz als Zusatz beim biologischen Silieren. Rydin, C. Arch.Mikrobiol. 38. 156-70 (1961).

Die Entfernung von Stärke aus Zuckerrohrsaft durch ein enzymatisches Verfahren. Chin, Tzu-Sin und Lin, Ton-Yuan. Taiwan Sugar 7. 21-24 (1960). - Ref.C.A. 55. 8904c (1961).

Die Entfernung der Stärke aus Zuckerrohrsaft. Nicholson, R.I. und Horsley, M. Int.Sugar J. 60. 260-63 (1958). - Ref.C. 1959. 7316, C.A. 53. 14558g (1959).

Studien über die Klärstufe des Belebtschlammverfahrens. 6. Mitt. Hydrolyse von Stärke durch Belebtschlamm. Heukelekian, H. und Ingols, R.S. Sewage works J. 10. 209-18 (1938). - Ref.C. 1938. II. 4290.

95. Spezielle Vergärungsprozesse

951. Vergärbarkeit von Dextrinen
952. Aceton-Butanol-Gärung
953. Milchsäure-Gärung
954. Citronensäure-Gärung
955. Sonstige organische Säuren
956. Sonstige organische Verbindungen

951. Vergärbarkeit von Dextrinen

Über Dextrinvergärungsfähigkeit der Hefen. Pelc, A. und Vámosné-Vigyázó, L. Elelmezési Ipar (Verpflegungs-Ind.) 8. 118-22 (1954). - Ref.C. 1950/54. 618 S.

Über Dextrinvergärung fördernde Enzyme. Hopkins, R.H. und Kulka, D. European Brewery Convent., Proc.Congr. 1957. 182-93. - Ref.C. 1960. 7028.

Untersuchungen über die Dextrinvergärung durch Hefen. 1. Mitt. Über die neu aufgefundenen dextrinvergärenden Hefen. Baba, T. Bull.School Agric.Forestry, Taihoku Imp. Univ. Nr.2. 72-73 (1941). - Ref.C. 1942. I. 2020.

Über Grenzdextrine und Stärke. 5. Mitt. Über die Vergärbarkeit von Stärkeabbauprodukten. Myrbäck, K. Biochem.Z. 304. 147-54 (1940). - Ref.C. 1940. II. 1142.

Vergärung von Dextrin durch Fusarium lini Bolley. Dammann, E. Ber.dtsch.chem.Ges. 71. 1865-68 (1938).

Zur Frage der Vergärbarkeit der Dextrine (Amylo-hexaose und verschiedene Heferassen). Haehn, H., Glaubitz, M. und Gross, W. Ber.dtsch.chem.Ges. 70. 1492-95 (1937). - Ref.C. 1937. II.1833.

Vergärung von Grenzdextrinen, Stärke und Disacchariden. Myrbäck, K., Ortenblad, B. und Ahlborg, K. Enzymologia 3. 210-19 (1937). - Ref.C. 1938. I. 3645.

Über dextrinvergärende Hefen. Staiger und Glaubitz. Z.Spiritusind. 56. 190 (1933).

Dextrinvergärende Hefen. Staiger und Glaubitz, M. Z.Spiritusind. 52. 243 (1929).

Gibt es dextrinvergärende Heferassen? Staiger und Glaubitz, W. Z.Spiritusind. 48. 320-321 (1925). - Ref.C.A. 20. 61 (1926), C. 1925. II. 1395, W.Ref. 3349.

Verhalten der Stärkedextrine gegen einige Hefearten. Friedrichs, O. von. Ark.Kem.Mineralog.Geol. 5. Nr.3. 14 S. (1913). - Ref.C. 1914. I. 762, W.Ref. 3298.

Die Assimilierbarkeit von Säure-, Bier- und Würzedextrinen durch verschiedene Hefen und Schimmelpilze. Lindner, P. Wschr. Brauerei 29. 541-544 (1912). - Ref.C. 1912. II. 1683, W.Ref. 3295.

Die Vergärbarkeit von Säure-, Bier- und Würze-Dextrinen durch verschiedene Hefen und Schimmelpilze. Lindner, P. und Mohr, O. Wschr.Brauerei 28. 393-395 (1911). - Ref.C.A. 6. 791 (1912), C. 1911. II. 1542, W.Ref. 3292.

Verfahren zur Vergärung von Dextrin-Maischen mit Hilfe einer akklimatisierten Hefe. Effront, J. Z.Spiritusind. 21. 298 (1898). - W.Ref. 3259.

Gewöhnung von Hefe an die Dextringärung. Effront, J. D.R.P. 102 631 Kl. 6a vom 3/4.1898, ausg. 17/3.1899.

Die dextrinvergärende Hefe Schizosaccharomyces pombe und ihre eventuelle Einführung in die Praxis. Rothenbach, F. Z.Spiritusind. 19. 58-59, 71, 87-88, 104-105, 111-112, 119-120 (1896). - W.Ref. 3253.

Zur Frage der Vergärbarkeit von Dextrinen. Lintner, C.J. Z.angew. Chem. 5. 328-330 (1892). - Ref.C. 1892. II. 221, W.Ref. 234.

Zur Frage der Vergärbarkeit von Dextrinen. Z.Spiritusind. 15. 296 (1892).

Zur Frage der Vergärbarkeit von Dextrinen. Medicus, L. und Immerheiser, C. Z.analyt.Chem. 30. 665-669 (1891). - Ref.C. 1892. I. 722, W.Ref. 3236.

Über die alkoholische Gärung der Dextrine und der Stärke. Gayon, U. und Dubourg, E. C.R.hebd.Séances Acad.Sci. 103. 885-887 (1886). - W.Ref. 3231.

952. Aceton-Butanol-Gärung

Ein zweiteiliges Schema für die kontinuierliche Aceton-Butyl-Gärung. Jarowenko, W.L. Spiritus-Ind. (russ.) 28. Nr.1. 11-15 (1962). - Ref.C. 1963. 728.

Kohlenhydrate in der chemischen Industrie. 3. Mitt. Gärungsprozesse. Machell, G. Manufact.Chemist 32. 159-61 (1961). - Ref.C. 1962. 13981.

Kontinuierliche Aceton-Butanol-Gärung. Nachmanowitsch, B.M. Kontinuierliche Vergärung und Züchtung von Mikroorganismen, Material einer vom Institut für Mikrobiologie durchgeführten Konferenz, Akad.Wiss.UdSSR (russ.) 1958. 110-13 (1960). - Ref.C.A. 56. 5222g (1962).

Aceton und Butanol. Malcher, J. und Lan, J. E.P. 856 103 ausg. 14/12.1960., id.mit Aust.P. 225 928. - Ref.C.A. 55. 16908g (1961), C. 1962. 16164.

Verfahren und Einrichtung zur kombinierten Herstellung von Stärke und Aceton-Butanol. Malcher, J. und Lan, J. Aust.P. 225 928 ausg. 11/12.1959., id.mit E.P. 856 103. - Ref.J.Chem. (russ.) 1961. Nr.11 N339.

Kombinierte Herstellung von Stärke, Aceton und Butanol. Malcher,J. und Lan, J. Tschechosl.P. 88 406 ausg. 15/1.1959. - Ref.C.A. 55. 25156f (1961).

Butanol-Gärung. 25. Mitt. Gärung einer Mischung von Melasse und stärkehaltiger Pülpe. Hongo, M. und Nagata, K. J.agric.chem. Soc.Japan 32. 585-90 (1958). - Ref.C.A. 55. 19126d (1961).

Der Einfluß des Kartoffelknollenwassers auf die Butanol-Aceton-Gärung. Vraná-Hejnalowá, D. Kvasný Prumysl 3. 32-36 (1957). - Ref.C. 1958. 9929.

Beeinflussung der Zusammensetzung des Mediums auf Butanol-Aceton-Gärung. Salesskaja, M.I. Mikrobiologie (russ.) 24. 455-61 (1955). - Ref.C.A. 50. 6741b (1956).

Stärkehydrolyse durch Aceton-Butanol-Gärung. 2. Mitt. Änderungen im Kohlenhydrataufbau des Mediums in verschiedenen Stadien der Aceton-Butanol-Gärung. Saleskaja, M.I. und Kinsburgskaja, F.M. Arbeit.Allunions-Forschungs-Inst.Spiritusind. (russ.) 1954. Nr.3. 148-55. - Ref.C.A. 50. 9508c (1956).

Stärkehydrolyse durch Aceton-Butanol-Gärung. 1. Mitt. Amylolytische Enzyme von Aceton-Butanol-Bakterien. Saleskaja, M.I. und Kinsburgskaja, F.M. Arbeit.Allunions-Forschungs-Inst.Spiritusind. (russ.) 1954. Nr.3. 140-48. - Ref.C.A. 50. 9508b (1956).

Aceton-Butanol-Gärung von Stärke. Beesch, S.C. Appl.Microbiol. 1. 85-95 (1953). - Ref.C. 1954. 3355.

Gewinnung von Aceton und Alkohol durch Gärung. Notkina, L.G., Lewin, M.S. und Ukrainski nautschno-issle-dowatelski institut pischtschewoi mischlennosti, UdSSR. Russ.P. 57 669 vom 3/5. 1939, ausg. 31/8.1940. - Ref.C. 1941. I. 1749.

Die Vergärung von Maniok und Melasse zu Aceton und n-Butylalkohol. Tubangui, M.A., Masilungen, A. und Hipolito, D. Philippine J. Sci. 70. 123-31 (1939). - Ref.C. 1941. II. 1456.

Untersuchungen über die Aceton-Butanol-Gärungen. 1. Mitt. Die bakteriologischen Eigenschaften von Bacillus butanolo-acetoni Yukawa-Horie nov. sp. und die Vergärung von Cassave durch diesen Organismus. Yukawa, M. und Horie, S. Bull.agric.chem. Soc.Japan 15. 103-05 (1939). - Ref.C. 1939. II. 2288.

Ausnützung der Abfälle der Kartoffelstärkeproduktion für die Acetonbutylgärung. Ssimskaja, A.M. Biochemie (russ.) 1. 603-16 (1936). - Ref.C. 1937. I. 3728.

Herstellung von Aceton und Butylalkohol. Niederländischer Staat. Poln.P. 16 829 vom 15/4.1929, ausg. 21/11.1932. Holl.Prior. 16/4.1928. - Ref.C. 1933. II. 3778.

Gewinnung von Butylalkohol und Aceton durch Gärung. Commercial Solvents Corporation, übert.von D.A. Legg. A.P. 1 582 408 vom 30/3.1925, ausg. 27/4.1926. - Ref.C. 1926. II. 298.

Aceton, Butanol und Äthanol im Gas aus der Butanol-Gärung von Mais. Davis, A.L. Ind.Engng.Chem. 15. 631-632 (1923). - W.Ref. 3341.

Eine Studie über die Aceton- und Butylalkoholgärung der verschiedenen Kohlenhydrate. Robinson, G.C. J.biol.Chemistry 53. 125-154 (1922). - Ref.C.A. 16. 3496 (1922), C. 1922. III. 1382, W.Ref. 3340.

Bakteriologie des Verfahrens für Aceton- und n-Butylalkoholerzeugung. Thaysen, A.C. J.Inst.Brewing 27. 529-542 (1921). - Ref.C.A. 16. 3362 (1922), W.Ref. 3338.

Die biologischen Reagenzien in der Chemie. Javillier, M. Bull. Soc.chim.France 29. Sér. 4; 1037-1052 (1921). - W.Ref. 3335.

Produktion von Gas während der Aceton- und Butylalkoholgärung der Stärke. Speakman, H.B. J.biol.Chemistry 43. 401-411 (1920). - Ref.C.A. 14. 3692 (1920), C. 1921. I. 38, W.Ref. 3330.

Biochemie der Aceton- und Butylalkoholgärung der Stärke durch den Bacillus granulobacter pectinovorum. Speakman, H.B. J.biol. Chemistry 41. 319-343 (1920). - Ref.C.A. 14. 3437 (1920), W.Ref. 3329.

Produkte der "Aceton-Butylalkohol"-Vergärung der Kohlenhydrate mit besonderem Hinweis auf einige erzeugte Zwischenprodukte. Reilly, J., Hickinbottom, W.J., Henley, F.R. und Thaysen, A.C. Biochem.J. 14. 228-251 (1920). - Ref.C. 1920. III. 376, C.A.14. 2048 (1920), W.Ref. 3328.

Gewisse Faktoren, die die Acetonherstellung durch den Bacillus acetoethylicum beeinflussen. Arzberger, C.F., Peterson, W.H. und Fred, E.F. J.biol.Chemistry 44. 465-479 (1920). - W.Ref. 3323.

Die Herstellung von Aceton und Butylalkohol durch einen bakteriologischen Prozeß. Speakman, H.B. J.Soc.chem.Ind. 38. 155-161T (1919). - Ref.C. 1919. IV. 737, W.Ref. 3320.

Mechanismus des "n-Butylalkohol und Aceton"-Vergärungsprozesses. Reilly, J. und Hickinbottom, W.J. Chem.Trade J.chem.Engr. 65. 331 (1919). - Ref.C. 1920. I. 112, W.Ref. 3319.

Biochemie des Bacillus acetoethylicum mit Hinweis auf die Bildung von Aceton. Northrop, J.H., Ashe, L.H. und Senior, J.K. J.biol. Chemistry 39. 1-21 (1919). - Ref.C.A. 13. 2546 (1919), C. 1920. III. 695, W.Ref. 3318.

Die Herstellung von n-Butylalkohol und Aceton durch Vergärung von Roßkastanien. Gill, A. J.Soc.chem.Ind. 38. 411-412T (1919). - W.Ref. 3317.

Das Aceton-Vergärungsverfahren und seine technische Anwendung. Gill, A. J.Soc.chem.Ind. 38. 273-280T (1919). - W.Ref. 3316.

Verfahren zur Herstellung von Aceton und Butylalkohol durch Vergären stärkehaltiger Rohstoffe. Weizmann, Ch. und Spiers, H.M. E.P. 164 762 vom 3/6.1918, ausg. 7/7.1921. - Ref.C. 1921. IV. 817.

Verfahren zur Herstellung von Aceton und Butylalkohol durch Vergärung stärkehaltiger Rohstoffe. Weizmann, Ch. und Hamlyn, A.G. E.P. 164 023 vom 29/6.1916, ausg. 30/6.1921. - Ref.C. 1921. IV. 718.

Aceton und höhere Alkohole (Amyl-, Butyl- oder Äthylalkohol und Butter-, Propion- oder Essigsäure) aus Stärken, Zuckern und anderen Kohlenhydraten. Fernbach, A. und Strange, E.H. E.P. 15 204 (1911).

Aceton und höhere Alkohole (Amyl-, Butyl- oder Äthylalkohol und Butter-, Propion- oder Essigsäure) aus Stärken, Zuckern und anderen Kohlenhydraten. Fernbach, A. und Strange, E.H. E.P. 15 203 (1911).

Acetongärung. Schardinger, F. Wiener klin.Wschr. 17. 207-209 (1904).

Über die butylalkoholische Gärung und das butyrische Ferment. Beijerinck, M.W. Recueil Trav.chim.Pays-Bas 12. 141-153 (1893). - W.Ref. 3247.

Über die Wirkungsweise des butyrischen Ferments bei der Umwandlung von Stärke in Dextrin. Villiers, A. C.R.hebd.Séances Acad.Sci. 113. 144-145 (1891). - Ref.C. 1891. II. 549, W.Ref. 3240.

Über die Gärung der Stärke durch die Wirkung des butyrischen Ferments. Villiers, A. C.R.hebd.Séances Acad.Sci. 112. 536-538 (1891). - Ref.C. 1891. I. 830, W.Ref. 3239.

Die Rolle der Kreide bei der Butanol- und Milchsäure-Gärung und die in ihr enthaltenen gegenwärtig lebenden Organismen. Béchamp, A. C.R.hebd.Séances Acad.Sci. 63. 451-455 (1886). - W.Ref. 3230.

Über die in den Sauerwassern der Stärkefabriken und in den Produkten der Butanol-Gärung der Glucose enthaltenen Alkohole. Bouchardat, G. C.R.hebd.Séances Acad.Sci. 78. 1145-47 (1874). - W.Ref.2418.

953. Milchsäure - Gärung

Die Intensität der Kohlenhydratvergärung durch Milchsäurebakterien und Streptococcus faecalis. Ersinkjan, L.A., Pachlewanjan, M. Sch. und Muradjan, E.A. Fragen Mikrobiol.Akad.Wiss.Armen.SSR (russ.) Nr.2. 219-26 (1964). - Ref.C.A. 63. 17083h (1965).

Einfluß der Verdünnung auf das in Stärkegel erhaltene Muster von Milchsäuredehydrogenaseisozym. Vesell, E.S. Nature (London) 195. 497-98 (1962). - Ref.C. 1964. 15-1070.

953

Zur Frage des Stärkeabbauvermögens einiger Milchsäurebakterien. Steinböck, H. Milchwiss.Ber. (Wien) 12. 73-106 (1962). - Ref.Stärke 16. 101 (1964), C. 1964. 52-2727.

Die Gewinnung von Milchsäure aus Kartoffelsirup. Zagrodzki, S., Kubiak, J. und Zalicki, J. Przemysł Spozywczy 15. 530-37 (1961).

Die Bildung von Milchsäure durch Stärkefermentation. Krajovan, V. Kem. i Ind. (Zagreb) 6. 361-65 (1957).

Untersuchungen über die Gärungsprozesse bei der Silage. Stärke als Kohlenhydratquelle für die Milchsäuregärung. Rydin, C. Arch. Mikrobiol. 27. 82-104 (1957). - Ref.C. 1958. 2892.

Milchsäure aus Maisstärkezucker. Lindemann, E. Stärke 5.14-16 (1953).

Ein neuer atmosphärischen Stickstoff fixierender Keim. Az tobacter lacticogenes. Kauffmann, J. und Toussaint, P. C.R.hebd.Séances Acad.Sci. 233 . 710-71 (1951). - Ref.C. 1952. 2690.

Milchsäure durch Gärung. Aries, R.S. und Haskel C. Needle. A.P. 2 588 460 vom 22/4.1950, ausg.11/3.1952. - Ref.C. 1953. 3811.

Gewinnung von Milchsäure durch direkte Fermentation von Stärke. Kitahara, K. und Ishida, H. Bull.Res.Inst.Food Sci., Kyoto Univ.No.2. 27-31 (1949). - Ref.C.A. 46. 47291 (1952).

Untersuchung über ein sporogenes Milchferment (Bacillus thermoacidificanus). Renco, P. Ann.Microbiologia 2. 109-14 (1942). - Ref.C. 1943. I. 736.

Streptococcus diacetilactis n. sp. und seine Anwendung bei der Buttererzeugung. Teil I. Laboratoriumsversuche. Matuszewski, T., Pijanowski, E. und Supinska, J. Roczniki Nauk rolniczych Leśnych 36. 1-28 (1936). - Ref.C. 1936. II. 205.

Charakterisierung der aus "Moto", den Hefemaischen für die Saké-gewinnung, isolierten Milchsäurebakterien. 4. Mitt. Klassifizierung der Milchsäurebakterien. Katagiri, H., Kitahara, K. und Fukami, K. Bull.agric.chemm.Soc. Japan 10. 156-57 (1934). - Ref.C. 1936. I. 3158.

Charakterisierung der aus "Moto", den Hefemaischen für die Saké-gewinnung, isolierten Milchsäurebakterien. 3. Mitt. Die Gärungsprodukte aus Pentosen und Hexosen. Katagiri, H., Kitahara, K., Fukami, K. und Sugase, M. Bull.agric.chem.Soc. Japan 10. 155-56 (1934). - Ref.C. 1936. I. 3158.

Charakterisierung der aus "Moto", den Hefemaischen für die Saké-gewinnung, isolierten Milchsäurebakterien. 2. Mitt. Beobachtungen über vergärbare Zucker und Merkmale bei der Züchtung. Katagiri, H., Kitahara, K. und Fukami, K. Bull.agric.chem.Soc. Japan 10. 154-55 (1934). - Ref.C. 1936. I. 3158.

Charakterisierung der aus "Moto", den Hefemaischen für die Saké-gewinnung, isolierten Milchsäurebakterien. 1. Mitt. Die Gärungsprodukte aus Koji-Extrakt. Katagiri, H. und Kitahara, K. Bull.agric.chem.Soc. Japan 10. 153-54 (1934). - Ref.C. 1936. I. 3158.

Milchsäurebildung in Muskelextrakten. 5. Mitt. Vergleich zwischen löslicher Stärke und Glykogen in Bezug auf die Milchsäurebildung und Phosphorsäureesteranhäufung. Stiven, D. Biochem.J. 24. 169-71 (1930). - Ref.C. 1930. II. 582.

Zur Frage der Milchsäurebakterien aus Gerbbrühen. Schwarzberg, B. und Gindis, P. Zbl.Bakteriol., Parasitenkunde Infektionskrankh. Abt.II. 78. 96-105 (1929). - Ref.C. 1929. II. 760.

Über die milchsäurebildende Fähigkeit des menschlichen Blutes gegenüber Polysacchariden. Abraham, A. und Friedberg, S. Klin.Wschr. 5. 2264-65 (1926). - Ref.C. 1927. I. 623.

Die Verarbeitung von Kartoffelstärke zu technischer Gärungsmilchsäure. Hoffmann, W. Z.Spiritusind. 36. 71-72, 95 (1913). - Ref.C. 1913. I. 1311, W.Ref. 3300.

Über die Milchsäuregärung. Kayser, M.E. Ann.Inst.Pasteur 8. 737-784 (1894).

954. Zitronensäure-Gärung

Herstellung von Zitronensäure durch submerse Fermentation des Säure-Hydrolysates von Bataten-Stärke. Usami, S. und Taketomi, N. J.chem.Soc. Japan, ind.Chem.Sect. 63. 1602-05 (1960). - Ref.C.A. 57. 11670i (1962), C. 1963. 20631.

Gewinnung von Citronensäure durch Gärung. Miles Laboratories, Inc. E.P. 799 752 ausg. 13/8.1958. - Ref.C.A. 53. 3594h (1959).

Citronensäuregärung mit schwarzen Schimmelpilzen. 17. Mitt.Gärung im technischen Maßstab. 3. Ozaki, A., Fukumoto, G., Takeshita, K., Watanabe, Y. und Sukuzuki, K. J.Fermentat.Assoc. (Japan) 15. 63-70 (1957). - Ref.C.A. 51. 7643g (1957).

Citronensäuregärung mit schwarzen Schimmelpilzen. 16.Mitt. Gärung im technischeb Maßstab. 2. Ozaki, A., Fukumoto, G., Takeshita, K., Watanabe, Y. und Suzuki, K. J.Fermentat.Assoc. (Japan) 14. 485-92 (1956). - Ref.C.A. 51. 7643e (1957).

Citronensäuregärung mit schwarzen Schimmelpilzen. 14.Mitt. Gärung im halbtechnischen Maßstab. 2. Ozaki, A., Fukumoto, G., Takeshita, K., Watanabe, Y. und Suzuki, K. J.Fermentat.Assoc. (Japan) 14. 284-95 (1956). - Ref.C.A. 51. 7643b (1957).

Citrat-Gärung. 2. Mitt. Submers-Kultur in stärkehaltigem Material unter Zusatz von Methanol. Kawahara, H. und Matsukubo, K. J.Fermentat.Technol. (Japan) 34. 158-61 (1956). - Ref.C.A. 51. 1526h (1957).

Citrat-Gärung. 1. Mitt. Der Einfluß von Methanol als ein Stimulator der Gärung. Kawahara, H. und Matsukubo, K. J.Fermentat. Technol. (Japan) 34. 153-57 (1956). - Ref.C.A. 51. 1525g (1957).

Citronensäuregärung mit schwarzen Schimmelpilzen. 10.Mitt. Stärkehaltige Rohstoffe für die industrielle Gärung. Ozaki, A., Haranda, R., Fukumoto, G. und Suzuki, K. J.Fermentat.Assoc. (Japan) 13. 543-49 (1955). - Ref.C.A. 50. 10979i (1956).

Citronensäuregärung mit schwarzen Schimmelpilzen. 9.Mitt. Stärkehaltige Produkte für die industrielle Gärung. Ozaki, A., Haranda, R., Fukumoto, G. und Suzuki, K. J.Fermentat.Assoc. (Japan) 13. 475-86 (1955). - Ref.C.A. 50. 10979g (1956).

Citronensäuregärung mit schwarzen Schimmelpilzen. 8.Mitt. Stärkehaltige Rohstoffe für die industrielle Gärung. Ozaki, A., Haranda, R., Fukumoto, G. und Suzuki, K. J.Fermentat.Assoc.(Japan) 13. 437-48 (1955). - Ref.C.A. 50. 10979e (1956).

Citronensäuregärung mit schwarzen Pilzen. 4. Mitt. Herstellung von Citronensäure aus Stärken. Ozaki, A. und Watanabe, Y. J.Fermentat.Assoc. (Japan) 13. 134-44 (1955). - Ref.C.A. 49. 15156d (1955).

Zitronensäure. Rudy, H. Pharmazie 4. 393 (1949). - Ref.Stärke 1950. II. 24.

Über die Bildung von Citronensäure aus Inulin. Ponte, D. Giorn. Farmac.Chim.Sci.affini 84. 164-67 (1935). - Ref.C. 1936. I. 2959.

Anhäufung von Citronensäure durch Schimmelpilze bei der biochemischen Umbildung von Zucker in der Theorie und Praxis. Chrzaszcz, T. und Zakomorny, M. Roczniki Nauk rolniczych Lesnych 33. 180-89 (1934). - Ref.C. 1935. I. 2687.

Zum Chemismus der Citronensäurebildung durch Pilze. 1. Mitt. Die Säurebildung aus verschiedenen Kohlenstoffverbindungen. Bernhauer, K. Biochem.Z. 197. 309-26 (1928). - Ref.C. 1928. II. 1341.

955. Sonstige organische Säuren

Verwertung und/oder Synthese von Valeriansäure beim Abbau von Glucose, Stärke und Cellulose durch Pansenmikroorganismen in vitro. Cline, J.H., Hershberger, T.V. und Bentley, O.G. J.Animal.Sci. 17. 284-92 (1958). - Ref.C. 1959. 5876, C.A. 52. 16525i (1958), Stärke 12. 120 (1960).

Bildung kurzkettiger Fettsäuren aus Cellulose, Stärke und Stoffwechselzwischenprodukten durch Schaf- und Rinderpansenmikroorganismen. Hershberger, T.V., Bentley, O.G., Cline, J.H. und Tyznik, W.J. J.agric.Food Chem. 4. 952-56 (1956). - Ref.C. 1958. 7504, C.A. 51. 3732i (1957).

Säureproduktion während der Fermentation von Stärken durch Speichel. Beck, D.J. und Bibby, B.G. J.Dental Res. 40. 486-91 (1961). - Ref.C.A. 55. 21310d (1961).

Herstellung von Spritessig unmittelbar aus Kohlenhydraten. Demidtschuk, L. und Belinskaja, Je. Gärungs-Ind. (russ.) 13. Nr.5. 9-14 (1936). - Ref.C. 1937. I. 1043.

Zuckervergärende und lactatvergärende Buttersäurebakterien. Beynum, J. van und Pette, J.W. Vereenig. Exploitatie Proofzuivelboerderij Hoorn 1933. 119-59 (1934). - Ref.C. 1935. I. 3065.

Die Methangärung von organischen Säuren und Kohlenhydraten. Tarvin, D. und Buswell, A.M. J.Amer.chem.Soc. 56. 1751-55 (1934). - Ref.C. 1935. I. 93.

Studien über die Säurebildung durch Fadenpilze. Falck, R., Schoeller, W. und Michael, S. Biochem.Z. 262. 280-93 (1933). - Ref.C. 1933. II. 1377.

Über einen Aktivator des Stoffwechsels der Propionsäurebakterien. Fromageot, C. und Tatum, E.L. Biochem.Z. 267. 360-75 (1933). - Ref.C. 1934. I. 1338.

Buttersäure- und Butylalkoholgärung von Hemicellulose und stärkereichem Material. Waksman, S.A. und Kirsh, D. Ind.Engng.Chem. 25. 1036-41 (1933). - Ref.C. 1934. I. 2504.

Über die Gluconsäuregärung. 3. Mitt. Über Bacterium Hoshigakivar. glucuronicum I nov.spec. (Bacterium var. Hoshigaki nov. spec.). Takahashi, Teizog und Asai, Toshinobu. Bull.agric.chem.Soc. Japan 8. 9 (1932). - Ref.C. 1932. II. 3108.

Verfahren zur gleichzeitigen Darstellung von Gluconsäure, Citronensäure und Oxalsäure mit Hilfe von Fadenpilzen. Schering-Kahlbaum AG. (Erfinder: W.Schoeller, S. Michael). D.R.P. 541 545 Kl. 12o vom 24/5.1927, ausg. 13/1.1932. - Ref.C. 1932. I. 2780.

Bildung und Identifizierung der von verschiedenen Stämmen von Propionsäurebakterien gebildeten Säuren. Wilson, P.W., Fred, E.B. und Peterson, W.H. Biochem.Z. 229. 271-80 (1930). - Ref.C. 1931. I. 1464.

Gewinnung von Buttersäure o.dgl. Soc. an. Le Kétol. Belg.P. 349 881 vom 20/3.1928, Auszug veröff. 7/11.1928. F.Prior.10/2. 1928. - Ref.C. 1929. II. 2731.

Über Gluconsäurebildung durch Fadenpilze. Falck, R. und Kapur,S.N. Ber.dtsch.chem.Ges. 57. 920-923 (1924). - Ref.C. 1924. II. 316.

Methodisches und Prinzipielles zur Darstellung organischer Säure auf biologischem Wege mit Hilfe von Fadenpilzen. Falck, R. und van Beyma thoe Kingma. Ber.dtsch.chem.Ges. 57. 915-920 (1924).

Direkte Umwandlung stärkehaltiger Stoffe in Weinessig. Mangin, L. C.R.hebd.Séances Acad.Agric.France 9. 134-136 (1923). - Ref.C.A. 16. 1685 (1923), W.Ref. 3344.

Untersuchung über die Herstellung von Essig aus stärkehaltigen Stoffen. Bettinger. Bull.Assoc.Chimistres de Sucr.et Dist. 41. 192-207 (1923). - Ref.C. 1924. I. 2022.

Verfahren zur Herstellung von Buttersäure und Essigsäure, durch Vergären von Ceralien und anderen stärkehaltigen Rohstoffen. Weizmann, C. und Spiers, H.M. E.P. 164 366 vom 3/6.1918, ausg. 7/7.1921. - Ref.C. 1921. IV. 967.

Ein Oxalsäure erzeugendes Penicillium. Currie, J.N. und Thom, Ch. J.biol.Chemistry 22. 287-293 (1915). - Ref.C. 1915. II. 1205, W.Ref. 3304 B.

Weitere Mitteilungen über Buttersäuregärung. Schattenfroh, A. und Grassberger, R. Zbl.Bakteriol., Parasitenkunde Infektionskrankh. Abt.II. 5. 697-702 (1899).

956. Sonstige organische Verbindungen

Chlortetracyclin-Gärung im Stärke-Medium. Zelinka, J. Biológia (Bratislava) 17. 372-77 (1962). - Ref.C.A. 57. 14287h (1962).

Bildung von 2,3-Butandiol durch Fermentation von Maisstärke. Kooi, E.R., Fulmer, E.I. und Underkofler, L.A. Ind.Engng.Chem. 40. 1440-45 (1948). - Ref.C. 1948. E. 3237, Stärke 3. 286 (1951).

Untersuchungen mit Bacillus polymyxa; Kalium als Faktor bei der Herstellung von 2,3-Butandiol aus Stärke. Katzenelson, H. Canad.J.Res.Sect.C. 25. 121-28 (1947).

Herstellung von Glycerin durch Gärung. Honorary Advisory Council for Scientific and Industrial Research, übert.von: A.Ch.Neish, G.A. Ledingham und A.C. Blackwood. Can.P. 499 178 vom 3/11. 1947, ausg. 12/1.1954. - Ref.C. 1950/54. 619 S.

Bildung von 2,3-Butandiol durch die Fermentation von Stärke. Kooi, E.R. Iowa State Coll.J.Sci. 21. Nr.1. 36-37 (1946).

Herstellung und Eigenschaften von 2,3-Butandiol. 9. Mitt. Der Einfluß verschiedener Nährstoffe auf die Fermentation von Stärke durch Aerobacillus polymyxa. Fratkin, S.B. und Adams, G.A. Canad.J.Res., Sect.F. 24. 29-38 (1946).

Bildung von 2,3-Butandiol aus säurehydrolysierter Stärke. Ward, G.E., Pettijohn, O.G. und Coghill, R.D. Ind.Engng.Chem. 37. 1189-94 (1945).

Herstellung von Glycerin durch Vergärung. Overly Biochemical Research Foundation, übert.von: Shade, A. A.P. 2 428 766 vom 29/7.1943, ausg. 7/10.1947. - Ref.C. 1949. E. 3058.

Gewinnung von Glycerin und Alkohol. Aktieselskabet Dansk Gaerings-Industri. F.P. 894 197 vom 22/4.1943, ausg. 15/12.1944. Dän.Prior. 25/4.1942. - Ref.C. 1946. I. 808.

Über die Produktion von Äthylenoxyd-α,β-dicarbonsäure durch Schimmelpilze. Sakaguchi, Kin-ichiro und Inoue, Tatsuitiro. Bull. agric. chem. Soc. Japan 14. 126 (1938). - Ref.C. 1939. I. 4484.

Herstellung von Acetylmethylcarbinol durch die Bakterien der Gruppe des Bacillus mesentericus. Desmots, H. C.R.hebd. Séances Acad.Sci. 138. 581-583 (1904). - W.Ref. 3277.

Ein Bakterium, das Stärke vergärt und Amylalkohol erzeugt (Auszug). Perdrix, L. J.chem.Soc. (London) 62. 90 (1892). - Ref.C. 1891. II. 252-253, W.Ref. 3245.

96. Weitere Enzyme außer Amylasen

961. Phosphorylasen und Phosphatasen
962. D-, Q-, R-, Z- und weitere Enzyme
963. Mikrobielle Stärkeisolierung

961. Phosphorylasen und Phosphatasen (P-Enzym)

Verwendung von Äthylendiamintetraessigsäure bei der cytologischen Demonstration von Amylophosphorylase. Hori, S.H. Stain Technol. 40. 157-59 (1965). - Ref.C.A. 62. 16619c (1965).

Kontinuierliche optische Bestimmung von alkalischer Phosphatase. Melani, F. und Guerritore, A. Experientia (Basel) 20. 464-66 (1964).

Kinetik der Phosphorylase der Kartoffel. Arreguin, B., Miranda, S. und Cetina, R. Bol.Inst.Quim Univ.nac.autonom.México 15. 48-60 (1963). - Ref.C. 1965. 48-1259.

Untersuchung über Reinigung und Eigenschaften von aus Bacillus subtilis extrahierter Glucose-6-phosphatdehydrogenase. Marquet, M. C.R.hebd.Séances Acad.Sci. 256. 4997-5000 (1963). - Ref.C. 1965. 16-1174.

Reinigung und Isolierung von zwei Phosphatasen aus der Schafleber. Ponz, F. und Prous, J. Rev.espan.Fisiol. 18. 171-79 (1962). - Ref.C.A.(B.) 59. 4212c (1963).

Sojabohnen-Phosphatase. Reinigung und Eigenschaften. Mayer, F.C., Campbell, R.E., Smith, A.K. und McKinney, L.L. Arch.Biochem. Biophysics 94. 301-07 (1961). - Ref.C. 1964. 42-1077.

Verteilung von Stärkephosphorylase in der Tapiokapflanze (Manihot utilissima). Srivastava, L.M. und Krishnan, P.S. Enzymologia (Den Haag) 23. 270-80 (1961). - Ref.C. 1963. 13601.

Histochemische Lokalisierung von Phosphorylasen in der Haut. Wells, G.C., Sanderson, K.V. und McCabe, I.M. Bull.Soc.franc. Dermatol.Syphilig. 68. 409-18 (1961). - Ref.C.A.(B.) 60. 4558b (1964).

Untersuchungen an kohlenhydratumwandelnden Enzymen. 6. Mitt. Die Wirkung von Kartoffelphosphorylase (P-Enzym) auf stärkeartige Polysaccharide. Liddle, A.M., Manners, D.J. und Wright, A. Biochem.J. 80. 304-09 (1961). - Ref.C. 1963. 12069.

Lokalisierung von Stärke-Phosphorylase in den Blättern der Tapioca-Pflanze. Srivastava, L.M. und Krishnan, P.S. J.sci.ind.Res. (India) 20C. 306-11 (1961). - Ref.C.A. 56. 6372g (1962), C. 1964. 42-1076.

Bestimmung der Phosphorylaseaktivität in Gegenwart von β-Amylase. Nakamura, M. J.Biochemistry (Tokyo) 46. 799-808 (1959). - Ref.C. 1962. 12329.

Biochemische Untersuchungen über Reisstärke. 5. Mitt. Die Phosphorylase im Reissamen im milchigen Stadium. Kurasawa, H., Igaue, I., Hayakawa, T. und Ogami, H. J.agric.chem.Soc. Japan 33. 393-98 (1959). - Ref.C.A. 54. 9005e (1960), C. 1961. 10619.

Der Einfluß von Polyphenolen und Kartoffelbestandteilen auf Kartoffel-Phosphorylase. Schwimmer, S. J.biol.Chemistry 232. 715-21 (1958).

Herstellung von Glucose-6-phosphat aus Stärke auf enzymatischem Wege. Blachère, H., Ferry, P. und Obaton, M. Ann.Inst.nat.Rech. agronom., Sér.A 9. 533-36 (1958). - Ref.C. 1960. 11337.

Über natürliche und synthetische Amylose. 10. Mitt. Über das hydrolysierende Enzym in Kartoffelphosphorylase. Husemann, E., Lippert, R. und Pfannemüller, B. Makromolekulare Chem. 26. 214-25 (1958). - Ref.C. 1959. 11926, Stärke 13. 456 (1961).

Phosphorylaseinhibitor in Kartoffeln: Trennung vom Aktivator und mögliche Beziehungen zur Chlorogensäure. Schwimmer, S. Nature (London) 180. 149-50 (1957).

Aktivierung der sauren Phosphatase durch β-Indolylessigsäure und ihre Rückwirkung auf die Phosphorolyse der Stärke. Turian, G. Experientia 13. 368-70 (1957). - Ref.C.A. 52. 3034i (1958).

Beweis für die Unabhängigkeit der Erbsenphosphorylase von einem Starter. Badenhuizen, N.P., Kreutzer, E.L. und Zar, L. South African J.Sci. 53. 203-05 (1957). - Ref.C.A. 51. 9811e (1957), C. 1958. 149.

Phosphorylase und Q-Enzym in sich entwickelnden Maiskörnern. Fuwa, H. Arch.Biochem. Biophysics 70. 157-68 (1957). - Ref.C.A. 51. 16747h (1957), C. 1958. 5700.

Stärkebildung in Speicherorganen. 5. Mitt. Veränderungen der Phosphorylase-Aktivität während der Entwicklung von Kartoffelknollen. Hori, S. Bot.Mag.Tokyo 70. 159-62 (1957).

Reindarstellung und Analyse der Phosphoglucomutase aus Kartoffeln. Boser, H. Hoppe-Seyler's Z.physiol.Chem. 307. 240-46 (1957). - Ref.C. 1958. 151.

Enzymkatalyse und Enzymspezifität - die Anordnung der Aminosäuren im aktiven Bezirk der Phosphoglucomutase. Koshland, D.E. und Erwin, M.J. J.Amer.chem.Soc. 79. 2657-58 (1957). - Ref.C.1958. 151.

Weitere Untersuchungen über den Mechanismus der Phosphoglucomutase, die Phosphoenzymbindung. Sidbury, J.B. und Najjar, V.A. J.biol. Chemistry 227. 517-22 (1957). - Ref.C. 1958. 151.

Wirkungsweise kristallisierter Muskelphosphorylase auf Glykogen auf Grund von Untersuchungen der Molekulargrößenverteilung. Larner, J., Roger, B. und Crandall, H.F. J.Amer.chem.Soc. 78. 5890-98 (1956). - Ref.Stärke 9. 122 (1957).

Zell-physiologische Untersuchungen über den Reifungsvorgang bei Getreide. Histochemischer Nachweis und Bestimmung von Phosphorylase im Getreide. Aimi, R. und Murakami, T. Proc.Crop.Sci. Soc.Japan 23. 277-80 (1955). - Ref.C.A. 52. 7438d (1958).

Die Wirkung kristallisierter Muskelphosphorylase auf die äußeren Ketten von Glykogen und Amylopektin. Larner, J. J.biol.Chemistry 212. 9-24 (1955). - Ref.C. 1956. 5586.

Die Wirkung von β-Amylase, Muskelphosphorylase und Kartoffelphosphorylase auf einige Glykogene. Liddle, M. und Manners, D.J. Biochem.J. 61. XII (1955). - Ref.C. 1956. 13445.

Die Wirkung von kristallisierter Kartoffelphosphorylase auf anaerob dargestellte Kartoffelamylose. Gilbert, G.A., Baum, H. und Scott, N.D. 3.Congr.int.Biochim., Résumés Commun., Brussels 1955. 27. - Ref.C.A. 51. 1351h (1957).

Phosphorylase in den Chloroplasten des Weizens. Shaw, M. Canad.J. Bot. 32. 523-26 (1954).

Die Phosphorylase der Kartoffelknollen. Rosenfeld, Je.L. und Schubina, A.I. Biochemie (russ.) 19. 289-94 (1954). - Ref.C.A. 48. 11559i (1954), C. 1955. 6049.

Phosphorylase in höheren Pflanzen. Krech, E. Beitr.Biol.Pflanzen 30. 379-405 (1954). - Ref.C.A. 49. 3328i (1955).

Einfluß von Äthanolextrakten von Kartoffeln auf die Aktivität von Phosphorylasepräparaten. Porter, H.K. und Rees, W.R. Plant Physiol. 29. 514-20 (1954). - Ref.C.A. 49. 4812b (1955).

Untersuchung der Apyrase- und Phosphataseaktivität in unter verschiedenen Bedingungen gewachsenen Kartoffelknollen mit der Reifung der Knollen im Zusammenhang mit den Prozessen der Stärkebildung. Kotelnikowa, A.W. und Ssolomatina, W.W. Biochemie (russ.) 19. 144-49 (1954). - Ref.C. 1955. 3645.

"Primär"-Spezifität der Kartoffelphosphorylase. French, D. und Wild, G.M. J.Amer.chem.Soc. 75. 4490-92 (1953). - Ref.C.1954. 4405, Stärke 6. 13 (1954).

Eine einfache Darstellungsmethode für kristalline Kartoffel-Phosphorylase und Q-Enzym. Baum, H. und Gilbert, G.A. Nature (London) 171. 983 (1953). - Ref.Stärke 5. 199 (1953), C. 1950/54. 2532 S.

Die Reinigung der Kartoffelphosphorylase. Fischer, E.H. und Hilpert, H.M. Experentia (Basel) 9. 176-77 (1953). - Ref.C. 1955. 6309.

Untersuchungen über enzymatische Bildung und Abbau von Stärke. 17. Mitt. Limabohnenphosphorylase. Nakamura, M. J.agric.chem. Soc. Japan 27. 70-75 (1953). - Ref.C. 1956. 14382.

Wirkung eines zugefügten Initiators auf die Phosphorylase der Limabohne. Nakamura, M. Nature (London) 171. 795-96 (1953). - Ref.C. 1954. 9313.

Über den hemmenden Einfluß von α-Amylase- und Phosphatase-Verunreinigungen bei der Herstellung von Kartoffel-Phosphorylase. Porter, H.K. J.exp.Bot. 4. 44-52 (1953).

Zur Kenntnis der Kartoffelphosphatase. 4. Mitt. Helferich, B. und v. Bruck, G. Hoppe-Seyler's Z.physiol.Chem. 295. 114-18 (1953). - Ref.C. 1955. 9112.

Phosphoglucomutase der Kartoffelknollen. Bolotina, T.T. und Petrowa, A.N. Ber.Akad.Wiss.UdSSR 88. 1027-29 (1953). - Ref.C. 1953. 7830.

Die interzellulare Lage der Phosphorylase in Blättern. Stocking, C.R. Amer.J.Bot. 39. 283-87 (1952).

Enzymatische Phosphorylase von Stärke und Inulin. Shibuya, S., Suziki, S. und Nishida, M. J.chem.Soc.Japan, pure Chem.Sect. 73. 168-70 (1952). - Ref.C. 1953. 6062, C.A. 46. 10303e (1952).

Wirkungsschema der Kartoffelphosphorylase. Bailey, J.M. und Whelan, W.J. Biochem.J. 51. 33-34 (1952). - Ref.C. 1954. 10025.

Phosphorylase und Hydrolyse von Purinribosiden durch Enzyme aus Stärke. Heppel, L.A. und Hilmoe, R.J. J.biol.Chemistry 198. 683-94 (1952). - Ref.C. 1953. 4883.

Mit der Stärkesynthese in Zusammenhang stehende Enzyme der Kartoffel. 2. Mitt. Die Abtrennung der Phosphorylase. Gilbert, G.A. und Patrik, A.D. Biochem.J. 51. 186-90 (1952).

Enzymatische Bildung und Degradation von Stärke. 15. Mitt. Kartoffelphosphorylase. Nakamura, M. J.agric.chem.Soc. Japan 26. 267-72 (1952). - Ref.C.A. 48. 757i (1954).

Untersuchungen über enzymatische Bildung und Abbau von Stärke. 13. Mitt. Süßkartoffelphosphorylase. Nakamura, M. J.agric.chem. Soc. Japan 25. 413 (1952).

Enzymatische Bildung und Degradation von Stärke. 14. Mitt. Kartoffelphosphorylase. Nakamura, M. J.agric.chem.Soc. Japan 26. 260-67 (1952). - Ref.C.A. 48. 757e (1954).

Zur Kenntnis der Kartoffelphosphatase. Helferich, B., Stetter, H., Püschel, W., Sönthgerath, H. und Bruck, G.v. Hoppe-Seyler's Z. physiol.Chem. 290. 48-56 (1952). - Ref.C. 1954. 3956.

Temperaturabhängige Merkmale einer Adenylpyrophosphatase aus Kartoffeln. Lee, Kwan-Hua und Eiler, J.J. Science (Washington) 114. 393-95 (1951). - Ref.C. 1950/54. 2124 S.

Phosphorylase der Jackbohne: Reinigung, Bestimmung und Eigenschaften. Sumner, J.B., Chou, T.C. und Bever, A.T. Arch.Biochemistry 26. 1-5 (1950). - Ref.C. 1951. I. 1467.

Die enzymatische Bildung und Abbau von Stärke. 3. Mitt. Trockenherstellung von Kartoffelphosphorylase. Maruo, B. J.agric. chem.Soc. Japan 23. 271 (1950).

Enzymatischer Ab- und Aufbau von Stärke. Teil XI. Isophosphorylase. Bailey, J.M. und Whelan, W.J. J.chem.Soc. (London) 3573-79 (1950). - Ref.Stärke 3. 263 (1951).

Enzymatischer Ab- und Aufbau von Stärke. Teil X. Phosphorylase und Q-Enzym aus Breiter Bohne (broad bean) und Gerunzelter Erbse (wrinkled pea). Hobson, P.N., Whelan, W.J. und Peat, S. J.chem.Soc. (London) 3566-73 (1950). - Ref.Stärke 3. 263 (1951), C. 1955. 2923.

Die Hemmung pflanzlicher Phosphorylasen durch β-Amylase und die Aufdeckung von Phosphorylase in Gerste. Porter, H.K. Biochem. J. 47. 476-82 (1950). - Ref.C. 1951. I. 3198.

Die Phosphatasen bei der Hydrolyse von Stärkekleister. Corvaisier, H.le. Bull.Soc.chim.Biol. 32. 333-39 (1950). - Ref.C. 1950/54. 6873 S.

Über die Phosphoglykomutaseaktivität der Plastiden. Ssissakjan, N.M. und Kobjakowa, A.M. Ber.Akad.Wiss.UdSSR (russ.) 67. 703-06 (1949). - Ref.C. 1951. I. 341.

Über die amylolytischen Enzyme. 7. Mitt. Die Isophosphorylase und die Bildung von verzweigten Polysacchariden. Bernfeld, P. und Meutémédian, A. Helv.chim.Acta 32. 1735-39 (1948). - Ref.C. 1948. E.240.

Über die amylolytischen Enzyme. 6. Mitt. Die Isophosphorylase. Bernfeld, P. und Meutémédian, A. Helv.chim.Acta 31. 1724-35 (1948). - Ref.C. 1948. E.240.

Phosphorylase in Plastiden. Yin, H.C. Nature (London) 162. 928-29 (1948). - Ref.C. 1948. E. 1881.

Isophosphorylase. Bernfeld, P. und Meutémédian, A. Nature (London) 162. 297-98 (1948). - Ref.C. 1948. E. 1881.

Zur Kenntnis der Kartoffelphosphatase. 2. Mitt. Helferich, B. und Stetter, H. Liebigs Ann.Chem. 560.191-201 (1948). - Ref.C. 1949. II. 1098.

Histochemische Methode für den Nachweis von Phosphorylase in pflanzlichen Geweben. Yin, H.C. und Sun, C.N. Science (New York) 105. 650 (1947). - Ref.C. 1948. II. 218.

Zur Kenntnis der Kartoffelphosphatase. Helferich, B. und Stetter, H. Liebigs Ann.Chem. 558. 234-41 (1947). - Ref.C. 1948. II. 1307.

Über die Hemmung der Kartoffelphosphatase durch Phosphat- und Arsenat-Ionen. Helferich, B. und Stetter, H. Naturwissenschaften 34. 278 (1947).

Zur Kenntnis der Kartoffelphosphatase. Helferich, B. und Stetter, H. Kungl.fysiogr.Sällsk. Lund Förh. 15. 58 (1945).

Versuche zur Reindarstellung einer Kartoffelphosphatase. Schramm, G. und Flammersfeld, H. Naturwissenschaften 34. 216 (1947).

Die Phosphorylase von Wachsmais. Bliss, L. und Naylor, N.M. Cereal Chem. 23. 177-86 (1946).

Über die Dephosphorylierung und die enzymatische Amylolyse der Stärkephosphate und der Glykogenphosphate. Van Thoai, N., Roche, J. und Silhol-Bernère, M.J. C.R.hebd.Séances Acad.Sci. 223. 931-33 (1946). - Ref.C. 1946. II. 3860.

Arsenolyse und Phosphorolyse der Amylose- und Amylopektinfraktionen von Stärke. Katz, J.R., Hassid, W.Z. und Doudoroff, M. Nature (London) 161. 96 (1948). - Ref.C. 1948. I. 1121.

Untersuchungen über die Natur der Kohlenhydrataktivatoren der Phosphorylase der Kartoffel. Proehl, E.C. und Day, H.G. J.biol. Chemistry 163. 667-74 (1946). - Ref.C. 1946. I. 2076.

Stärkephosphorylase von Kartoffeln. Weibull, C. und Tiselius, A. Ark.Kem. Mineralog.Geol.Ser.A 19. Nr.19 (1945).

Der Einfluß von verschiedenen Polysacchariden und Abbauprodukten von Polysacchariden auf die Aktivität der Phosphorylase der Kartoffel. Hidy, P.H. und Day, H.G. J.biol.Chemistry 160. 273-82 (1945). - Ref.C. 1946. I. 2076.

Der Einfluß von Dextrin auf die synthetische Wirkung der pflanzlichen Phosphorylase. Sumner, J.B., Somers, G.F. und Sisler,E. J.biol.Chemistry 152. 479-80 (1944). - Ref.C. 1946. I. 2254.

Untersuchungen über Stärke. 26. Über die Phosphorylase der Kartoffeln. Meyer, K.H. und Traz, Cl. de. Helv.chim.Acta 27. 840-42 (1944). - Ref.C. 1945. I. 901.

Kristallisierte Muskelphosphorylase. 4. Mitt. Bildung von Glykogen. Cori, G.T. und Cori, C.F. J.biol.Chemistry 151. 57-63 (1943). - Ref.C. 1944. II. 651.

Kristallisierte Muskelphosphorylase. Green, A.A., Cori, G.T. und Cori, C.F. J.biol.Chemistry 142. 447-48 (1942). - Ref.C. 1942. II. 2596.

Untersuchungen über Stärke. 22. Mitt. Die Wirkung der Kartoffelphosphorylase. Meyer, K.H. und Bernfeld, P. Helv.chim.Acta 25. 404-05 (1942). - Ref.C. 1942. II. 178.

Der Einfluß der Wasserstoffionenkonzentration auf den Gleichgewichtszustand in Phosphorylasesystemen. Hanes, C.S. und Maskell, E.J. Biochem.J. 36. 76-79 (1942). - Ref.C. 1942. II. 2596.

Über Hemmungsmittel der Kartoffelphosphatase. Massart, L. und Vermeyen, K. Naturwissenschaften 30. 170 (1942). - Ref.C. 1942. II. 1582.

Entphosphorylisierung der Kartoffelstärke mit Hirnphosphatasen. Samec, M. Atti Reale Accad.Italia, Rend.Cl.Sci.fisiche, mat. natur. 3. 128-31 (1941). - Ref.C. 1942. II. 668.

Stärkephosphorylase. Green, D.E. und Stumpf, P.K. J.biol.Chemistry 140. Proc. 47-48 (1941). - Ref.C. 1942. I. 2278.

Über den das Glykogen phosphorylierenden Fermentproteinkomplex und eine enzymatische reversible Glykogensynthese. Kiessling, W. Biochem.Z. 302. 50-72 (1939). - Ref.C. 1940. I. 66.

Versuche zum phosphorylierenden Abbau von Polysacchariden in Muskel und Sarkom. Euler, H. v. und Bauer, E. Hoppe-Seyler's Z. physiol.Chem. 261. 125-36 (1939). - Ref.C. 1940. I. 875.

Hemmungen des phosphorylierenden Stärke- und Glykogenabbaues in Muskelextrakt. Dahl, O. Ark.Kem., Mineralog.Geol., Ser.A 13. Nr.13. 1-17 (1939). - Ref.C. 1939. II. 4023.

Amylo-amylose- und Amylopektin-Fraktionen als Substrate phosphorylierenden enzymatischen Abbaues. Euler, H.v., Bauer, E. und Lundberg, K. Naturwissenschaften 26. 790-91 (1938). - Ref.C. 1940.I. 2324.

Über die enzymatische Phosphorylierung der Stärke in verschiedenen tierischen Geweben. Sarzana, G. und Cacioppo, F. Biochim. Terap.sperim. 25. 359-65 (1938). - Ref.C. 1939. I. 2000.

Enzymatische Dephosphorylierung von Weizenstärke. Waldschmidt-Leitz, E., Samec, M. und Mayer, K. Hoppe-Seyler's Z.physiol. Chem. 250. 192-96 (1937). - Ref.C. 1938. I. 2195.

Enzymatische Phosphorylierung von Stärke. Ostern, P., Guthke, J.A. und Umschweif, B. Enzymologia 3. 5-9 (1937). - Ref.C. 1938. I. 4670.

Über die Phosphatase der Kartoffel und Zuckerrübe. Pfankuch, E. Hoppe-Seyler's Z.physiol.Chem. 241. 34-36 (1936).

Über Amylophosphatase aus Gerste. 5. Mitt. über enzymatische Amylolyse in der von M. Samec und E. Waldschmidt-Leitz begonnenen Untersuchungsreihe. Waldschmidt-Leitz, E. und Mayer, K. Hoppe-Seyler's Z.physiol.Chem. 236. 168-80 (1935). - Ref.C. 1936. I. 3848.

962. D-, Q-, R-, Z- und weitere Enzyme

Physiologische Untersuchungen von Enzymen, die die Synthese und Hydrolyse von Saccharose, Stärke und phosphorylierter Hexose im Zuckerrohr katalysieren. Alexander, A.G. J.Agric.Univ.Puerto Rico 49. Nr.1. 60-75 (1965).

Kinetische Untersuchungen an Kartoffel-Apyrase und deren Eigenschaften. Traverso-Cori, A., Chaimovich, H. und Cori, O. Arch.Biochem.Biophysics 109. 173-84 (1965). - Ref.C. 1965. 51-1365.

Der Mechanismus der Carbohydrasewirkung. 10. Mitt. Enzymatische Synthese und Eigenschaften von 6-α-Maltosylglucose. French, D., Taylor, P.M. und Whelan, W.J. Biochem.J. 90. 616-20 (1964).

Zur Kenntnis der sogenannten Glucoseoxydase. 6. Mitt. Über die Bedingungen der induzierten Glucoseoxydase-Bildung durch Aspergillus niger. Franke, W., Möchel, L. und Rall, C. Arch.Mikrobiol. 49. 64-80 (1964). - Ref.C. 1965. 28-1126.

Ernährungsuntersuchungen an sechs Mitgliedern des Mucorales-II-Stammes. Verwertung von Oligo- und Polysacchariden. Sarbhoy, A.K. Pathol. et Microbiol. (Basel) 27. 216-24 (1964). - Ref.C.A. 60. 13606b (1964).

Wirkung von N-Äthylmaleinimid auf das stärkeverflüssigende Enzym aus Sojamehl. Pomeranz, Y. und Mamaril, F.P. Nature (London) 203. 863-64 (1964). - Ref.Stärke 17. 96 (1965).

α-Glucan-verzweigte-Glykosyltransferase des Maises. Lavintman, N. und Krisman, C.R. Biochim.biophysica Acta (Amsterdam) 89. 193-96 (1964). - Ref.C. 1965. 43-1210.

Amylolytische Enzyme von Endomyces IFO 0111. Bedingungen für die Produktion von Enzymen durch gewaschene Zell-Suspensionen. Hattori, Y. und Iida, S. J.chem.Soc.Japan, ind.Chem.Sect. 67. 737-39 (1964). - Ref.C.A.(B.) 61. 7411b (1964).

Neue α-Glucanase: Mycodextranase. Reese, E.T. und Mandels, M. Canad.J.Microbiol. 10. 103-14 (1964). - Ref.C. 1966. 20-1212.

Nahrungsmittelzusätze. Rhizopus oryzae. Federal Register 29. 14663 (1964). - Ref.C.A. 62. 3316b (1965).

Die Bedeutung der chemischen Struktur von Polysacchariden bei der Aktivierung von Lipoprotein-Lipase. Cseh, G. und Szabó, I.K. Acta physiol.Acad.Sci.hung. 25. 117-24 (1964).

Stärkesynthetase der Kartoffeln und des Wachsmaises. Frydman, R.B. Arch.Biochem.Biophysics 102. 242-48 (1963). - Ref.C. 1964. 15-1113, Stärke 16. 237 (1964), C.A. 59. 10389d (1963).

Untersuchungen über die Nutzung der Zuckerisomerase. 2. Mitt. Die Reaktion der Glucoseisomerase auf die Stärkehydrolysate und ihre Hydrole. Yamanaka, K. J.agric.chem.Soc. Japan 37. 237-39 (1963). - Ref.C. 1965. 12-1221.

Die Verteilung von Transglucosyl-Amylase in Candida-Hefen. Sawai, T. und Hehre, E.J. Antonie van Leeuwenhoek J.Microbiol.Serol. 29. 377-85 (1963). - Ref.C.A.(B.) 61. 994d (1964).

Elektrochemische Bestimmung von Glucoseoxydase unter Verwendung von Diphenylaminsulfonsäure zur Einstellung des Potentials. Guilbault, G.G., Tyson, B.C. jun., Kramer, D.N. und Cannon, P.L. jun. Analytic.Chem. 35. 582-86 (1963). - Ref.C. 1963. 21216.

Reinigung von Pilz-Acylase. Doi, E. und Hata, T. Mem.Res.Inst. Food Sci., Kyoto Univ. 25. 16-24 (1963). - Ref.C.A.(B.) 60. 3229a (1964).

Zur Spezifität handelsüblicher Präparate von Glucoseoxydase. Crowne, R.S. und Mansford, K.R.L. Analyst 87. 294-96 (1962). - Ref.Stärke 15. 271 (1963).

Ein Versuch zur Entwicklung eines künstlichen Endopolysaccharase-Systems. Painter, T.J. J.chem.Soc. (London) 1962. 3932-40.

Untersuchungen über Inhaltsstoffe des Kartoffelsaftes mit Hemmwirkung gegenüber Weizenproteinasen und Papain. Radoeff, A. Nahrung 6. 554-60 (1962). - Ref.C. 1963. 20988.

Reinigung des Q-Enzyms der Reispflanze und seine Wirkungsweise. Igaue, I. und Kurasawa, H. Symposia Enzyme Chem. (Tokyo) 16. 53-63 (1962). - Ref.C. 1965. 9-1219.

Biochemische Untersuchungen über Reisstärke. 21. Mitt. Untersuchungen über das Q-Enzym der Reispflanze. 10. Mitt. Reinigung und physiko-chemische Eigenschaften von Q-Enzym. Igaue, I. Agric. biol.Chem. (Tokyo) 26. 424-33 (1962). - Ref.C. 1964. 36-1072.

Untersuchungen über Q-Enzyme in der Reispflanze. 11. Mitt. Enzymatische Aktivitäten und Stärkezusammensetzung. Igaue, I. J.agric. chem.Soc. Japan 36. 962-66 (1962). - Ref.C. 1964. 9-1114, C.A. 62. 14916h (1965).

Untersuchungen über die Reinigung und einige Eigenschaften von Kleberreis-Q-Enzym. Nakamura, Y., Shimomura, T. und Yamada, J. J.agric.chem.Soc. Japan 35. 587-90 (1961). - Ref.C. 1964. 37-1136.

Abtrennung der die Überführung von Glykosylgruppen der Dextrine katalysierenden Glykolysase aus den Muskeln. Petrowa, A.N. und Pissarenko, N.F. Ber.Akad.Wiss.UdSSR 136. 964-67 (1961). - Ref.C. 1965. 37-1233.

Mannigfaltigkeit der Hydrasen verschiedener Herkunft bei Stärkezonenelektrophorese. Nishizawa, K., Morimoto, I., Handa, N., Shibata, Y. und Ikawa, T. Sympos.Enzyme Chem. (Tokyo) 15. 26-31 (1961). - Ref.C. 1965. 4-1245.

Die Bestimmung einiger Pankreas-Enzyme. Desnuelle, P., Reboud,J.P. und Abdeljlil, A.B. Pure appl.Chem. 3. 423-31 (1961). - Ref.C.A.(B.) 61. 7278b (1964).

Untersuchung der aktiven Formen der Amylose-Isomerase. Petrowa, A.N., Bolotina, T.T. und Kobsewa, A.A. Biochemie (russ.) 26. 1001-1007 (1961).

Studien über kohlenhydratumwandelnde Enzyme. 7. Mitt. Hefe-Isoamylase. Gunja, Z.H., Manners, D.J. und Maung, K. Biochem.J. 81. 392-98 (1961). - Ref.C.A. 56. 3805b (1962), C. 1962. 9016.

Studien über Kohlenhydrate umwandelnde Enzyme. 3. Mitt. Verzweigendes Enzym der Hefe. Gunja, Z.H., Manners, D.J. und Maung,K. Biochem.J. 75. 441-50 (1960).

Untersuchung über das Q-Enzym im Saatreis im Stadium der Milchreife. 5. Mitt. Chromatographie der Enzym-Q-Fraktion. 2.Mitt. Igaue, I. J.agric.chem.Soc.Japan 34. 1032-36 (1960). - Ref.C. 1964. 43-1135.

Untersuchung über Q-Enzym im Saatreis im Stadium der Milchreife. 4. Mitt. Chromatographie der Enzym-Q-Fraktion. 1. Mitt. Igaue, I. J.agric.chem.Soc. Japan 34. 1028-31 (1960). - Ref.C. 1964. 43-1134.

Studien über Kohlenhydrate umwandelnde Enzyme. 4. Mitt. Die Wirkung von Z-Enzym auf stärkeartige Polysaccharide. Cunningham, W.L., Manners, D.J., Wright, A. und Fleming, I.D. J.chem.Soc. (London) 1960. 2602-13. - Ref.C. 1963. 9745.

Physikochemische Studien über Stärke. 21. Mitt. Beobachtungen am Z-Enzym. Banks, W., Greenwood, C.T. und Jones, I.G. J.chem. Soc. (London) 1960. 150-55. - Ref.C. 1963. 17335.

Die Assoziation von Carbohydrasen mit den Mitochondrien des Mais-Scutellums. Hanson, J.B., Hageman, R.H. und Fisher, M.E. Agronomy J. 52. 49-52 (1960). - Ref.C. 1962. 7562.

Nachweis von Carbohydrasen-Aktivität im Handelspapain durch Papierchromatographie. Zoch, E. J.Chromatography 4. 21 (1960). - Ref.Stärke 13. 149 (1961).

Sojabohnenhexokinase und ihre verschiedenen Reaktionsprodukte. Ito, T. und Inouye, Y. J.agric.chem.Soc. Japan 34. 306-09 (1960).

Kartoffelglucokinase und -Fructokinase. Inouye, Y. und Ito, T. J.agric.chem.Soc. Japan 34. 303-06 (1960).

Autolytisches Phänomen eines Wasser-Vibrio-Stammes. 3. Mitt. Die Wirkung des Autolysats auf Casein, Olivenöl und Stärke. Asaki, K. Jap.J.Bacteriol. 15. 748-51 (1960). - Ref.C.A. 57. 1358a (1962).

Stärkehydrolysierende Streptokokken. Seeley, H.W. und Dain, J.A. J.Bacteriol. 79. 230-35 (1960). - Ref.C. 1962. 15651.

Erhöhung der Peroxydase-Wirkung durch Polysaccharide. Siegel, B.Z. und Siegel, S.M. Nature (London) 186. 391 (1960). - Ref.C. 1961. 5831.

Die Herstellung fermentierter Futtermittel durch einen sehr aktiven Flavin produzierenden Aspergillus oryzae Mutanten. Kim, Ho Sik und Cho, D.H. J.Korean agric.chem.Soc. 1. 34-36 (1960). - Ref.C.A. 55. 20259b (1961).

Isolierung eines Bakteriophagen, der speziell Amylase-produzierende Formen von Bacillus subtilis angreift. Fukuda, S. J.gen. appl.Mikrobiol. (Tokyo) 6. 90-100 (1960). - Ref.C. 1962. 14919.

Enzymatische Synthese und Abbau von Stärke. 24. Mitt. Die Reinigung von D- und Q-Enzymen. Peat, St., Turvey, J.R. und Jones,G. J.chem.Soc. (London) 1959. 1540-44. - Ref.C. 1960. 14735.

Biochemische Untersuchungen über Reisstärke. 8. Mitt. Das nach Behandlung von Amylose mit der Q-Enzym-Fraktion erhaltene Produkt. Kurasawa, H., Igaue, I., Hayakawa, T. und Ogami, H. J.agric. chem.Soc. Japan 33. 546-50 (1959). - Ref.C.A. 54. 9005i (1960), Ref.J.Chem. (russ.) 1961. Nr.2 S1415.

Biochemische Untersuchungen über Reisstärke. 7. Mitt. Die Eigenschaften der Q-Enzym-Fraktion, die die Änderung der blauen Farbe der Amylose-Jod-Reaktion zum Rot im milchigen Stadium der Reissamenreifung bewirkt. Kurasawa, H., Igaue, I., Hayakawa, T. und Ogami, H. J.agric.chem.Soc. Japan 33. 541-46 (1959). - Ref.C.A. 54. 9005h (1960).

Enzymatische Umwandlung von Amylopektin in ein Polysaccharid vom Glykogen-Typ. Gunja, Z.H. und Manners, D.J. Chem. and Ind. 1959. 1017. - Ref.C.A. 53. 22119c (1959), Stärke 12. 33 (1960), C. 1963. 2105.

Untersuchungen über kohlenhydratabbauende Enzyme. Trans-ß-Glucosidierung durch Gerstenenzyme. Anderson, F.B. und Manners, J.J. Biochem.J. 71. 407-11 (1959). - Ref.Stärke 11. 213 (1959).

Biochemische Untersuchungen über Reisstärke. 6. Mitt. Die Enzyme, die im reifenden Reissamen eine Änderung der Amylose-Jod-Färbung vom Blau zum Rötlich-violett bewirken. Kurasawa, H., Igaue, I., Hayakawa, T. und Ogami, H. J.agric.chem.Soc. Japan 33. 428-32 (1959). - Ref.C.A. 54. 9005f (1960), C. 1961. 10602.

Die Verwertung von Stärke durch zwei Phyllosticta-Arten. Tandon, R.N. und Bilgrami, K.S. Current Sci. 28. 25-26 (1959). - Ref.C. 1961. 4754.

Eine einfache Methode zum Nachweis von Carbohydrasen. Master, R.W. P. Experientia (Basel) 15. 123-24 (1959).

Fraktionierung eines rohen Polysaccharasesystems durch präparative Papierchromatographie und Papierelektrophorese. Wolf, M.J., Jurkovich, V. und MacMasters, M.M. Arch.Biochem.Biophysics 81. 15-24 (1959).

Untersuchungen an Enzymen des Kohlenhydratstoffwechsels. 2. Mitt. Trans-α-Glucosylierung durch Extrakte aus Tetrahymena pyriformis. Archibald, A.R. und Manners, D.J. Biochem.J. 73. 292-95 (1959).

Kohlenhydratabbauende Enzyme in der Zuckersaft-Drüse von Cryptochiton stelleri Middendorff (Polyplacophora, Mollusca). Meeuse, B.J.D. und Fluegel, W. Arch.néerl.Zool. 1.Suppl. 8. 301-13 (1958).

Über die Isolierung eines neuen Fermentes vom Typ der Transglykosylasen aus der Leber. Petrowa, A.N. Biochemie (russ.) 23. 30-36 (1958). - Ref.C. 1958. 12141.

Heterogenität von R-Enzym. McWilliam, I.C. Nature (London) 181. 1143-44 (1958). - Ref.Stärke 10. 328 (1958).

Physiologische Untersuchungen über den Reifungsvorgang bei Getreide. Die Existenz und das Verhalten des Reis-Q-Enzyms während der Reife. Aimi, R. und Murakami, T. Proc.Crop Sci.Soc. Japan 26. 245-247 (1958).

Beobachtungen der Spezifität von R-Enzym. Fleming, I.D. und Manners, D.J. Chem. and Ind. 1958. 831-32. - Ref.Stärke 10. 329 (1958), C.A. 52. 20331f (1958).

Enzymatische Synthese und der Abbau von Stärke. 23. Mitt. Strukturelle Erfordernisse an D-Enzym als Akzeptor. Peat, St., Whelan, W.J. und Jones, G. J.chem.Soc. (London) 1957. 2490-95. - Ref.C.A. 51. 13009e (1957), C. 1958. 4204.

Der Mechanismus der Carbohydrase-Wirkung. 4. Mitt. Mechanismus der D-Enzymwirkung. Walker, G.J. und Whelan, W.J. Biochem.J. 67. 548-51 (1957). - Ref.C. 1958. 6857.

Untersuchungen über die Apyrase der Kartoffel. 2. Mitt. Spaltprodukte von Adenosintriphosphat. Klein, W. und Wunster, E. v. Arch.Scienze biol. 41. 461-65 (1957). - Ref.C. 1958. 8364.

Untersuchungen über die Apyrase der Kartoffel. 1. Mitt. Verlauf der Spaltungsreaktion von Adenosintriphosphat. Klein, W. Arch. Scienza biol. 41. 455-60 (1957). - Ref.C. 1958. 8364.

Untersuchungen über die stärkebildenden Enzyme in den Wurzeln von Tapioka (Manihot utilissima). Murthy, H.B.N., Rao, G.R. und Swaminathan, M. Enzymologia (Den Haag) 18. 63-75 (1957). - Ref.C. 1957. 9684, C.A. 51. 16736g (1957).

Kultur und Physiologie eines stärkeverdauenden Bakteriums (Bacteroides amylophilus n.sp.) aus Viehpansen. Hamlin, L.J. und Hungate, R.E. J.Bacteriol. 72. 548-54 (1956). - Ref.C.A. 51. 1376a (1957).

Einige Angaben über die Apyraseaktivität in reifenden Kartoffelknollen. Kotelnikowa, A.W. Pflanzenphysiologie (russ.) 3. 110-14 (1956).

Über die Spezifität verzweigender Enzyme. Larner, J. und Uwah, D.N. J.Amer.chem.Soc. 78. 3647-48 (1956). - Ref.Stärke 8. 275 (1956).

Enzymatische Synthese und der Abbau von Stärke. 20. Mitt. Das Disproportionierungsenzym (D-Enzym) der Kartoffel. Peat, St., Whelan, W.J. und Rees, W.R. J.chem.Soc. (London) 1956. 44-53. - Ref.C. 1956. 9470, Stärke 8. 131 (1956), C.A. 50. 7896g (1956).

Kartoffel-Apyrase. Krishnan, P.S. Methods Enzymol. 2. 591-93 (1955). - Ref.C. 1957. 7962.

Biologischer Nachweis für Saccharase. Chaetoceratostoma longirostre Farrow. Doguet, G. Bull.Soc.bot.France 102. 301-05 (1955). - Ref.C. 1957. 2766.

Mechanismus der Polysaccharidbildung in Maissamen. 2. Mitt. Q-Enzyme von wachsfreien Samen. Tanaka, K. Bot.Mag (Tokyo) 68. 352-57 (1955). - Ref.C.A. 50. 11443h (1956).

Bestimmung von Carbohydrase mittels Papierelektrophorese. Wetter, L.R. und Corrigal, J.J. Nature (London) 174. 695 (1954). - Ref.C. 1956. 9477.

Der Mechanismus der Carbohydrasewirkung. 2. Mitt. α-Amylolyse linearer Substrate. Whelan, W.J. und Roberts, P.J.P. J.chem. Soc. (London) 1953. 1298-1304. - Ref.Stärke 5. 198 (1953), C. 1955. 1984, C.A. 49. 4046a (1955).

Der Mechanismus der Carbohydrasewirkung. 1. Mitt. Darstellung und Eigenschaften von Maltosedextrinsubstraten. Whelan, W.J., Bailey, J.M. und Roberts, P.J.P. J.chem.Soc. (London) 1953. 1293-98. - Ref.Stärke 5. 198 (1953), C. 1955. 1984.

Studien über die Gewinnung und die Reinigung der Proteinase im Weizenmehl. Hoshino, J. und Taketomi, N. Waseda appl.chem.Soc. Bull. 24. 2-6 (1957). - Ref.C. 1962. 4579.

Über die Kartoffelnucleotidase. 2. Mitt. Kinetische Eigenschaften, Spezifität und Verhalten gegenüber Hemmstoffen. Klein, W. Hoppe-Seyler's Z.physiol.Chem. 307. 254-62 (1957). - Ref.C. 1958. 147.

Über die Kartoffelnucleotidase. 1. Mitt. Reinigung und Isolierung des Fermentes. Klein, W. Hoppe-Seyler's Z.physiol.Chem. 307. 247-53 (1957). - Ref.C. 1958. 147.

Das Z-Enzym bei der Amylolyse. Hopkins, R.H. und Bird, R. Nature (London) 172. 492-94 (1953). - Ref.C. 1955. 1069, C.A. 48. 3412i (1954).

D-Enzym: ein disproportionierendes Enzym in Kartoffelsaft. Peat, St., Whelan, W.J. und Rees, W.R. Nature (London) 172. 158 (1953). - Ref.Stärke 5. 254 (1953), C. 1950/54. 315 S.

Der Einfluß von Q-Enzymen. Hosoya, N. J.Japan Biochem.Soc. 25. 193-99 (1953). - Ref.C.A. 48. 1450b (1954).

Die Wirkungsweise von Q-Enzym von Polytomella coeca. Barker, S.A., Bebbington, A. und Bourne, E.J. J.chem.Soc. (London) 1953. 4051-57. - Ref.Stärke 6. 56 (1954), C. 1955. 1995.

Über die gruppenübertragende Wirkung von disaccharidspaltenden Enzymen. Wallenfels, K. und Bernt, E. Angew.Chem. 64. 28-29 (1952). - Ref.C. 1953. 5856.

Über einige Eigenschaften der Amyloseisomerase. Petrowa, A.N. Biochemie (russ.) 17. 129-33 (1952). - Ref.C. 1953. 231.

Über Enzyme der Kartoffel, die an der Synthese von Stärke beteiligt sind. 1. Mitt. Trennung und Kristallisation von Q-Enzymen. Gilbert, G.A. und Patrick, A.D. Biochem.J. 51. 181-86 (1952). - Ref.C.A. 46. 7143h (1952), C. 1950/54. 2538 S.

Über einen Versuch zur Herstellung von Modell-Polymeren durch die Einwirkung von Q-Enzymen auf Amylose. Gilbert, G.A., Greenwood, C.T. und Patrick, A.D. Congr.intern.biochem., Rés.comm., 2.Congr., Paris 1952. 241. - Ref.C.A. 50. 4276e (1956).

Das Q-Enzym von Polytomella cocea. Bebbington, A., Bourne, E.J., Stacey, M. und Wilkinson, I.A. J.chem.Soc. (London) 1952. 240-45. - Ref.C. 1952. 4157.

Enzymatische Synthese und Abbau von Stärke. 17. Mitt. Z-Enzym. Peat, St., Thomas, G.J. und Whelan, W.J. J.chem.Soc. (London) 1952. 722-33. - Ref.C. 1953. 1827.

Über einen kohlenhydratspaltenden Enzymkomplex in wanzenstichigem Getreide. Dubois, M. und Validzic. Bull.anciens Elèves Ecole franc. Meunerie 132. 214 (1952). - Ref.Stärke 5. 74 (1953).

Die sogenannte "Apyrase" der Süßkartoffel. Watanabe, S., Imamiya, A. und Nanba, T. J.chem.Soc. Japan, pure Chem.Sect. 73. 31-35 (1952). - Ref.C. 1953. 3897.

Transfructosidierungsreaktion eines Enzyms des Aspergillus oryzae. Pazur, J.H. J.biol.Chemistry 199. 217-25 (1952). - Ref.C. 1950/54. 996 S.

Einige Angaben über die Hexokinaseaktivität in den Kartoffelknollen. Kotelnikowa, A.W. Biochemie (russ.) 17. 462-68 (1952). - Ref.C. 1953. 1349.

Kohlenhydrat-"Starter" für das Q-Enzym. Barker, S.A., Bebbington, A. und Bourne, E.J. Nature (London) 168. 834-35 (1951). - Ref.C. 1952. 5105.

Enzymatischer Ab- und Aufbau von Stärke. Teil 14. R-Enzym. Hobson, P.N., Whelan, W.J. und Peat, S. J.chem.Soc. (London) 1451-59 (1951). - Ref.Stärke 3. 264 (1951), C. 1953. 1826.

Die Rolle des Z-Enzyms bei der β-Amylolyse. Thomas, G.J., Whelan, W.J. und Peat, S. Biochem.J. 47. XL. (1950). - Ref.C. 1951. I. 3199.

Ein "entzweigendes" ("De-branching") Enzym in Bohne und Kartoffel. Hobson, P.N., Whelan, W.J. und Peat, S. Biochem.J. 47. XXXIX. (1950). - Ref.C. 1951. I. 3199.

Untersuchung über Enzyme, welche Komponenten des Tabakblattes spalten können. 5. Mitt. Unfraktionierte Pilzenzyme. Holden, M. Biochem.J. 47. 426-31 (1950). - Ref.C. 1951. I. 2899.

Untersuchung über Enzyme, welche Komponenten des Tabakblattes spalten können. 4. Mitt. Pankreas- und Speichelenzyme von Säugern. Holden, M. und Tracey, M.V. Biochem.J. 47. 421-25 (1950). - Ref.C. 1951. I. 2899.

Die enzymatische Synthese und der Abbau von Stärke. 8. Mitt. Die Verwendung von P- und Q-Enzymgemischen bei der Synthese von Polysacchariden vom Stärketyp. Barker, S.A., Bourne, E.J., Peat, S. und Wilkinson, I.A. J.chem.Soc. (London) 1950. 3022-27. - Ref.C. 1955. 2916, Stärke 3. 263 (1951).

Enzymatische Synthese und Abbau von Stärke. 7. Mitt. Der Mechanismus der Q-Enzymwirkung. Barker, S.A., Bourne, E.J., Wilkinson, L.A. und Peat, S. J.chem.Soc. (London) 1950. 93-99. - Ref.C. 1951. I. 599.

Enzymatische Synthese und Abbau von Stärke. 6. Mitt. Die Eigenschaften von gereinigten P- und Q-Enzymen. Barker, S.A., Bourne, E.J. und Wilkinson, I.A. und Peat, S. J.chem.Soc. (London) 1950. 84-93. - Ref.C. 1951. I. 599.

Untersuchungen über Peroxydase in Getreide. (Ist die Peroxydasebestimmung für die Betriebskontrolle in der Hafermüllerei brauchbar?) Pelshenke, P.F. und Hampel, G. Getreide, Mehl Brot 4. 201-206 (1950).

Die Eigenschaften von Carbohydrasen in reifendem Weizen und die extrazelluläre Stärkesynthese. Knjaginitschew, M.I. Biochemie (russ.) 14. 249 (1949). - Ref.Stärke 3. 267 (1951), C. 1949. E. 6802.

Die enzymatische Bildung und Abbau von Stärke. 1. Mitt. Untersuchung von Amylosynthease. Maruo, B. und Kobayashi, T. J.agric.chem.Soc. Japan 23. 115 (1949).

Enzymatische Synthese und Abbau von Stärke. 4. Mitt. Reinigung und Aufbewahren von Q-Enzym der Kartoffel. Barker, S.A., Bourne, E.J. und Peat, St. J.chem.Soc. (London) 1949. 1705-11. - Ref.C. 1951. I. 599.

Der Einfluß von Ionen auf die Aktivität des Q-Enzyms. Gilbert, G. A. und Swallow, A.J. J.chem.Soc. (London) 1949. 2849-52. - Ref.C. 1950. II. 62.

Sedimentation und Diffusion von Glucoseoxydase (Notatin). Cecil,R. und Ogston, A.G. Biochem.J. 42. 229-30 (1948). - Ref.C. 1948. II. 324.

Untersuchungen über die Wirksamkeit der Oxydase in Kartoffelknollen. 4. Mitt. Eine quantitative Methode zur Bestimmung der Peroxydase. Wallerstein, J.S., Alba, R.T., Hale, M.G. und Levy, H. Biochim.biophysica Acta (Amsterdam) 1. 327-34 (1947). - Ref.C. 1947. E. 1113.

Untersuchungen über Oxydaseaktivität in Kartoffelknollen. 3.Mitt. Über die Oxydation von p-Kresol und Katechin durch Kartoffel-Mazerationssaft. Wallerstein, J.S., Alba, R.Th. und Hale, M.G. Biochim.biophysica Acta (Amsterdam) 1. 197-207 (1947). - Ref.C. 1947. E. 1112.

Untersuchungen über Oxydaseaktivität in Kartoffelknollen. 2. Mitt. O-Phenylenediamin als fluorometrisches Reagens. Wallerstein, J.S., Alba, R.Th. und Hale, M.G. Biochim.biophysica Acta (Amsterdam) 1. 184-189 (1947). - Ref.C. 1947. E. 1112.

Über ein Enzym der Muskeln, das die 1-6-Bindung in Polysacchariden zu spalten vermag. Petrowa, A.N. Ber.Akad.Wiss.UdSSR (russ.) 58. 431-33 (1947). - Ref.C. 1948. II. 741.

Untersuchungen über Oxydaseaktivität in Kartoffelknollen. 1.Mitt. O-Phenylenediamin als colorimetrisches Reagens. Wallerstein, J.S., Alba, R.Th. und Hale, M.G. Biochim.biophysica Acta (Amsterdam) 1. 175-183 (1947).

Thermophile proteolytische Bakterien. 2. Mitt. Einfluß von zähen Medien auf die proteolytische Aktivität der Bakterien. Brotzkaja, Ss.S. Mikrobiologie (russ.) 15. 13-22 (1946). - Ref.C. 1947. 209.

Die enzymatische Synthese und der Abbau von Stärke. 2. Mitt. Die amylolytische Funktion des Q-Enzyms aus der Kartoffelstärke. Bourne, E.J., Macey, A. und Peat, S. J.chem.Soc. (London) 1945. 882-88. - Ref.C. 1946. II. 2235.

Enzymatische Synthese und Abbau von Stärke. 5. Mitt. Die Wirkung von Q-Enzym auf Stärke und ihre Abbauprodukte. Barker, S.A., Bourne, E.J. und Peat, S. J.chem.Soc. (London) 1945. 877. - Ref.C. 1951. I. 599.

Flavobakterium dehydrogenans (Micrococcus dehydrogenans) und seine Fähigkeit zur Oxydation von Steroiden sowie Substanzen aus der Sexualhormonreihe. Arnaudi, C. Zbl.Bakteriol.Parasitenkunde Infektionskrankh. Abt.II. 105. 352-66 (1942). - Ref.C. 1943. II. 2064.

Serologische Studien über die Erwineae. 2. Mitt. Die schwachfäulniserregende Gruppe. Mit einigen biochemischen Betrachtungen. Elrod, R.P. Bot.Gaz. 103. 266-78 (1941). - Ref.C. 1944. II. 1075.

Biochemische Aktivität thermophiler Bakterien. Imšenecki, A.A. C.R. (Doklady) Acad.Sci.UdSSR 30. (1941). - Ref.C. 1942. II. 2705.

Morphologische, kulturelle und allgemein biochemische Kennzeichen der Stämme des corynebacteriums dyphtheriale. Salassa, M.R. Giorn.Batteriol.Immunol. 24. 253-300 (1940). - Ref.C. 1940. I. 3937.

Über das Thermobakterium Orla-Jensen. Katagiri, H. und Katahara,K. J.agric.chem.Soc. Japan, Bull. 16. 136-37 (1940). - Ref.C. 1941. I. 2538.

Studien über Tyrosinase. 4. Mitt. Weitere Studien über den Einfluß des Zusatzes verschiedener Salze zur Kartoffeltyrosinase. Sasaki, A. J.Biochemistry (Tokyo) 32. 211-23 (1940). - Ref.C. 1941. I. 3235.

Variation von Cystoamylase in Kartoffeln als Ursache von verschiedenen Wachstumsbedingungen. Grechushnikow, A.J. C.R.Acad.Sci. UdSSR 25. 688 (1939).

Eine Untersuchung des Polyphenoloxydase-Systems in Kartoffelknollen. Boswell, J.G. und Whiting, G.C. Ann.Botany 2. 847-63 (1938). - Ref.C. 1939. I. 2216.

Zur Frage nach dem oxydativen Abbau der Stärkesubstanzen. Thunberg, T. Skand.Arch.Physiol. 75. 259-67 (1937). - Ref.C. 1938. II. 1427.

Untersuchungen über die Wirkung von Emulsin. 3. Mitt. Einige Fehlerquellen bei der polarimetrischen Bestimmung der enzymatischen Hydrolyse von β-Glucosiden. Veibel, S. und Eriksen, F. Biochem.J. 30. 163-67 (1936). - Ref.C. 1936. II. 2552.

Zur Frage des Vorkommens einer Amylodehydrogenase in Gurkensamen. Thunberg, T. Skand.Arch.Physiol. 74. 1-15 (1936). - Ref.C. 1937. I. 901.

Leberglykogenase. Hodgson, T.H. Biochem.J. 30. 542-48 (1936). - Ref.C. 1936. II. 1559.

Studien über die Dehydrasewirkungen gesunder und abbaukranker Kartoffelknollen. Wartenberg, H. und Lindau, G. Phytopathol.Z. 9. 297 (1936).

Carbohydrasen. Weidenhagen, R. Angew.Chem. 47. 451-56 (1934). - Ref.C. 1935. I. 253.

Beiträge zur Kenntnis der "Mikrobakterien" Orla-Jensen. Wittern,A. Biochem.Z. 257. 351-60 (1933). - Ref.C. 1933. I. 2709.

Zur Kenntnis der Biolase. Weidenhagen, R. und Kortkij,B. Z.Ver. dtsch.Zuckerind. 83. 262-72 (1933). - Ref.C. 1933. I. 3951.

Über Amylosynthease. III. Minagawa, Toyosaku. Proc.Imp.Acad. (Tokyo) 9. 97-100 (1933). - Ref.C. 1934. II. 1787.

Über Schwermetallkatalyse von biochemischem Interesse. 2. Mitt. Der Einfluß des Cystins auf die künstliche Peroxydase. Omori,T. J.Biochemistry (Tokyo) 16. 483-97 (1933). - Ref.C. 1934. I.401.

Eine Studie über die Tyrosinase der Kartoffelknollen. Robertson, J.M. Proc.Roy.Soc.Edinburgh 52. 309 (1932). - Ref.C. 1932. II. 2833.

Über Schwermetallkatalyse von biologischem Interesse. 1. Mitt. Der Stärkeabbau durch künstliche Peroxydase. Omori, T. J.Biochemistry (Tokyo) 14. 331-37 (1931). - Ref.C. 1932. I. 1794.

Eine Methode zur Bestimmung von Peroxydasewirkung. Guthrie, J.D. J.Amer.chem.Soc. 53. 242-44 (1931). - Ref.C. 1931. I. 2347.

Über die Wirkung der Amylosynthease auf Dextrine von verschiedener Herkunft. Nishimura, S. Biochem.Z. 237. 133-35 (1931). - Ref.C. 1931. II. 2168.

Beiträge zur Wirkungsweise von Oxydasen und Peroxydasen. 22.Mitt. Über den Mechanismus der Oxydationsvorgänge. Wieland, H. und Sutter, H. Ber.dtsch.chem.Ges. 63. 66-75 (1930). - Ref.C. 1930. I. 1160.

Die Aldehydoxydase der Kartoffel. Bernheim, F. Biochem.J. 22. 344 (1928).

Zur Kinetik der Tyrosinase der Kartoffel. Haehn, H. und Stern, J. Fermentforschung 9. 395 (1928).

Über die hydrolytische Wirkung der "Ricinuslipase" (Handelspräparat). I. A) Verseifung von reinen Estern und von Bienenwachs. B) Hydrolyse von Sacchariden. Piutti, A. und de 'Conno, E. Ann.Chim.applicata 18. 468-78 (1928). - Ref.C. 1929. I. 760.

Schizosaccharomyces hominis nev. spec., die erste menschenpathogene Spalthefe. Benedek, T. Zbl.Bakteriol. Parasitenkunde, Infektionskrankh. Abt.I. 104. 291-303 (1927). - Ref.C. 1928. I. 368.

Über biologische Eigenschaften der choleraähnlichen Vibrionen. Maslennikowa, W. Zbl.Bakteriol., Parasitenkunde Infektionskrankh. Abt.I. 102. 148-57 (1927). - Ref.C. 1927. II. 1481.

Neue einheimische Rhizopusarten als Stärkeverzuckerer. Nill, W. Zbl. Bakteriol., Parasitenkunde Infektionskrankh. Abt.II. 72. 21-38 (1927). - Ref.C. 1927. II. 2631.

Über die chemische Zusammensetzung der Kartoffeloxydase. Kubowitz, F. Biochem.Z. 292. 221 (1927).

Über den fermentativen Abbau der Stärke durch "Biolase". (Beiträge zur Chemie der Stärke. 16. Mitt.). Pringsheim, H. und Schapiro, E. Ber.dtsch.chem.Ges. 59. 996-1000 (1926). - Ref.C. 1926. I. 3403

Die Enzyme der Emulsins. 1. Mitt. Über die Amylase-Wirkung einiger Emulsin-Präparate. Josephson, K. Ber.dtsch.chem.Ges. 58. 2726-31 (1925). - Ref.C. 1926. I. 2007.

Über die Fermente der Haut. Yamasaki, Y. Biochem.Z. 147. 203-215 (1924). - Ref.C. 1924. II. 848, W.Ref. 3433.

Über die Fermente im Fruchtwasser. Maeda, K. Biochem.Z. 144. 1-8 (1924). - W.Ref. 3431.

Über die löslichen Fermente der Wurzel der Zaunrübe. Girardet,N.F. J.Pharmac.Chim. 30. Sér.7; 75-81 (1924). - W.Ref. 3430.

Verzuckerung der Stärke durch Emulsin. Kuhn, R. Hoppe-Seyler's Z. physiol.Chem. 135. 12-15 (1924). - Ref.C. 1924. II. 345.

Die Salzhydrolyse der Stärke. 4. Mitt. Hydrolyse durch Blattfarbstoff und pflanzliche Peroxydasen. Biedermann, W. und Jernakoff, C. Biochem.Z. 150. 477-491 (1924). - Ref.C. 1924. II. 2168, W.Ref. 1122.

Über die Fermente im Hühnerei. Koga, T. Biochem.Z. 141. 430-446 (1923). - Ref.C. 1924. I. 353, W.Ref. 3426.

Zwei neue stärkeabbauende Mikroben. Siedich, A.S. Russian Health Resort Service No. 1. 17 (1923). - Ref.C.A. 19. 2683 (1925), W.Ref. 3348.

Untersuchungen über den Einfluß von aus Hefezellen und Organen gewonnenen Stoffen auf den zeitlichen Verlauf der Spaltung von Substraten durch Polypeptidasen, Karbohydrasen und Esterasen. Abderhalden, E. und Wertheimer, E. Fermentforschung 6. 1-26 (1922). - W.Ref. 2972.

Über den Tyrothrix von Kayser, seine Eigenschaften und seine praktische Anwendung in Laboratorien und in der Industrie. Bettinger, P. Bull.Assoc.Chimistes Sucr., Distill. France Colonies 38. 463-471 (1920-21). - Ref.C.A. 16. 1104 (1922), W.Ref. 3325.

Ectoenzyme der Streptokokken. Tongs, M.S. J.Amer.med.Assoc. 73. 1277-1299 (1919). - Ref.C.A. 15. 3504 (1921), W.Ref. 3321.

Über Peroxydase. Willstätter, R. und Stoll. Liebigs Ann.Chem.416. 21 (1918).

Achrodextrinase. Effront, J. C.R.hebd.Séances Acad.Sci, 164. 415-416 (1917). - Ref.C.A. 11. 1841 (1917), C. 1917. II. 60, W.Ref. 3308.

Über die Bildung von Milchzucker aus Stärke durch die "hervorgelockten" Fermente des Rohrzuckerserums. Rohmann, F. Biochem.Z. 84. 399-401 (1917). - W.Ref. 376.

Über die Empfindlichkeitsgrenzen der Farbenreaktionen auf Eiweißstoffe und peptonisierende Fermente. Rakusin, M., Braudo, E. und Pekarski, G. J.russ.phys.-chem.Ges. 47. 2051-56 (1916). - Ref.C. 1916. II. 428, W.Ref. 2726.

Über die Zymase und Karboxylase der Kartoffel und Zuckerrübe. Bodnár, J. Biochem.Z. 73. 193 (1916).

Die Spezifität des Drusestreptococcus, mit besonderer Berücksichtigung des Vergärungsvermögens gegenüber Kohlenhydraten usw. Adsersen, V. Zbl. Bakteriol., Parasitenkunde Infektionskrankh. Abt.I. 76. 111-117 (1915). - Ref.C. 1915. II. 87, W.Ref. 3304A.

Neuere Untersuchungen über die oxydierenden Enzyme. 1. Mitt. Über die Wirkungsweise der Tyrosinase. Chodat, R. Arch.Sci.physiques natur. 23. 265 (1907). - Ref.C. 1907. III. 77

Über die Existenz einer oxydierend-reduzierenden Diastase bei den Pflanzen. Abelous, J.E. und Aloy, J. C.R.hebd.Séances Acad. Sci. 138. 382 (1904).

Über die Existenz einer oxydierend-reduzierenden Diastase bei den Pflanzen. Eigenschaften ihrer Wirkung. Abelous, J.E. C.R.hebd. Séances Acad.Sci. 138. 1619 (1904).

Über Nachweis und Verbreitung der Glucase, das Enzym der Maltose. Beijerinck, M.W. Zbl.Bakteriol., Parasitenkunde Infektionskrankh. Abt.II. 1. 221-229 (1895). - Ref.C. 1897. I. 111, W.Ref. 2655.

Bemerkungen über Glucase. Morris, G.H. Trans.Inst.Brewing 6. 132-142 (1892-93). - W.Ref. 236.

Ein neues Enzym, die Glykase. Geduld, R. Wschr.Brauerei 8. 545-546, 568-570, 618-620 (1891). - Ref.C. 1891. II. 323, W.Ref. 220.

963. Mikrobielle Stärkeisolierung

Die Gewinnung von Kartoffelstärke durch einen mikrobiologischen Prozeß. Emiliani, E., Flamini, A. und Nicollier, Y.-L. Ind. aliment.agric. 83. 1479-87 (1966).

Fermentatives Verfahren zur Stärkegewinnung. Minagawa, T. Japan. P. 5 026 ('57) ausg. 16/7.1957. - Ref.J.Chem.(russ.) 1961. Nr.7 N354.

Verfahren zur Reinigung von Stärke auf enzymatischem Wege. Starcosa Ges. zur Errichtung von Stärkegewinnungs- und Stärkeveredlungsanlagen mbH. (Erfinder: Wolff, O. und Wagner, H.). D.B.P. 855 830 Kl. 89k vom 25/3.1951, ausg. 17/11.1952. - Ref.C. 1953. 2043.

Die Extraktion der Stärke durch Mazeration. Carbone, D. Ind.saccarif.ital. 31. 62-66 (1938). - Ref.C. 1938. I. 4118.

Stärkegewinnung aus Kartoffeln und den Rückständen der Kartoffelstärkeerzeugung nach Zerreiben durch Gärung. Pasjuk, W.Ch. Mikrobiologie (russ.) 6. 371-84 (1937). - Ref.C. 1937. II.2917.

Abscheiden von Stärke aus Kartoffeln mittels einer Bakterie vom Typus Bacillus felsineus. Muratowa, M.A. Mikrobiologie (russ.) 6. 361-70 (1937). - Ref.C. 1937. II. 2917.

Konservierung der Stärke durch Vergären der Kartoffeln. Buromski, I.D. und Matjuschenko, A.A. Mikrobiologie (russ.) 5. Nr.1. 40-48 (1936). - Ref.C. 1937. I. 1305.

Stärkegewinnung und Faserröste. Peschke, E. und Tobler, F. Faserforschung 4. 252-58 (1925). - Ref.C. 1925. II. 1233.

Verfahren zur Herstellung von Kartoffelstärke durch Bakterienvergärung unter Luftabschluß. Hansen, M.S. D.R.P. 281 830 Kl.89k vom 19/10.1912, ausg. 2/2.1915. - Ref.C. 1915. I. 412.

97. Weitere Kohlenhydrate und Enzyme

Oligo 1,4 → 1,4-Glucan-Transferase und Amylo-1,6-Glucosidase bei der Entzweigung von Glycogen. Brown, D.H. und Illingworth, B. Ciba Found.Symp., Control Glycogen Metab. 1964. 139-50. - Ref.C.A. 63. 853f (1965).

Enzymatischer Abbau und Mikrobestimmung von Glykogen. Bueding, E. und Hawkins, J.T. Analyt.Biochem. (New York) 7. Nr.1. 26-36 (1964). - Ref.C.A.(B.) 60. 4454f (1964).

Verzweigende Enzyme. Larner, J. Ciba Found.Symp., Control Glycogen Metab. 1964. 87-91. - Ref.C.A. 62. 16564a (1965).

Untersuchungen über Kohlenhydrate spaltende Enzyme. 8. Mitt. Die Wirkung von Z-Enzym auf Polysaccharide vom Glykogen-Typ. Cunningham, W.L., Manners, D.J. und Wright, A. Biochem.J. 85. 408-13 (1962). - Ref.Stärke 15. 113 (1963), C. 1963. 13601.

Die Bildung von Ektoenzymen durch holzzerstörende und holzbewohnende Pilze auf verschiedenen Nährböden. 5. Mitt. Ein komplexes Medium als C-Quelle. Lyr, H. Arch.Mikrobiol. 35. 258-78 (1960). - Ref.C. 1963. 9746.

Biochemie der Pansen-Protozoen. 1. Mitt. Kohlenhydratvergärung durch Dasytricha und Isotricha. Howard, B.H. Biochem.J. 71. 671-75 (1959). - Ref.C. 1960. 6888.

Nichtstärkepolysaccharide der Getreidekörner. 9. Mitt. Weitere Studien über Autolyse. Preece, I.A., McDougall, M., Darby, O.C. und Steven, R.I. J.Inst.Brewing 64. 501-507 (1958).

Physiko-chemische Studien an Stärken. 15. Mitt. Der Einfluß von β-Amylase auf Glycogen, verfolgt durch Bestimmung der Molekulargewichtsverteilung. Bryce, W.A.J., Cowie, J.M.G., Greenwood, C.T. und Jones, J.G. J.chem.Soc. (London) 1958. 3558-63. - Ref.C. 1965. 24-1207.

Enzymatische Synthese und Abbau von Stärke. 19. Mitt. Einwirkung von R-Enzym auf Glykogen. Peat, St., Whelan, W.J., Hobson, P.N. und Thomas, G.J. J.chem.Soc.(London) 1954. 4440-4445. - Ref.C. 1955. 6532, Stärke 7. 68 (1955), C.A. 49. 4736e (1955).

Bildung von d-Cellobiose aus Stärke und anderen Substraten durch eine Acetobacter-Art. Creedy, A.E., Iowett, P. und Walker, T.K. Chem. and Ind. 1954. 1297-98. - Ref.Stärke 7. 13 (1955), C. 1956. 1631, C.A. 49. 3311a (1955).

Nichtstärkepolysaccharide von Getreidekörnern. 4. Mitt. Beziehungen zwischen Cellulaseaktivität und Autolyse einiger Malzgersten. Preece, I.A. und Aitken, R.A. J.Inst.Brewing 59. 453-61 (1953). - Ref.C. 1956. 12306.

Die Wirkung von Verzweigungsenzymen auf die äußeren Ketten von Glykogen. Larner, J. J.biol.Chemistry 202. 491-503 (1953). - Ref.C. 1954. 2642.

Pilzcellulasen. 3. Mitt. Stachybotrys astra: Wachstum und Enzymproduktion auf nichtcellulosehaltigen Substraten. Jermyn, M.A. Austral.J.biol.Sci. 6. 48-69 (1953). - Ref.C. 1955. 10537.

Die Einwirkung kristalliner β-Amylase auf einige Glykogene. Bell, D.J. und Manners, D.J. J.chem.Soc. (London) 1952. 3641-45. - Ref.C. 1956. 5585.

Die Wirkung von kristalliner ß-Amylase auf einige Glykogene. Manners, D.J. Biochem.J. 51. XXX. (1952). - Ref.C. 1953. 8887.

Die Bildung von Cellulose durch eine bestimmte Art von Acetobacter. Kaushal, R. und Walker, T.K. Biochem.J. 48. 618-21 (1951). - Ref.C. 1951. II. 3041.

Bildung von Cellulose durch Acetobacter acetigenum. Kaushal, R. und Walker, T.K. Nature (London) 160. 572-73 (1947). - Ref.C. 1948. II. 218.

Untersuchungen über Stärke. 10. Mitt. Der Abbau von Glykogen durch ß-Amylase. Meyer, K.H. und Press, J. Helv.chim.Acta 24. 58-62 (1941). - Ref.C. 1941. I. 1682.

Vibrioamylocella n.sp., ein Bodenorganismus, der Cellulose zersetzt und Glucose aus Stärke bildet. Gray, P.H.H. Canad.J.Res. 17. Sect.C. 154-69 (1939). - Ref.C. 1939. II. 1897.

Ein cellulosezersetzender, Glukose aus Stärke bildender Vibrio. Gray, P.H.H. Proc.Soil Sci.Soc. Amerika 4. 246-47 (1939). - Ref.C. 1941. I. 2664.

Über die löslichen, von Hymenomyceten abgesonderten Fermente. Cytolyse der Cellulose. Lutz, L. C.R.hebd.Séances Acad.Sci. 199. 893-94. - Ref.C. 1936. I. 4920.

Cellulosevergärer aus Pferdedünger. Sen, H.K. und Gopal Chandra Das-Gupta. J.Indian.chem.Soc. 11. 851-61 (1934). - Ref.C.1936. II. 1005.

Über die Rolle eines celluloseabbauenden Bakteriums der Panse im Verdauungskanal der Wiederkäuer bei der Überführung der Cellulose in Glucose. Pochon, J. C.R.hebd.Séances Acad.Sci. 199. 983-85 (1934). - Ref.C. 1936. I. 2134.

Weitere Untersuchungen über die thermophile Vergärung von Cellulose und cellulosehaltigem Material. Peterson, W.H. und Sniezko, S. Zbl.Bakteriol., Parasitenkunde Infektionskrankh. Abt.II. 88. 410-17 (1933). - Ref.C. 1933. II. 2154.

Die Zersetzung von Hemicellulosen, besonders von Agar-Agar, durch das Meeresbakterium Bacillus gelaticus Gran. Bavendamm, W. Ber.dtsch.bot.Ges. 49. 288-89 (1931). - Ref.C. 1931. II. 1712.

Über den Abbau der Cellulose durch Mikroorganismen. 1. Mitt. Zur Morphologie und Physiologie der aeroben sporenbildenden Cellulosebakterien. Simola, P.E. Ann.Acad.Sci.fennicae.Ser.A. 34. Nr.1. 3-91 (1931). - Ref.C. 1931. II. 3008.

Über den Chemismus der Vergärung von Glykogen und Stärke durch maltasefreie Hefe. Gottschalk, A. Hoppe-Seyler's Z.physiol. Chem. 168. 267-73 (1927). - Ref.C. 1927. II. 2321.

Über die Hydrolyse des Glykogens durch das diastatische Ferment des Muskels. Lohmann, K. Biochem.Z. 178. 444-61 (1926). - Ref.C. 1927. I. 1037.

Die Vergärung von Cellulose und ihrer Derivate. Speakman, H.B. Canad.Chem.Metallurgy 10. 229-31 (1926). - Ref.C. 1927. I. 197.

Einwirkung von Bakterien auf Cellulosestoffe. Lumn, A.H. und Langwell, H. J.Soc.chem.Ind. 42. 280-283T (1923). - W.Ref. 3343A.

Ein neuer Zerstörer der komplexen Polysaccharide: Pseudomonas polysaccharidarum (n.sp.). Epstein, A.A. Bull.Soc.bot.Genève (II) 11. 191-198 (1920). - Ref.C. 1921. I. 224, C.A. 15. 2653 (1921), W.Ref. 3333.

Fermentversuche an Celluloseabbauprodukten. Pringsheim, H. und Merkatz, A.M.v. Hoppe-Seyler's Z.physiol.Chem. 105. 173-78 (1919). - Ref.C. 1919. III. 635, W.Ref. 2735.

Über kristallisierte Polysaccharide aus Glykogen. Pringsheim, H. und Lichtenstein, St. Ber.dtsch.chem.Ges. 49. 364-369 (1916). - W.Ref. 633.

Über Kohlenhydratverdauung und Diastasepräparate. Riehl, M. Münchener med.Wschr. 57. 1537 (1910). - Ref.C.A. 4. 2656 (1910), W.Ref. 343.

Über die Hydrolyse des Glykogens durch Malzdiastase. Philoche, Ch. C.R.Séances Soc.Biol.Filiales Associées 54. 260-62 (1905).

98. Enzymatische Verdauung der Stärke

Die Rolle der amylolytischen Aktivität des Speichels von Schweinen bei der Verdauung. Archipowetz, A.I. Nachr.Landwirtsch.-Wiss. (russ.) 7. Nr.8. 86-88. - Ref.C. 1965. 36-1555.

Kohlenhydratstoffwechsel. Karlson, P. Dtsch.med.Wschr. 86. 47-51 (1961).

Über die enzymatischen Prozesse bei der menschlichen Verdauung und die Möglichkeiten einer Substitutionstherapie. Schmidt, F.H. Med.u.Ernähr. 1. 23-26, 57-60 (1960).

Kohlenhydratstoffwechsel durch Pansenbakterien. Howard, B.H. Proc.Nutrit.Soc. 18. 103-08 (1959).

Neuere Ergebnisse auf dem Gebiet des Kohlenhydratstoffwechsels. Leuthardt, F. Bibl.paediatrica (Basel) 70. 1-8 (1959). - Ref.C. 1960. 4579.

Gastrointestinale Verdauung von Stärke. 3. Mitt. Aktivitäten der intestinalen Carbohydrasen in keimfreien und nicht keimfreien Tieren. Larner, J. und Gillespie, R.E. J.biol.Chemistry 225. 279-85 (1957). - Ref.C. 1957. 9955, C.A. 51. 10691c (1957).

Der Einfluß der Amylase auf die Stärkeverdauung durch junge Ferkel. Cunningham, H.M. und Brisson, G.J. J.Animal Sci. 16. 370-76 (1957). - Ref.C. 1960. 9634, C.A. 51. 18162i (1957).

Dritter Beitrag zur Karpfenverdauungsphysiologie. Stärkeverdauung durch Enzyme der Karpfentiernahrung. Jančařik, A. Sborník československ.Akad.zemědělských Věd, živočišná výroba 3 (30). 763-74 (1957). - Ref.C. 1959. 13825.

Zweiter Beitrag zur Karpfenverdauungsphysiologie: Die Stärkeverdauung durch die endogenen Karpfenenzyme. Jančařik, A. Sborník československ.Akad.zemědělských Věd, živočišná výroba 2 (30). 657-70 (1957). - Ref.C. 1958. 12427.

Gastrointestinale Verdauung von Stärke. 2. Mitt. Eigenschaften der intestinalen Carbohydrasen. Larner, J. und Gillespie, R.E. J.biol.Chemistry 223. 709-26 (1956). - Ref.C. 1957. 9955, C.A. 51. 5156a (1957).

Verdaulichkeit von Getreidestärken durch Taka-Diastase und Pankreatin bei verschiedenem p_H und bei 38 5 ± 0 01°. Patel, R.D. und Patel, R.S. J.Indian chem.Soc. 33. 615-17 (1956). - Ref.C.A. 51. 3687c (1957), C. 1961. 3358.

Kohlenhydratverdauung in der Miesmuschel: Eine kurze Untersuchung der Amylase. Kamat, D.N. J.Univ.Bombay 24. Nr.38 Sect.B. 70-76 (1955). - Ref.C. 1957. 10234.

Untersuchungen über die in vitro-Verdaulichkeit von Sagokörnern aus verschiedenen Stärkearten unter der Einwirkung von Speichel- und Pankreasamylasen. Sur, G., Swaminathan, M. und Subrahmanyan, V. Bull.Central Food Technol.Res.Inst., Mysore 5. 1-2 (1955). - Ref.C. 1958. 5733.

Verdauung von Stärke durch α-Grenz-Dextrinase. Seiji, Makoto. J.Biochem. Japan 40. 519-25 (1953). - Ref.C.A. 48. 2129i (1954).

Über die therapeutische Bedeutung von Pilzenzymen und ihre Kombination mit den Fermenten des Verdauungstraktes. Grassmann, W., Mayer, K. und Waldschmidt-Leitz, E. Aerztl.Forsch. 4. I. 17-22 (1950). - Ref.C. 1950. I. 2242.

Bakteriologische Verdauung von Stärke. Baker, F. und Nasr, H. VIII. Congr.int.Ind.agric.Brussels 2. 69-71 (1950). - Ref.C.A. 46. 2150a (1952).

Mikrobielle Synthese und Autolyse im Verdauungskanal von Herbivoren. Baker, F. Nature (London) 149. 582-83 (1942). - Ref.C. 1943. II. 138.

Zur Kenntnis der Stärkeverdauung durch die Biene. 2. Mitt. Ernährungsphysiologische Studien an der Biene. Gorbach, G. Forschungsdienst 13. 67-78 (1942). - Ref.C. 1942. II. 1583.

Verdauungsfermente einiger holzbohrender Käferlarven. Parkin, E.A. J.exp.Biology 17. 364-77 (1940). - Ref.C. 1943. I. 847.

Eine Untersuchung über das Ausmaß der Verdauung von Stärken und von Glykogen. 3. Mitt. Menschliche Leberamylase. Glock, G.E. Biochem.J. 32. 235-36 (1938). - Ref.C. 1938. I. 3643.

Charakterisierung von gewissen Produkten der enzymatischen Stärkeverdauung. Martin, V.D. Iowa State Coll.J.Sci. 13. 81-83 (1938). - Ref.C. 1940. I. 3121.

Der Einfluß von Kohlenhydraten auf die proteolytische Verdauung in vitro. Peng-Cheng Hsü und William H. Adolph. J.Chin.chem.Soc. 5. 186-92 (1937). - Ref.C. 1937. II. 1844.

Eine Untersuchung über das Ausmaß der Verdauung von Stärken und Glykogen und den Einfluß der chemischen Konstitution. 2. Mitt. Leberamylase. Glock, G.E. Biochem.J. 30. 2213-18 (1936). - Ref.C. 1937. I. 3655.

Über die Wirksamkeit von Malzamylase auf die Verdauung von Stärkearten im Magen. Ivy, A.C., Schmidt, C.R. und Beazell, J.M. J.Nutrit. 12. 59-83 (1936). - Ref.C. 1936. II. 1951.

Wirkung der Temperatur auf die Verdauung der Stärke durch Amylase. Trautmann, S. und Ambard, L. Ann.Physiol.Physicochim.biol. 9. 707-12 (1933). - Ref.C. 1934. I. 3353.

Über den Einfluß des Vitamins (B) auf die Verdauungsfunktion. Tsukiye, S. und Okada, T. J.Biochemistry (Tokyo) 1. 445-455 (1922). - Ref.C.A.16, 4257 (1922), W.Ref. 2988.

Der Einfluß von Galle und Gallensalzen auf die wichtigsten Verdauungsfermente (spiksverterings fermenten). Temminck Groll, J. Nederl.Tijdschr.Geneeskunde 64. 1B 1157-1168 (1920). - Ref.C.A. 15. 2645 (1921), C. 1920. III. 935, W.Ref. 2956.

Einfluß der Phosphate bei der Amylolyse innerhalb des Magens. Effront, J. Monit.sci. (5) 6. 49-53 (1916). - Ref.C. 1916. II. 675.

Aufsaugung und Ausscheidung von Stärkekörnern. Verzár, F. Biochem. Z. 34. 86-93 (1911). - W.Ref. 748.

Die Wirkung von Paraformaldehyd, Phenol und Kreosot auf die verdauungfördernde Wirkung von Pepsin, Pankreatin und Diastase. Glickman, L.H. und Vanderkleed, C.E. J.Amer.pharmac.Assoc. 2. 958-961 (1912). - Ref.C.A. 7. 3520 (1913), W.Ref. 2909.

Einfluß der Gallensalze auf die Pankreasverdauung der Stärke. Buglia, G. Biochem.Z. 25. 239-256 (1910). - Ref.C.A. 4. 2004 (1910), C. 1910. I. 2124, W.Ref. 2877.

Eine weitere Bemerkung über den Einfluß von Galle und ihrer Bestandteile auf die pankreatische Verdauung. Martin, S. und Williams, D. J.Roy.Soc. (London) 48. 160-165 (1890). - W.Ref. 2813.

Untersuchungen über die verdauungfördernden Fermente. 2. Mitt. Schipiloff, C. Arch.Sci.physiques natur. 22. Sér. 3; 314-352 (1889). - Ref.C. 1890. I. 46, W.Ref. 2810.

Der Einfluß von Galle auf die Verdauung der Stärke. 1. Mitt. Ihr Einfluß auf die pankreatische Verdauung beim Schwein. Martin, S. und Williams, D. Proc.Roy.Soc.(London) 45. 358-362 (1888-89). - Ref.C. 1890. 401, W.Ref. 2809.

Etwas über den Einfluß von Bakterien auf die Verdauung. Jager, L. de. Zbl.Bakteriol., Parasitenkunde Infektionskrankh. 4. 172-173 (1888). - Ref.C. 1888. 1275, W.Ref. 2644.

Über die Verdauungsfermente. Benger, F. J.Soc.chem.Ind. 6. 189-193 (1887). - Ref.C. 1887. 668, W.Ref. 199.

Der Einfluß einiger Salze auf verschiedene künstliche Verdauungsvorgänge (Auszug). Pfeiffer, E. Jber.Chem. 1884. 1474. - W.Ref. 2797.

Bemerkungen über die Wirkung von Alkohol auf Speichel und über die Chemie der Verdauung. Watson, W.H. J.chem.Soc.(London) 35. 539-544 (1879). - W.Ref. 2790.

Untersuchungen über die künstliche Verdauung stärkehaltiger Substanzen durch Maltin. Coutaret. C.R.hebd.Séances Acad.Sci.70. 382-383 (1870). - Ref.C. 1870. 181, W.Ref. 156.

99. Verschiedenes

Enzymatische Umwandlung von Dextrose zu Fructose. Corn Products Co. (Erfinder: Marshall, R.O.). A.P. 2 950 228 ausg. 23/8.1960. - Ref.C.A. 55. 6897a (1961).

Die Verwendung von Enzymen für die Isolierung und Analyse von Polysacchariden. Reese, E.T. und Mandels, M. Appl.Microbiol. 7. 378-87 (1959). - Ref.Stärke 12. 254 (1960).

Reversibilität der enzymatischen Transglukosidierungen. Pazur, J.H. J.biol.Chem. 216. 531-38 (1955). - Ref.Stärke 8. 67 (1956).

Über den Mechanismus der Umkehrung der Jod-Stärke-Reaktion, hervorgerufen durch Enzyme. Nikuni, Z., Takaoka, K. und Fuwa, H. Mem.Inst.sci.ind.Res., Osaka Univ. 8. 180-185 (1951). - Ref.C.A. 46. 3586 (1952).

Enzymatisch herbeigeführte Änderungen im Trübungsgrad von Stärkelösungen. Schwimmer, S. J.biol.Chemistry 188. 477-84 (1951). - Ref.C. 1951. II. 1299.

Das Ausmaß der Bakteriophageninaktivierung durch Filtrate von Escherichia Coli-Kulturen. Ellis, E.L. und Soizizen, J. J.gen.Physiol. 24. 437-45 (1941). - Ref.C. 1942. II. 2705.

Die oxydative Assimilation von Zuckern verwandter Stoffe durch Pseudomas saccharophila, zugleich ein Beitrag zur Frage der direkten Veratmung von Di- und Polysacchariden. Doudoroff, M. Enzymologia (Den Haag) 9. 59-72 (1940). - Ref.C. 1944. I. 551.

Das Verhalten der Erreger anaeroben Flachsweichens gegenüber Stärke. Bytschkowskaja, A.L. Microbiologie (russ.) 9. 570-77 (1940). - Ref.C. 1941. I. 2398.

Nitratreduktion durch Azotobacter. Itano, Arao und Arakawa, Satyo. Ber.Ohara-Inst.landwirtsch.Forsch. 5. 281-89. - Ref.C. 1934. I. 3606.

Amylopektin als Nährstoff der Pilze. Härdtl, H. Biochem.Z. 267. 6-10 (1933). - Ref.C. 1934. I. 1207.

Eine theoretische Beziehung zwischen der Zusammensetzung eines Stoffes und der Art seiner Zersetzung. Hesseling van Suchtelen, F.H. Sewage Works J. 3. 588-91 (1931). - Ref.C. 1932. I. 1113.

Zur Kenntnis der Dissimilation fettsaurer Salze und Kohlenhydrate durch thermophile Bakterien. 2. Mitt. Die Dissimilation von Stärke und Zuckerarten durch thermophile Bakterien. Coolhaas,C. Zbl.Bakteriol., Parasitenkunde Infektionskrankh. Abt.II. 75. 344-60 (1928). - Ref.C. 1930. I. 2434.

Gewinnung von Polyamylosen. I.G. Farbenindustrie AG. (Erfinder: F.Lange). D.R.P. 442 963 Kl. 89k vom 25/1.1925, ausg. 14/4. 1927. - Ref.C. 1927. I. 2948.

Abbau der Stärke durch ein System: Neutralsalze + Aminosäuren + Pepton. Haehn, H. Biochem.Z. 135. 587-602 (1923). - Ref.C. 1923. III. 565, W.Ref. 1120.

Methode zur chemischen Prüfung des durch Tubage erhaltenen Duodenumsaftes. Damade, R. C.R.Séances Soc.Biol.Filiales 86. 947-948 (1922). - W.Ref. 3210.

Zur Frage der Beeinflussung der Pepsinverdauung durch Stärke. Fischer, A. Biochem.Z. 134. 360-362 (1922). - Ref.C. 1923. III. 267.

Beruht der Vorgang der "Autolyse" der Amylose von Biedermann auf einem fermentativen Prozeß? Rothlin, E. Fermentforschung 5. 236-253 (1922). - W.Ref. 1115.

Zum Thema: "Autolyse" der Stärke. (Antwort auf die Erwiderung von Prof. Biedermann zu meinem diesbezüglichen Artikel.) Rothlin,E. Fermentforschung 6. 103-104 (1922). - W.Ref. 1116.

Fermentstudien. 7. Mitt. Die organische Komponente der Diastasen und das wahre Wesen der "Autolyse" der Stärke. Biedermann, W. Fermentforschung 4. 359-396 (1921). - Ref.C. 1921. III. 358, W.Ref. 1112.

Einfluß kolloidaler Kohlenhydratlösungen auf die peptische Eiweißverdauung in künstlichem Magensaft. Togawa, Tokuji. Biochem.Z. 109. 18-24 (1920). - Ref.C. 1921. I. 43.

Über den Einfluß von Serum auf die Phagocytose von Kohle und Amylum. 2. Mitt. Der Einfluß von Serum und Verdünnungen von Serum mit 0,9%iger Kochsalzlösung auf die Phagocytose von Amylum. Ouweleen, J. Pflügers Arch.ges.Physiol. Menschen Tiere 166. 88-108 (1916). - Ref.C. 1917. I. 419.

Bemerkung zu Wohlgemuths und Sallingers Einwänden gegen meine Versuche über Autolyse der Stärke. Biedermann, W. Fermentforschung 3. 70-71 (1919). - Ref.C. 1920. I. 9, W.Ref. 1109.

Fermentstudien. 4. Mitt. Zur Autolyse der Stärke. Biedermann, W. Fermentforschung 2. 458-72 (1919). - Ref.C. 1919. III. 635, W.Ref. 1107.

Entgegnung auf W. Biedermanns "Fermentstudien". 1. und 2. Mitt. Sallinger, H. Fermentforschung 2. 449-57 (1919). - Ref.C. 1919. III. 63, W.Ref. 1106.

Bemerkung zu meiner Abhandlung über Autolyse der Stärke. Biedermann, W. Fermentforschung 2. 200 (1918). - Ref.C. 1918. II. 738, W.Ref. 1105.

Fermentstudien. 2. Mitt. Die Autolyse der Stärke. Biedermann, W. Fermentforschung 1. 474-504 (1916). - Ref.C. 1916. II. 406, W.Ref. 1104.

Eine Methode zur Entscheidung der Frage, ob in einer Lösung ein oder zwei Enzyme enthalten sind. Halme, A. und Bresson. C.R.hebd.Séances Acad.Sci. 151. 1369 (1910).

Einwirkung aktiver Hefe auf Jodstärke (Auszug). Wiesner, J. Arch.Pharmazie 218. 311 (1881).

Hauptgruppe 9: Enzymatische Arbeiten

Schlagwortverzeichnis

(Die Ziffern entsprechen der Klassifikationseinteilung)

FSC
www.fsc.org
MIX
Papier | Fördert gute Waldnutzung
FSC® C083411

Zeitfracht Medien GmbH
Ferdinand-Jühlke-Straße 7
99095 Erfurt, Deutschland
produktsicherheit@kolibri360.de